国家林业和草原局普通高等教育“十四五”重点规划教材
高等院校园林与风景园林专业系列教材

园林设计初步（第3版）

Preliminary of Landscape Design

刘毅娟　石宏义◎主编

中国林业出版社
CFPH China Forestry Publishing House

内容简介

本教材主要介绍园林设计的常识，为相关设计科目提供基础训练。内容涉及园林概论、中外园林历史、园林设计各种表现技法的练习、为提高形象思维能力的构成练习以及作为园林设计入门的设计课题。

概论部分包括园林的分类、园林设计的立意与布局。

中外园林历史部分包括中国古典园林、外国古典园林、近现代园林。

表现技法部分包括线条练习、字体练习、钢笔画、测绘画、水彩渲染、淡彩表现图及模型制作等。

构成部分包括平面构成、立体构成、色彩构成及形式美原则。

园林设计入门部分包括方案设计的要点并通过园林设计作业了解设计的过程。

教材中选编了较多的图页作为范图与参考资料。本教材可作为园林、风景园林专业的教材，也可供相关专业、职业教育、成人教育等有关师生学习参考。

图书在版编目（CIP）数据

园林设计初步 / 刘毅娟，石宏义主编 . -- 3 版 . 北京：中国林业出版社，2024. 12. --（国家林业和草原局普通高等教育“十四五”重点规划教材）（高等院校园林与风景园林专业系列教材）. -- ISBN 978-7-5219-2967-6

Ⅰ. TU986.2

中国国家版本馆 CIP 数据核字第 202457UL50 号

策划、责任编辑：康红梅
责任校对：梁翔云
封面设计：北京钧鼎文化传媒有限公司

出版发行：中国林业出版社
［100009，北京市西城区刘海胡同 7 号，电话：（010）83223120，83143551］
电子邮箱：jiaocaipublic@163.com
网　　址：https://www.cfph.net
印　　刷：北京中科印刷有限公司
版　　次：2006 年 8 月第 1 版（共印 18 次）
2018 年 12 月第 2 版（共印 8 次）
2024 年 12 月第 3 版
印　　次：2024 年 12 月第 1 次印刷
开　　本：889mm×1194mm 1/16
印　　张：18.75　　彩插：3.5 印张
字　　数：621 千字
定　　价：76.00 元

数字资源

国家林业和草原局院校教材建设专家委员会高教分会
园林与风景园林组

《园林设计初步》（第3版）编著人员

主　　编　刘毅娟　石宏义

编著人员　刘毅娟（北京林业大学）

石宏义（北京林业大学）

杨　东（北京林业大学）

袁　琨（北京林业大学）

刘　虎（北京林业大学）

张玉军（北京林业大学）

高　晖（北京林业大学）

刘丹丹（北京林业大学）

《园林设计初步》（第2版）编著人员

主　　编　石宏义　刘毅娟

编著人员　石宏义（北京林业大学）

刘毅娟（北京林业大学）

杨　东（北京林业大学）

袁　琨（北京林业大学）

刘　虎（北京林业大学）

张玉军（北京林业大学）

高　晖（北京林业大学）

《园林设计初步》（第1版）编著人员

编　　著　石宏义

第3版前言

近年来，园林与风景园林专业的本科教学质量不断提升，基础教学的课程群日益完善。《园林设计初步》自2006年首次出版并于2018年进行修订以来，教材内容与时俱进、逐步扩展，为广大师生提供了切实有效的教育教学指导。本教材旨在引导学生初步认知园林设计，以巩固基础知识、培养设计思维和训练专业技能为教学目标。为适应专业与行业的快速发展，我们对第2版进行了再次修订，进一步强化基础理论、对接设计实践、发挥专业特色，以响应当下高等院校开设同类课程的广泛需求。本次主要修订内容如下：

第1章根据现行行业标准对“绿地分类”和“公园设计”相关内容进行了更新；第2章结合周维权先生编著的《中国古典园林史》优化了语言表达，进一步提升了教材内容的可读性；第3~5章则调整了部分名词术语并润饰了语言，以确保与其他“高等院校园林与风景园林专业系列教材”的协调一致；附图部分新增了近年来北京林业大学园林学院学生的优秀作品。

本教材提炼和整合了“中外园林史”“制图基础”“平面构成”“色彩构成”“立体构成”“设计表现技法”等多门基础课程的核心知识；同时，注重与“园林工程”“园林设计”“绿地系统规划”等专业课程的衔接，提前引入设计与施工的流程对接、城市绿地分类标准和公园设计规范等内容，成为多门专业课程的前导。为更好地辅助师生充分利用本教材及其附带的数字资源，编者将教材各章节的核心内容进行了总结，如下图所示：

第1章概论旨在明确园林与园林设计的定义。通过将园林解析为地形、水体、建筑、园路、植物等构成要素，结合行业标准及具体案例，详细阐述各类构成要素的设计要点，清晰呈现园林的宏观概念与微观特征，从而引出园林设计的工作流程。课后建议布置学生阅读推荐书目，以强化其对相关定义的理解。

第2章中外园林的历史简要概述中国园林史各发展阶段的典型特征，并广泛介绍外国园林的代表性案例。课堂教学应侧重于纵向发展脉络与横向时代对比，以培养学生对中外园林艺术与文化的审美感知。

第3章园林设计与表现技法以制图基础为前置内容，建议教师在讲课时采用一套完整的设计图纸作

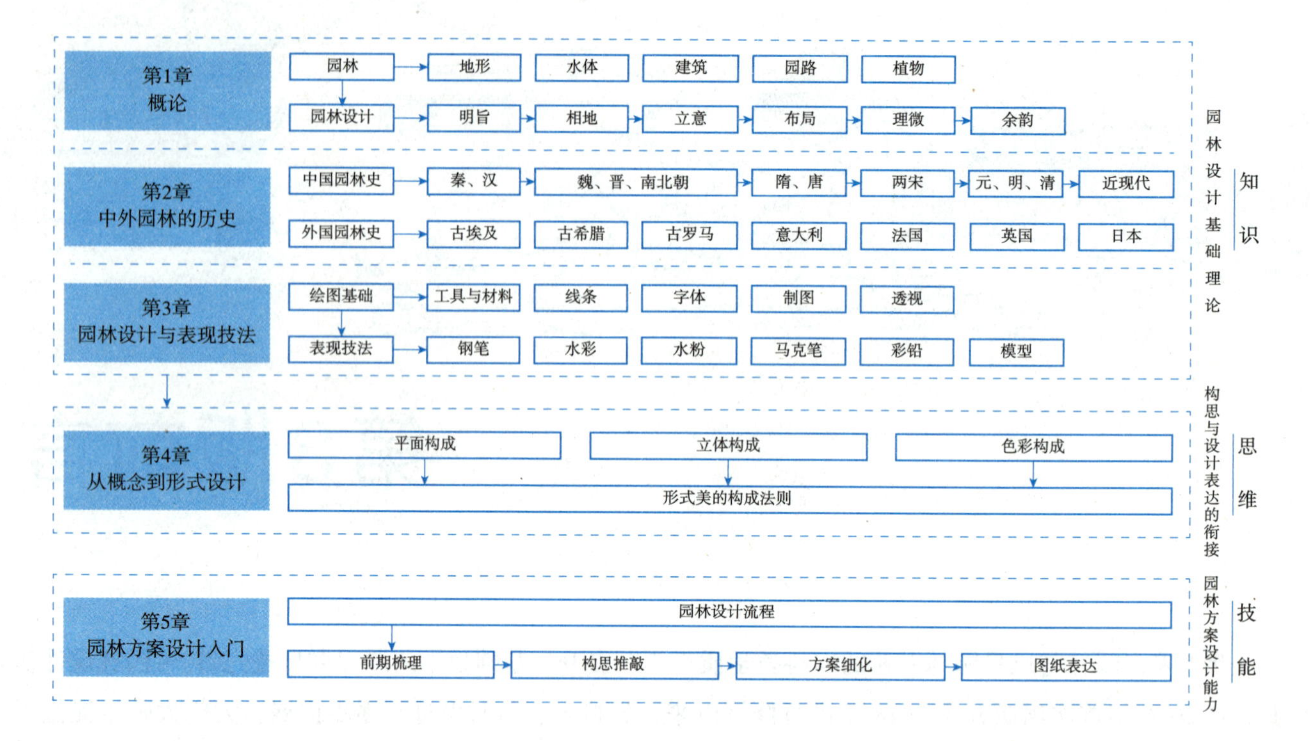

为授课范本，以便厘清园林制图的工作步骤；在此基础上引出各类表现技法的应用，鼓励学生探索个性化风格。课后作业宜安排学生抄绘或测绘校园、社区公园或游园的平面图、立面图及剖面图，并任选一两种色彩工具绘制鸟瞰效果图或人视点效果图，兼顾制图基础与表现技法的教学训练。

第 4 章从概念到形式设计应结合国内外优秀案例，加深学生对三大构成及其现实应用的印象，力求在有限的课时内初步建立从平面构成到专业平面布局、从色彩构成到空间色彩及空间色彩氛围营造、从二维到三维的立体造型及空间应用等的转化，同时课后应布置相应的案例分析作业。

第 5 章园林方案设计入门可视为上述章节内容的综合运用，旨在培养学生将设计思维与设计表达转化为设计方案的能力。结课作业以不同的尺度及难易度设置了 4 个课题类型，可结合实际情况进行选题，也可结合实际情况自行拟定。

本教材循序渐进地构建“知识—思维—技能”三位一体的综合化教学模式，为学生提供相对全面的知识体系，适合高等院校结合培养方案与实际情况灵活设置相应课程。

《园林设计初步》（第 3 版）由刘毅娟、石宏义主编，编著人员包括杨东、袁琨、刘虎、张玉军、高晖和刘丹丹。博士研究生庞世源等参与了教材的整理与校对工作。在此特别感谢北京林业大学园林学院和中国林业出版社对教材修订工作的支持与帮助。

本次教材修订，仍存在不足之处，恳请各位专家和学者给予批评与指正，并提出宝贵建议。如果图纸来源有漏标或标错之处也请读者指出，在此深表感谢。

编著者
2024 年 8 月

第2版前言

2006年《园林设计初步》的出版填补了园林专业“园林设计初步”课程教材的空白，其内容抓住园林专业的特色，融入建筑学及植物学的基础知识，成为全国园林与风景园林等专业设计初步的主要使用教材，累计印刷18次，印数逾6万册，受到了广大师生的好评。近十年来，随着风景园林学科与行业的发展，园林与风景园林专业快速发展，专业领域不断拓展，知识结构进一步细化，“园林设计初步”课程也与时俱进，部分院校开设了“制图基础”“平面构成”“色彩构成”“立体空间构成”“设计表现技法”等课程群。本次教材的修订坚持“传承与创新”的理念，将理论知识与专业特点紧密结合，为专业设计打下坚实的基础。

根据专业发展的需求，主要修订内容如下：

第1章主要根据学科的发展、专业研究的范围、教材的特点与重点等进行了修订；

第2章订正了错误；

第3章主要补充了快速表现的内容，如彩铅、马克笔等快速表现材料的应用等；

第4章强调“从概念到形式设计”中造型艺术的设计与表达，如从平面构成转化到专业的平面布局、从立体构成到空间造型、从色彩构成到空间色彩氛围营造等，把造型艺术与专业特点结合起来进行描述；

第5章则针对小尺度的园林进行“园林设计初步”的理论阐述，并以不同尺度的空间案例进行实际论证。

本次修订由石宏义、刘毅娟任主编；杨东、袁琨、张玉军、刘虎、高晖等老师参与了编写工作。研究生卓狄雅、黄婷婷等为本书的文字整理校对及插图付出了艰辛的劳动。感谢学生们的积极配合，在教学相长过程中造就众多的优秀作品，为本教材提供了范例。同时感谢北京林业大学园林学院领导为教材修订所给予的大力支持与帮助！教材选编了较多的图例，请恕不能一一列出，在此一并表示感谢！

教材中尚存在不妥之处，敬请广大读者批评指正。

编著者

2018年7月

第1版前言

“园林设计初步”是园林专业、风景园林专业与城市规划专业的一门重要的专业基础课程。园林、风景园林及城市规划专业的众多课程中设计课的比重最高，包括“园林设计”“园林绿地规划设计”“城市景观规划设计”“风景区规划设计”“园林建筑设计”“室内设计”以及“风景园林工程设计”等。设计师的语言、设计方案的展示需要通过各种图纸传达，因而图纸描绘的准确、精致、整洁、美观是基本的要求，学生必须在“园林设计初步”课程中反复地进行这方面的训练。此外，还要相应地了解中外园林的历史、园林设计常识以及掌握一定的设计规律，为进入高年级的设计课程做好准备。

本教材涉及以下5个方面的内容：

1. 园林设计的概况，内容包括园林的分类、园林设计的立意与布局。

2. 中外园林的发展，内容有中国古典园林、外国古典园林、近现代园林。

3. 园林设计的各种表现技法，包括线条练习、字体练习、钢笔画、水彩渲染、淡彩、水粉表现图以及模型制作等。

4. 平面构成、立体构成、色彩构成，以锻炼学生抽象思维的能力。

5. 命题设计，以进行简单的园林环境景观设计。

长期以来，园林专业的“园林设计初步”课程均以清华大学田学哲先生主编的《建筑初步》作为教材，在某种程度上难以满足该专业的教学需要。本教材根据园林专业的特点，结合本人多年教学经验的总结进行编写，在保留建筑初步中的一些相关内容的基础上，更加侧重园林专业的内容，突出园林专业的特色。

教材中选编了较多的图页，一方面为课程作业提供范图，另一方面作为必要的参考资料。

石宏义

2006年3月

目录

第1章 概论

[本章提要] 本章针对园林的概念、园林的构成要素及园林设计初步等内容进行系统性概述，重点介绍了构成园林的地形、水体、植物和建筑等基本要素，并从古典园林设计的角度简要介绍它们在园林设计布局方面的特征。

“园林设计初步”是园林、风景园林等专业进入高年级设计课前的基础训练课程，主要目标为：构建认知园林与园林设计的初步框架，对相关的理论进行了解，掌握园林设计图示表达的方法、设计有关的各种表现技法及小型园林的设计。

1.1 概述

1.1.1 有关概念

在中国古典园林发展的历史中，园林又称园、囿、苑、庭院、别业、山庄等，其美学内涵为“在有限的空间内创造出视觉无尽、具有高度自然精神境界的环境场所”。园林在不同的历史时期和不同的国家，有不同的概念和内涵，依据性质与规模可细分为多种类型，内容有简有繁，但都包含5种基本构成要素——地形、水体、建筑、道路、植物。

总体而言，园林是在一定的地域范围内，结合其特有的自然和人文特征，运用艺术手段和工程技术，通过改造地形，结合植物的栽植，建筑、道路及构筑物的布置等建造而成的供人观赏、游憩、居住的室外场所。

“园林设计”简称“造园”，即这类场所的创作过程，主要为地形、水体、建筑、道路、植物等五大构成要素的组织与协调。不同的园林类型，侧重的要素也不同。在园林设计的实际的学习与工作中，“绿地”“公园”“园林”“风景”“风景园林”是5个经常出现又极易混淆的概念，具体如下：

绿地是指种植树木、草坪、花卉，用以改善城市环境、为居民提供游憩场所的用地。换句话说，绿地是城市范畴内的概念，是在城市中专门用以改善生态、保护环境、为居民提供休憩场所和美化景观的绿化用地，其性质的划分及建造标准可查阅相关的行业标准。

公园是供公众游览、观赏、休憩、开展科学文化及锻炼身体等活动，有较完善的设施和良好的绿化环境的绿地，是城市绿地的主要组成部分。

园林是由人工兴造的“园”与自然生成的“林”（山林地）融合而形成的景物。

风景主要指的是自然形成的景物。

风景园林是指通过保护和利用人文与自然环境资源，保留和创造出的各种优美境域的统称。

1.1.2 研究范畴

依据空间尺度的不同，园林学研究的对象按照“微观——中观——宏观”3个层次可分为单体园林、城市绿地系统、区域景观3个层次的范畴。

从本质上看，园林是为了满足人类在物质与精神两方面对自然环境的需求，强调人与自然的协调，注重人的社会生产活动与人居自然环境的协调发展。人造环境与自然环境都涉及物质空间的场所，故对空间、场址、环境、场所等概念的理解有助于园林学中场所的布置与经营。

①“空间” 《辞海》中对“空间”的定义为：与时间一起构成运动着的物质存在的两种基本形式。空间指物质存在的广延性；时间指物质运动过程的持续性和顺序性。空间和时间具有客观性，同运动着的物质不可分割。园林空间，可理解为从一个更大的范围中分割出来的物质——空是容器，是人的使用空间；间是边界，是园林设计要素，是景物。园林要素与人构成空间，空间布局为园林设计的组织手法。日照与季节的时间变化促使园林要素构成的空间不断变化，从而形成五维的时空变化。故园林空间布局需考虑时空问题。

②“场址” 为点或范围，用于表示特定地域空间在地理上的位置。一切园林问题都是基于一定的地域范围讨论的。园林设计中首先要关注到场址的位置、规模及范围。

③“环境” 指的是围绕着人群的空间及其中可以直接、间接影响人类生活和发展的各种自然和人文因素的总和。自然因素包括大气、水、海洋、植被、地形、湿地、陆地、野生生物、自然遗迹等；人文因素包括物质层面的建筑构筑物和非物质层面的文化、历史、社会、经济等。可以说，“环境”是有具体的自然特征和人文特征的“空间”。

④“场所” 指的是具有精神意义的空间环境。空间与社会实践密切相关。人类活动的涉足，使得空间显现相关意义。原始的空间不具备任何意义。当它从社会文化、历史事件、人的活动及地域条件等一系列环境要素中获得定义时，空间才具有场所性质。也就是说，空间具有“量”的意义，场所具有“质”的意义。同一类型的场所空间具有相似性。人们正是通过不同场所特性的经验积累，来认知其所处的空间环境（表1-1）。

表1-1 园林场所类型

场所	园林类型	场所	园林类型
日常场所	校园绿地、居住社区绿地、公园绿地、街道等	学习场所	科普园、植物园、动物园等
纪念性场所	重大体育赛事会场、大型公共广场、滨水区等	沉思场所	康复花园、感官花园、墓地等
游憩场所	旅游胜地、户外体育活动场所、主题和娱乐公园等	生产场所	社区花园、雨洪治理区、农耕用地等
自然场所	国家公园、湿地、森林公园、郊野公园、蓄水水库及其他自然环境保护区等	工业场所	工厂、矿业与矿石开采、附属绿地、工业遗址公园、矿坑公园、水力发电站等外环境
私密场所	花园、庭院、公司园区、科技园区、工业园区等	旅行场所	高速公路、运输通道、交通建筑、桥梁等绿化及其附属绿地
历史场所	历史纪念碑、风景名胜区、城市历史地段等	宏观场所	城镇、城市的整体风貌

园林设计的意义是使“场址”成为“场所”。园林设计可以理解为从环境中揭示潜在的意义，并选取相应的策略将涉及的要素组织，使得该“场址”呈现其独特的性质风貌从而成为“场所”的过程。园林，是关于空间场所的艺术。

1.1.3 园林设计范畴

广义的园林，泛指各类城市建设用地的附属绿地、广场用地、公园绿地、风景游憩绿地等。

1.1.3.1 现代绿地的分类

由于各国的国情与观念的差异，绿地的分类各有不同，难以形成定论。

（1）美国绿地类别

国家公园、综合性公园、运动公园、水滨公园、植物园、动物园、城市近临公园、儿童公园、市区公园等。

（2）德国绿地类别

森林公园、国民公园、综合性公园、郊外绿地、植物园、动物园、运动与游戏场、广场与装饰道路、果木与蔬菜园等。

（3）日本绿地类别

历史公园、区域公园、风景公园、植物园、动物园、综合性公园、运动公园、市区公园、儿童公园等。

（4）中国绿地类别

根据《城市绿地分类标准》（CJJ/T 85—2017）相对应，包括城市建设用地内的公园绿地、防护绿地、广场用地、附属绿地和城市建设用地外的区域绿地两大部分。

城市建成区公园，简称“城市公园”，类型有综合公园、社区公园、儿童公园、动物园、植物园、历史名园、游乐公园、其他专类公园（雕塑园、盆景园、体育公园、纪念性公园等）、游园等。

非城市建成区公园即为城市建成区以外的区域绿地类型，有风景名胜区、湿地公园、郊野公园、其他风景游憩绿地等。

1.1.3.2 部分公园绿地类型简介

根据我国的规定，城市公园的用地范围和性质，应以批准的城市总体规划和绿地系统规划为依据。公园设计必须以创造优美的绿色自然环境为基本任务，并根据公园类型确定其特有的内容。

（1）综合性公园

从1853年美国建设第一座城市大型综合性公园——纽约中央公园之后，综合性公园在世界各国迅速发展，现已成为公园的主要类型。我国比较典型的综合性公园有北京奥林匹克森林公园（图1-1）、上海长风公园、广州越秀公园。

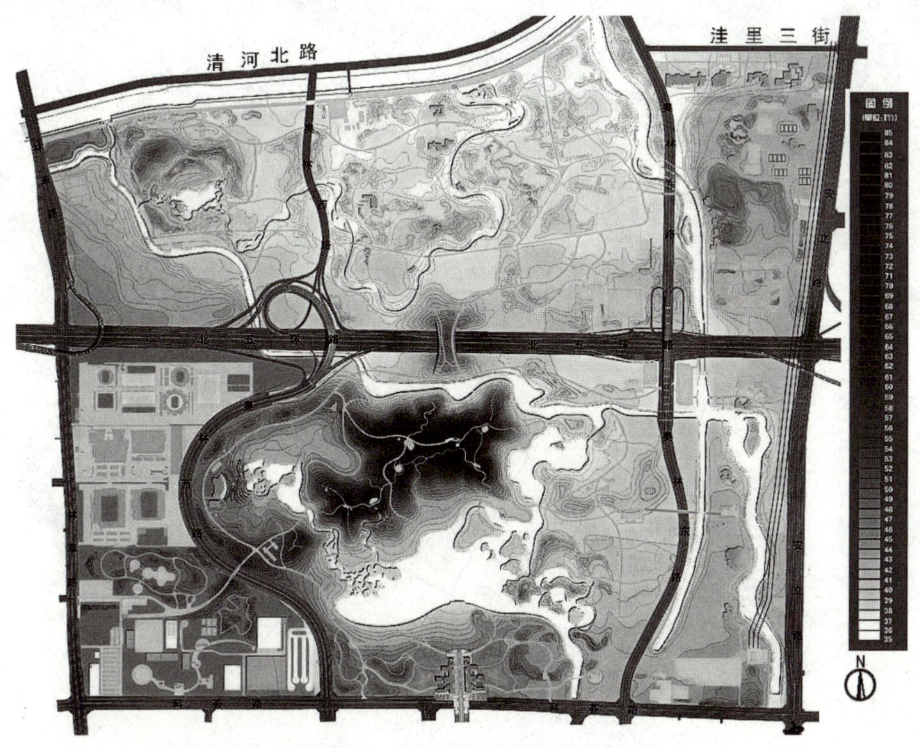

图1-1 北京奥林匹克森林公园

综合性公园面积大，有数十公顷至数百公顷。我国限定的范围是不小于 $10hm^2$，市区公园游人的人均占有面积以 $60m^2$ 为宜。

综合性公园是内容丰富，有相应的设施，适合于公众开展各类户外活动的规模较大的绿地。

针对其面积大、内容多的特点，综合性公园普遍具有明确的功能区域的划分，充分利用道路、交通使功能区形成有机的联系。同时针对游人多、游览时间长的特点具备更完善的服务设施。

尺度规模越大的综合性公园功能越丰富复杂。部分大型的综合性公园有体育比赛的场地、文化中心、娱乐中心、露天音乐厅、博物馆、展览馆、水族馆及大片的绿地、专辟的花卉展示区等。

综合性公园往往成为一个城市或地区的象征，是市民活动的重要场所。

（2）社区公园

社区公园为一定居住用地范围内的居民服务，是具有一定活动内容和设施的集中绿地。

相较综合公园规模的“大”和内容的“全”，社区公园规模“小”，内容“精”。社区公园选址强调“就近服务”。可以说，社区公园是与城市居民生活联系最为紧密的公园，面积不小于 $1hm^2$。

（3）动物园

动物园这一类型公园存在历史将近 200 年，以 1829 年的伦敦动物园的建成为标志。国际上著名的动物园有柏林动物园、阿姆斯特丹动物园、伦敦动物园、东京上野动物园（图 1-2）。

动物园是在人工饲养条件下，异地保护野生动物，供观赏、普及科学知识，进行科学研究和动物繁育，并具有良好设施的绿地。

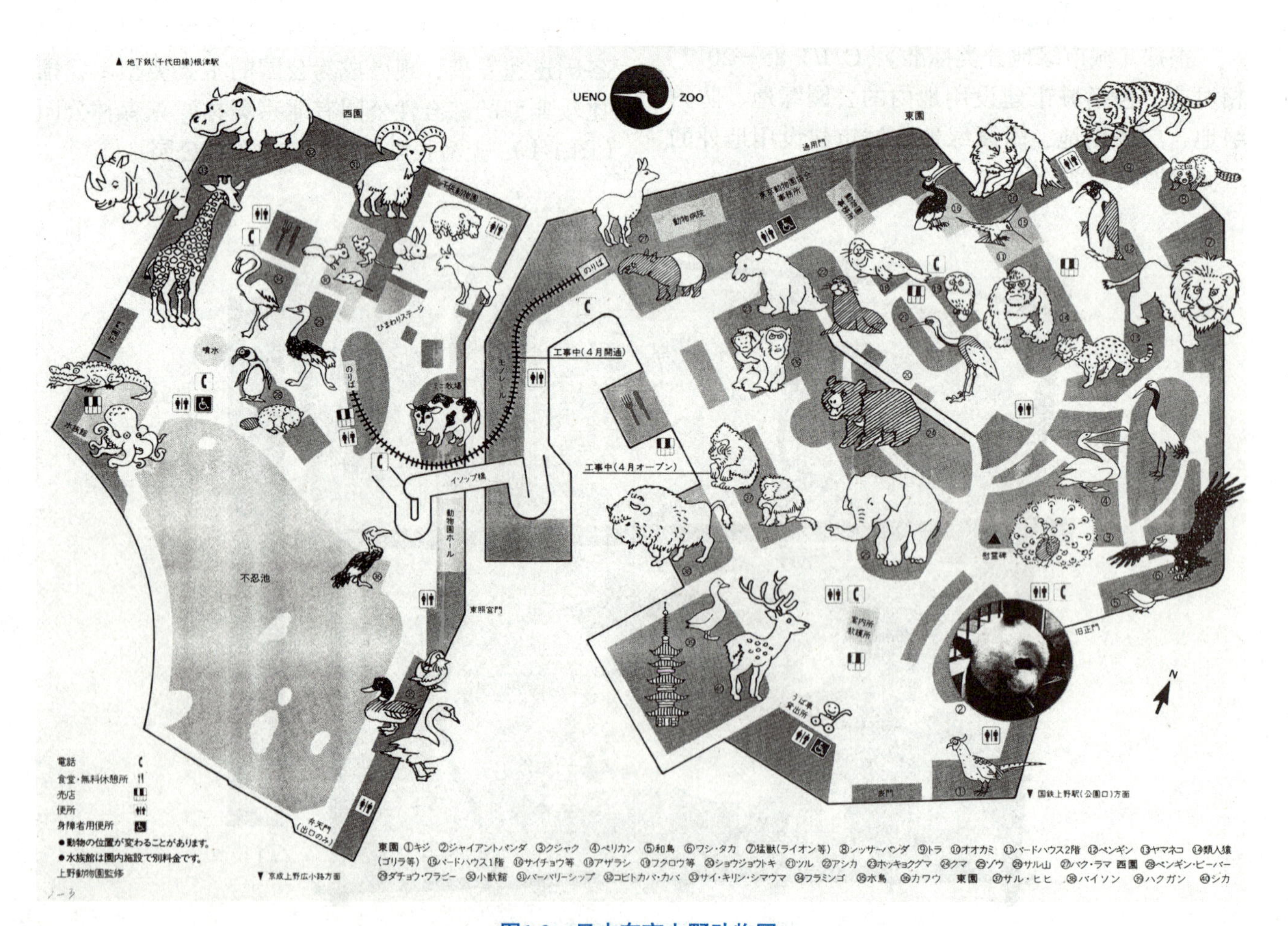

图1-2 日本东京上野动物园

动物园有城市动物园、人工自然动物园、专类动物园与自然动物园。

城市动物园动物种类丰富，多至千种以上，以兽舍和室外活动场地形式展出。我国规范限定，城市动物园应有适合动物生活的环境，游人参观、休息、科普的设施，安全、卫生隔离的设施和绿带，饲料加工场以及兽医院。检疫站、隔离场和饲料基地不宜设在园内。全园面积宜大于 20hm^2。国内具有代表性的城市动物园有北京动物园、广州动物园、上海动物园等。

人工自然动物园多位于城郊，种类至少几十种，以群养敞放的形式展示，富于自然情趣。

专类动物园面积最小，以展出具有地区或类型特点的动物为主要内容，全园面积宜为 5 ~ 20hm^2。

自然动物园多在环境优美的自然风景保护区，游人乘车观赏野生动物。国内具有代表性的自然动物园有北京野生动物园、广州长隆野生动物园、宁波雅戈尔野生动物园、上海野生动物园和新疆天山野生动物园等。

动物园主要按照动物进化系统、动物原产地、动物的食性与种类 3 种类型规划布局。

（4）植物园

植物园的存在历史最为悠久，我国公元前 138 年汉代的上林苑即具备了植物园的雏形。国外著名的植物园有莫斯科植物园、英国邱园、柏林植物园、意大利比萨植物园等。

国内植物园是进行植物科学研究和引种驯化、植物保护并供观赏、游憩及开展科普活动的绿地。其广义定义涵盖综合植物园、专类植物园和盆景园。从内容上看，植物园在观光游览的基础上具有科普、科研、科学生产的多种功能。

综合植物园，通常简称为“植物园”，应创造适于多种植物生长的立地环境，有体现本园特点的科普展览区和相应的科研实验区。全园面积宜大于 40hm^2。国内代表性的综合植物园有国家植物园（图 1-3）、中国科学院华南国家植物园、深圳仙湖植物园、上海辰山植物园及杭州植物园等。

专类植物园以展出具有明显特征或重要意义的植物为主要内容，全园面积宜大于 2hm^2。

盆景园以展出各种盆景为主要内容。独立的盆景园面积宜大于 2hm^2。

植物园的选址一般为原生植物茂盛的区域，规划应该充分考虑植物的生长与发育，具有充足

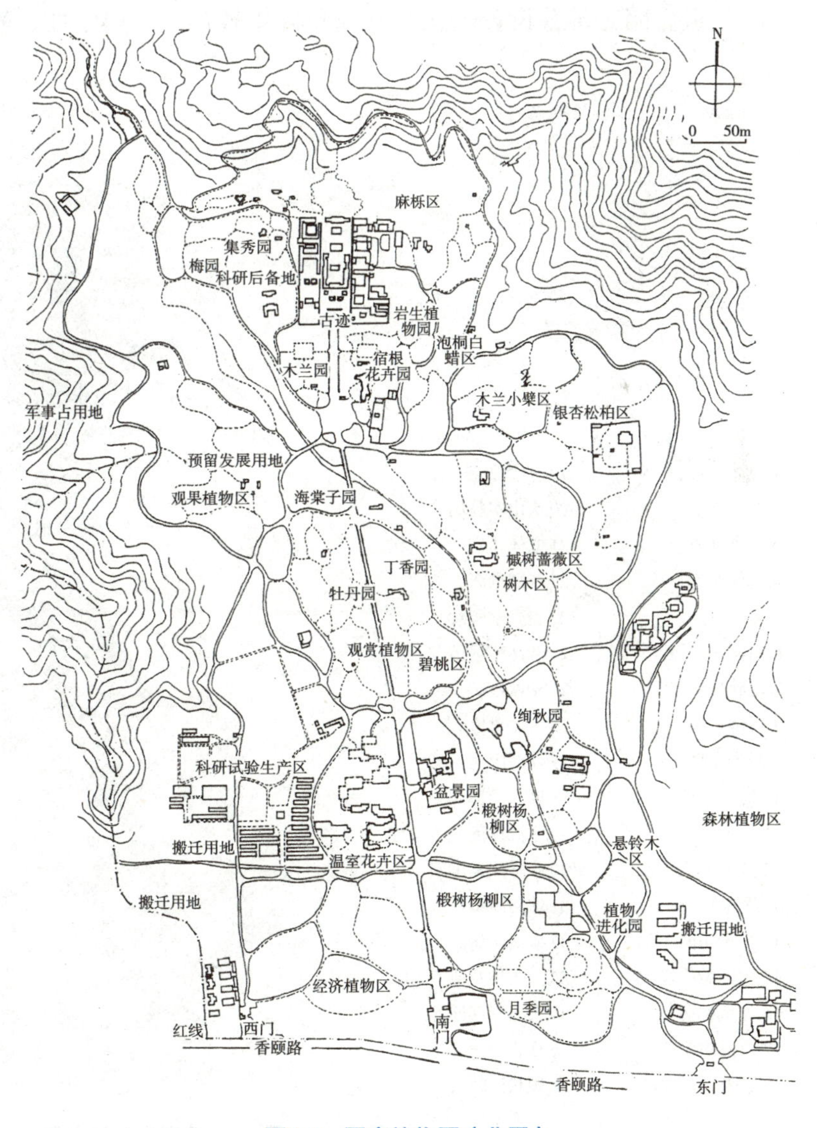

图1-3 国家植物园（北园）

清洁的水源，适宜的地形地貌、土壤、气候。

植物园的规划布局形式多样。依照植物进化分类系统体系、植物地理分布区系、植物观赏特征性、植物经济性等参照体系的不同有不同的布局划分标准。

（5）儿童公园

儿童是人类、国家、民族的未来，儿童公园的发展充分显示了对儿童成长的关怀。广义上讲，儿童公园涵盖了儿童游戏场的概念。纵观世界各地，儿童公园为普遍的存在。

我国规范限定，儿童公园与儿童游戏场是两个区别开来的概念。

儿童公园是单独设置供儿童游戏和科普教育的活动场所。儿童公园应具有良好的绿化环境和较完善的设施，能满足不同年龄儿童需要，面积宜大于 $2hm^2$。

儿童游戏场，曾称为儿童乐园，是独立或附属于其他公园中，游戏器械较简单的儿童活动场所，面积没有具体的限定要求。

无论是儿童公园还是儿童游戏场，其选址都应具有良好的生态空间、优美的自然环境、安全便利的交通设施及适宜儿童开展活动的设施，如草坪、软质铺装与沙地等。场地内的建筑、各类小品、园路等应从儿童活动特性及其性格塑造角度出发，活动内容应涉及娱乐性、趣味性、知识性、科学性、教育性（图 1-4）。

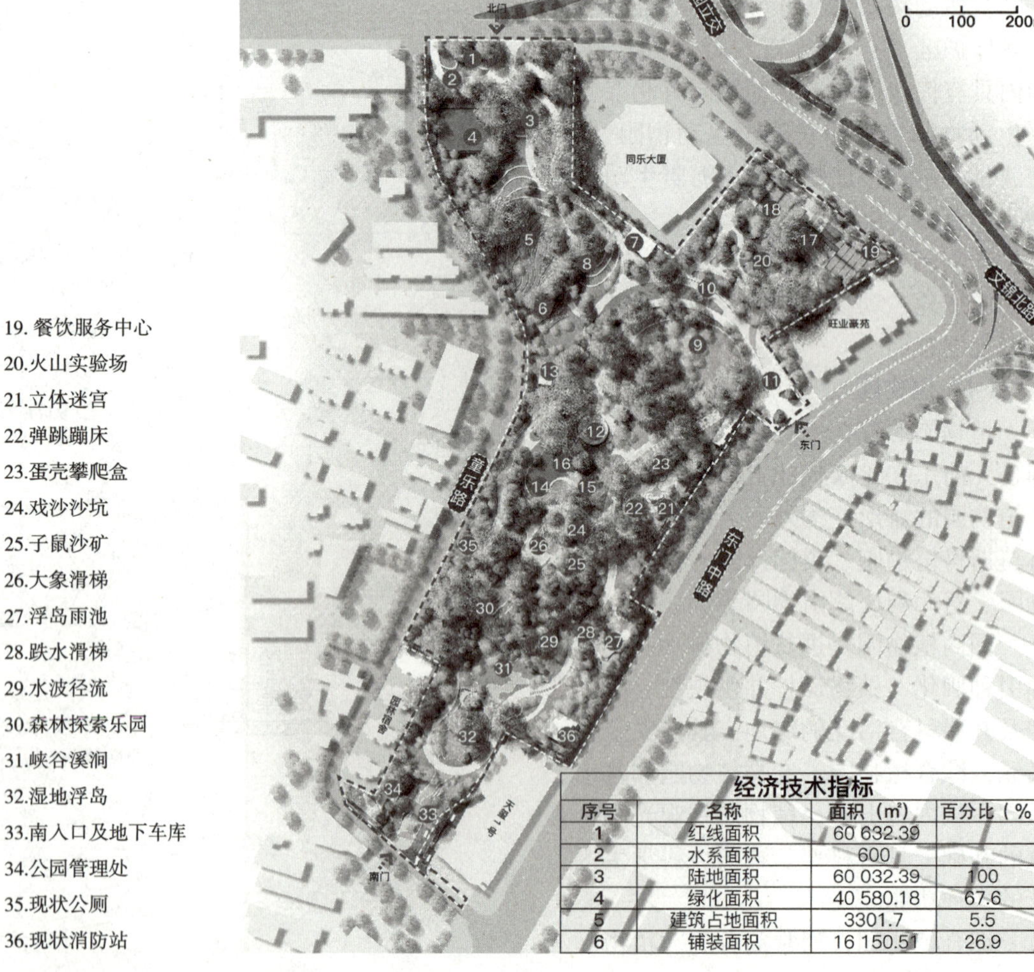

经济技术指标			
序号	名称	面积（m²）	百分比（%）
1	红线面积	60 632.39	
2	水系面积	600	
3	陆地面积	60 032.39	100
4	绿化面积	40 580.18	67.6
5	建筑占地面积	3301.7	5.5
6	铺装面积	16 150.51	26.9

1.北入口标识
2.人行天桥
3.生肖动画
4.立体车库
5.虎斑花园
6.树洞木桩
7.现状公厕
8.台地草坪
9.时光草坪
10.时光栈桥
11.东入口
12.童心书吧
13.配电房
14.秋千乐园
15.屋面游乐场
16.卯兔洞洞
17.自然讲堂
18.儿童活动中心
19.餐饮服务中心
20.火山实验场
21.立体迷宫
22.弹跳蹦床
23.蛋壳攀爬盒
24.戏沙沙坑
25.子鼠沙矿
26.大象滑梯
27.浮岛雨池
28.跌水滑梯
29.水波径流
30.森林探索乐园
31.峡谷溪涧
32.湿地浮岛
33.南入口及地下车库
34.公园管理处
35.现状公厕
36.现状消防站

图1-4　深圳市儿童公园

（6）其他公园

除以上介绍的几种类型的公园外，还有游乐公园（图 1-5）、体育公园（图 1-6）、滨水公园（图 1-7）等多种类型的公园。

1.1.3.3 附属绿地分类

我国将城市建设用地中绿地以外各类用地中的附属绿化用地统称为附属绿地。包括居住用地、公共管理与公共服务设施用地、商业服务设施用地、工业用地、物流仓储用地、道路与交通设施用地、公共设施用地。附属绿地因所附属的用地性质不同，而在功能用途、规划设计与建设管理上有较大的差异，应符合相关规定和城市规划的要求。风景园林与城乡规划学科有交叉，园林设计师要养成主动查阅相关规划和规范的习惯，涉及类似学科交叉问题时查阅相关规范。

1.2 园林基本构成要素

前文所提，园林设计是关于空间场所的艺术，任何艺术都有其重要的构成要素。园林艺术的“构图素材”基本上可分为五大要素。园林设计师通常利用这五大要素来创造和安排户外空间场所，以满足人们的需要和享受。

1.2.1 地形

地形为地表的外观，是园林设计中最重要，也是最常用的要素之一。地形是所有户外活动的基础，对园林中其他设计要素的作用和重要性起支配作用。所有园林设计要素和外加在园林景物中的其他因素都在某种程度上依赖地形，因此，场址的地形变化，就意味着该地区的空间轮廓、外部形态，以及其他所处于该区域中的要素功能

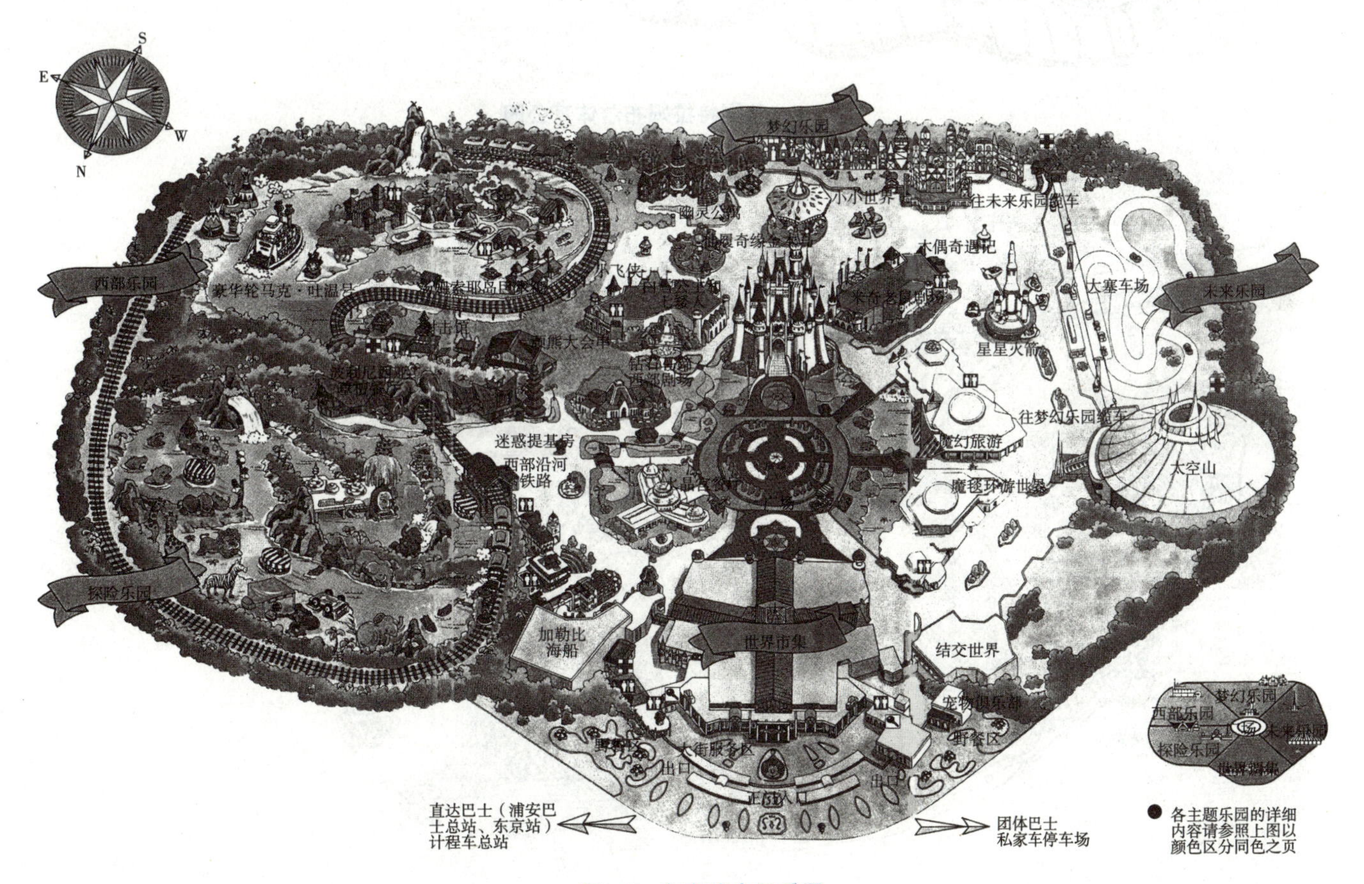

图1-5 东京迪士尼乐园

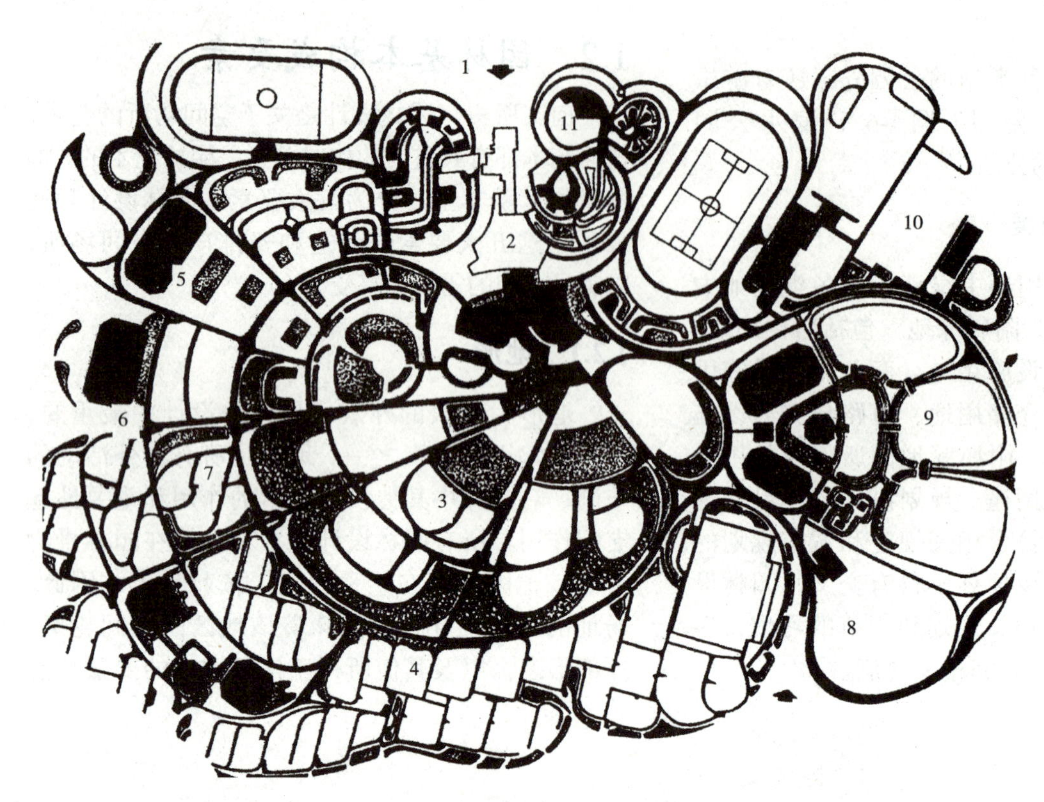

1.入口
2.俱乐部
3.休息场地
4.网球场
5.水上体育运动综合设施
6.溜冰场
7.排球场
8.射箭场
9.骑马场
10.田径运动综合设施
11.幼儿园

图1-6　法国特拉姆布尔体育公园

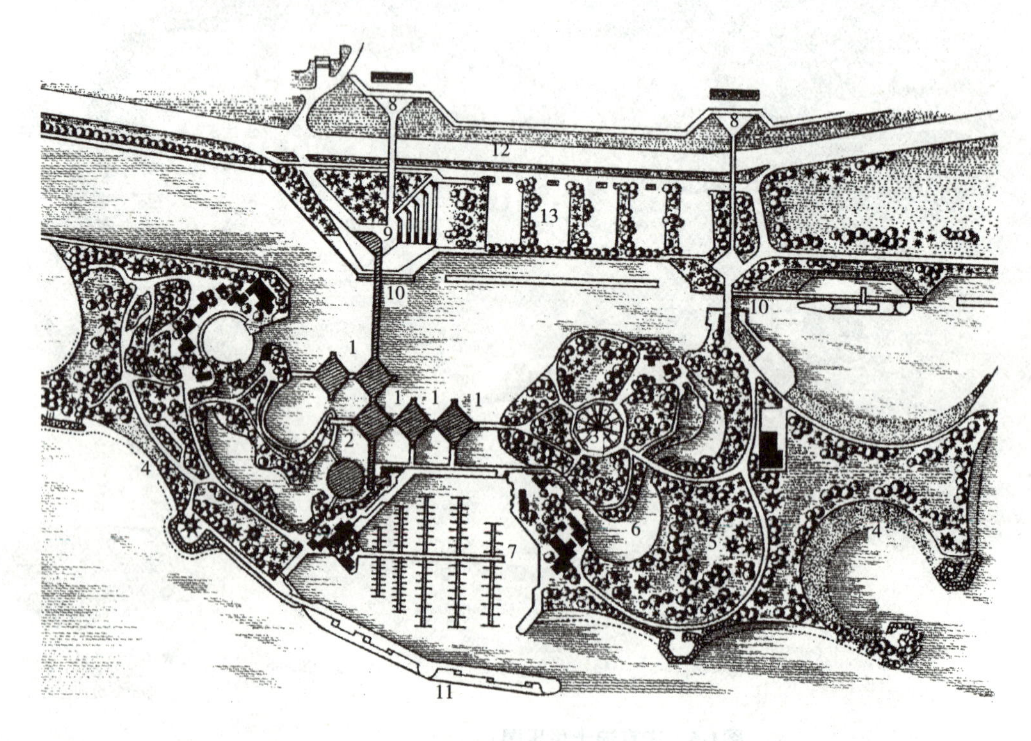

1.展览馆
2.演出场
3.集会广场
4.浴场
5.休憩区
6.园内海湾
7.水上活动站
8.售票处
9.入口广场
10.游廊与桥
11.防护堤
12.交通运输干道
13.汽车停车场

图1-7　加拿大多伦多市水上公园

的变化。地形是构成园林景物任何部分的基本结构因素。

自然地貌有平地、浅滩、坡地、丘陵、峰岭的差别。其中以高耸的峰岭变化最为丰富，如因其地质结构造成岩石形态的不同而形成的悬崖、峭壁、峡谷、洞穴等。地形对任何规模园林的韵律和美学特征有着直接的影响。园林的创意要因势而立。

中国古典园林在地形塑造方面的重要手段之一，就是通过筑山、掇山、凿山、塑山等多种手段在有限空间中反映出天然景致。

西方国家的传统造园理念多为利用原始地貌进行强化或抽象。以意大利为例，作为多山国家，其古典园林对山峦地形的改造往往为将山地修筑成有明显层次的平台地，进而在平整的平台地上再创造。

无论是哪种方法，园林设计中地形要素应用的基本原则在于利用其高度变化，形成总体空间的起伏韵律，形成空间变化的层次基础。

错落的空间层次产生无穷的变化，地形的利用、取舍、塑造，构成造园的重要环节。

1.2.2 水体

水体是变化丰富的设计要素，可形成不同的形态。从水呈现的状态上看，总体可分为静态水（平静少动）和动态水（流动变化）两种类型。静态水包括湖沼、池塘、潭；动态水包括江、河、湾、溪、渠、涧、瀑布等。自然状态下，水的形态通常依托于地形呈现。

人类有着本能利用水和观赏水的需求。人们需要水是为了生存，就像需要空气、食物和栖身之处一样。水作为最基本的、人类生存的必要因素，同时是园林设计中最吸引人的要素之一。水体要素在园林设计中有着重要的意义与作用。

中国古典园林对水的设计统称为理水，强调对场地原有水要素的梳理整合，形成“山环水抱”的空间构架；西方传统园林中的水多以喷泉、水渠等形式呈现，多为规则的几何形状。

总的来看，如何处理好水体，使水体成为可观、可感、可触的优美景物，是造园的另一个重要环节。

1.2.3 建筑

建筑，包括构筑物（有时又称园林小品），无论是单体还是群体，在园林中起到改变户外空间、控制视线、影响改善小气候，以及衬托毗邻景物的作用。

设计建筑及其内部空间，是建筑师的主要职责，而园林设计师的职责，则是协助其合理地安置建筑，以及恰当地设计其周围环境。

某种程度而言，园林离不开建筑。中国古典皇家园林中有宫殿，寺庙园林有庙宇，庭院有亭、廊、轩、舫，城市绿地以及现代公园有供游人活动的馆、室、厅、堂等。以人为本是园林的宗旨，与人们关系密切的各种建筑在园林中往往都会以主体形象出现。同时，建筑风格特征最能体现整个园林的特征，最易给人留下深刻的印象。建筑的造型，建筑与围墙所形成的院落，建筑的空间分割，建筑的门窗、廊柱等大量的局部处理，建筑与外部空间环境的协调、过渡等，成为园林设计中最为复杂的工作之一。

1.2.4 园路

园路，在此指绿地中的道路、驻足点、广场等各种铺装场地，是园林不可缺少的构成要素，如同园林的骨架、网络。园路就像人体的脉络一样，贯穿于主园各景区的景点之间，它不仅导引人流，疏导交通，并且将园林绿地空间划分成不同形状、不同大小、不同功能的一系列空间。因此，园路的规划直接影响到园林绿地各功能空间划分的合理与否，人流交通是否通畅，景观组织是否合理，对园林绿地的整体规划的合理性起着举足轻重的作用。

园林道路的种类丰富，但主要根据类型和尺度进行分级：

——主路：联系全园，必须考虑通行、生产、救护、消防、游览车辆。宽 4~7m。

——支路：沟通各景点、建筑，通轻型车辆及人力车。宽 2~3m。

——小路：宽 1.2~2.0m。健康步道是近年来最为流行的足底按摩健身方式。通过行走卵石路上按摩足底穴位达到健身目的，但又不失为园林一景。

道路要素的造型总体呈线型的状态，视觉上有流动的感觉，增添了园林布局的活力。道路随地形的变化而转折，有规整式、自然式及规整和自然的混合式。在线型布局的基础上纹理与色彩的呈现可使道路具有高价值的观赏性。

1.2.5 植物

植物，不同于其他园林设计要素的最大特点就是具有生命。在园林建设或其他设计工程中，几乎没有材料像植物那样具有生命和变化。植物的其他特性都源于其具有生命。植物随季节和生长变化而不停地改变其色彩、质感、形态等特征。

园林设计中，植物使空间充满生机和美感方面有着巨大价值，是极其重要的要素。园林设计师需要通晓植物的观赏特征，如植物的尺度、形态、色彩和质地，并且还要了解植物的生态习性和栽培环境。园林设计对植物的关注重点在于熟知植物健康生长所需的生态条件，以及对植物生长的环境效应的了解两方面。

植物在园林景物中有建造、生态及观赏三方面的功能。

建造功能具体来讲，是将植物作为限制和组织空间的媒介，如遮挡户外空间不利于景物的物体。在涉及植物的建造功能时，植物的大小、形态、封闭性和通透性也是重要的参考因素。

生态功能是指植物能影响空气质量，防治水土流失，涵养水源，调节气候。具体来讲，如遮阳、造氧，使得空气湿润清新；保持水土，维持良好的生态环境。

观赏功能是指因植物的大小、形态、色彩和质地等特征，而充当园林中的视线焦点。也就是说，植物因其外表特征而发挥其观赏功能。

植物总体上可分为乔木、灌木、草本、地被。种类的丰富、体态造型的千差万别、搭配组合方式的多种多样使得植物成为园林立体设计构思的基本手段之一。

1.3 园林与相关学科

园林是一门综合的艺术，其范围之大、内容之多、涉及的学科领域之广，是其他造型艺术难以比拟的。

仅从构成要素上看，园林涵盖地理学、土壤学、水文学、建筑学、土木工程学、生态学、植物学等学科，进而扩大到环境层面理解，园林还涉及气象学、社会学、心理学、历史学、民族学、宗教学等。园林是设计的艺术，园林设计师需对美学、绘画、雕塑、书法、文学等有涉猎。

各个学科在具体特定的园林及具体涉及的点可能有所侧重，但园林设计师对上述学科应有所了解。有了广博的知识做基础，才有可能使设计更为合理完善，达到较高的水平。

1.4 园林设计

园林设计是园林设计师智慧的体现，任何园林的建造都从园林设计开始。在场址范围内，园林设计师将地形、水体、建筑、道路、植物这五大园林的构成要素进行组织和协调，用图示语言表达成果，然后采取相应的工程技术将组合结果实践落地，创造出理想的园林场所（图 1-8）。

图1-8　园林设计过程概要

园林是综合的艺术，涉及学科众多，内容广博。不同国家、不同文化背景下的造园理念、过程有所侧重，因而表现出的形式风格亦有所不同。

下文将以中国古典园林的造园手法为重点，介绍园林设计的过程。相关的图示表达方法详见第5章。

1.4.1 明旨

明旨，即确定兴造园林的目的，明确场址的定位与定性。"世事皆事出有因，世人做事皆应有的放矢，园林亦然"。明旨是园林设计首要的一步。

中国古典园林或为祭天祀地，或为皇家避暑，或为孝敬父母，或为纪念宗祠，或为饲养家牲，或为闭门思过，或为退位隐居，都有明确的造园、造景目的。

前文所提，造园的总目的是：不断满足人对人居环境中的自然环境在物质及精神两方面的综合需求，建设生态良好、风景优美的环境；争取最大程度地发挥园林在环境效益、社会效益以及经济效益等多方面的综合功能；提供既有利于健康长寿，又可休息和游览的生态环境，并将健康、丰富的文化内涵赋予其中，以期收到"寓教于游"的效果。明旨就是要在明确树立以总目的为宗旨的前提下，开展各项具体的园林设计活动，确定其矛盾特殊性。

不同的园林具有不同的目的及其相适的功能要求。造园之前必须明确场址的性质，收集并研究大量的相关自然资源和人文资源等资料。此外，还要了解和理解该用地所属上一层的总体规划，明确上位规划对场址的定位及相关的控制条例。经过细致周密的调查与研究，果断明确地对场址进行定性和定位。

1.4.2 立意

兴造园林之初，除了通过"明旨"确定场址用地性质所牵动的实际功能以外，还需"立意"来确定用地的场所精神主题。

立意，即构思园林的意境，是源自计成"意在笔先"的构思观念，意借地宜而生，旨借意而具内蕴。

立意是园林设计的灵魂。依照立意决定表现什么样的主题，传达什么样的理念，采用何种风格，确定最终的形式语言和造型手段。

"意在笔先"对于古今中外所有园林作品无一例外。

中国古典园林始于秦朝。上林苑开凿了太液池，池中堆筑岛屿为仙山，模拟传说中东海的神岛仙境。秦始皇迷信神仙方术，曾多次派遣方士到三仙山求取不老之药未果，便以其求仙的意愿堆筑蓬莱仙岛。到了汉代，此意念依然延续，仿效秦始皇，在太液池堆筑瀛洲、方丈、蓬莱三岛，成为历史上"一池三山"仙苑式皇家园林（图1-9）。此模式一直延续到清代，为皇家园林的立意首选。

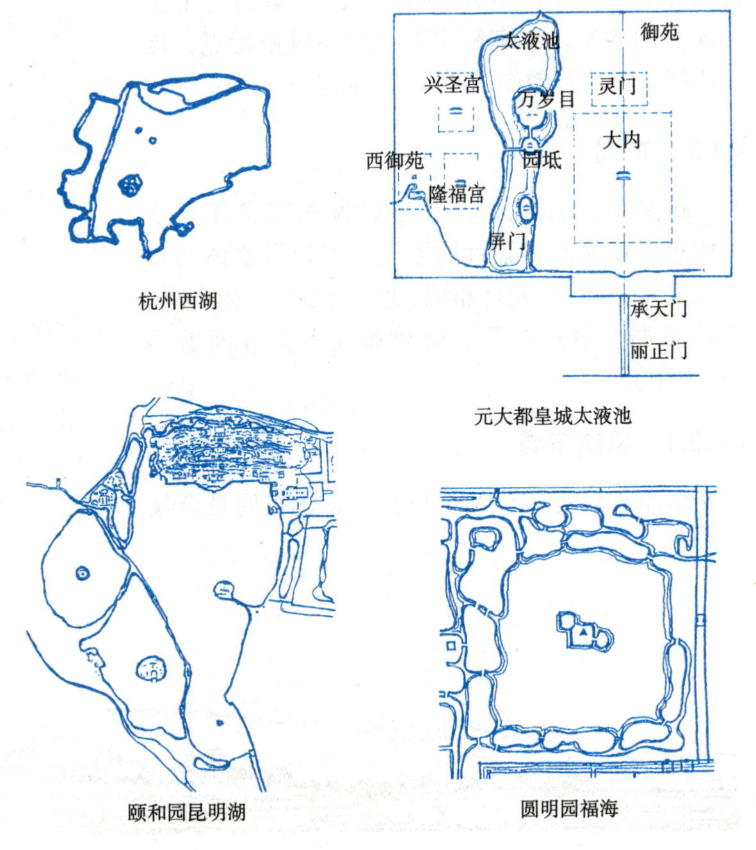

图1-9 "一池三山"仙苑式皇家园林模式

宋代由于社会动荡不安，文人宦官逃避现实又不愿流于世俗，便纷纷修建私家园林以安其身，所建园林成为园林主人的气节与人品的表白。用梅花、兰花、菊花、竹林、奇石借以象征高雅、脱俗、清纯，这是该时期造园的重要手段。

在西方，凡尔赛宫苑是法国古典园林最辉煌的代表。国王路易十四亲自参与策划，其自比太阳王，建苑宗旨是要歌颂太阳神阿波罗以寓意自身的伟大。宫苑中最突出的雕塑坐落在宫苑主轴线的显著位置，阿波罗驾乘四马车迎着太阳从泉池中腾空而起，气势雄壮无比。此喷泉雕塑景点与之对应的其母怀抱幼时阿波罗的雕像构成园内中心景观。

园林脱离不了时代，任何园林都会留下时代的烙印，时代精神主宰造园的主题思想。

园林应具有其独特的场所精神，要选择与之相适应的立意。

园林是艺术创作，园林设计师的情趣、爱好必然会表现其中。园林是视觉艺术，要符合诸多形式美的要素，要有鲜明而突出的风格特点，这一切都会引导着创作设计立意的确立。

1.4.3 布局

布局是总体规划，以布局为基础展开方案的构思。依照园林设计的不同要素以及整体与布局的关系，可以从总体布局、地形布局、水体布局、建筑布局、道路布局、植物布局六大方面着手（图1-10）。

1.4.3.1 总体布局

总体布局为纲，纲举目张。总体布局是全局性宏观的处理，以此作为基调将园林设计的诸多要素融为一体，继而深入到其他单项的布局中。总体布局一经确立便具备统领、制约其他单项布局的作用。

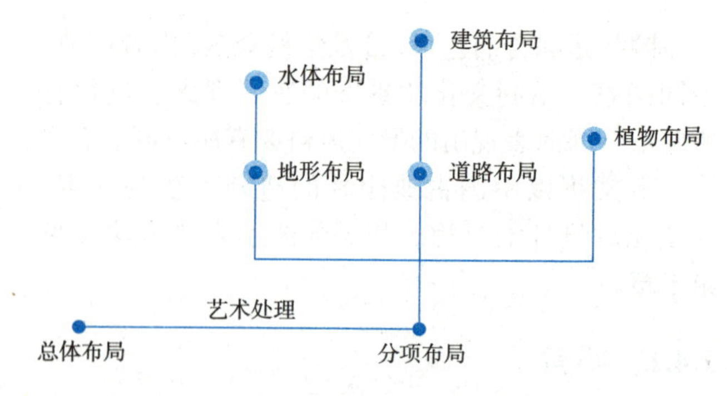

图1-10　布局层次关系

（1）骨架线与轴线

在园林设计总体布局的总平面上应显示出一条明确的骨架线。在规则式的布局中，骨架线往往成为中轴线或平行轴线，如水平与垂直交叉轴线或规则的放射轴线；较活泼自由的布局时，则形成不太规则的骨架线，如直线、曲线、折线以及它们的复合与变幻的形态。骨架线与轴线能够表现出秩序美，即对称的秩序与均衡的秩序。园林设计中各种要素的综合运用显现出复杂的组合与穿插，清晰的骨架线与轴线使复杂的局面趋于条理。

（2）主体形象与重点部位

造园好比作文，要有起承转合，有开头、推进、高潮和结局的节奏变化。主体形象与重点部位将使园林中出现高潮（图1-11），没有高潮的园林最终给人的印象只能是平淡乏味。在园林中常见的主体形象多是主体建筑，如皇家园林中的宫殿，私家园林中的正厅，现代园林的厅馆等。重点部

图1-11　园林布局的主体形象与重点部位

位多以山体、水体出现，如北京北海公园的琼华岛、颐和园万寿山、众多苏州园林内的中心湖水和中心水池等。有了主体形象与重点部位，随之必然要分布与之相适应的陪衬，以产生主次对比、强弱对比，形成对主体形象、重点部位的环抱关系，或以主体形象、重点部位为中心扩展不同节奏的聚散。有时一个园内依照不同区域、不同功能会形成不同的主体形象与重点部位，但无论如何，其中的重中之重必须确定无疑。

（3）空间序列

全园应划分区域，形成空间序列，如小说中的章节、戏剧中的幕别（图 1-12）。序列条理清晰，序列中的一个区域与另一个区域的衔接产生间隙，从而使游人的精神得到缓解。区域与区域之间有连接、过渡、转换、渐进等多种变化丰富的处理。

我国传统园林从入口开始到出口结束往往采用收——放——收或收——放——收——放——收的手法，入园时多为收，建在一种较为收缩的环境中，经过障景阶段豁然开朗则为放，再进入较为狭窄延续的空间又成收，回转之后又成为放的局面，最后以恬静的环境收尾。这种收与放会因园林的面积大小不同而有不同的处理，放时展示主体形象、重点部位，进入高潮；收时巧施变幻，收而不闭塞、不单调。空间序列构思的种种变化使游人在不知不觉中感受到游园的节奏感与韵律感。

（4）点、线、面、体的视觉效果

布局时平面图中反映出园林设计要素的各种点、线、面的关系，在规律的经纬线中保持着和谐的组合。实际的景观中平面布局实施为立体的、空间的、时间的多维形态。景观的效果与人所处的位置有关，临高俯瞰；从低仰望，或是开阔纵览的环境或是转换莫测的收缩空间，构思中要有身临其境的感受。开阔处点状的景观，如亭、桥、独立小建筑等过多会显得非常散乱；山路、小道、小溪这些线状出现的要素应若隐若现，避免一览无余过于单调；体量过大的山体宜起伏而无定形；湖面、池面宜聚散分割而婉转曲折；丛林疏密相间；草坪点缀灌木、卧石；建筑群体延伸错落而不呆滞（图 1-13）。

总体布局如乐队的指挥，对乐曲有自始至终的了解，把握全局，进行全方位的思考。

1.4.3.2 地形布局

中国古典园林中，地形布局中以山体的塑造最为突出。山体从宏观上使园林变得立体化，产生体量感，显得雄伟而充实，是从平展的地面转入纵向变化的最基本的手法。这里着重介绍由堆土石建造人造假山的布局（图 1-14）。

掇山是园林设计的手段，设计要点为：因地制宜；山体应稳定，坡度需合理；注意水土保持和排水通畅；山体的造型要错落有致、起伏多变。

中国传统山水画山体的表现方法主要有 3 种，即平远法、高远法和深远法（图 1-15）。平远法从近山平视远山；高远法从山脚仰望山巅；深远法自山前窥望山后。这些表现方法可为山体塑造提供借鉴，如视点的开阔与否，视野的选择范围以及总体景观效果的确定。

（1）山形起伏变化

山体形态庞大，山的外形若呆板，如团状、饼状，像馒头山、窝头山、扁平山必然是极其乏味，呆板的山体会使整个园林缺乏生气。因而山体的造型要延绵起伏，即平面的造型呈变化的延伸，立面的造型呈高低错落。这样当山体与之覆盖的植物及点睛的建筑结合便会成为壮美的景观。

（2）山体陡缓相间

这是中国传统造园的常用手法。以北京北海公园为例，琼华岛南坡多为平台地，建成佛寺建筑群，整齐而宏伟；西坡陡峭，建筑物则随山就势，间以叠石错落，多有险峻；北坡则上陡下缓，上部的陡峭形成崖岫、峰壑、洞穴，下部的缓坡地建有比较隐蔽的小庭院；而东面整体已是缓行的大坡面，树木繁盛，以浓密的植被为主要景观。琼华岛山体东、南、西、北坡的明显差异使得面积并不庞大的山体形成丰富、变幻、生动的景观，成为造园布局的典范。

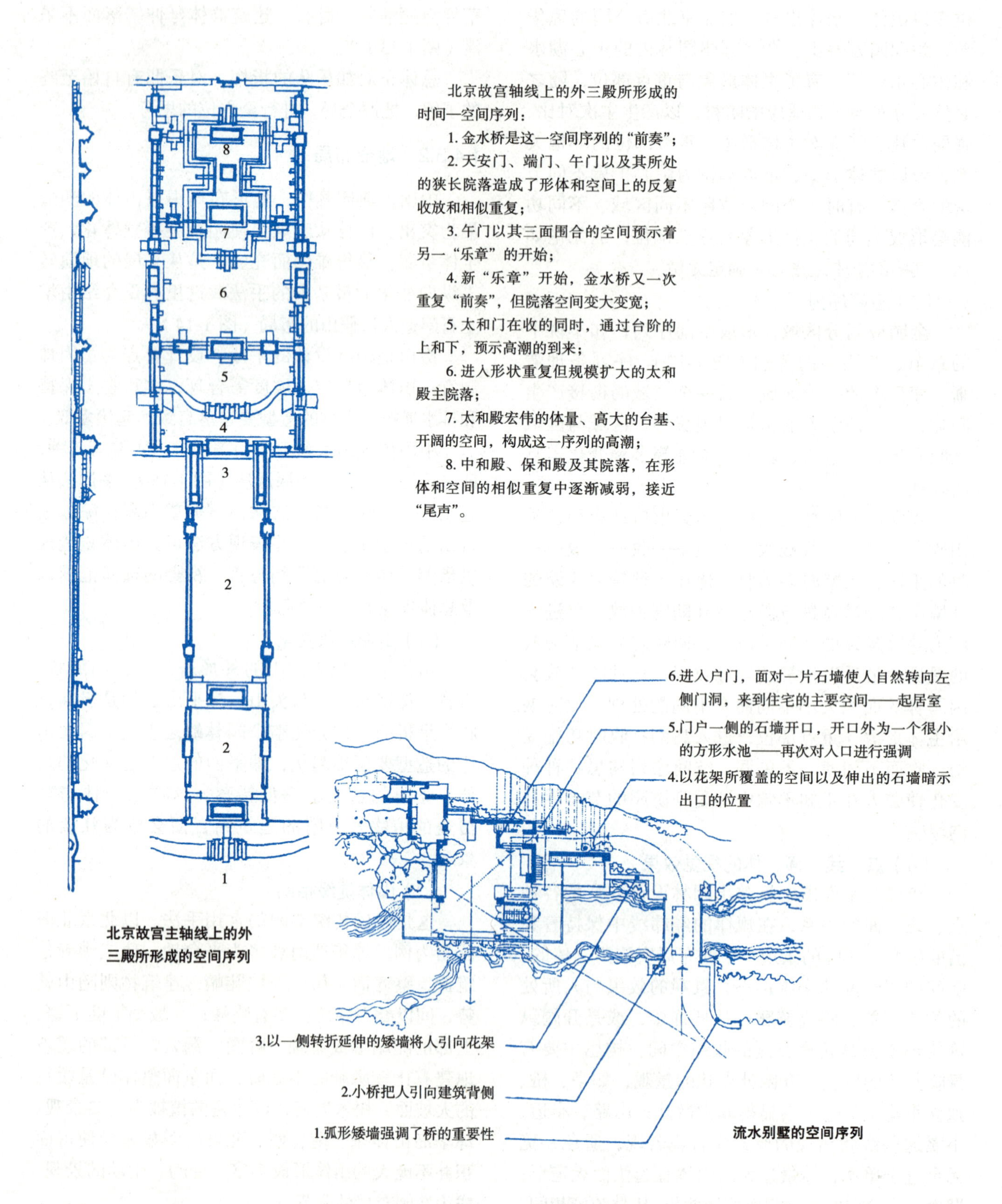

图1-12　布局的空间序列

步移景异的视觉效果（合肥逍遥津公园水榭景区不同视点的景观变化）

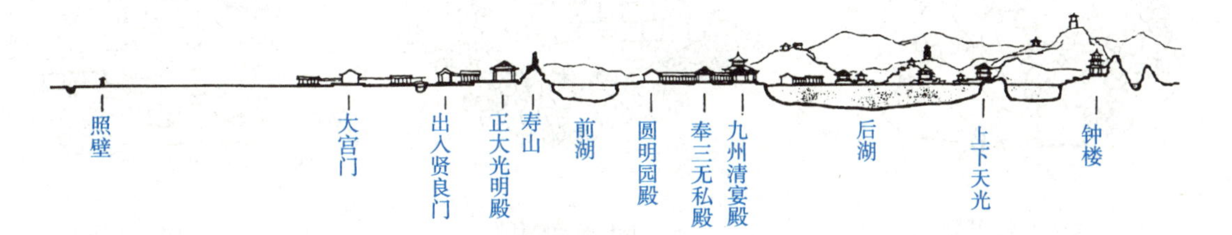

圆明园九州景区中轴线的景点层次与疏密变化

苏州网师园东立面的3个层次

图1-13 园林布局的视觉层次

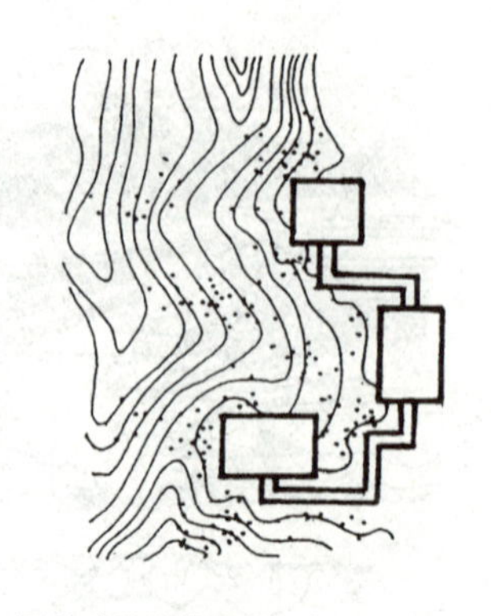

园林建筑错落变化地依托地形

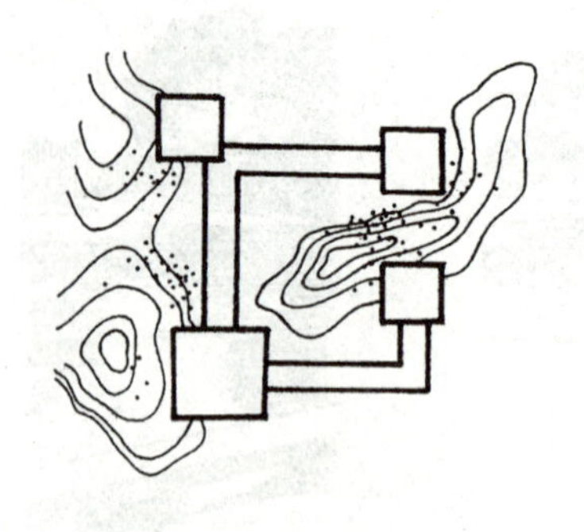

山体穿插于庭院，造成宛若自然的氛围

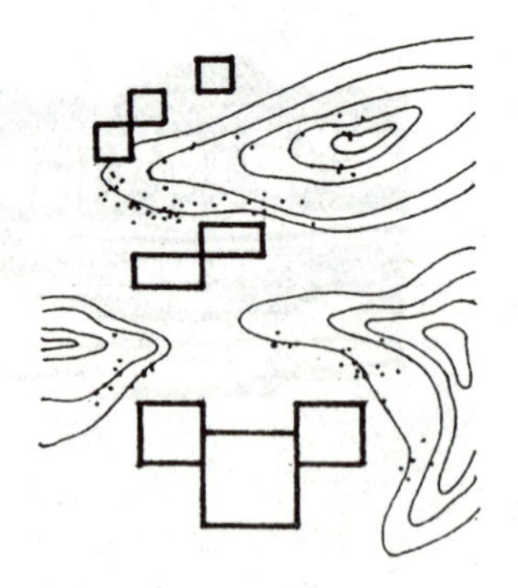

以山体组织园林空间

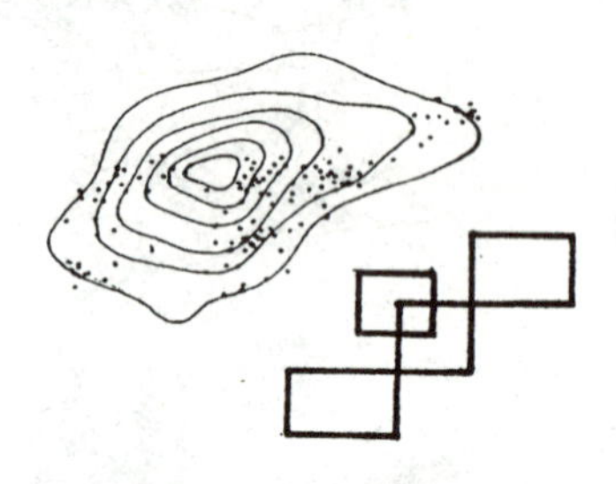

与园林建筑互为对景

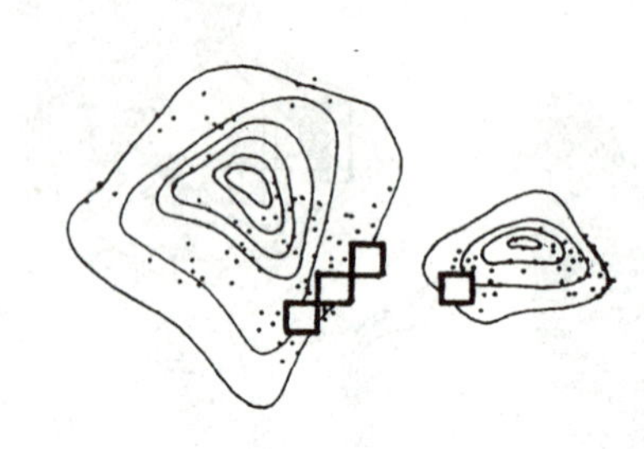

主客分明、顾盼呼应

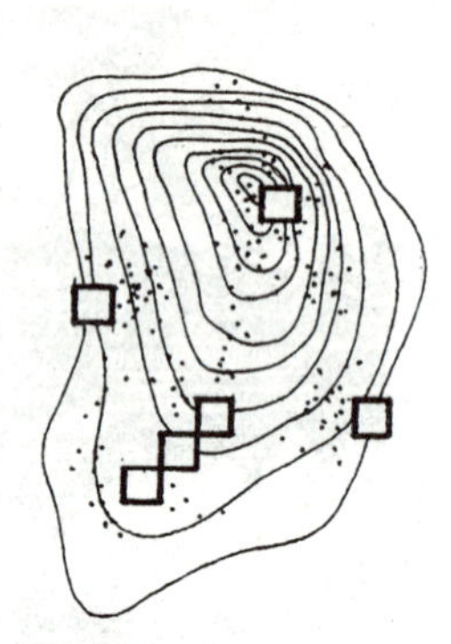

山形有急缓之分

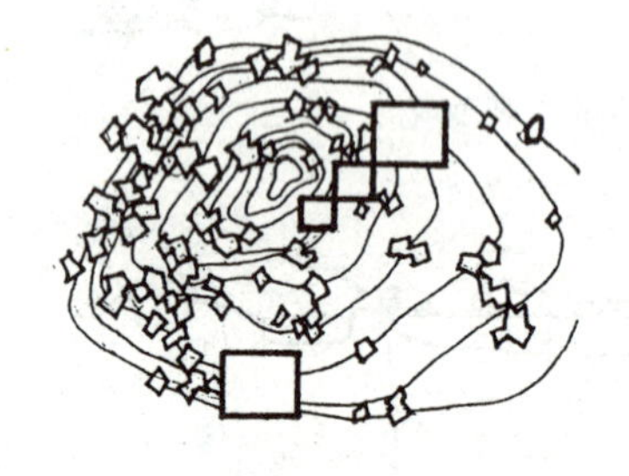

山体大量置石增强其造型的陡峭

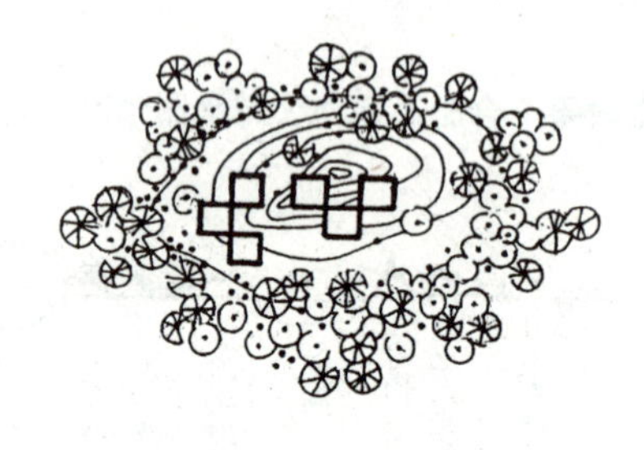

山体被植物环抱

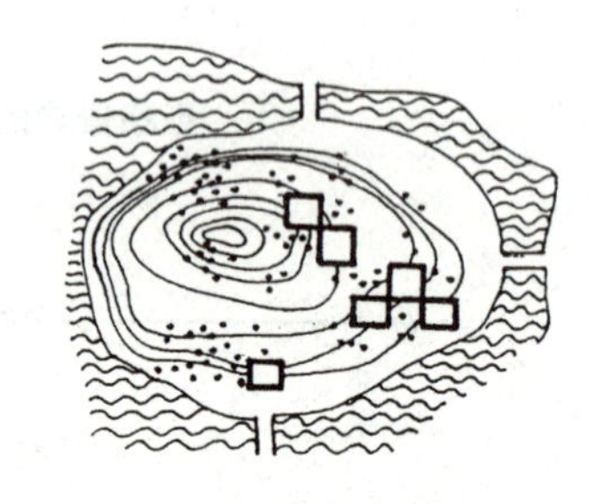

山体四周环水

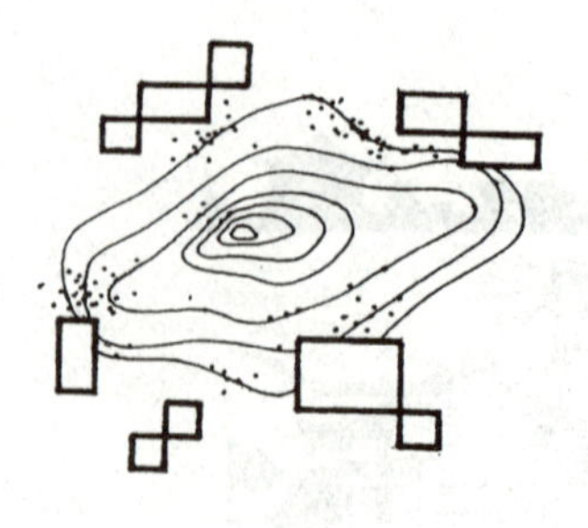

山体作为全园的主景

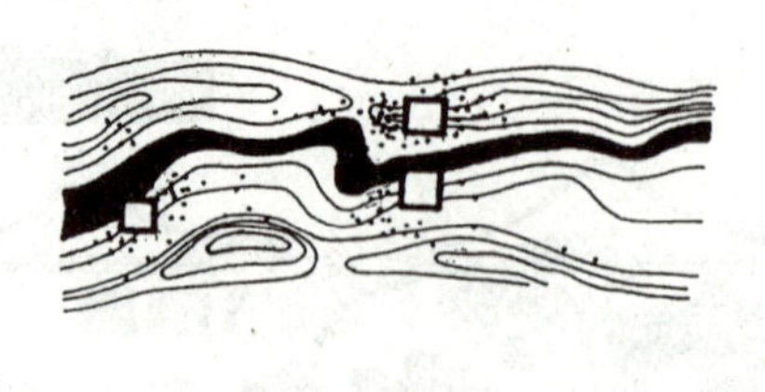

两山夹水相峙，形成峡谷景观

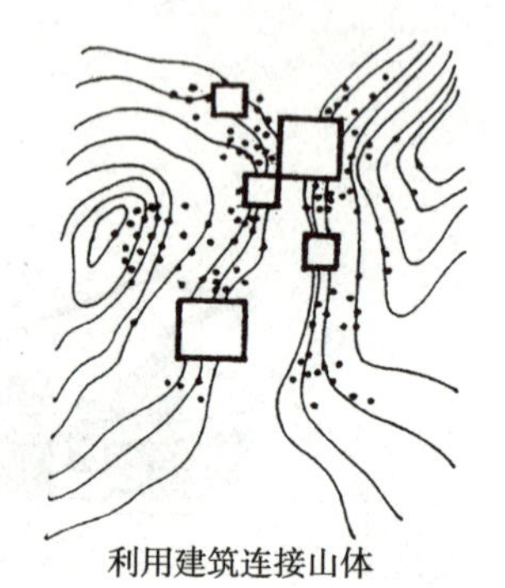

利用建筑连接山体

图1-14 山体布局的手法

平远法

高远法

深远法

图1-15 中国山水画的三远法

（3）山路的处理

山路的曲折纤细与沉重的山体形成鲜明的对比，山路使山体变得轻盈，远处望去隐约可见的山路能唤起游人对登山的向往。随着山势的变化，合理修筑的山路会给游人带来很多便利，平缓山路的铺石路面宽而层薄；陡峭山路的叠石面窄而层厚。平缓的山路宜采用曲线形，陡峭的山路宜采用折线形。山体较大的山路造型较为单纯；山体较小的山路造型适合变幻。危崖险峻地带应配以扶栏，此外路石、灌木与山路相间增添趣味的变化，延绵的山路与石凳、座椅相间使游人得以休憩。

（4）古典园林中山石结体手法与湖石的造型

以石材或仿石材布置成自然山石景观的造景手法称为置石。

石材的种类有大理石、黄石、英石、房山石、青石、黄蜡石等。石材的选择要通过“相石”，审视其尺度、体态、质感、肌理和色彩。

置石的类型有特置、散置、器设，以及与建筑、植物相结合的运用。选择体量大、形态奇异的石材特置在入口地带、庭院中、廊间、亭边作为障景和对景。一般的石材常以“攒三聚五”的样式散置。器设是结合实用功能所安置的石屏、石栏、石桌、石几等。此外，石材还可以蹲局、抱角、壁山的形式与植物相结合。

中国传统造园有着丰富的山石结体的手法（图1-16），包括安、接、斗、卡、连、垂、挎、拼、剑、悬、挑等，这些手法成为山石结体设计中指导性的规范。

湖石源自天然，往往取其生动的造型置于庭院，成为点睛的景观。湖石有单体、组合体不同的置石手法，选材时追求漏、透、瘦、皱的特征。湖石的造型有立、卧、蹲的体态；有俯仰、顾盼、呼应的表情（图1-17）。

安　置石安稳

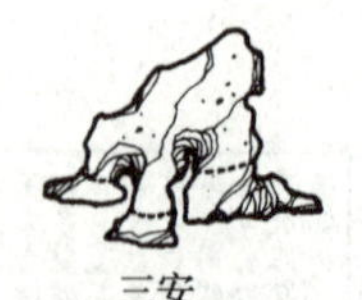
三安

连　水平衔接

卡 两石之间合成楔口
卡住上大下小之石

挎　侧挎小石

接 竖向衔接

垂　石侧下垂

斗　如卷拱受力，形如斗

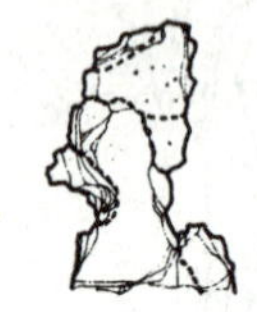
拼　以小拼大

悬　上卡下悬空

剑　直立竖长如剑

挑 上部挑出

图1-16　中国造园中山石结体的手法

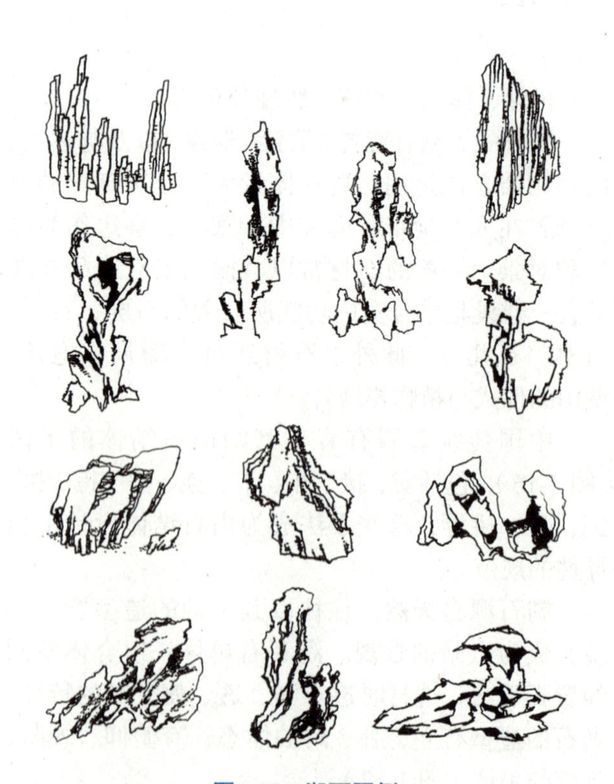

图1-17　湖石图例

1.4.3.3　水体布局

水体的造型较为便利，因而水面的形态也随之丰富。中国的造园多为挖土堆山成湖、成池，或截流入园成水道、水渠。西方的造园多维持自然水域的原有风貌，人工水景基本上都是几何形的泉池。中国造园也好，西方造园也好，都离不开水体的塑造。有水则灵，使得很多的园林水体成为主要的景观（图1-18）。

（1）水体的区域变化

湖水、池水的水面平静而易单调，在造园理水中可以依照不同的园林区域设计不同的水体以求变化。如北京颐和园的昆明湖，前湖区东面是浩瀚开阔的整块水域，西面则是以堤岸划出散置的小块水域，而后湖随着山势的变化形成弯弯曲曲的河道，从而丰富了水体的变化，使游人在不同园林区域领略到迥然不同的景致。

苏州留园规则式与自然式结合的水体

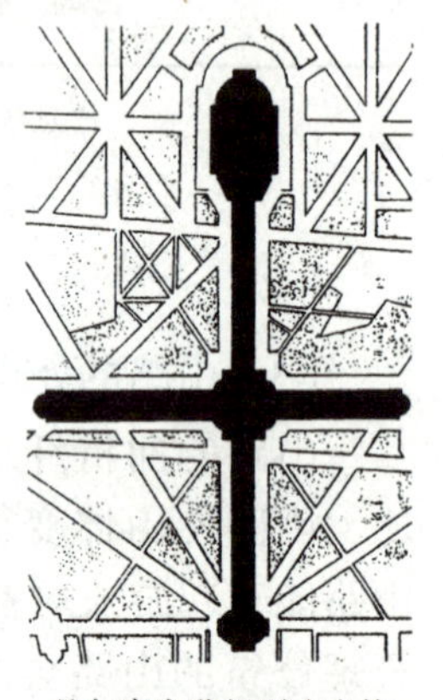
凡尔赛宫苑规则式水体

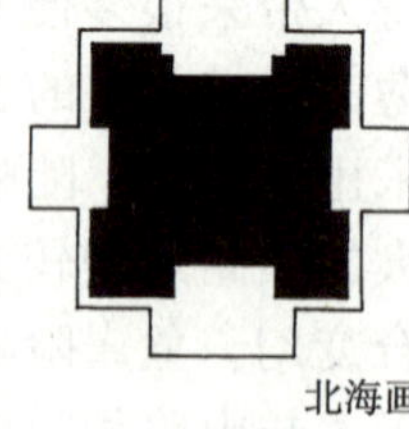
北海画舫斋方形规则式水池

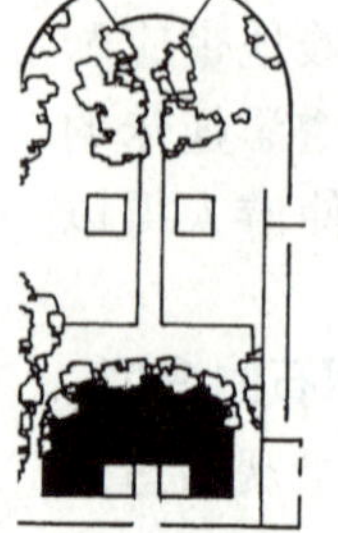
颐和园扬仁风方圆结合的半规则式水池

颐和园后溪河带状自然形

图1-18　水景的类型

（2）水体的大小与聚散

同一水域以水体的大小分割聚散予以变化。苏州园林中皆有水池，池面多宽窄不同，宽处地带环岸筑舫、轩、厅、堂，窄处则架设曲桥。聚合的较大水面设定为园林的中心，散置的较小的水面错落，寻求差异，这种形状与节奏的变化增添了水面的层次感。

（3）水岸的多样性

长长的水岸线随着相伴的环境不同会令游人产生不同的感受，如相临道路、开阔地、草地、建筑等。水岸本身有驳岸、岸石、缓坡，有时则修建水廊、水榭、水亭将水岸隐蔽，有时水岸被水生植物遮挡（图 1-19）。水岸的多样性使水面更具感染力。

（4）各种水体造型

因山势的变化，水体会出现各种造型，如小瀑布、山涧、流泉、小溪、水渠、明沟与暗道。平缓的地段可以利用地表的落差以及依靠园林工程营造，设计出水泻、水漫、涌泉、喷泉等，以小见大，寓意真实的自然景观（图 1-20）。

（5）水景的倒影效果

水景会倒映出岸上的景物是水体的一大特征，水波随风而动使倒影或清晰或含蓄，美不胜收。四季的变换使风景更加绚丽，可选择最为恰当的方位，使岸上实景与水中倒影交相辉映成为生动的景观。

1.4.3.4 建筑布局

建筑及构筑物在成景和得景方面独有所钟地显示与自然环境之间不可分割的密切关系，以文化欣赏、游览休息为主要使用功能的建筑通称为园林建筑。

建筑形象在园林中最为明显、突出，格外吸引游人的注意，在布局中具有很强的凝聚作用与导向作用。

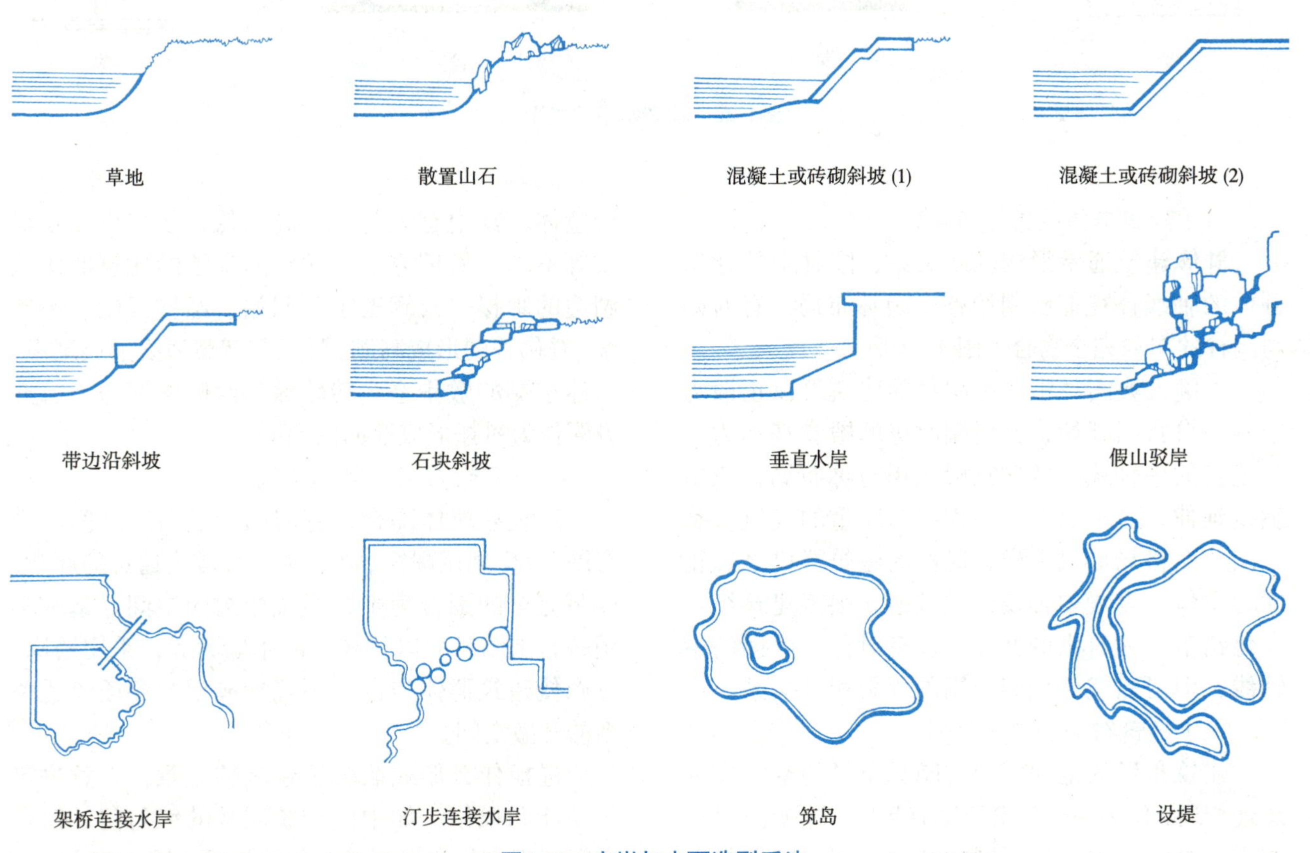

图1-19 水岸与水面造型手法

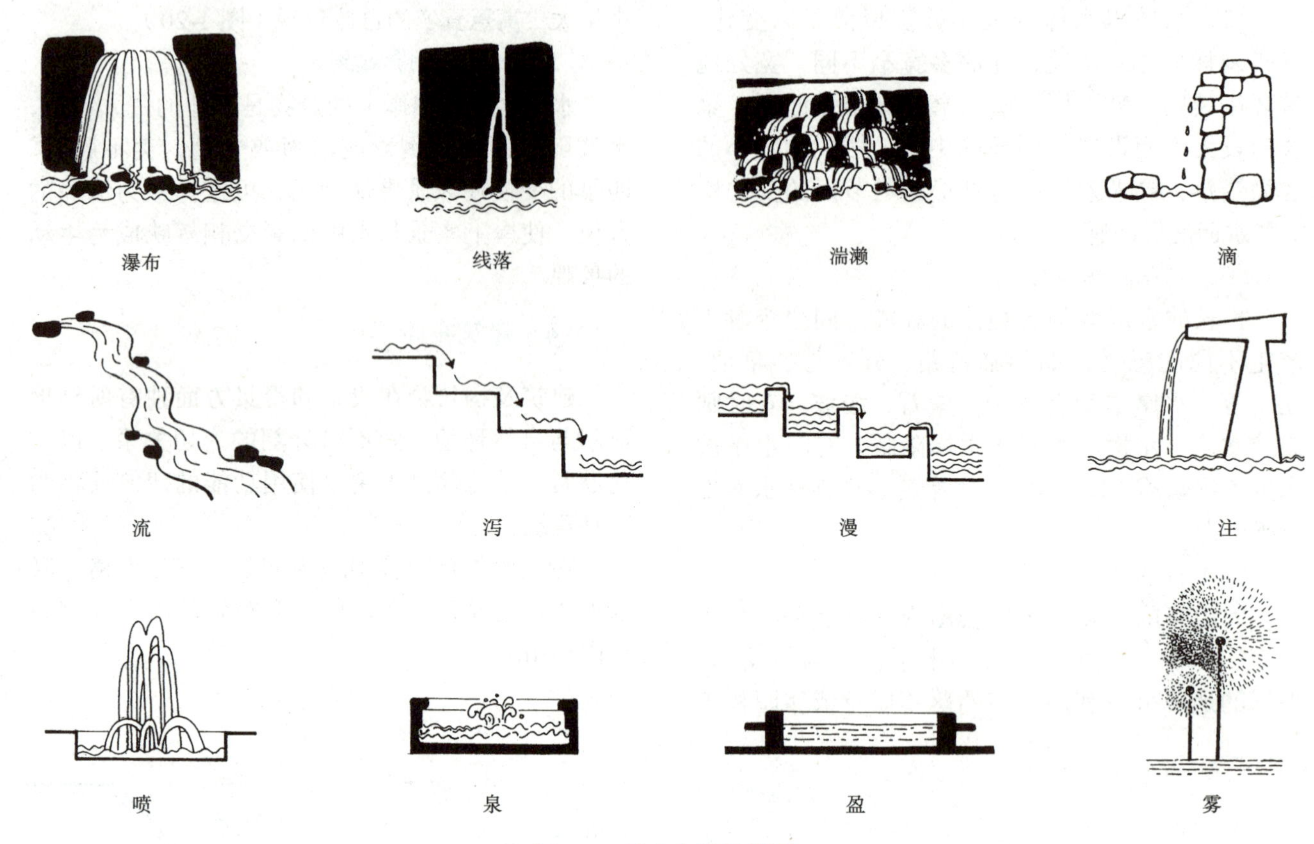

图1-20　动态水景的类型

（1）建筑群体的轴线与骨架

群体建筑通常形成轴线关系，园林中的建筑群体的轴线往往能够制约整个园林布局，有时则与园林的布局完全吻合（图1-21）。

中国古典园林中皇家园林的建筑群以正殿为中心，自宫门开始，至后端收尾的殿堂基本为一条笔直的中轴线。两侧宫殿采用对称布局，依中轴线延伸，显示出严格的秩序与庄重的气氛。私家园林的格局形式多样，局部的建筑群仍多以正厅为主体，设置中轴线组成院落，很多建筑组合变化错落，为自由的群体，没有对称、严谨的中轴线，但可以找到他们布局的骨架线性关系。

（2）建筑布局的空间序列

建筑布局的空间序列与园林布局的空间序列道理相通，作为整个建筑群体有起始、过渡、衔接、重点、高潮、收尾等不同的活动空间，它们是一个整体。其中有大与小、高与低、多与少、收与放等不同的处理方法。颐和园南坡的建筑群体从湖边的牌楼“云辉玉宇”起始，经排云殿、德辉殿，登佛香阁形成高潮，最后在智慧海处形成尾声，山体东侧的敷华亭、转轮藏，西侧的撷秀亭、五方阁作为衬托形成迂回的空间。

（3）开敞空间与封闭空间

建筑靠墙体围合，有门闭合是封闭空间。虽有围合，但采用漏窗、落地窗、门，较为通透的厅堂，或不完全的围合为半开敞或半封闭空间。基本不用砖石围墙，而以竹林、灌木墙为界，采用透廊、过廊使建筑群体与自然环境形成相互穿插渗透关系的开敞空间。

选择什么形式取决于建园的立意，立意决定了功能和风格。如中国传统园林的墙与门、窗在空间组织中具有强调或弱化的作用（图1-22）。

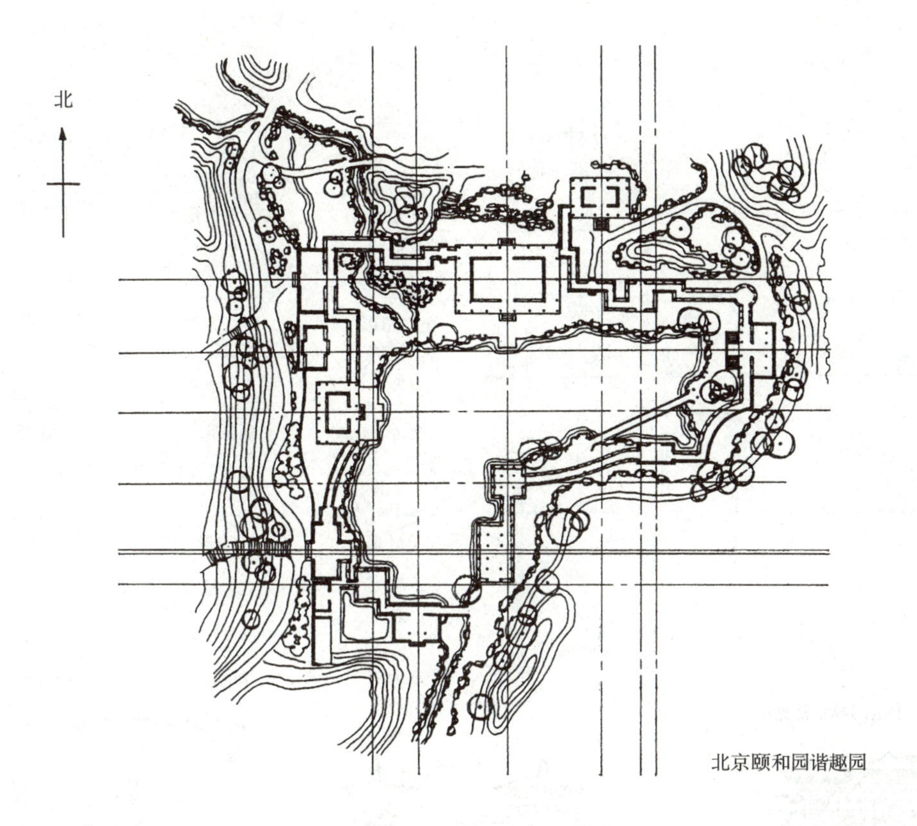

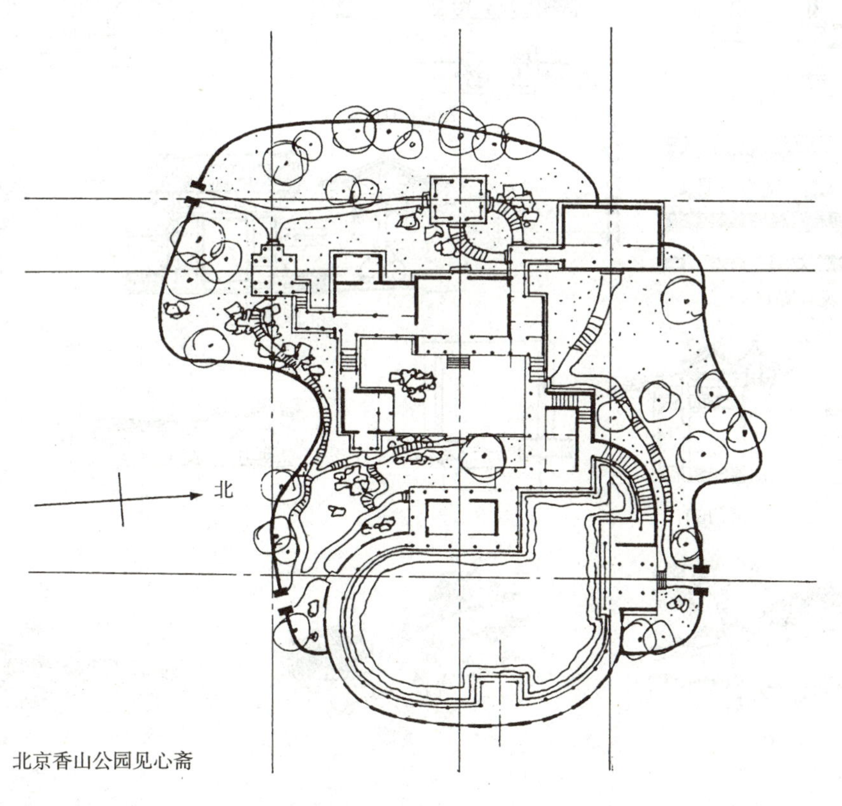

图1-21 建筑群体的轴线

正方形
圭角方形
十字形
十字海棠形
正六角形
扁八方形
扇面形
扁海棠形
圆形
扁圆形
如意形
金蝉形
贝叶形
石榴形
扁桃形
双斧形
套方形
套圆形
书卷形
福庆有余形
中国园林中常见的门洞形式
中国园林中常见的漏窗形式
牌坊
随墙门(1)
垂花门（一殿一卷式）
混合墙(1)
垂花门（担梁式）
混合墙(2)
彩石墙
随墙门(2)
乱石墙
花篱墙
云墙
龙墙
影壁

图1-22　门、窗与墙

（4）空间关系的限定

不同形态构成要素对建筑空间产生不同的限定感，在设计中应选择相应的限定关系以满足构思的需要（图 1-23）。

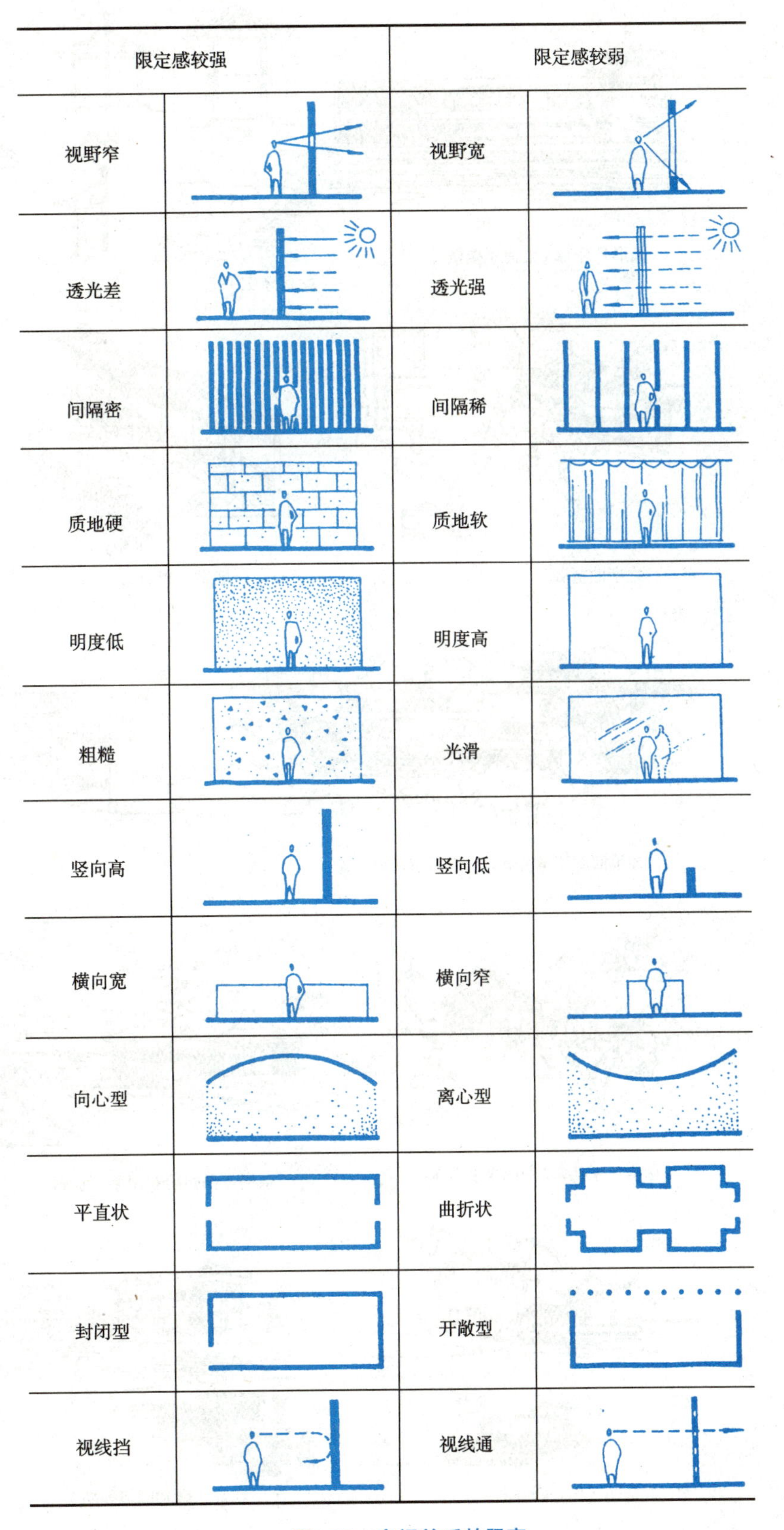

图1-23 空间关系的限定

（5）建筑的朝向与开窗

传统建筑大多为坐北朝南的模式，既利于日照，又利于遮风。具体不同的建筑会因其立意不同调整朝向，如佛道寺观是坐西朝东，寓意为西方是极乐世界，朝圣者自东而来。

现代园林中很多建筑朝向随地貌、景观特征而定。其朝向与开窗的选择是为了选取最好的环境视野。在处理开放空间的时候，手法变得更为灵活。

（6）单体建筑的点景作用

园林建筑的类型丰富，有殿、堂、轩、榭、舫、亭、桥、廊（图 1-24）等。园林中最多的独立建筑是各类园亭：山上有山亭，水边有水亭，廊端、廊间有廊亭，平地纳凉有凉亭，修立碑文有碑亭。北方园林的亭体量大，雄浑、粗壮、端庄，南方园林的亭体量小，俊秀、轻巧、活泼。此外有半亭、双亭、组合亭等多种式样，与现代建筑相适应的现代园亭比起传统建筑的园亭，式样更多、生动而富于变化（图 1-25 至图 1-30）。

近水处离不开架设各类桥体（图 1-31 至图 1-33），园亭与桥体等单体建筑在园林建筑的布局中往往起到恰到好处的点景作用。

（7）中国古代建筑的特征

中国古代建筑是中国园林的重要组成部分，具有鲜明的特征。

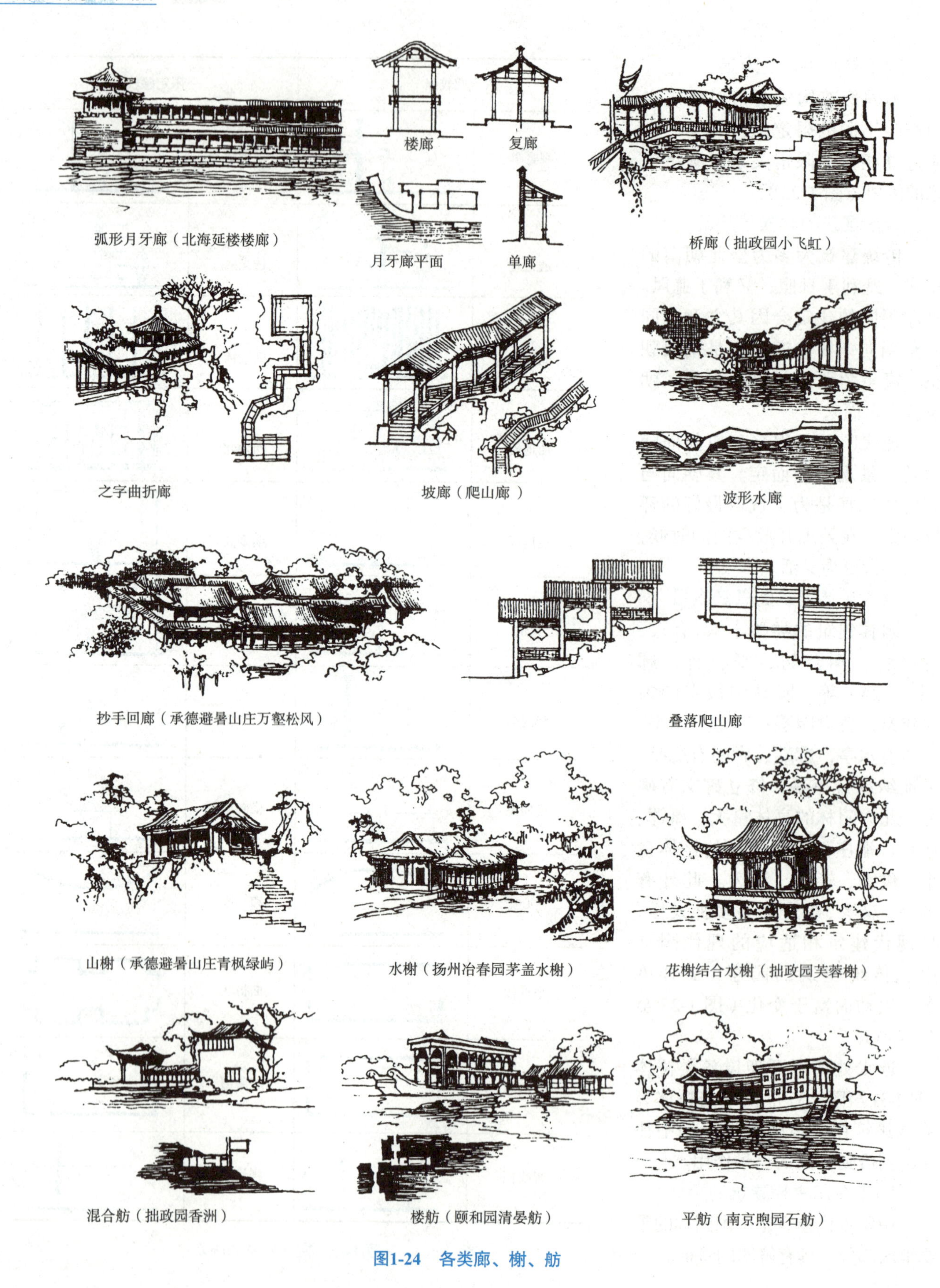

弧形月牙廊（北海延楼楼廊）
楼廊
复廊
月牙廊平面
单廊
桥廊（拙政园小飞虹）
之字曲折廊
坡廊（爬山廊）
波形水廊
抄手回廊（承德避暑山庄万壑松风）
叠落爬山廊
山榭（承德避暑山庄青枫绿屿）
水榭（扬州冶春园茅盖水榭）
花榭结合水榭（拙政园芙蓉榭）
混合舫（拙政园香洲）
楼舫（颐和园清晏舫）
平舫（南京煦园石舫）

图1-24　各类廊、榭、舫

图1-25 各类单亭

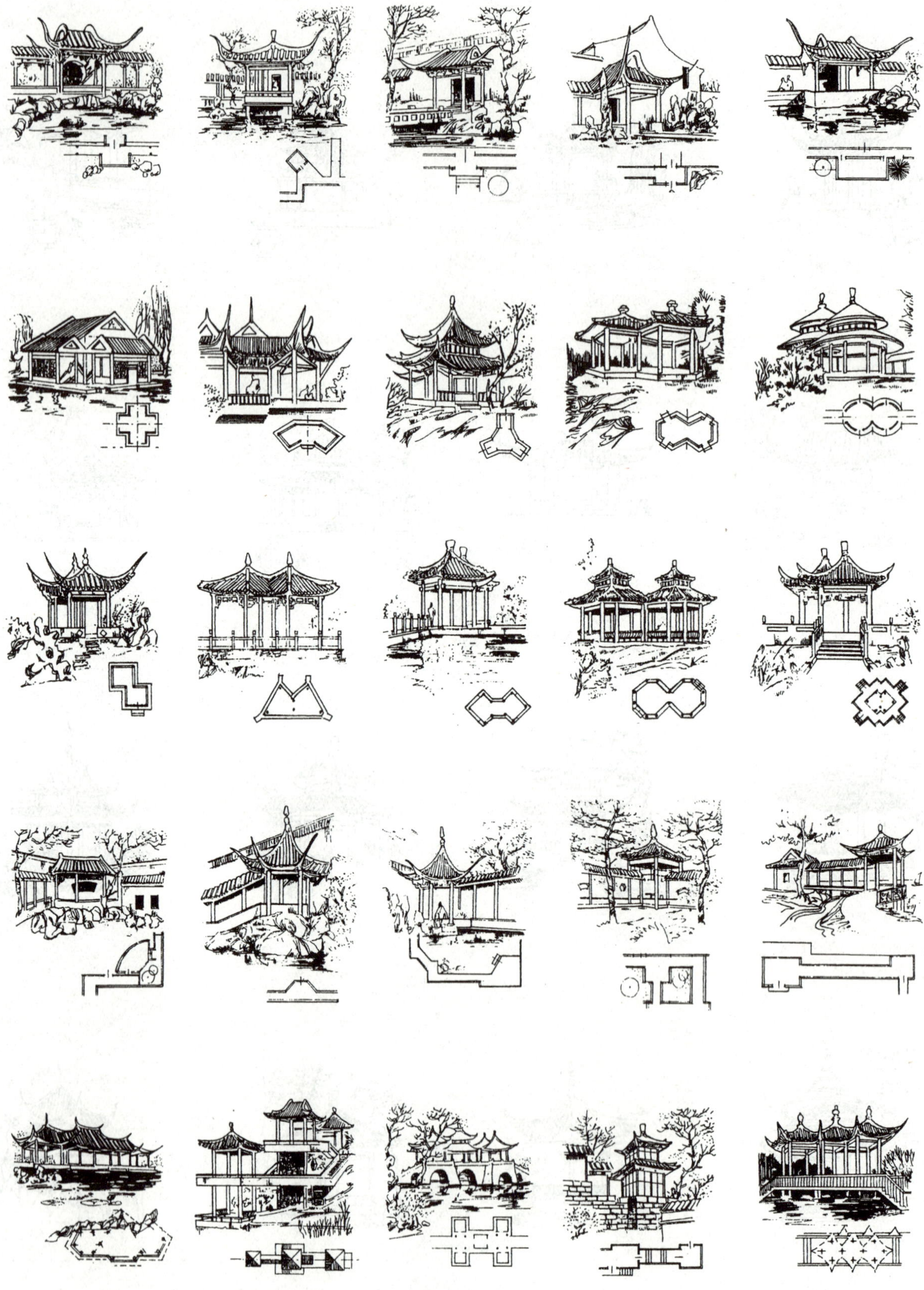

图1-26 各类组合亭

图1-27 各类现代亭

临水建亭

留园濠濮亭

水边建亭

最宜低临水面，布置方式有：一边临水，两边临水及多边临水

北海公园五龙亭

近岸水中建亭

常以曲桥、小堤、汀步等与水岸相连而使亭四周临水

拙政园荷风四面亭

岛上建亭

类似者有：湖心亭、洲端亭等，为水面视交点，景观面突出，但岛不宜过大

颐和园幽风亭

桥上建亭

既可供休息，又可划分水面空间，在小水面的桥更宜低临水面

峨眉山牛心亭

溪涧建亭

景观幽深，可观潺潺流水、听溪涧泉声

山地建亭

避暑山庄四面云山亭

山顶建亭（1）

居高临下，俯视全园，可作风景透视线焦点，控制全园

云南石林望峰亭

山顶建亭（2）

宜选奇峰林立、千峰万仞之巅，点以亭飞檐翘角，具奇险之势

崂山圆亭

山腰建亭（1）

宜选开阔台地，利用眺望及视线引导，为途中驻足休息佳地

颐和园画中游

山腰建亭（2）

宜选地形突变、崖壁洞穴、巨石凸起处，紧贴大落差地形建两层亭

北海公园见春亭

山麓建亭

常置于山坡道旁，既便于休息，又作路线引导

平地建亭

三潭印月路亭

路亭

常设在路边或园路交会点，可防日晒避雨淋，驻足休息

天平山御碑亭

筑台建亭

是皇家园林常用手法之一，可增亭之雄伟壮丽之势

留园冠云亭

掇山石建亭

可抬高基址标高及视线，并以山石作陪衬，增自然气氛，减平地单调

兴庆公园沉香亭

林间建亭

在巨树遮阴的密林下，虽为平地，但景象幽深，林野之趣浓郁

北海公园鲜碧亭

角隅建亭

利用建筑的山墙及围墙角隅建亭，可打破实墙面的呆板，并使小空间活跃

图1-28　亭的基地与环境

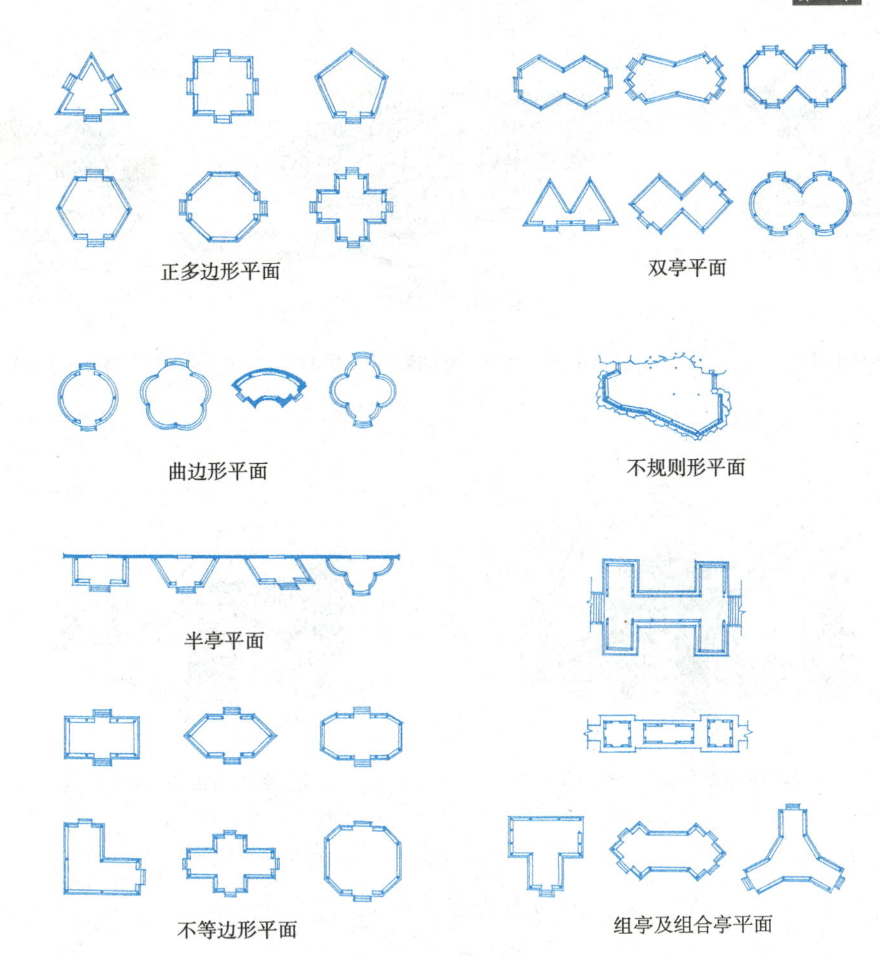

图1-29 亭的平面类型

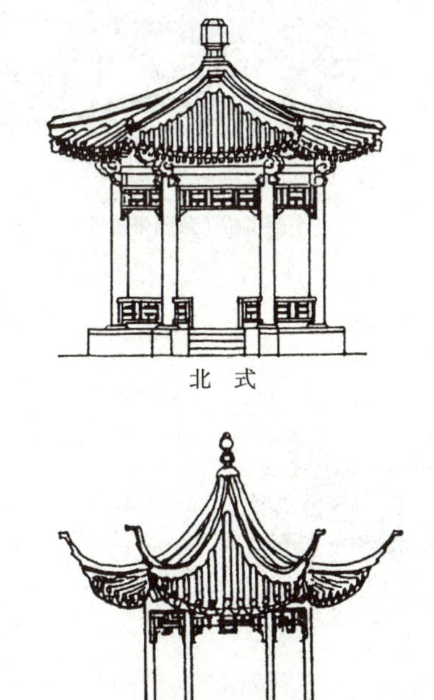

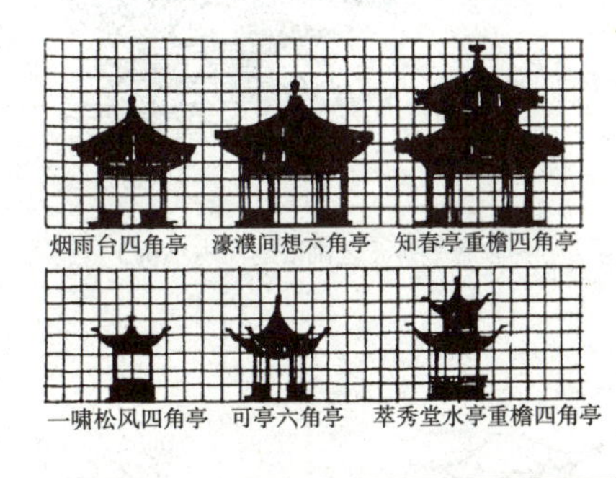

项 目	风格上	造型上	色彩、装饰上
北式亭	雄浑、粗壮、端庄、一般体量较大，具北方之雄	持重，屋顶略陡，屋面坡度不大，屋脊曲线平缓，屋角起翘不高，柱粗	色彩艳丽、浓烈，对比强，装饰华丽，用琉璃瓦，常施彩画
南式亭	俊秀、轻巧、活泼、一般体量较小，具南方之秀	轻盈、屋顶陡峭，屋面坡度较大，屋脊曲线弯曲，屋角起翘角，柱细	色彩素雅、古朴，调和统一，装饰精巧，常用青瓦，不施彩画

图1-30 南北亭造型的比较

莲瓣拱单孔桥（颐和园玉带桥）

椭圆拱多孔桥（颐和园十七孔桥）

多亭桥（扬州瘦西湖五亭桥）

单亭桥（颐和园豳风桥）

圆拱桥（北海静心斋）

平梁桥（圆明园平湖秋月）

单跨平桥（艺圃浴鸥门内小桥）

小圆拱桥（留园半步桥）

多跨平折桥（上海豫园）

板桥（圆明园）

图1-31　各类桥体的造型

图1-32 桥体图例（1）

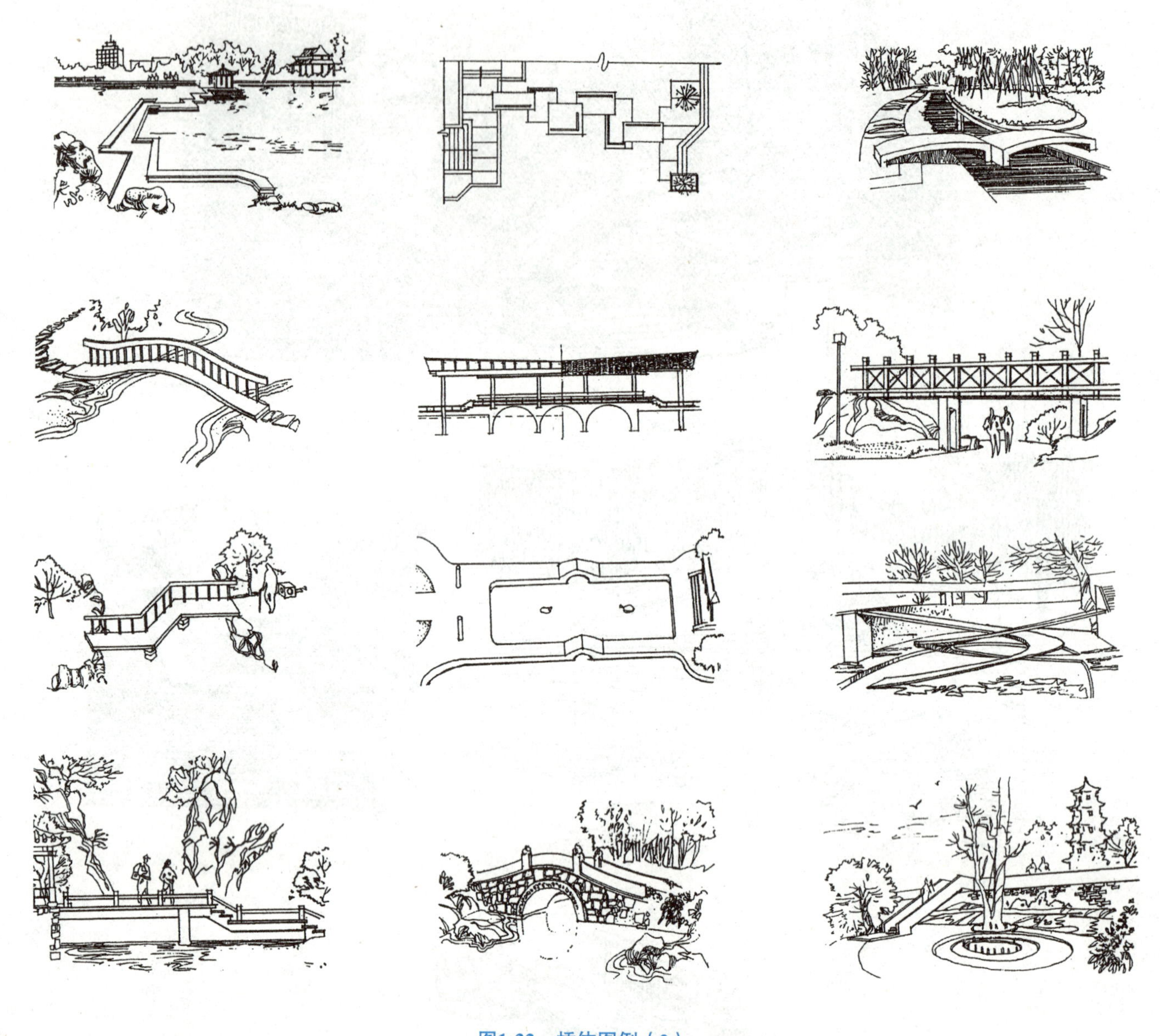

图1-33　桥体图例（2）

外形上的特征　中国古代建筑由屋顶、屋身和台基三部分组成。其中屋顶部分的特点最为突出，利用木结构形成屋顶举折，屋面起翘、出翘，状如鸟翼伸展的檐角和屋顶部分优美的曲线（图1-34、图1-35）。

结构上的特征　中国古代建筑主要采用木构架结构（图1-36），以立柱和横梁组成构架，四根柱子组成一间，一栋房子由多间组成。屋顶用类似的梁架重叠，逐层缩短加高，柱上承檩、檩上排椽，成为举架。大型建筑屋顶与屋身的过渡采用斗拱垒叠。柱子之间填筑门窗（图1-37、图1-38）。

布局上的特征　中国古代建筑由单体建筑物组成群体，形成以院落为中心的组合，规模大的建筑由若干院落合成。建筑群体有明显的轴线，中轴线上布置主要建筑，两侧为次要建筑，多为对称的格局。个体建筑有时以廊串联，院落以围墙环绕。

北京的四合院民居最具代表性（图1-39）。

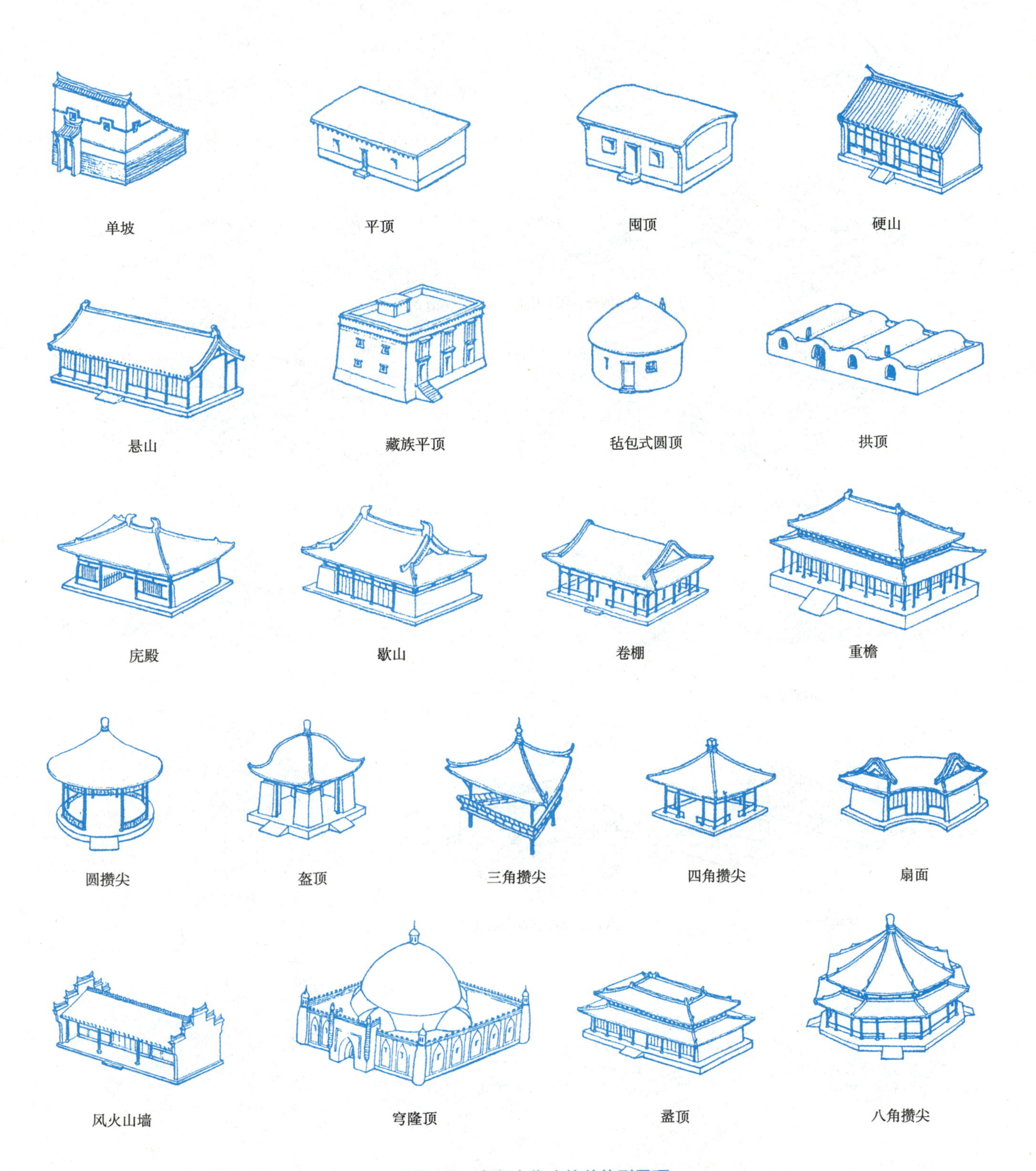

图1-34 中国古代建筑单体型屋顶

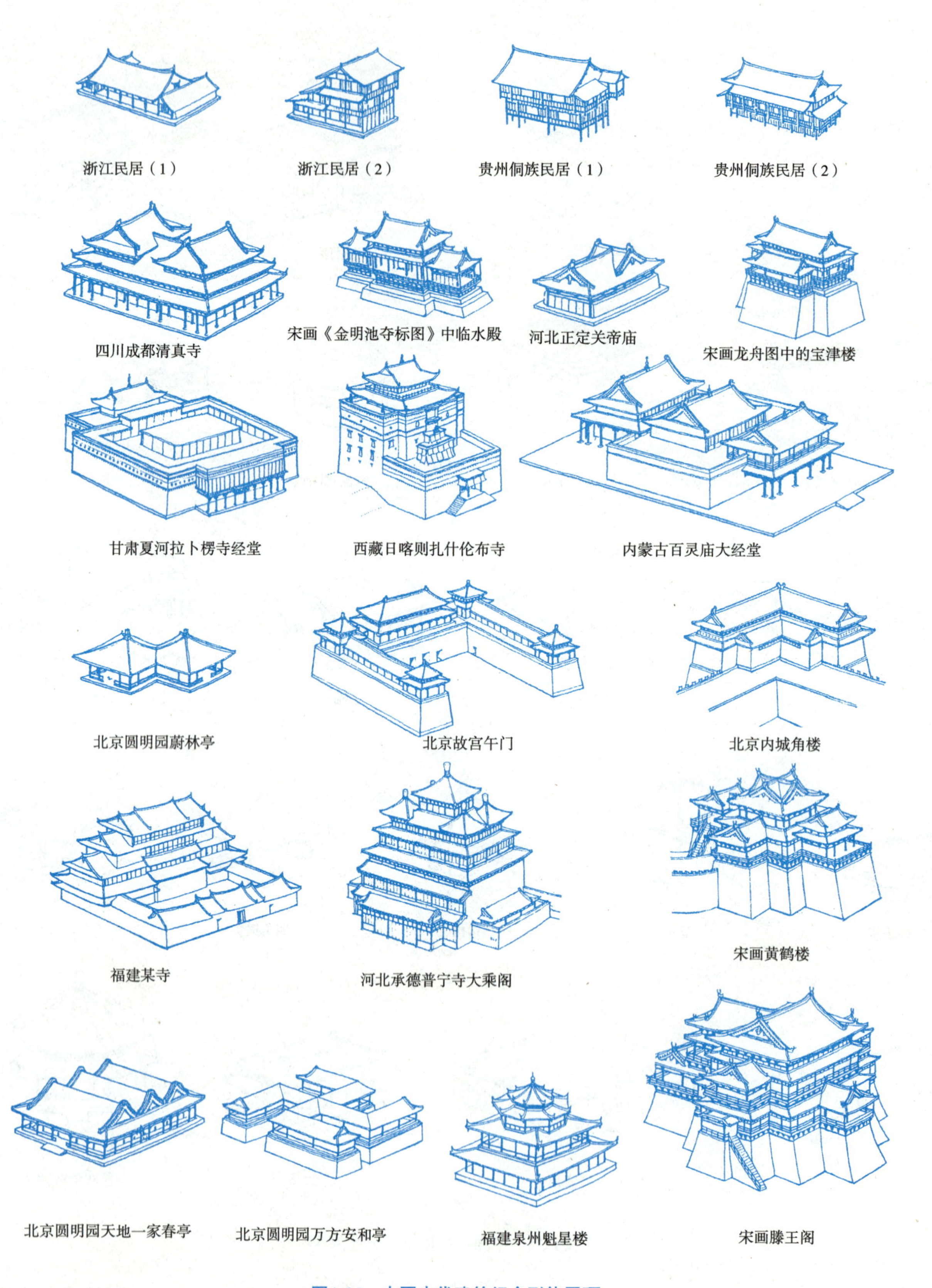

图1-35　中国古代建筑组合形体屋顶

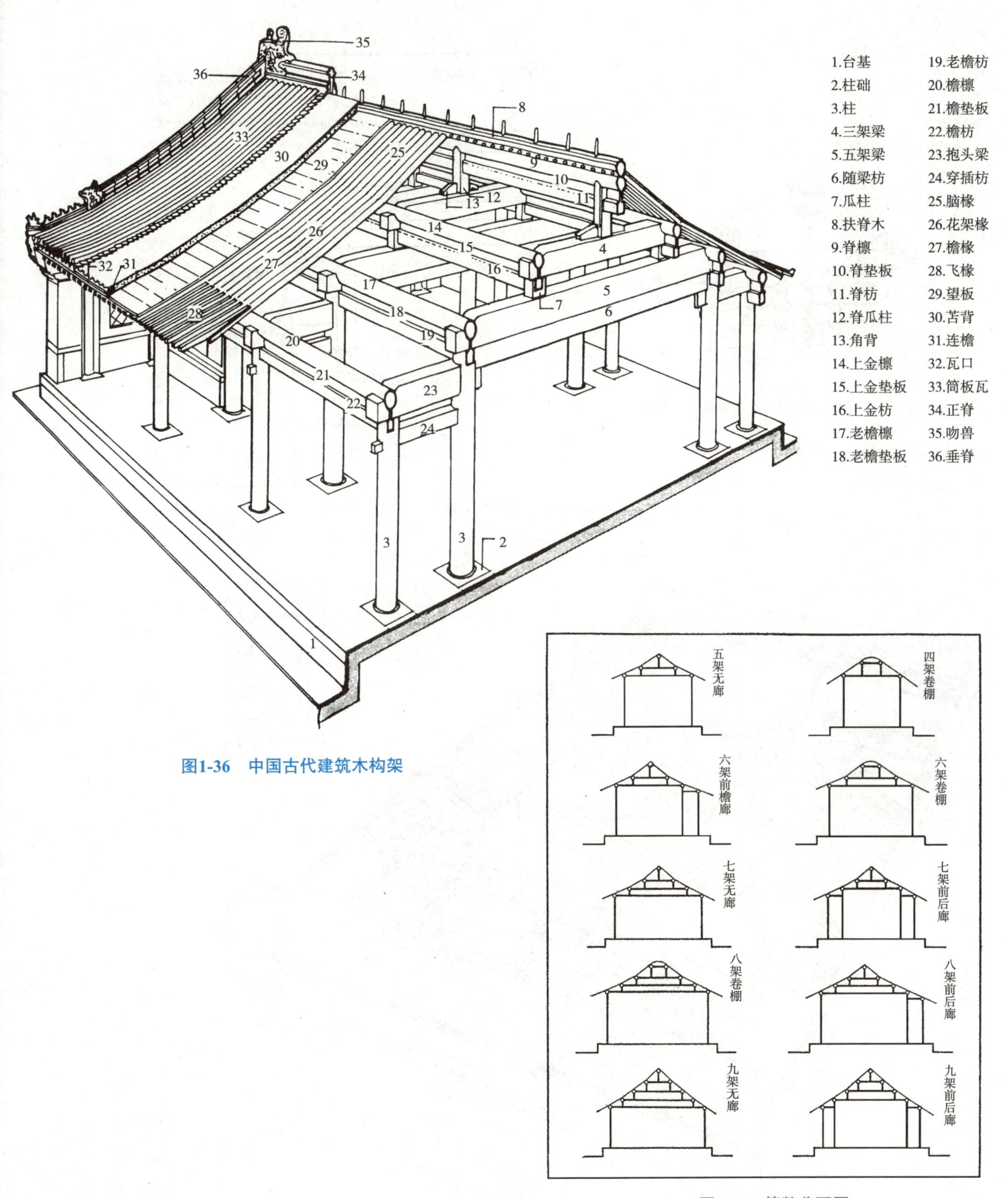

图1-36 中国古代建筑木构架

图1-37 檩数分配图

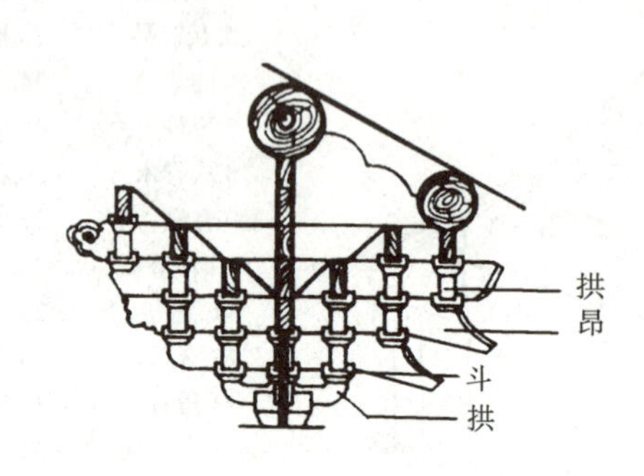

比例小于宋式，用材以足材为主，各层枋之间不用斗

清式斗拱

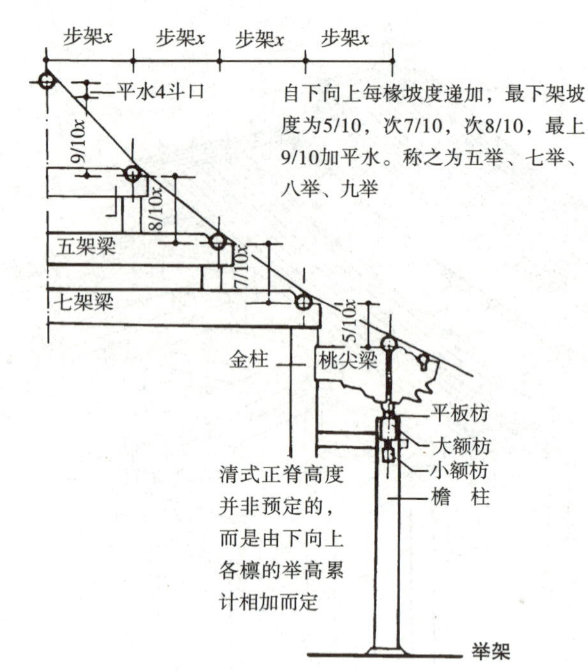

图1-38　斗拱与举架

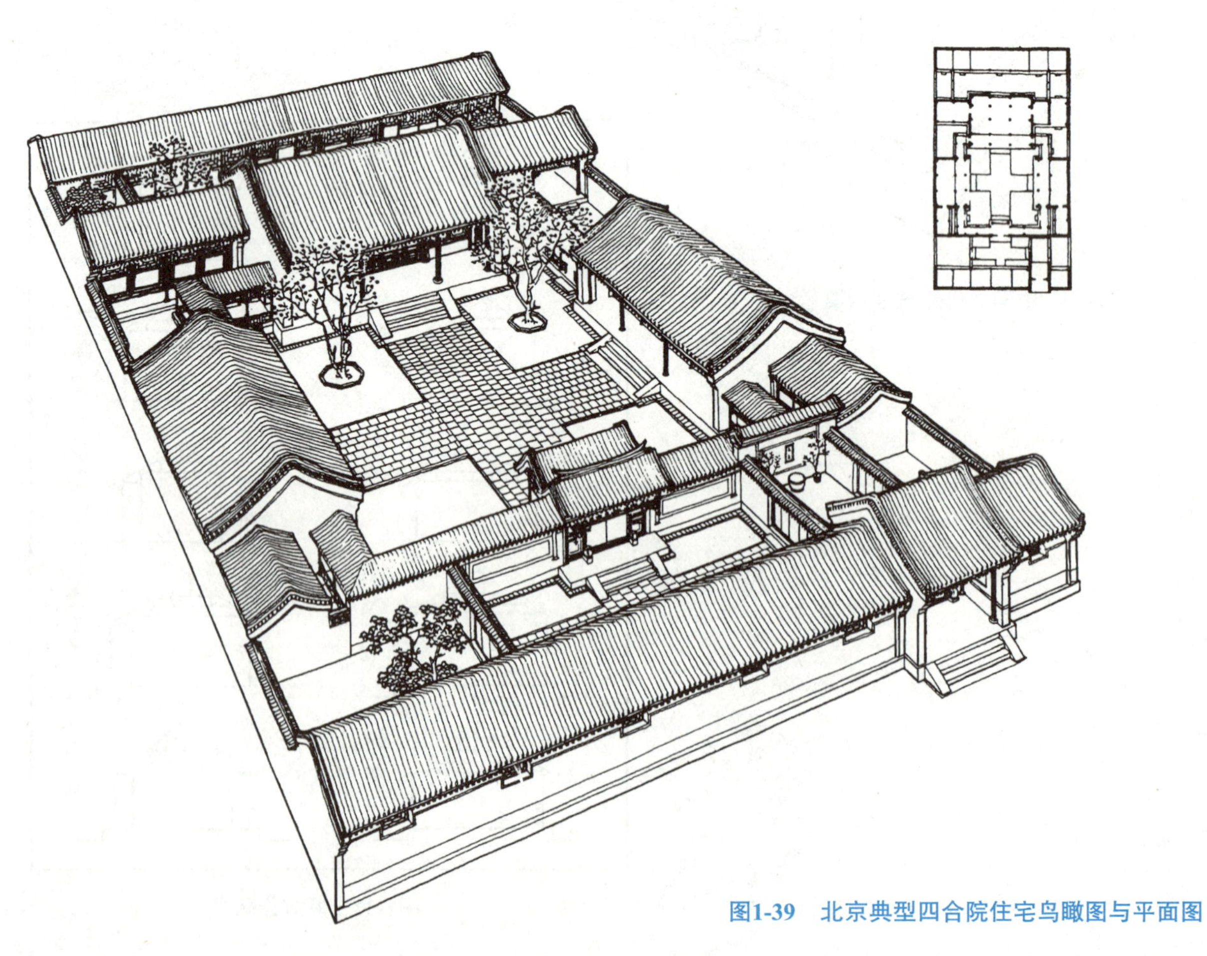

图1-39　北京典型四合院住宅鸟瞰图与平面图

1.4.3.5 园路布局

园路是园林要素中重要的构成要素之一，是园林的骨架、网络。其主要功能是作为组织交通、游览路线、景点、功能活动空间等的载体。园路的布局能反映园林的风格，如苏州古典园林中，讲究峰回路转、曲折迂回，且形式丰富多彩还具有吉祥祈福的作用；西欧古典园林凡尔赛宫道路，讲究平面几何形状。

1.4.3.6 植物布局

园林中植物的覆盖面积最大，植物与山体、水体和建筑组合，相互衬托融为一体，有时植物还作为较为独立的植物景观。植物布局在园林布局中有重要作用。

（1）植物的种类与种植地段

植被的类别多样，有乔木、灌木、草本等，其种类繁多。不同的植物具有不同的特性，要选择与其适应的土壤环境、气候条件。松树朝阳，柏树向阴，枫树宜成片植于坡地，柳树宜植于水边，花木更多的是栽在庭院门前（图1-40、图1-41）。

（2）植物的层次与配置

高大粗壮的马尾松、铁杉、银杏、钻天杨等树高逾30m，榆树、槐树、臭椿等树高20m左右，玉兰、桃树、紫薇则不到10m，加上低矮团状的灌木，伏地的花草，成片的竹林，使植物的高低层次多不胜数。植物层次的多样，丰富了植物的配置手法（图1-42、图1-43）。

中国传统山水画画论以及芥子园画谱中都有关于树干、树枝、树林配置的论述，这些论述同样为造园植物配置提供了范例（图1-44）。

（3）植物的景观造型

任何种类的植物都有自身独特的造型，如低垂飘柔的杨柳、挺拔舒展的油松、锥形整齐的雪松，以及雄浑的乔木树冠、小巧多态的花木枝条，给观赏者以不同意境的享受。当树冠显露在天际形成以天空作为背景的景象，植物的造型特征则越发鲜明。阳光下的竹林，其竹影投在白墙之上宛若一幅幅赏心悦目的中国画。俯视成片的绿地，草坪中点缀的灌木、花木，明暗与色彩的变化就是最美的天然图案。西方造园中规整式的园林将灌木、矮松修剪成各种几何形态与动物形态，成为绿色雕塑，其已是纯粹的植物景观了。一些造型独特的古树以其生动的姿态成为重要的观赏景点，如著名的苏州光福司徒庙的4株古柏“清、奇、古、怪”早已成为苏州风景的“一绝”而驰名中外。

（4）植物在造园中的特殊作用

有时植物在园林中发挥着特殊的功能作用，如路边高大成排的树木成为林荫道；密集在一起的树木呈屏风状用以障景，以障景形成景区的转换，以障景遮挡园中不完美的视角；此外利用树木枝干的合围之势起到取景框的作用，称为“框景”；低矮的树丛、花丛以及带状的灌木作为隔离带、围墙；攀缘植物可以巧妙地组合成装饰性的门洞，成为遮阳的花架、凉棚。

（5）植物的色彩与四季变化

植物的色彩极为丰富，尤其是花卉的色彩几乎无所不包，它们在不同的季节争奇斗艳。春季有白色的玉兰，黄色的迎春，粉红色的樱花、桃花；夏季有紫红色的紫薇花，淡红色的合欢花，鲜红的月季花；秋季有漫山遍野的红枫、黄色的菊花；冬季有苍松、翠柏、茂竹。春夏秋冬的气候变化带来了花开花落，叶生叶落的“季相”，以季相布局植物，使四季都可以欣赏到园林的美景。

1.4.3.7 中国古典园林设计中的艺术处理手法

园林设计的全过程始终贯穿着各种艺术处理手法的运用，各种艺术处理手法是创造完美园林形象的重要环节。

（1）象征、比拟、联想

象征、比拟、联想是一个概念的几个不同的表现形式，用此物象征彼物，用形象象征精神，以物托志，见景生情。园林设计类似做文章但不等同于做文章，于景点题字不等于以景触情。漫步于自然环境的山水之间，所见景物是山、是水、是树木花草；是廊、榭、亭、桥；是罗列纵横的

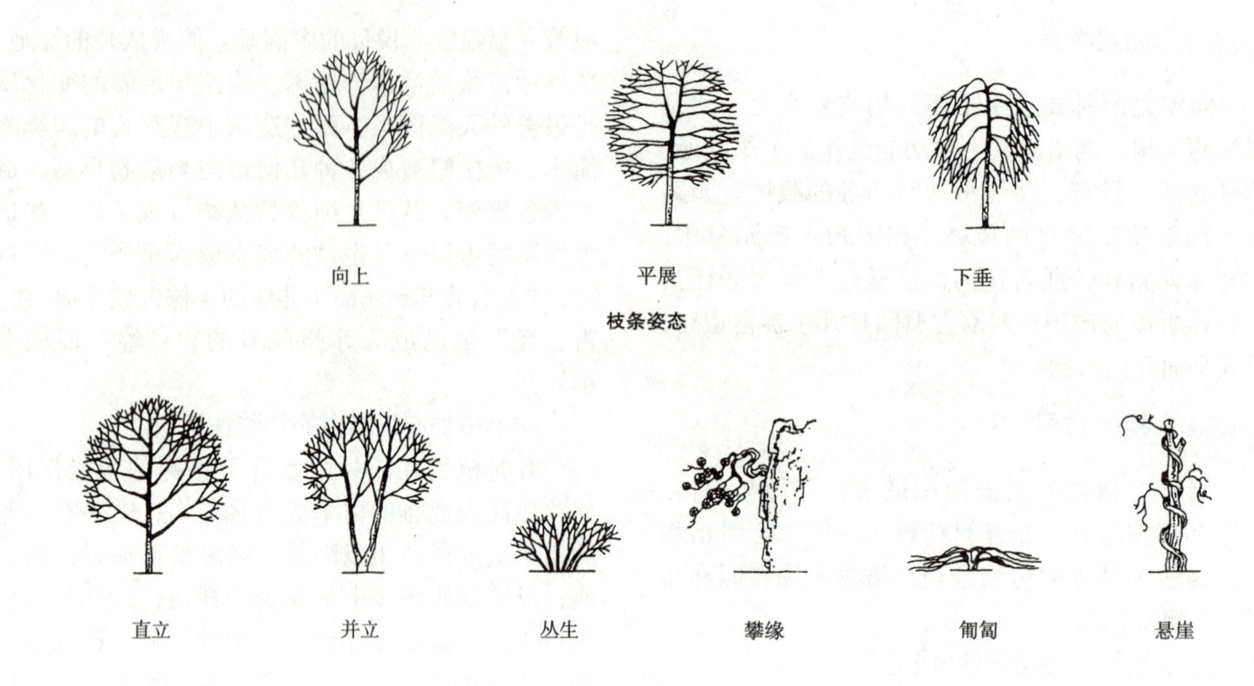

图1-40　树干与枝条的姿态

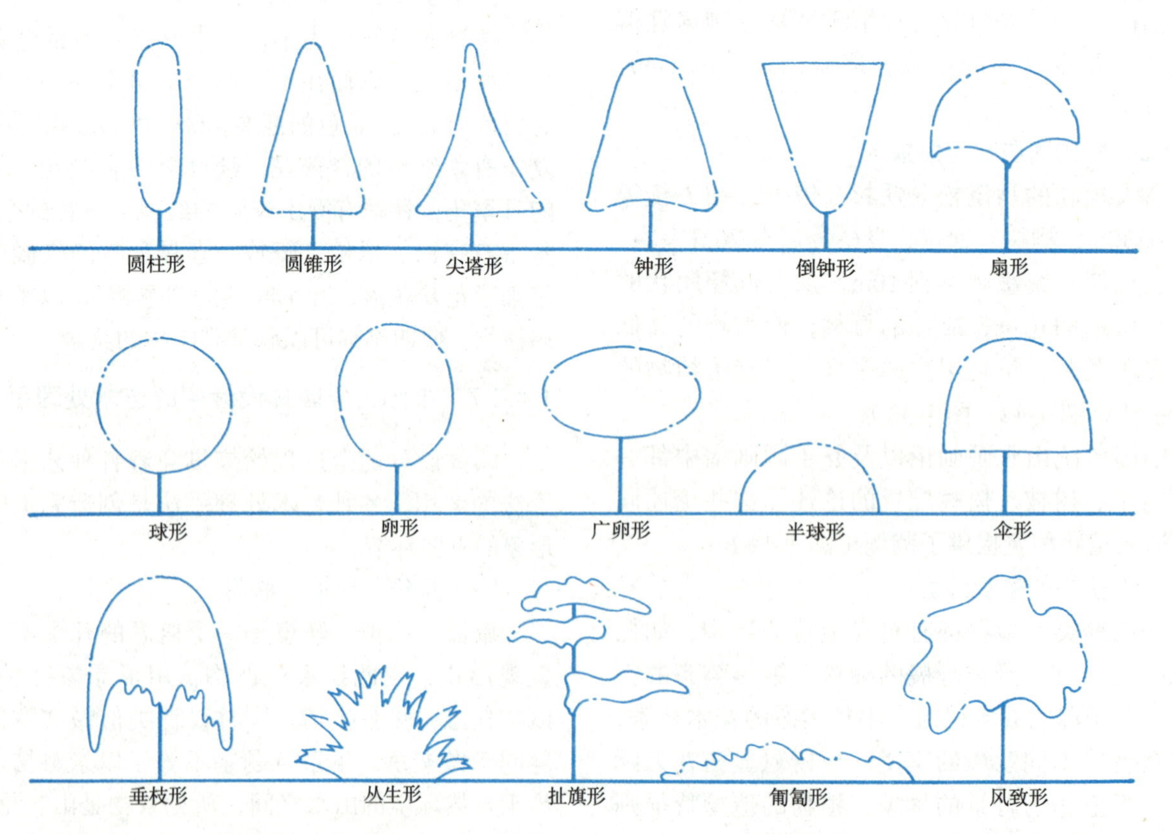

图1-41　树冠的造型

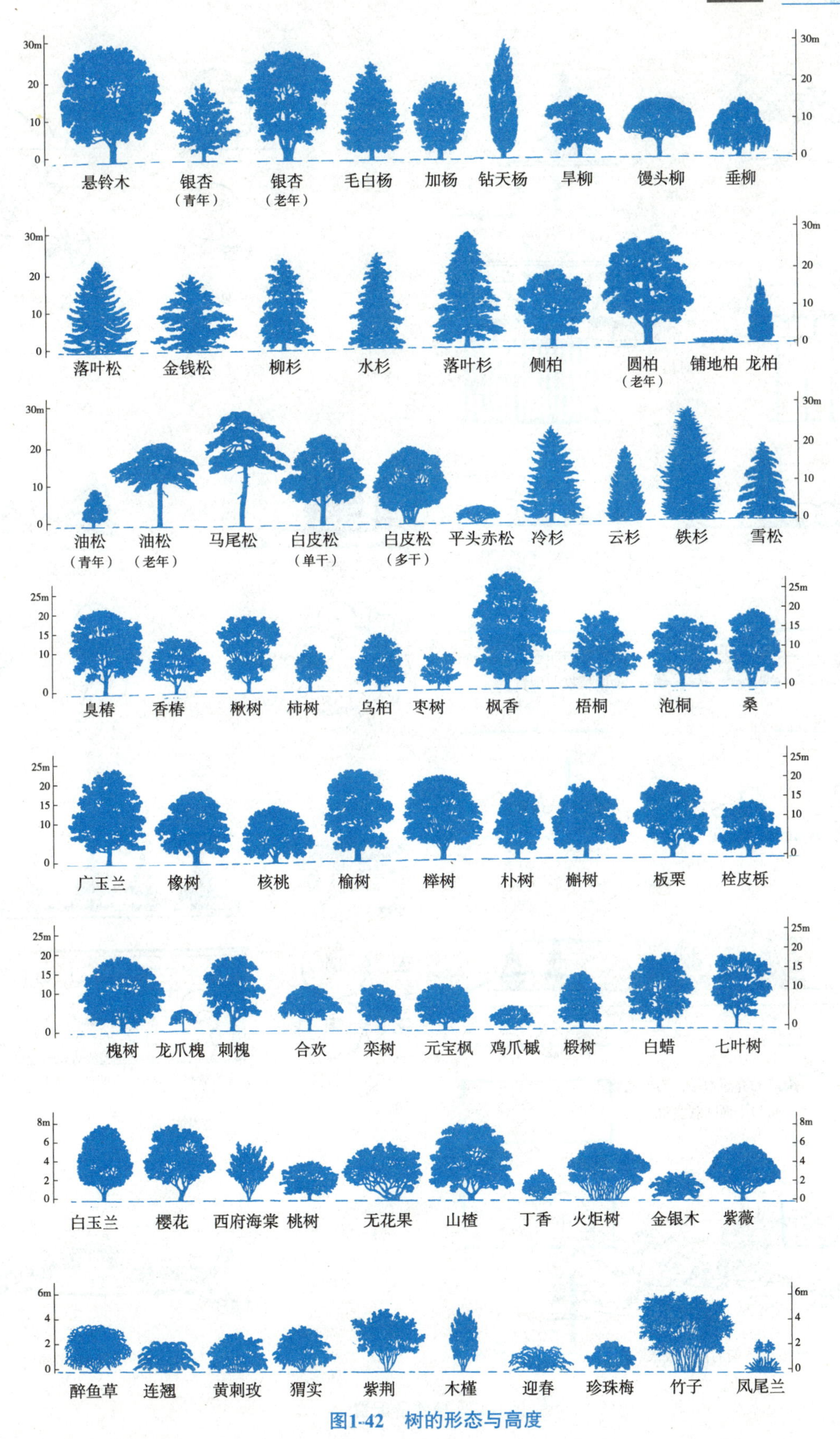

图1-42 树的形态与高度

孤植

对植

三株

多株

球形植物占主导

同类乔灌木组合

不同类别乔灌木组合

圆锥形与卵形、
伞形植物的配置

纺锤形的高度产生
节奏的变化

错落的乔灌木增强带状植物
立面与平面的观赏性

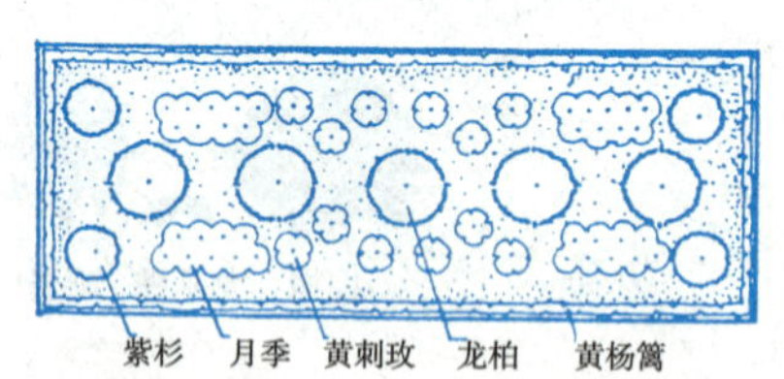

变化的树坛

变化均衡的视觉效果

整齐对称的布局

图1-43　植物的配置

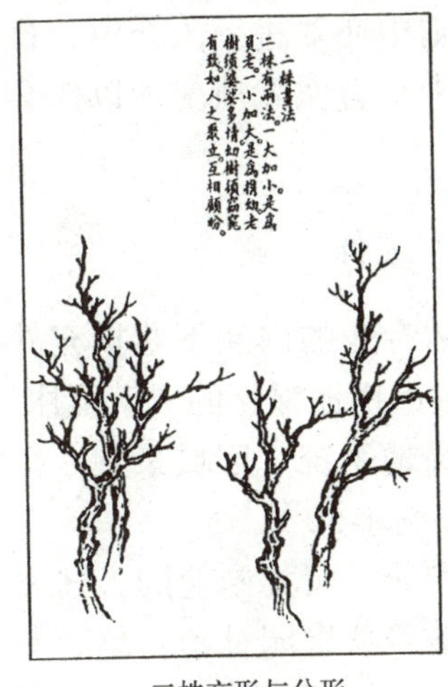
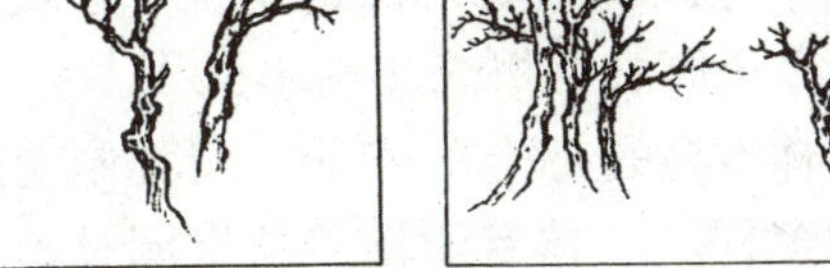
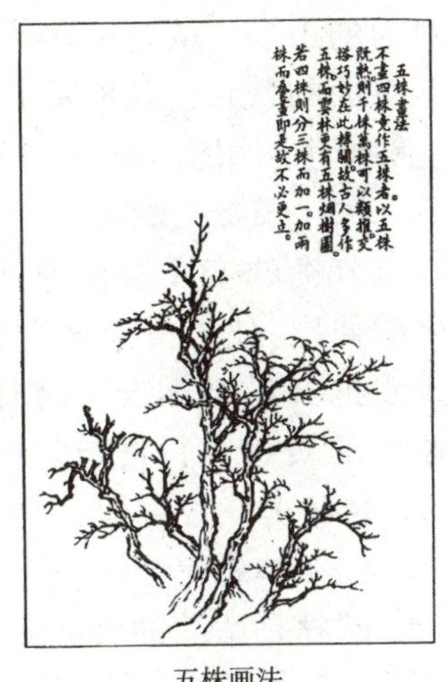

二株交形与分形　　大小二株法　　三株对立法　　五株画法

图1-44　芥子园画谱中树干、树枝的配置

图1-45　对比的手法（左：苏州怡园坡仙琴馆小院及曲廊，空间既小又曲折；右：穿过小院，主要景区便全部展现眼前，豁然开朗）

石头。要依靠塑造置身的空间氛围，使得游人去联想、去体会造园的宗旨。

（2）统一、协调

造园风格永远是明确与单纯的。整个园林是一个整体，风格或统一在富丽堂皇之中，或统一在活泼趣味之中。风格不明确，造型手法则五花八门，必然杂乱无章；过于统一肯定会单调。避免单调的办法是变化，应该是总体上统一、协调，寻求小的变化、少量的变化，变化的部分必须与整体风格保持协调。

（3）变化、对比、主次、衬托

唯有变化才显生动，变化的主要手法是对比。突出主要的部分容易产生高潮，次要的形象、次要的部分起到烘托主体的作用。疏与密、曲与直、大与小、封闭与开敞、团聚与散置等对比的手法会在不同的环境、不同的造型中得到相适应的运用（图 1-45）。

（4）秩序、序列、条理

“美”即是“秩序”，有秩序的组合会使人印象深刻、清晰，觉得有所适从。从宏观的布局到深入的刻画都应当条理分明，创造出有秩序的空间环境与空间造型。布局阶段的起始与结尾、区域划分、过渡与衔接等都包含着秩序、序列、条理。

（5）呼应

呼应指分离的形态之间的内在联系。有时因造型相同或相近，有时因朝向的相对，呼应可以得到心理上的平衡，点状景观与点状景观的视觉联系构成呼应的整体。园林中的对景、框景、借景是最常用的呼应手法，如从厅堂平台隔水远望对面的山亭、从透过分隔两个空间墙体的漏窗看到对面的景致，既扩展了空间、丰富了景观，又能够产生亲切感（图 1-46 至图 1-48）。

（6）节奏、韵律

节奏的变化会消除疲劳，节奏的变化会产生韵律感，使人得到美的享受。形态组合的聚散，景观的开敞与闭合，园林布局序列所形成游览速度的缓急、行进与间歇都会带来节奏的变化（图 1-49）。

（7）体量得合

园林是微缩的大自然。人造假山体量小，人造湖、池面积小，因而依山傍水筑造建筑的尺度就要相应缩小。略小的建筑会反衬人造山水的宽阔与雄伟。反之，如果建筑过大，感官上则成为小山小水，园林景致则变得乏味了。因此，园林设计中，要特别注意各个要素的体量得合。

上面列举的 7 种艺术手法只是标题性的提示，在第 4 章形式美原则中还要进一步介绍，这些内容有待在设计课程中结合实际情况加以体会和运用。

1.4.4 园林专业的设计工作

随着时代发展，园林专业的内涵不断扩充外延，已从原本单体园林、城市用地绿化的“小园林”扩充为单体园林、城市绿地系统、区域景观 3 个层次的“大园林”概念（图 1-50）。

园林专业是综合的专业，园林专业的人才发展方向多样。园林专业培养从事园林植物培育与应用、园林规划设计与施工及园林管理、城市规划设计、风景园林规划设计、风景名胜区及城市各类绿地规划设计的高级工程技术人才。设计课方面，学生在校期间学习设计基础课以及各类专门设计课程，在今后的实践中要能胜任从设计到施工的综合性工作。

图1-46 对景（拙政园中部景区的对景亭）

图1-47 框景（自怡园面壁亭看螺髻亭）

图1-48 借景（自颐和园佛香阁看玉泉山、西山风景）

图1-49 节奏的变化（留园建筑布局的疏密产生节奏的变化）

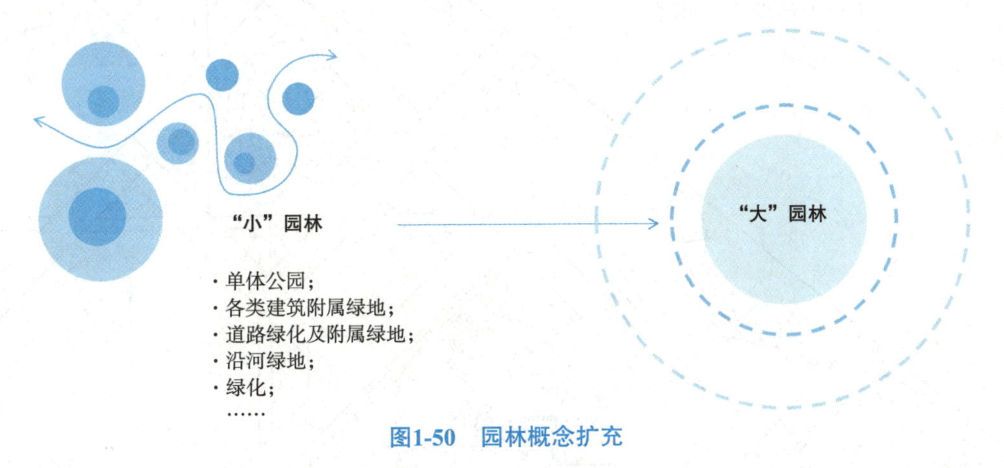

图1-50 园林概念扩充

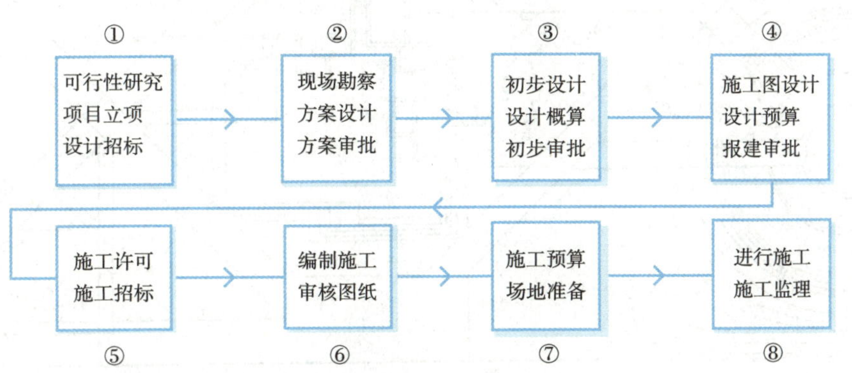

图1-51 园林工程流程图——设计和施工的关系（箭头）

园林专业的工程要经过复杂的设计与施工过程，如图 1-51 所示，随着用地性质的变化，步骤会叠加或分支，但大致流程如此。

园林专业的设计工作主要负责各类设计方案的构思与设计，包括平面设计、竖向设计、建筑设计、种植设计、地形设计、水系与电力设计、工程概预算等。此外还应具有绘制施工图的能力。图 1-52 至图 1-55 为园林设计的有关图纸。

园林设计师要有崇高的职业道德，关心社会，树立为公众服务的思想。要精通本专业的各门知识，要学习与之相关的学科，不断加强自身的文化修养，提高综合素质。要了解园林专业的最新动向，以适应社会日新月异的发展。

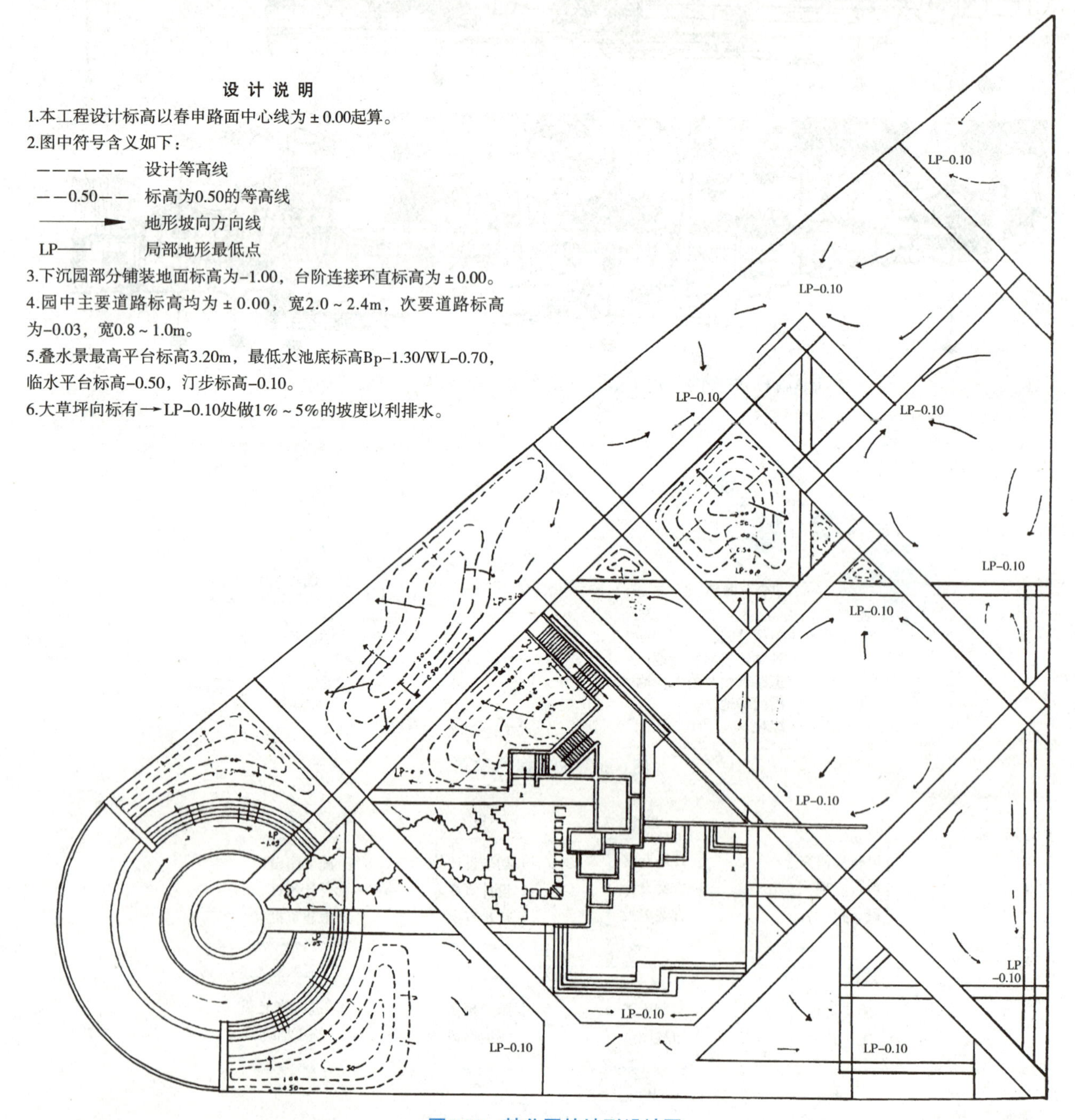

图1-52　某公园的地形设计图

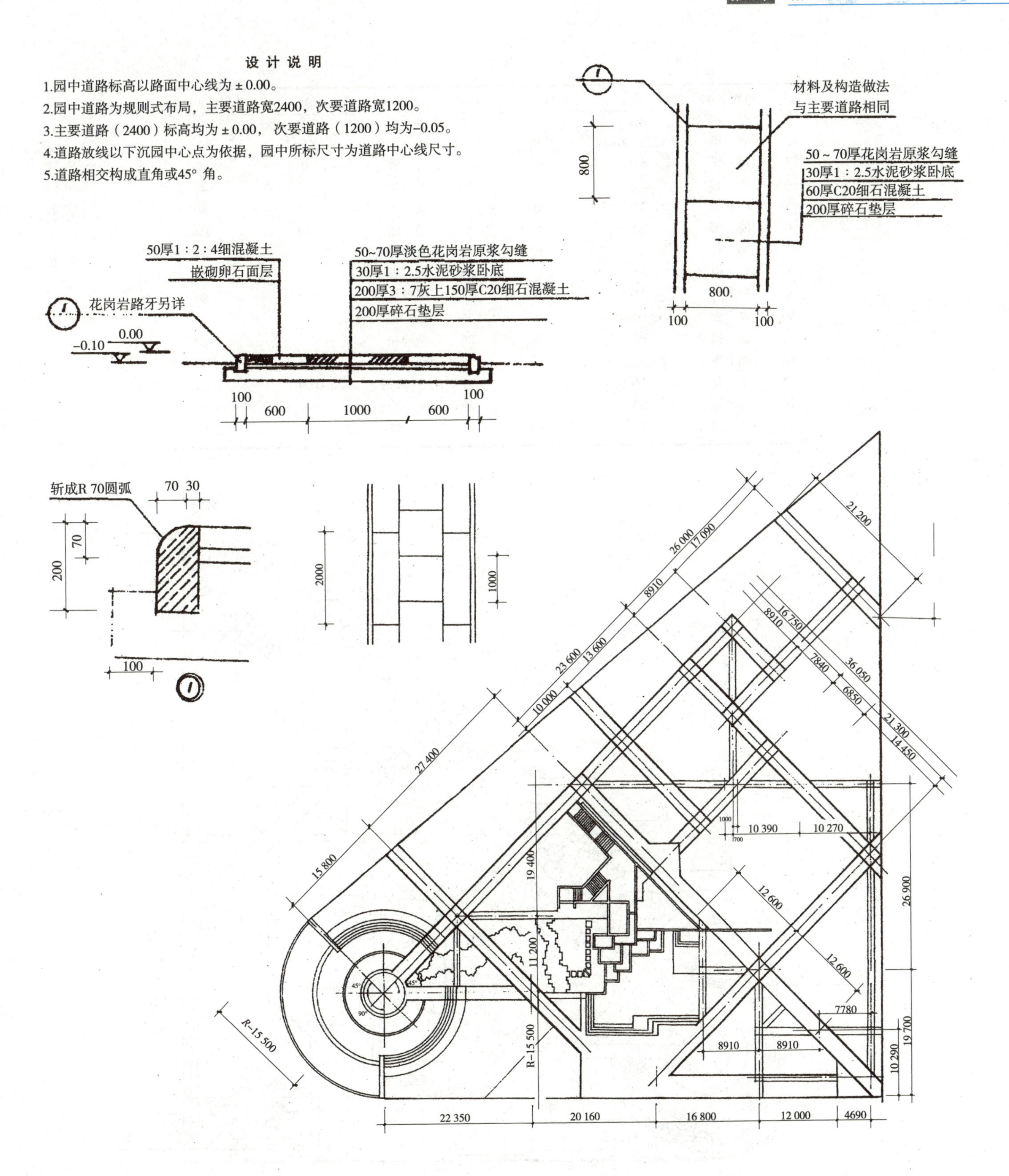

图1-53 某公园道路设计图

植物名录

编号	植物名称	规格（高，m）	数量（株）	编号	植物名称	规格（高，m）	数量（株）
1	樱　花	2.5	31	16	圆　柏	3.1	11
2	香　樟	干径约100mm	26	17	七叶树	3.5	7
3	雪　松	4.0	27	18	含　笑	1.0	4
4	水　杉	2.5	58	19	铺地柏		41
5	广玉兰	3.0	26	20	凤尾兰		50
6	晚　樱	2.5	11	21	毛　鹃	0.30	250
7	柳　杉	2.5	12	22	杜鹃花		130
8	榉　树	3.9	12	23	迎　春		85
9	白玉兰	2.0	5	24	金丝桃		80
10	银　杏	干径>80mm	10	25	蜡　梅		8
11	红　枫	2.0	7	26	金钟花		20
12	鹅掌楸	3.5	31	27	麻叶绣球		30
13	桂　花	2.0	15	28	大叶黄杨	0.60	120
14	鸡爪槭	2.5	6	29	龙　柏	>3	16
15	槐　树	3.0	10	30	草　坪		$2514m^2$

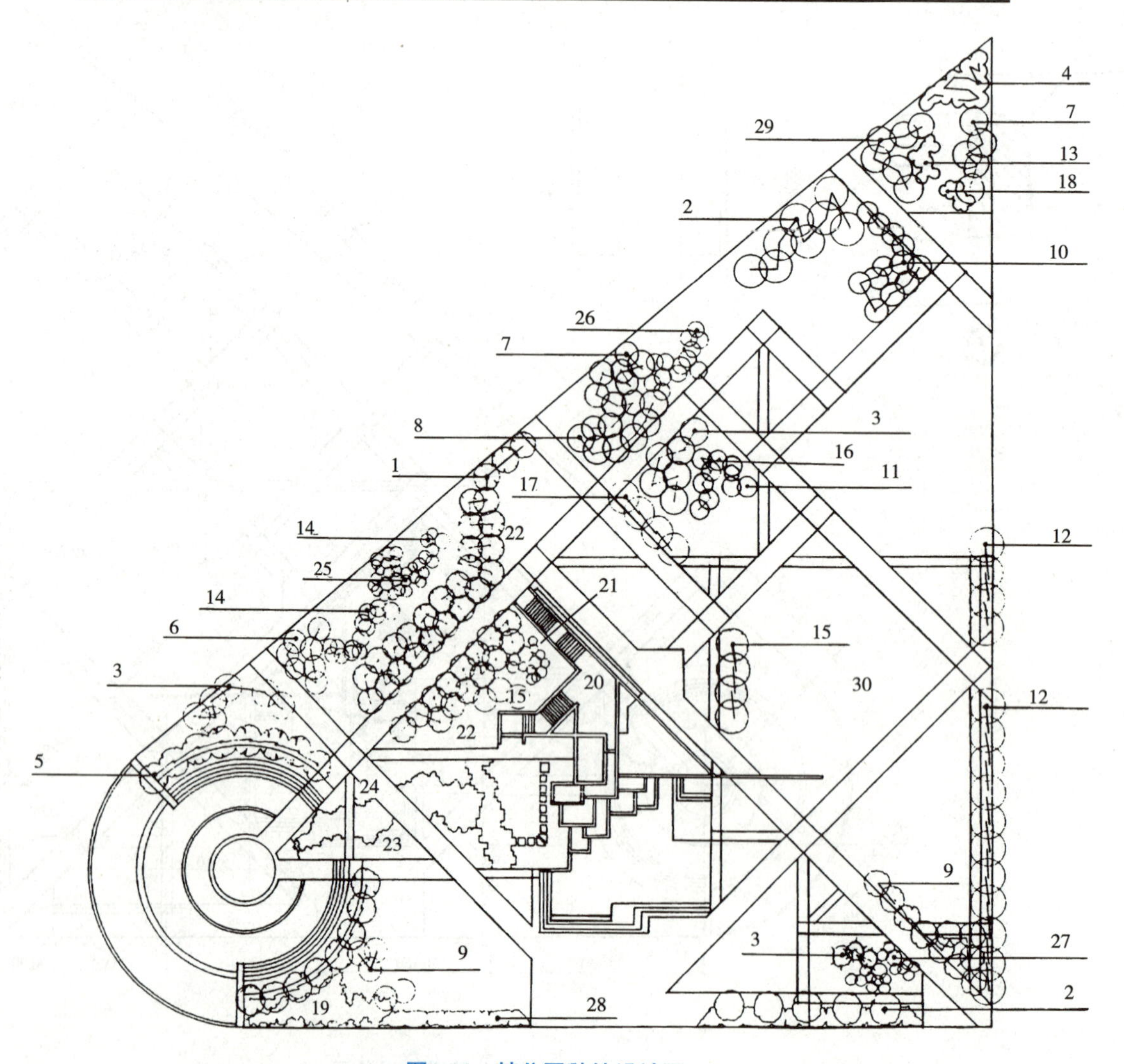

图1-54　某公园种植设计图

设计说明

1.本工程设计中的标高均以园南道路中心线标高±0.00起算。

2.本设计中部分图例符号的意义与总施3同，其余如下：

- - - - 园中主要排水管D_g=300

- - - - 次要排水管D_g=150～200

○ 排水检查井

◔ 雨水连接井（带孔）

▭ 雨水口

T、t——井盖顶面（T）或雨水口盖（t）顶面标高；

B、b——排水或雨水管出水管底标高；

B_d、b_d——排水或雨水管汇水处管底标高；

D——管径，mm；

L——管段长度，m；

i——管道坡降。

3.连接井离路边＞1.0m，常用1.5～3.0m，连接井均为带孔井盖，雨水口到路边0.3～1.0m，做法另详。

4.地形处理要满足带孔窑井、雨水口等井水面的标高最低，以利排水，施工时根据实际情况而定，保证地形与排水的顺接。

5.排水管线除了标明外，其余均为混凝土管。

6.有地下水及基础松软的管段应铺设管道基础，做法见标准S_{222}。

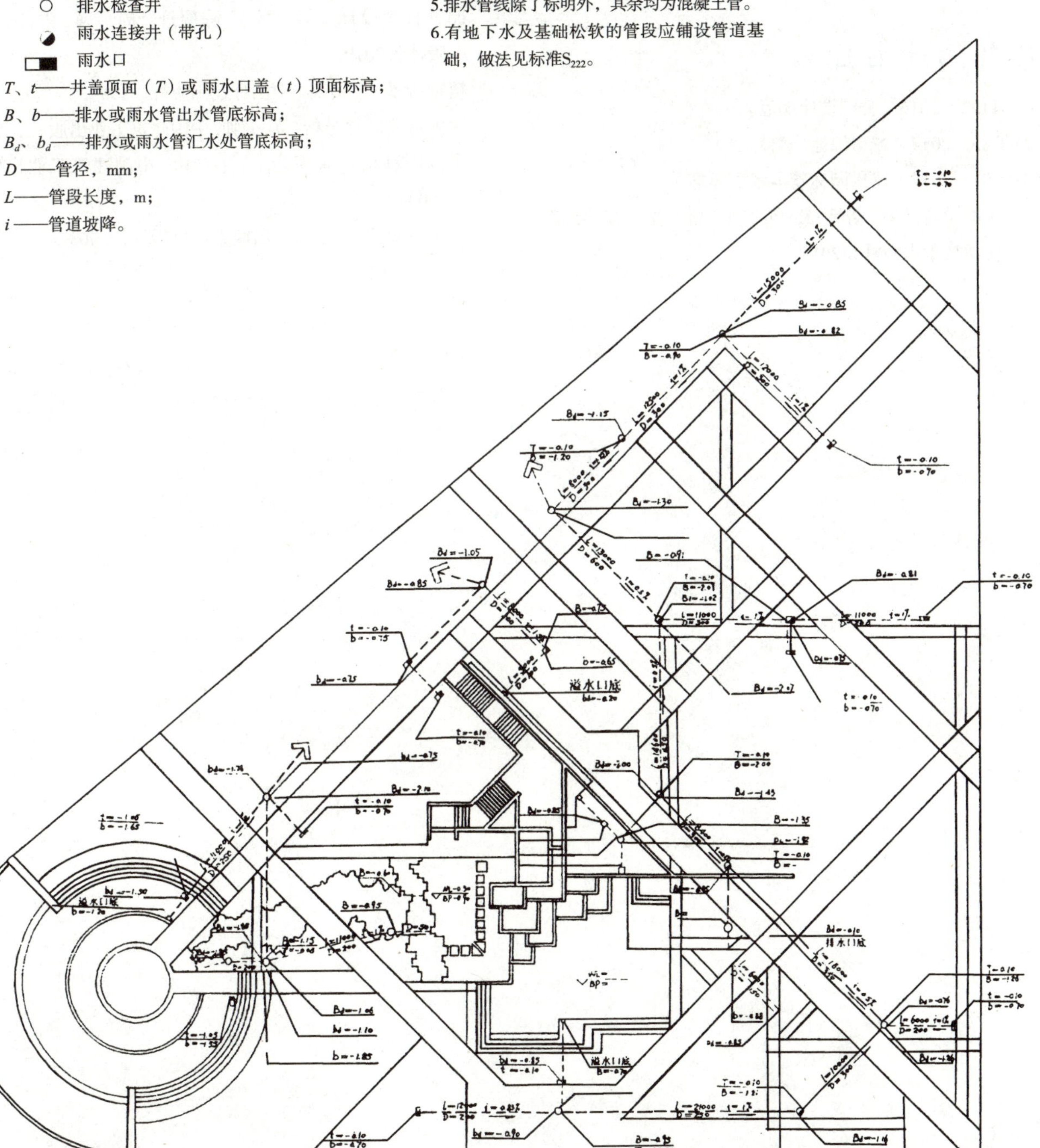

图1-55 某公园排水设计图

复习题

1. 园林的内涵与外延是什么？
2. 园林的类别组成是什么？
3. 简述园林的五大构成要素。
4. 简述园林设计过程及布局原则。

推荐阅读书目

GB 51192—2016《公园设计规范》

CJJ/T 85—2017《城市绿地分类标准》

CJJ/T 91—2017《风景园林基本术语标准》

风景园林设计要素．诺曼·K·布思著．曹礼昆、曹德鲲译．北京科学技术出版社，2015.

建筑初步．田学哲．中国建筑工业出版社，1999.

园林设计．唐学山、李雄、曹礼昆．中国林业出版社，1996.

园林艺术及园林设计．孙筱祥．中国建筑工业出版社，2011.

园衍．孟兆祯．中国建筑工业出版社，2012.

园林种植设计（第 2 版）．陈瑞丹、周道瑛．中国林业出版社，2019.

植物造景．苏雪痕．中国林业出版社，1994.

中国古典园林分析．彭一刚．中国建筑工业出版社，1986.

中国园林植物景观艺术．朱钧珍．中国建筑工业出版社，2003.

中国造园论．张家骥．山西人民出版社，2003.

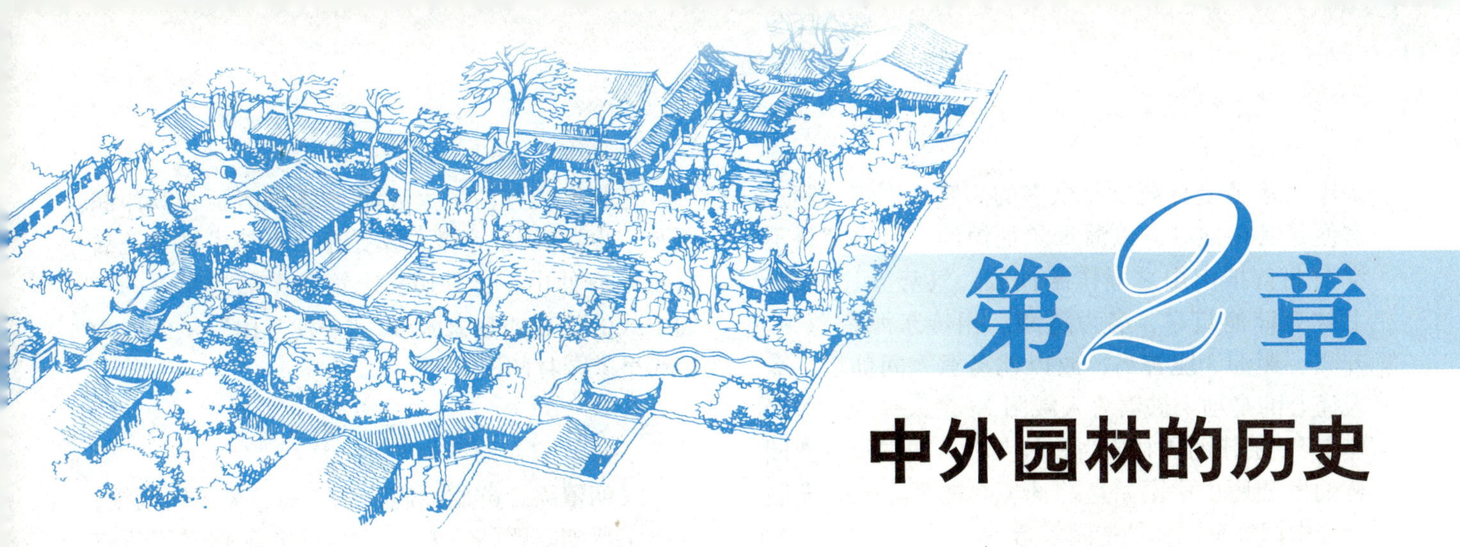

第2章 中外园林的历史

［本章提要］本章简要介绍了中国古典园林、外国古典园林、近现代园林以及中国古典园林艺术。其中中国古典园林部分按照历史朝代的发展进行介绍，内容涉及皇家园林、私家园林、寺观园林3种类型。外国古典园林部分选择了古埃及、古代西亚地区、古希腊、古罗马、意大利、法国、英国、日本的古典园林。近现代园林部分列举了美国与中国几个较为典型的范例。

进入农耕时代后，人类的生产方式从狩猎转向了较为安定的农业生产，城镇与国家逐渐形成。生产力的发展带来了精神生活的提高，人们开始追求人居环境的品质，造园活动得以兴起。

据史籍的记载，我国从商周时代便有供帝王狩猎、游乐的园林，当时称为“囿”。古埃及的墓室壁画、古希腊的《荷马史诗》也都有对园林的描写。此外，基督教《圣经》中讲述的“伊甸园”，佛教净土宗心所向往的“极乐世界”,伊斯兰的《古兰经》中安拉为信徒营造的“天国”，也是世人所憧憬的美轮美奂的园林风光。

了解园林的历史，有助于继承传统的精华使之发扬光大。

2.1 中国古典园林

从有文史记载的商周的“囿”开始，几千年来我国的园林历经兴衰，依历史朝代可将其划分为商、周，秦、汉，魏、晋、南北朝，隋、唐，宋，元、明、清6个阶段。

2.1.1 中国古典园林的起源

中国古典园林起源的历史时期为殷末、周初。

囿即为园，最初是围圈动物以供狩猎的场所。

囿占地广阔，含有天然与人工栽培的各类植物及水域，并筑高台，囿内圈养禽兽，帝王在此狩猎、娱乐。有史可证的是商末纣王所建的沙丘苑台和周文王所建的灵囿、灵台、灵沼。囿中的高台有观景、操练、祭祀等多种功能，从建筑历史的发展来看，囿中高台是兴建各类建筑的始端。

《诗经·大雅》的灵台篇中生动地描写了周文王在灵囿中观赏雄伟的奔鹿、美丽的白鸟以及灵沼中戏水游鱼的生动画面。当时有“天子百里，诸侯四十”之说，除天子之外，囿的兴建已经遍及到诸侯了。

2.1.2 秦汉时期的园林

秦汉是中央集权的封建帝国，宏大的皇家园林已成规模。

（1）秦代园林

秦王朝疆域辽阔，国力鼎盛。秦始皇在渭水

南岸兴建了上林苑以及众多的离宫、别馆，阿房宫便是其中之一。以渭水象征银河，跨水架桥贯穿南北直抵南山之巅作阙而收，气势无比雄伟。上林苑辟池筑泉，名为蓬莱。相传东海有蓬莱、方丈、瀛洲3座神岛，故以此寓意人间仙境。令人痛心的是项羽破秦攻入咸阳，“楚人一炬，可怜焦土”，宏伟的园林成为一片灰烬。在中国古典园林的发展历史中秦始皇神仙境界的理念长时期制约着中国皇家园林的造园宗旨。

（2）汉代园林

汉代对秦代上林苑加以重建，仍称上林苑。苑墙长达160km，设苑门12座，其占地之广可谓空前绝后，是中国历史上最大的一座皇家园林。其间，关中8条大河贯穿苑内，另有天然的湖泊10处，加上人工开凿的昆明池、影娥池、琳池、太液池，瑰丽壮观无比。

苑中植被极为丰富，《西京杂记》提到汉武帝初建上林苑，群臣进贡树木花草就有2000种之多。此外圈养的动物品种繁多,其中不乏珍禽奇兽，使上林苑成为大型的植物园、动物园。

上林苑宫廷建筑群有12处，以建章宫为最（图2-1、图2-2）。宫墙内分为南北两部分，南部为宫廷区的宫殿建筑群，北部为苑林区的园林，形成前宫后苑，中轴线明确的严整格局。

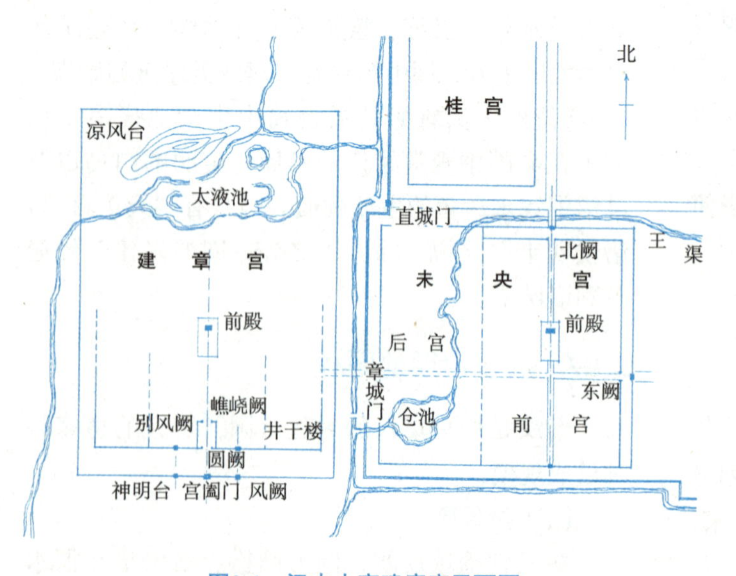

图2-1　汉未央宫建章宫平面图

苑林区内开凿了太液池，“太液者，言其津润所及广也”。汉武帝效仿秦始皇，在池中堆筑三岛寓意东海仙山。这是历史上第一座最为完整的三仙山式的仙苑式皇家园林，“一池三山”从此成为历代皇家园林的模式。

2.1.3　魏、晋、南北朝时期的园林

汉朝覆灭，群雄逐鹿，魏、蜀、吴三国割据，统一于晋朝。晋朝只安定了20余年便爆发了争权夺利的“八王之乱”，继而又有少数民族的“五胡十六国”的纷争，其间的369年，社会始终处于动荡不安的战乱之中。残酷的现实引起士大夫阶层普遍的悲观情绪，以放浪形骸、个性解放来挣脱传统礼教的束缚。此时期庄子哲学的“返璞归真”，佛学教义的出世思想渐盛，诸教争鸣带来了社会环境的宽松。人们寄情于山水，向往自然，在寄情山水的实践中淡化了对自然神秘、功利、伦理的态度，深刻认识了自然之美的内在规律。置身自然、鉴赏自然、享受自然成为时尚。这一时期山水风景、山水园林、山水诗文、山水画并行，相互融会贯通，各种艺术呈现繁荣之势。顾恺之、张僧繇的绘画，谢赫画论“六法”，宗炳的《画山水序》，王羲之的书法等都达到了极高的艺术水平，影响后世至今。随着佛教的兴盛，甘肃敦煌莫高窟、甘肃天水的麦积山石窟、山西大同的云冈石窟、河南洛阳的龙门石窟，都在这个时期诞生，成为世界珍贵的艺术遗产。

魏、晋、南北朝时期，思想和文化艺术的活跃与繁荣促进了园林艺术的发展。从再现自然到表现自然，从归属自然到高于自然，中国风景式园林开始形成，这一时期是中国古典园林发展史的一个转折。

（1）皇家园林

皇家园林仍在沿袭秦汉的风格，但狩猎、求仙、从事生产的功能已消失殆尽。南北朝时期渐渐融进私家园林的特征，不再过分表现皇家园林传统的雄伟气派。

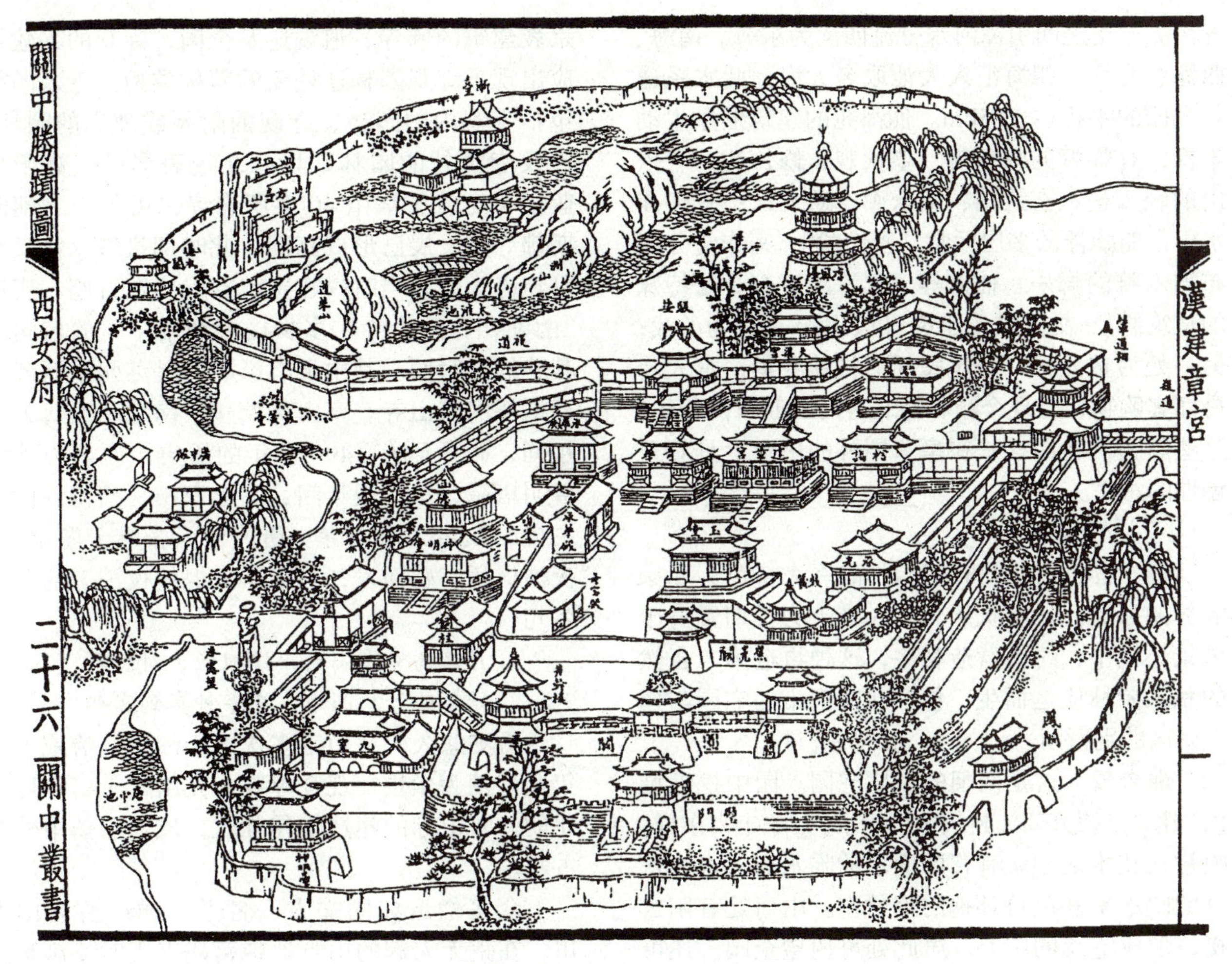

图2-2 汉建章宫透视图

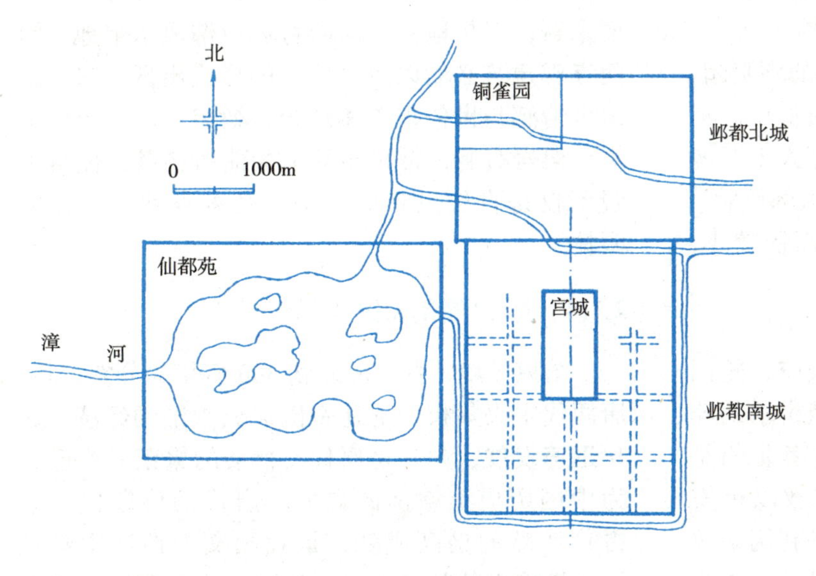

图2-3 北齐邺城平面图

皇家园林中以邺城的园林最具规模（图 2-3）。

邺城是三国时期曹魏的山都，今河北临漳县西。邺城的宫城作为规划中心，以中轴线布局，东西干道将城池分为南北区。北区为宫禁区及权贵府邸，南区为居住坊里，形成严格的封建礼制秩序。

十六国的后赵在曹魏旧城之南另筑新城，其中最著名的是华林园。园内开凿“天泉池”，引漳水作为水源，与宫城御沟联通成完整的水系。

北齐扩建华林园改名“仙都苑”，采用象征手法，在水中堆山 5 座象征五岳。五岳之间引漳河水分流四渎为东海、南海、西海、北海，四海汇入大池取名大海，此水系通行舟船的水程达12.5km。仙都苑的建筑形象生动丰富，有临海的临春观、望秋观、修竹浦；有依山的轻云楼、玄武楼、架云廊、通天坛；有建在水中借船飘浮的多层厅堂“密作堂”，密作堂分层布列木雕的舞乐、仙人等。北海附近有2处特殊的建筑群，一处为城堡建筑，以鼓噪攻城作为游戏；另一处为贫儿村，修建民间的村肆巷道，宫人装扮商客购物，与现今颐和园北宫门内苏州街相仿。这些新颖的造园样式在皇家园林的历史上具有开创性的意义。

（2）私家园林

魏、晋、南北朝时期园林的一大特色为私家园林的兴起。达官贵族、文人雅士为长期置身于风景环境中，纷纷营造私宅，这种再造第二自然的私家园林应运而生，包括建在都市的宅园与建在郊区的别墅园。

湘东园　这是南朝的一座宅园。园中挖湖堆山，建筑点缀其间。建筑依山傍水，形象丰富多样，映衬在花木之中。有背山面水的临水斋、水中赏月的映水亭和茂竹环抱的修竹室。山高处有阳云楼，形成宅园的中心，居此处可俯望全园，还可以远眺宅外之景。园内营造假山，山体中含石洞，曲折回转二百余步，显示出较高的叠山工程技术。湘东园的造园已经具备了整体规划的布局。

金谷园　这是西晋石崇的一座著名的别墅园。园内地形起伏，引金谷河水穿流于建筑群中。河道可以来往游船，两岸可供垂钓，加上人工开凿的池沼，环园遍布的柏树，形成悠然怡人的风貌。

综观私家园林的规模，大多占地面积较小，显示了精致的造园匠心。

（3）寺观园林

佛教从印度传入中国，它的因果报应、轮回转世之说得到了人们的广泛信仰。道教讲求的养生长寿，羽化成仙亦迅速传播。魏晋南北朝是战乱涂炭的年代，平民百姓寄托于宗教以求安生，统治阶层也乞求长寿，统治者更是利用宗教来维持其朝政，因而造成佛教、道教盛行。作为宗教建筑的佛寺、道观遍及全国，寺观的兴建相应出现了寺观园林这种新的园林类型。寺观园林包括寺观内的园林、寺观的附园或独立的园林，以及寺观外的园林环境。北魏著名的《洛阳伽蓝记》记载了洛阳40多所佛寺，可见南北朝时期佛寺的发展已形成高潮，此时期皇室、富豪都以建寺为荣，当时仅建康就有寺庙数百座。唐诗“南朝四百八十寺，多少楼台烟雨中”的名句是其绝妙的写照。其中最有影响的是苏州市西郊靠近枫桥的寒山寺。寒山寺始建于南北朝梁代天监年间，距今已有1400多年的历史，原名为妙利普明塔院，唐贞观年间，高僧寒山、拾得到此做主持时改名为寒山寺。唐代诗人张继云游至此，夜泊枫桥有感而发，写下了《枫桥夜泊》的千古名句：

月落乌啼霜满天，江枫渔火对愁眠。

姑苏城外寒山寺，夜半钟声到客船。

历史悠久的寒山寺多次毁于战火，清咸丰十年全寺荡为尘埃，现今寺观为光绪二十二年后重建的。寒山寺的建造雄伟壮观，成为名扬中外的古刹。

众多僧道如同文人、名士一样广游名山大川，在荒无人烟的山野地带营建寺观时要满足宗教活动的需要，同时选定自然风景优美的基址，一是为靠近水源取得生活用水，二是靠近树林以便采薪，三是地势上向阳背风所谓风水宝地。因而寺观建筑必然以风景建筑的形式出现。宗教的出世情感与世俗审美相结合，殿宇、僧舍依山就水，架岩跨涧，带来布局上的曲折错落，使得寺观不仅是自然风景的点缀，其本身就是极佳的园林。

2.1.4　隋、唐时期的园林

结束了魏、晋、南北朝300多年的分裂，隋、唐两代中央集权的封建帝国促成中国的经济、文化迅速发展，尤其是唐代，社会的繁荣昌盛已成为中国历史上空前的局面。唐代的诗歌代表了古代诗歌的最高成就，是我国文学遗产中最灿烂、最珍贵的部分之一。田园山水是唐诗的一个重要内容，王维、孟浩然等是其中的代表性诗人。王维的山水诗构思精巧、音韵和谐，诗中有画，诗与画融为一体。王维、白居易、杜甫等都曾参与了园林的营造。在绘画方面，由于隋、唐的统一，南北画风交融，山水画已摆脱了作为壁画背景的作用，形成与人物画、花鸟画的鼎立之势。张彦远在《历代名画记》中称李思训的山水画"其画山水树石，笔格遒劲，湍濑潺，云霞缥缈，时睹神仙之事"，尊其为"国朝山水第一"。"外师造化，内得心源"成为中国山水画的准则，"气韵生动、意境深远"亦是画风中不可缺少的追求。人物画画家吴道子被誉为"画圣"，其手法被推崇至极，形容为"行云流水，飘逸若翔，栩栩如生，下笔有神，天衣飞舞，满壁当风"，被誉为"吴带当风"。

唐代的建筑规模恢宏，具有高超的技术水平。大明宫正殿高 294 尺*、方 300 尺，堂内巨木十围，上下贯通。建筑群体承中轴线的格局，左右对称延展，亭、台、楼、阁错落其中，有着丰富的空间层次。在木构架中，柱列布局、斗拱形态等更加完善，彩画中的退晕、叠晕更为纯熟。

唐代的植物栽培与园艺技术随之发展，有专营的花市，有专门的书著。引种移栽、嫁接催生以及盆景艺术都在萌芽。

社会繁荣、文化艺术高度发展的浓厚氛围必然促进园林的兴盛，中国古典园林至唐代达到了全盛时期。

2.1.4.1 皇家园林

隋、唐两代建都长安。隋朝改汉代长安为大兴城，至唐朝恢复为长安，有百万人口，是当时世界上规模最大、规划布局最为严谨的一座繁华都市。隋、唐两代的皇家园林大多集中在长安、洛阳两座京城之内。此时期的皇家园林分为大内御苑、行宫御苑和离宫御苑 3 种类型。其中西苑、大明宫属大内御苑，九成宫属行宫御园，华清池为离宫御苑。

（1）西苑

西苑在洛阳城西，与洛阳城同时兴建，周长 100km，是历史上仅次于汉代上林苑的大型园林。总布局以人工水域"北海"为中心，海上筑蓬莱、方丈、瀛洲三岛，由曲折的龙鳞渠注入海中。沿渠水修建建筑群体称"十六院"，形成园中之园的布局，这种苑中又有集群小园林的手法开创了一种新的造园方式。苑中开凿"五湖"以象征唐朝帝国版图的浩瀚。湖中均堆积山体，构筑厅和殿。

综观西苑的布局，仍在沿袭传统"一池三山"的宫苑模式。以龙鳞渠绕经十六院而构筑的规划设计，与北海、五湖、曲水池所形成的完整水系，充分显示出这座皇家园林的规模。

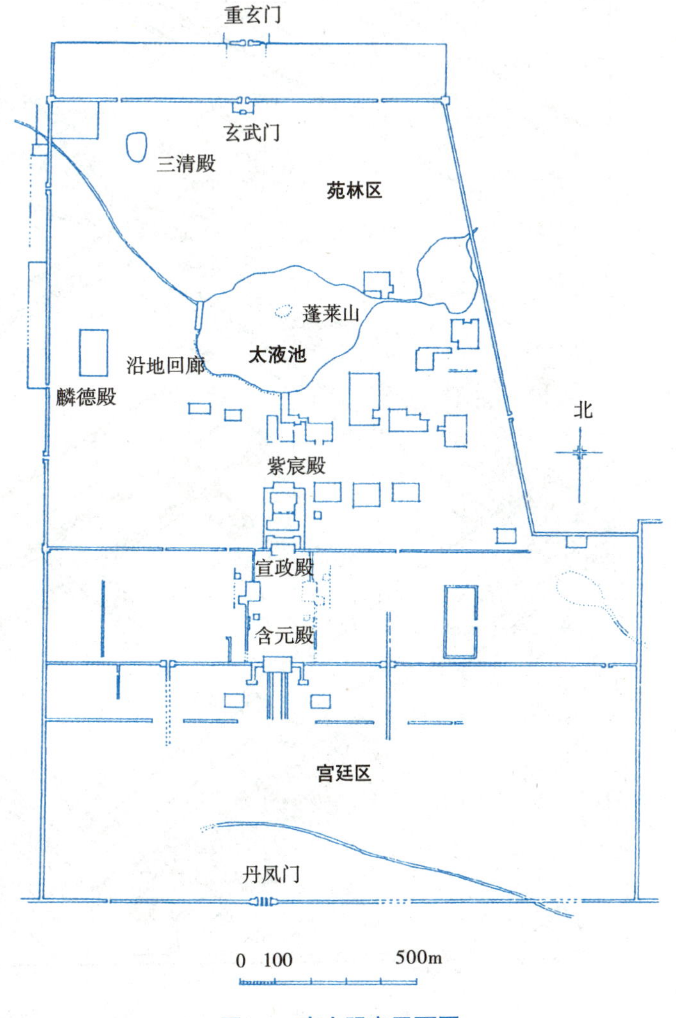

图2-4 唐大明宫平面图

* 1 尺≈33.3cm。

（2）大明宫

大明宫是一座相对独立的宫城，面积约 32hm^2，高宗之后作为朝宫（图 2-4）。它的南半部为宫廷区，北半部为苑林区，沿宫墙共设宫门 11 座，北面和东面的宫墙做成双层夹墙，南面正门名丹凤门。

丹凤门内依次为外朝正殿、宣政殿、内朝正殿、紫宸殿、蓬莱殿，往南延伸正对慈恩寺的大雁塔，贯穿在南北中轴线上。

苑林区地势陡然下降，中央为太液池，池中耸立蓬莱山。环太液池岸建回廊 400 余间，池西有麟德殿（图 2-5），池北有三清殿、玄武门等。

（3）九成宫

九成宫在今西安市西北的麟游县。始建于隋代，名为“仁寿宫”，唐代修复扩建后定名“九成宫”。九成宫建在县西的天台山上，天台山山色苍茫，气候凉爽，九成宫成为皇帝避暑的行宫御苑。宫苑随山就势，秘书监校侍中魏征作《醴泉铭》有如下的描写：

冠山构殿，绝壑为池；
跨水架楹，分岩竦阙。
高阁周建，长廊四起；
栋宇胶葛，台榭参差。

其规模可见一斑。

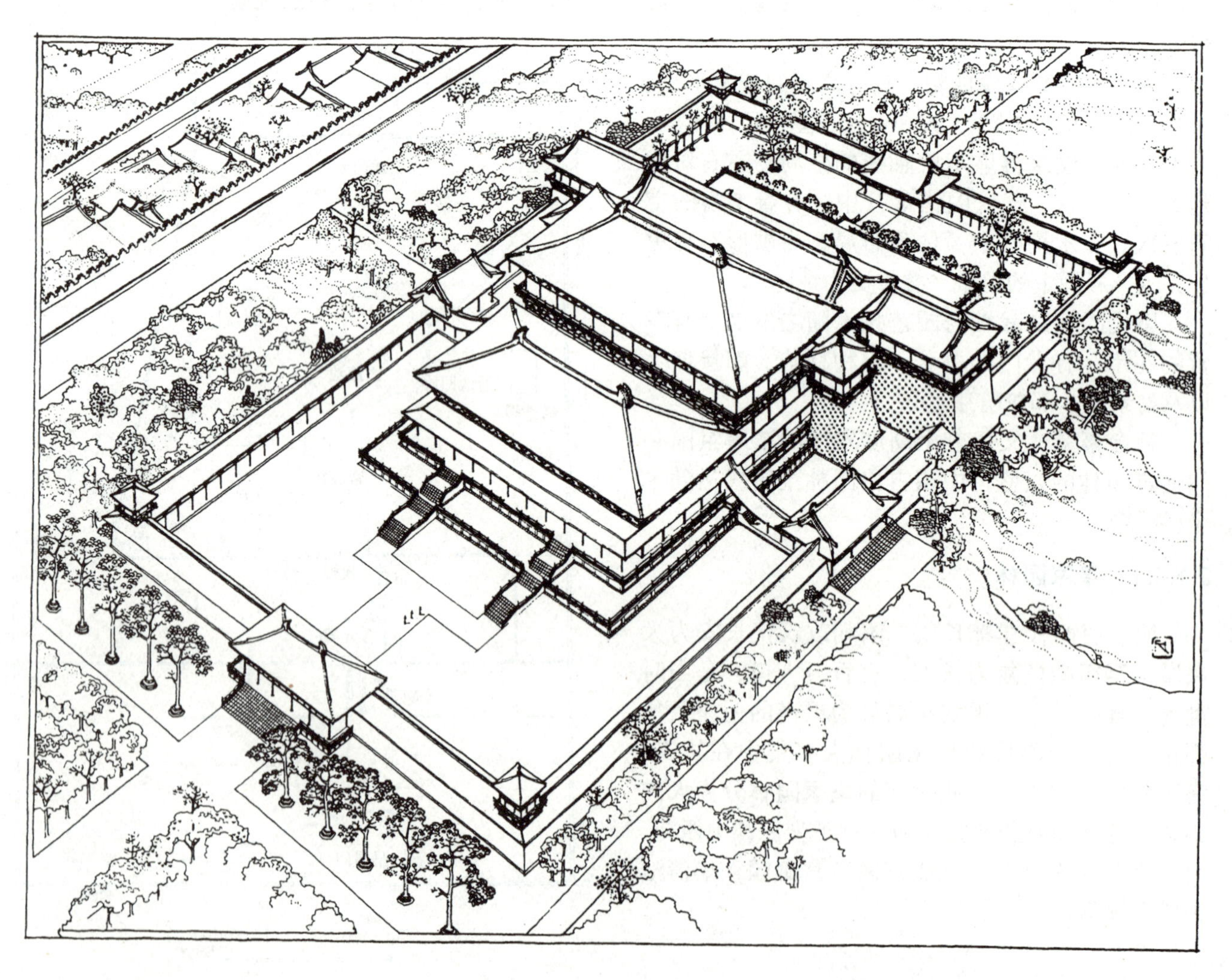

图2-5　大明宫麟德殿复原图

(4) 华清宫

华清宫在今西安以东临潼区骊山北坡，此处常年温泉不断，景色秀丽。秦始皇初建成温泉宫室“骊山汤”，隋代修堂宇，列植松柏千余株，至唐代营建宫殿取名“华清池”。唐玄宗长期在此居住，处理朝政。完整的宫廷区与骊山北坡的苑林区形成北宫南苑格局的离宫御苑。内庭有16处温泉浴池，名为十六汤，华清宫内的莲花汤是杨贵妃沐浴的地方。骊山北坡的山岳风景地区有巉岩、溪谷、瀑布，山麓散布花卉、果林类的小园林，朝元阁是道观性质的主体建筑。登骊山峰顶可一览秦川沃野，峰峦之上望京楼旁的烽火台，相传是周幽王与褒姒烽火戏诸侯之处。

2.1.4.2 私家园林

太平盛世促成了造园之风。在朝官吏想着隐退之后安居，尽早建园。在野人士以园林作为社交场所，抒情叙事、吟诗作画。唐代的私家园林已经非常普遍，此时期的私家园林包括城市的私园和郊野的别墅园，其中尤以长安城、洛阳城为最，皇亲贵族的园林豪华绮丽，文人官宦的园林清淡雅致。

(1) 白居易的履道坊宅园

白居易的履道坊宅园位居洛阳城东南，是一处风水胜地。他专为宅园写韵文《池上篇》：

十亩之宅，五亩之园；
有水一池，有竹千竿。
勿谓土狭，勿谓地偏；
足以容膝，足以息肩。
有堂有庭，有桥有船；
有书有酒，有歌有弦。
有叟在中，白须飘然；
识分知足，外无求焉。
如鸟择木，姑务巢安；
如龟居坎，不知海宽。
灵鹤怪石，紫菱白莲；
皆吾所好，尽在吾前。
时饮一杯，或吟一篇；
妻孥熙熙，鸡犬闲闲。
优哉游哉，吾将终老乎其间。

这篇韵文充分抒发了诗人的造园宗旨，以宅园寄托精神、陶冶性情，清心幽雅淡泊的人生态度恰如其分地反映了当时文人的园林观。

(2) 王维的辋川别业

唐代的别墅又称山庄、别业、山亭、水亭、池亭、田居、草堂等。辋川别业因其园主是诗人、画家王维而名声传世。辋川位于蓝田西南，山峦环抱、谿谷辐辏，有若车轮而得名辋川。内有峰岭、岗阜、湖溪、泉滩，园中植物茂密，是自然风景山地园。园中的建筑只在观景处、休憩处散点而建，形象朴实、布局疏朗。由于造园与湖光山色巧妙结合，充满了诗情画意的格调（图2-6、图2-7）。王维自画《辋川图》长卷，对20个景点加以描绘，《历代名画记》中赞誉其为“江乡风物，靡不毕备，精妙罕见”。

唐代的文人把诗画情趣赋予园林，以诗入园、因画成景的追求孕育了中国古典园林的又一特征。此外，唐代的寺观园林因当时宗教的世俗化而更加普及，寺观为主体的山岳风景名胜吸引了更多的香客与游人，促进了原始型旅游的萌生。

隋唐园林向平民化方面发展，出现了游春踏青，赏花泛舟，官民共赏的景象，公共园林已初见端倪。

2.1.5 两宋时期的园林

两宋在中国5000年的文明史中以文化方面的发展最为突出 。文人的社会地位比以往任何朝代都高，很多官员（文官）是知名的文学家、画家、书法家。宋徽宗赵佶本人即工笔花鸟画家和瘦金体书法的先驱。宋代朝廷设立画院，以选考的方式发掘艺术人才，考试常以诗句为题，诗情画意的表现手法已经成为必然。五代和两宋的山水画达到了极高的水平，董源、李成、关仝、荆浩四大山水画家的巨幅山水画表现了崇山峻岭、溪壑茂林、楼台亭榭（见附图1）。画家对景造意，进而以不拘雕饰的手法写其意境，以写实、写意融为一体，表现出“可望、可行、可游、可居”的士大夫心目中的理想境界，画面雄浑、气势磅礴。另一画派的马远、夏珪则表现平远的景致，取景

图2-6　辋川别业透视图

图2-7　辋川别业景观图

单纯、构图简练、善留空白，从而使观者在那一片虚空之中感悟水天辽阔，引发幽思而萌生想象的空间（见附图2）。这个时期的文人画也日见崛起，集书法、绘画、诗文于一身的苏东坡被誉为“欧洲文艺复兴式的艺术家”，可见当时艺术的辉煌成就。

宋代的文人墨客广泛参与园林设计，园林意境的创造已不局限于私家园林，皇家园林、寺观园林已趋于同步，山水诗、山水画、山水园相互渗透，完全成为一个整体。以北宋东京都为例，有关文献登录的各类园林就有150余座，已成为花园的城市了。

宋代有关园林与建筑的著作颇多。李诫所著《营造法式》以详尽的图解介绍木结构建筑的法式、规范，对历代建筑加以总结概括。李格非所著《历代名园记》中提及唐代在洛阳建园千余处，对洛阳20处名园进行了细致的描绘。此外，还有《洛阳花记》《梅谱》《兰谱》《石谱》等专著，反映出当时造园的盛况。

2.1.5.1 皇家园林

（1）艮岳

宋代建造了中国历史上最著名的皇家园林之一的艮岳（图2-8）。艮岳在东京都宫城的东北部，又名寿山。建园由宋徽宗亲自参与设计、主持动工。宋徽宗倦于朝政，却对营山造园乐此不疲，由于他具有较高的艺术造诣，因而艮岳具有深层的文人内涵。

艮岳属于大内御苑中相对独立的一个部分。建园的目的是“放怀适情，游心赏玩”，园中没有朝会和居住的建筑。园林东半部以山为主，西半部以水为主，形成左山右水的格局。

筑山　修筑“寿山”，先用堆土成形，再叠石料。主峰居中为主体，东西两峰策应为宾。西面的万松岭与主峰相对，东面的芙蓉城居山体的余脉，构成了一个宾主分明、远近呼应、延展山势的完整山系。既是天然山脉的典型概括，又体现了山水画论所谓“先立宾主，决定远近之形”“客山拱伏，主山始尊”的构图规律。整个山系岗连阜属，东西相望，前后相续，其位置经营正合于“布山形、取峦向、分石脉”的画理。山上磴道盘萦，扪门而上，山绝路隔，继以木栈，倚石排空，周环曲折，有蜀道之难。在叠山掇石方面备置大量太湖石，按图样精选加工，掇山之中以高超的技巧筑成石洞。

理水　园内形成了一套完整的水系，几乎包含内陆天然水体的全部形态：河、湖、沼、溪、涧、瀑、潭等。水系与山体配合而形成山嵌水抱之势，这种态势是大自然风景最理想的地貌。这一布局体现了儒、道思想的最高哲理，即阴阳虚实相生互补，

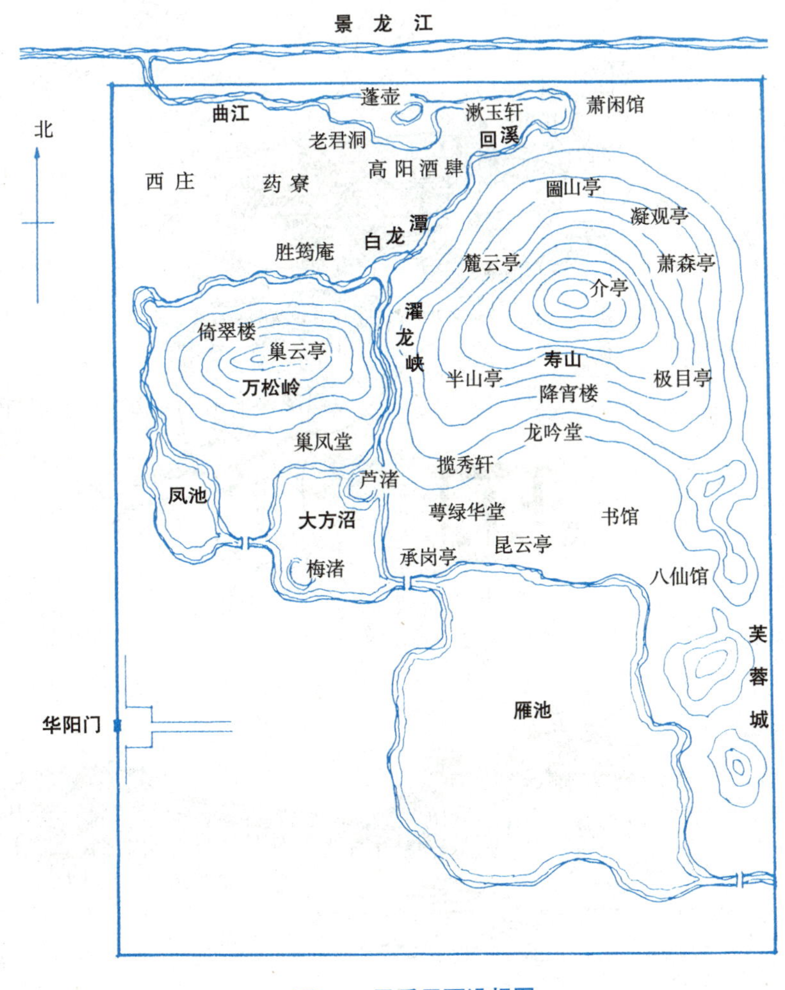

图2-8　艮岳平面设想图

统一和谐的境界。

植物　艮岳遍布乔木、灌木、藤本植物、水生植物、草本花卉、木本花卉以及农作物。树木有孤植、对植、丛植、片植等。花草漫山遍野，沿溪伴陇，连绵不断。林间放养的珍禽奇兽不计其数。

建筑　园中建筑的造型包罗万象，多从观景、点景功能出发，这些形态各异的建筑时常出现在宋代的山水画中（图2-9至图2-11）。此外还建有道观、庵庙、野居以及模仿的民间集镇，可以说艮岳集宋代建筑艺术之大成。

艮岳是一座叠山、理水、花木、建筑完美组合并具有浓郁诗情画意而较少皇家气派的人工山水园，它体现了宫廷造园艺术的最高水平。

建园成功后，宋徽宗自撰《艮岳记》，曰："真天造地设、神谋化力，非人力所能为者。"

艮岳建园历时5年，宋徽宗享用了5年。随着金人的入侵，京城失守，艮岳遭毁，一代盖世名苑从此消亡。

（2）东京四苑

东京四苑是北宋东京的4座行宫御苑，即琼

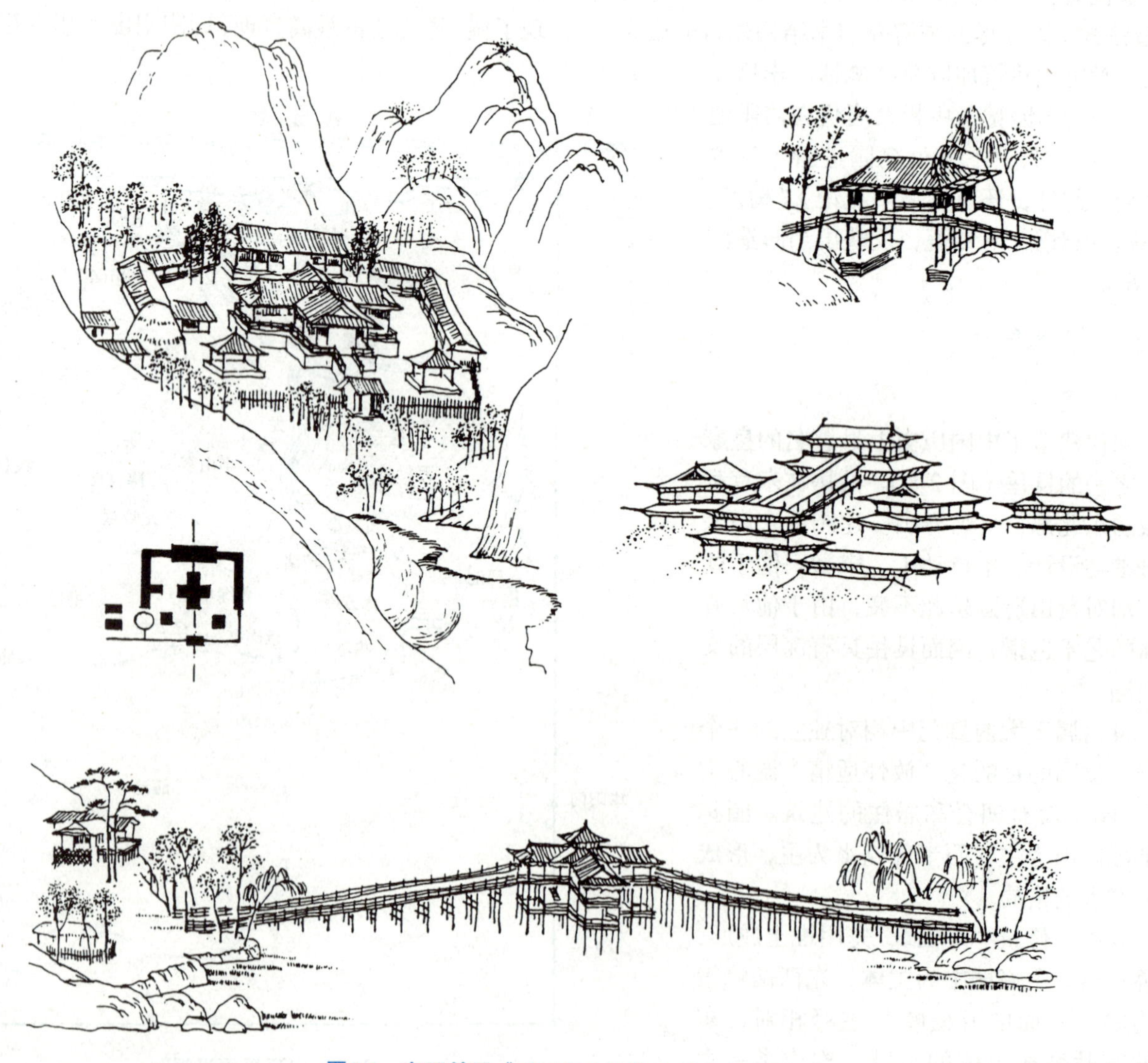

图2-9　宋王希孟《千里江山图》中的建筑（1）

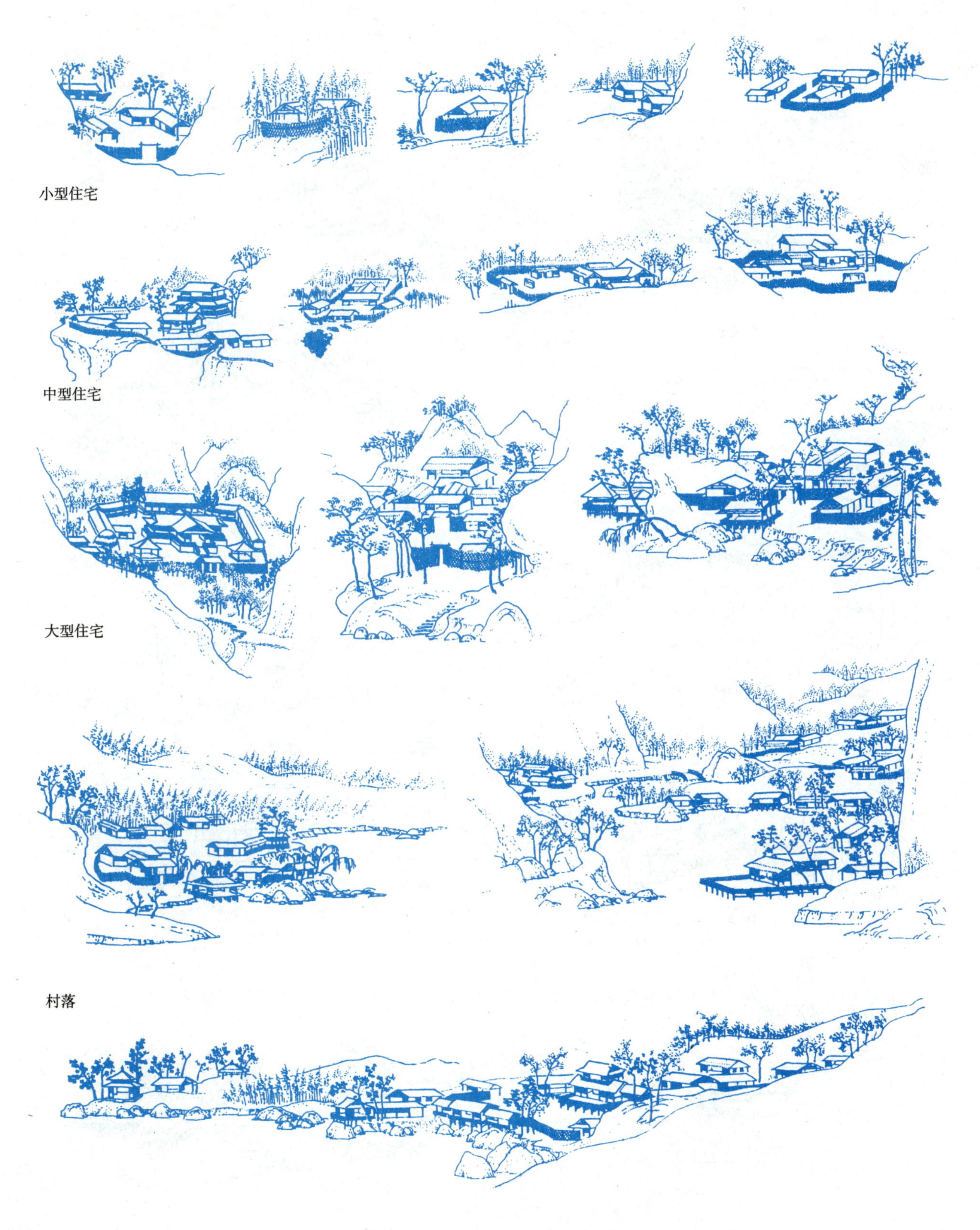

图2-10　宋王希孟《千里江山图》中的建筑（2）

图2-11　南宋赵伯驹《江山秋色图》中的建筑

林苑、玉津园、宜春苑和含芳园。分别位于东、南、西、北外城，其中琼林苑另辟附园“金明池”。池南正中筑高台建宝津楼，过仙桥与池中水心殿相连，原为宋太宗检阅“神卫虎翼水军”的水操演习场，后演变为龙舟竞赛斗标表演的“水嬉”场所。每逢水嬉之日，东京居民倾城来此观看（图 2-12）。

2.1.5.2 私家园林

萌芽于唐代的文人园到了宋代已成为主流，其风格特点可概括为 4 个方面，即简远、疏朗、雅致、天然。

简远　景象精简而意境深远。

这种特点如同中国传统的写意画，是对自然形象的概括、提炼。“计白当黑”、以少胜多、以简胜繁，取其本质、写其精神，以传达不言其中的意念。

简远的手法是宋代艺术的普遍风尚。山水画家李成在《山水诀》中写道：“上下云烟起秀不可太多，多则散漫无神；左右林麓铺陈不可太繁，繁则堆塞不舒。”《宣和画谱》提出“精而造疏，简而意足”的主张。山水园与山水画在简远的处理手法上是完全一致的。

疏朗　宋代私家园林的造山多以土代石，平缓而舒展，少有大起大落奇景险势。园中所设建筑呈疏散布局，很少列阵成群。植林虽成片，但有间隙，在密实中透出虚的空间，完全如山水画中的空白一般。

雅致　《洛阳名园记》中记载 19 处园林以竹成景，提及“三分水、二分竹、一分屋”。苏轼自咏“可使食无肉，不可居无竹；无肉令人瘦，无竹令人俗”，道出诗人追求淡雅格调的情趣，苏轼并因癖奇石而创立了以竹、石为主题的画体。这一时代的文人喜爱竹，喜爱兰花、梅花、菊花，以梅、兰、竹、菊喻为四君子。书法家米芾每得绝妙奇石，必衣冠之呼为“石兄”，此种追求风雅的氛围在文人园中得以充分的体现。园林用石盛行，单体孤置，以“漏、透、瘦、皱”作为太湖石的选择标准。此外，兴建草堂、草庐、草亭等远离繁华以便返璞归真，文人在此聚合，曲水流觞、对诗饮酒，过着脱俗的生活。

天然　园林的选址必介于山水之间，利用原始地貌，略加装点，以修竹、茂林营造幽静、深邃、平和的景观。园中建筑有时取其高视点，以便观赏园外的景色，这种借景的手法缓解了私家园林规模小的局限。

文人园林风格的形成是文人广泛参与的结果，

图2-12　张择端《金明池夺标图》

司马光、欧阳修、苏轼、王安石、米芾等人参与造园都曾见于史载。

北宋的私家园林有宅园、游园、花园 3 种类型。

（1）富郑公园

富郑公园是宰相富弼的宅园，园林与宅第相连，以湖池为中心，由园外引进水渠。北岸是主体四景堂，前有临水的月台，登堂可览全园风光。南岸建卧云堂，两堂隔水相望，以对景关系形成南北中轴线。池的南北各以土堆山，北山筑横一纵三的 4 个山洞，山麓栽种成片竹林，有 5 座亭错落其间，若隐若现，有幽深之感。南山是较为开朗的景观，两山一浓一淡、一明一暗，形成巧妙的对比（图 2-13）。

（2）独乐园

独乐园是司马光的游憩园，风格简朴，占地 1.33hm^2（20 亩）。园林中心建读书堂，藏书数千卷。读书堂以南是弄水轩，室内筑一小水池，水从暗流引进，分流 5 股入池，名曰“虎爪泉”，池水出轩成为 2 条明渠环绕庭院。读书堂的北面有更大的水

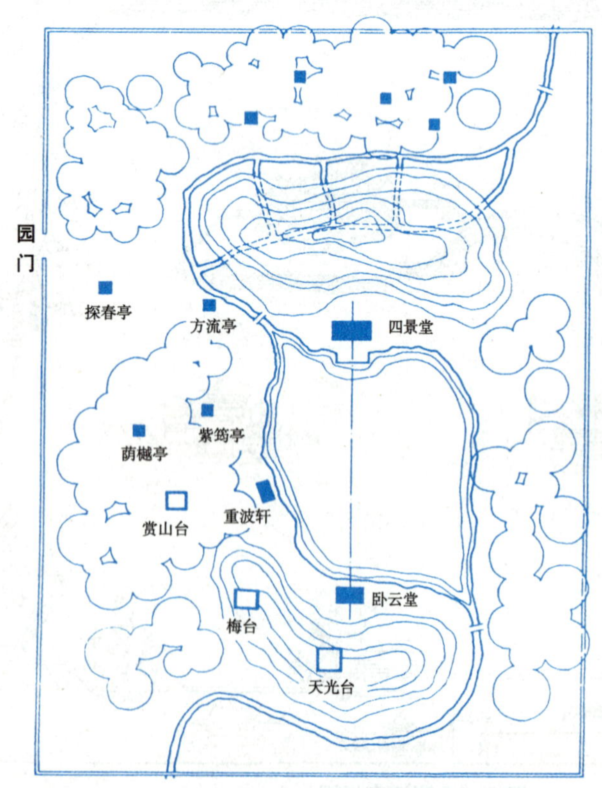

图2-13　富郑公园平面图

池，其间筑岛。此园的房前屋后以及岛中空地遍植竹林，有的成片、有的成环，有的竹梢连接如同渔人庐舍，有的竹梢回拢形成游廊。池西土山筑台建屋远眺洛阳城外诸山。园内还有采药圃以及观赏的牡丹栏、芍药栏。司马光认为，人之乐在于各尽其分而安之，造园以自适，取其独乐也。

南宋的私家园林多在今苏州、杭州一带。

（3）沧浪亭

沧浪亭是苏州古典园林中历史最悠久的园林，占地 1.07hm^2（16 亩）。全园以山林为中心，园外被水流环绕。园门之前立牌坊、架石桥，进入园内修竹密布、古木参天，前行至“面水轩”。轩北临水，轩南假山，东行是复廊，可透其窗漏观赏园外风光。再往东取山道登“沧浪亭”，亭为方形石造，古朴厚重，匾题“沧浪”两字，亭柱上刻有楹联“清风明月本无价，近水远山皆有情”。园林中部的假山分东西两部分，东部是土石相间的真山，西部是靠玲珑精巧湖石掇成的人造假山。园林的南面建有两组庭院，一组方正规矩，一组曲折多变。园的最南端于山顶建山楼，造型轻巧、飞逸，是典型的南派风格。

2.1.5.3　寺观园林

佛寺到宋代已全部汉化，园林世俗化的倾向更加明显，文人园的趣味渗透到佛寺中。宋徽宗笃信道教，自称道君皇帝，也由此推进了宗教的发展。这一时期儒、道、释三教共尊，相互融会。佛道建寺在幽谷深山，最为典型是杭州市西湖区的灵隐寺。

2.1.6　元、明、清时期的园林

元代民族矛盾的尖锐带来了社会的不安定，使园林的发展处于停滞的状态。

从明代永乐年到清代康熙、雍正、乾隆三帝时期，继两宋之后出现了第二次造园高潮。

明代中叶，沈周、文徵明代表的文人画已成独霸画坛之势，比起宋代的文人画更注重笔墨趣味。文人画家参与造园，一些造园工匠也潜心钻研，在实践中不断提高素养，因而出现了不少的

造园家。这一时期造园的"写意之风"已作为主导，寄情言志、象征寓意，表达含蓄、意境深沉的创作比比皆是。同时，皇家园林规模之大，园林建筑的富丽堂皇，也都步入了新的阶段。

清初，有弘仁、髡残、石涛、八大山人四僧，中期又有"扬州八怪"，这些文人画家的画风飘逸、洒脱、标新立异，使文人画进入更高的境界，继而融入当时的造园风格。

康熙、乾隆时期是大清帝国的盛世，史称"康乾之治"，中国古典皇家园林达到鼎盛。当时已引入了西方的造园思想，同时在欧洲亦出现了"中国造园热"，开创了东西方造园文化的交流。

2.1.6.1 皇家园林

（1）元大都

元灭金，以金的大宁宫为中心修建新城"大都"，大都即北京的前身。大都皇城之内与太液池、琼华岛及周边水域合称大内御园。

大都城为方形，有纵横两条中轴线相交于中心阁，此处建钟鼓楼为全城的中心点。大都城的总体规划继承了唐宋以来3套方城的模式，形成外城、皇城、宫城三重复套。皇城中部是太液池，池的东部是宫城，即为大内（图2-14）。

大都有7条纵横干道，呈"井"字或"丁"字排列，外城由纵横的街道和胡同划分成50坊，画线整齐，有如棋盘。城中引北部玉泉山泉水入太液池，另引昌平一水经瓮山注入积水潭。

大内御苑的主体是太液池，沿袭"一池三山"的传统，池中有3个岛屿成南北一线布列。最大的岛屿为金代的琼华岛（图2-15），元代改为万岁山。万岁山以高踞山顶的广寒殿为中心，面对园坻的仪天殿，以太液桥相连。池水遍布荷花，沿岸有殿堂、亭廊、庭院，筑有假山，太液池是皇帝和宫妃们水上游乐的场所。

（2）西苑

西苑即元代太液池的旧址。明代扩建了团城。团城与西岸间修建了大型的石拱桥玉河桥。往南开凿了南海，玉河桥以北为北海，北海与南海之间的水城为中海，奠定了三海的局面。团城与琼华岛间有太液桥相连，桥的南北两端各建成牌楼"堆云""积翠"，故名"堆云积翠桥"。琼华岛保留着元代的叠石嶙峋、树木蓊郁的景观和疏朗的

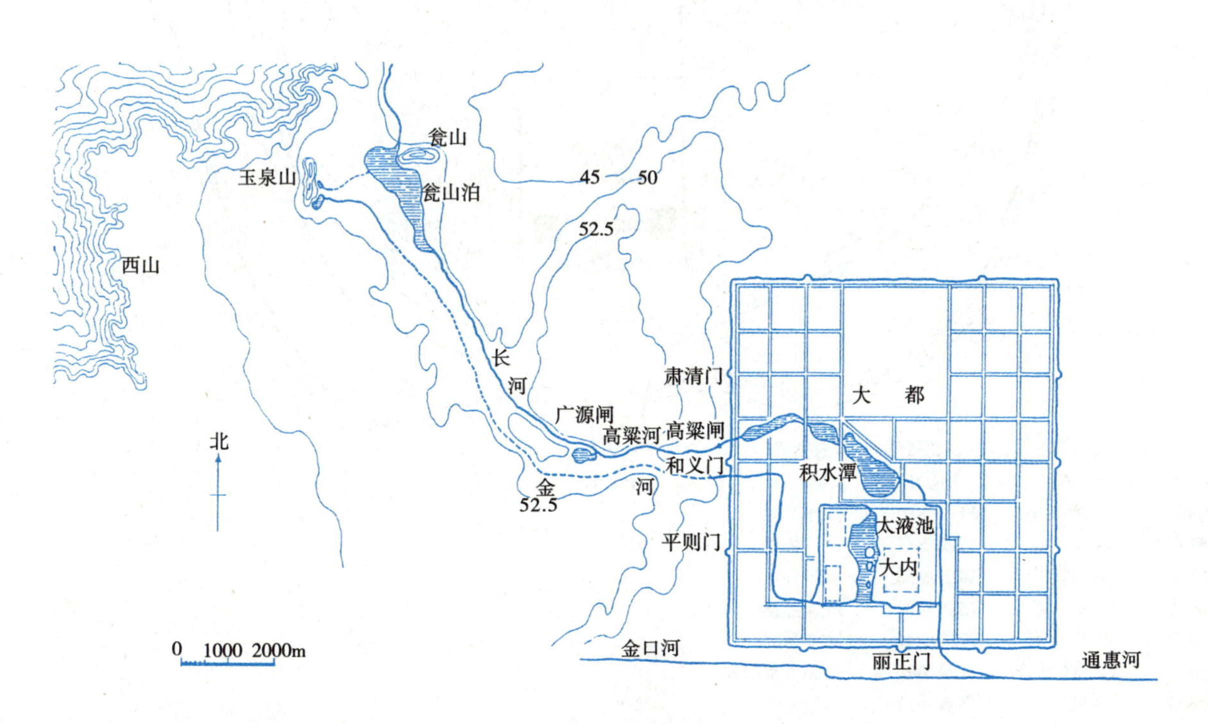

图2-14 元大都及其西北郊平面图

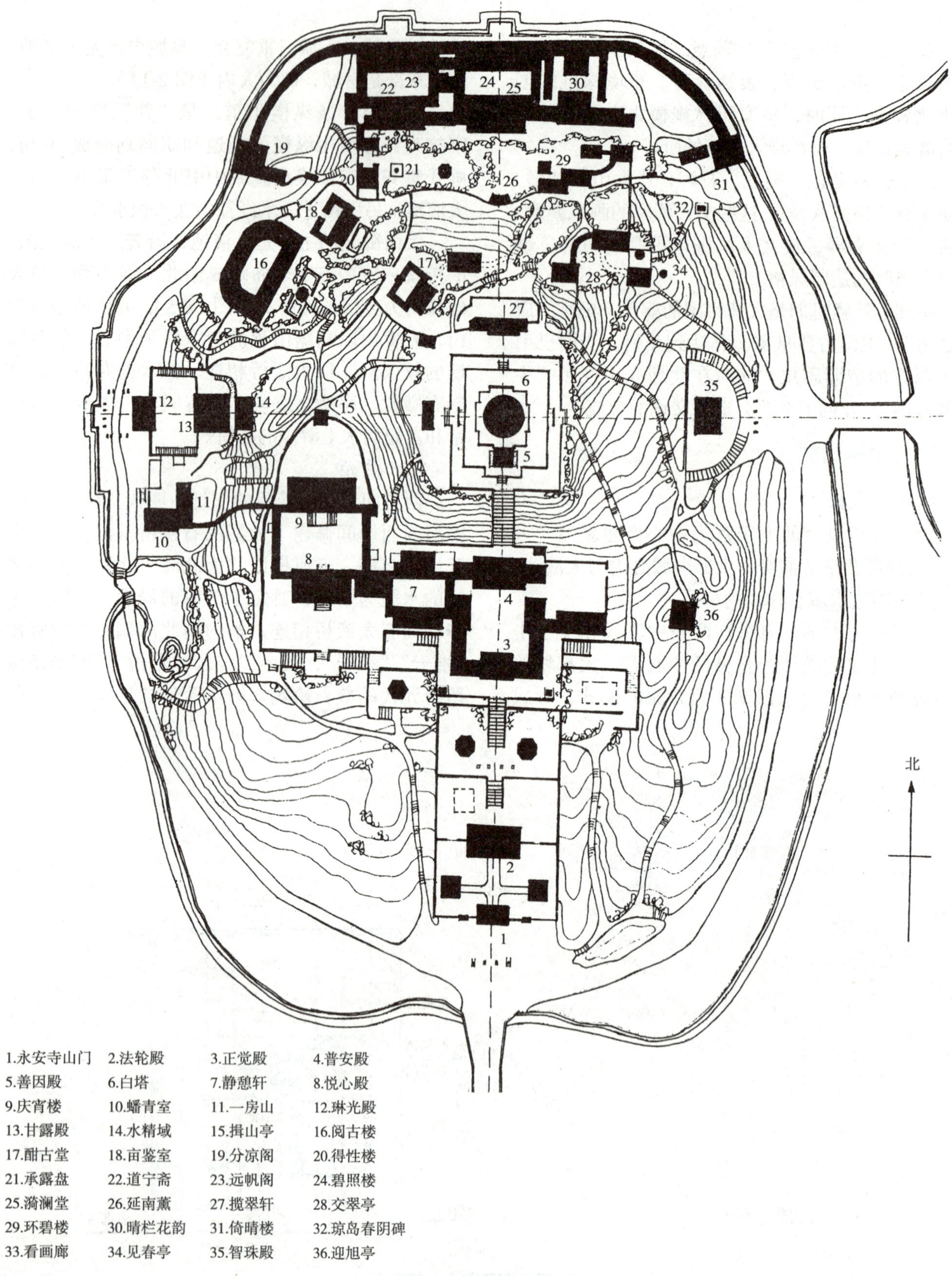
北
1.永安寺山门
2.法轮殿
3.正觉殿
4.普安殿
5.善因殿
6.白塔
7.静憩轩
8.悦心殿
9.庆宵楼
10.蟠青室
11.一房山
12.琳光殿
13.甘露殿
14.水精域
15.揖山亭
16.阅古楼
17.酣古堂
18.亩鉴室
19.分凉阁
20.得性楼
21.承露盘
22.道宁斋
23.远帆阁
24.碧照楼
25.漪澜堂
26.延南薰
27.揽翠轩
28.交翠亭
29.环碧楼
30.晴栏花韵
31.倚晴楼
32.琼岛春阴碑
33.看画廊
34.见春亭
35.智珠殿
36.迎旭亭

图2-15　琼华岛平面图

建筑布局（图 2-16）。

北海北岸临水建“五龙亭”，由龙潭、澄祥、滋香、涌瑞、浮翠 5 座亭子组成。西岸临水建 3 亭，有迎翠殿坐西向东，与东岸的凝和殿隔水相望构成对景。

中海西岸大片平地为宫中跑马射箭的“射苑”。南海堆筑大岛，这一带林木深藏，沙鸥、水禽如在镜中，一幅村舍田野的风光。

清代顺治年间修建了琼华岛南坡的“永安寺”。此后历经康熙、乾隆两个时期的改造，奠定了西苑的格局。

南坡的永安寺是一组布局对称均齐的山地佛寺建筑群。自南山门起始，经法轮殿、普安殿、善因殿即达山顶的白塔，显示了一条明显的中轴线。

西坡地势陡峭，建筑物体量略小，随山势错落，配以叠石更富趣味。后有甘露殿，与临水码头形成不太突出的轴线关系。琳光殿以南有 2 座水厅呈曲尺形，间以爬山廊。琳光殿北有双层围抱的“阅古楼”，内藏三希堂法帖石刻。乾隆在《塔山西面记》中描写为：“室之有高下，犹山之有曲折，水之有波澜。故水无波澜不致清，山无波折不致灵，室无高下不致情，然室不能自为高下，故因山以构室者其趣恒佳。”

北坡的地势下缓上陡。上坡为人工叠石构成崖、岫、岗、峰、壑、谷、洞、穴等丰富的山体形态。石洞中怪石林立，曲折蜿蜒的走向与建筑相配合，忽开忽合、时隐时现，成为北方叠石假山的巨作。山麓中有一小水系，有溪、涧、潭、瀑，有明流暗水相通注入北海。北坡以山林景观为主，建筑体量小，相对隐蔽分散成散布的群组，与所处的地势相适应。靠北居中是扇面房“延南薰”，西有仿汉代上林苑内“仙人承露”的“承露盘”。东边交翠亭与盘岚精舍 2 座建筑以爬山廊相连接，室内通石洞，凭栏可远眺北岸风景，是一处既幽邃又开朗的山地小园林。

东坡有一条密林山道纵贯南北，松柏浓荫蔽日，完全是以植物为主的景观。

整个岛屿由汉白玉栏杆围合托浮于水面。绿荫丛中透出红、黄诸色的亭、台、轩、榭，若明若暗，

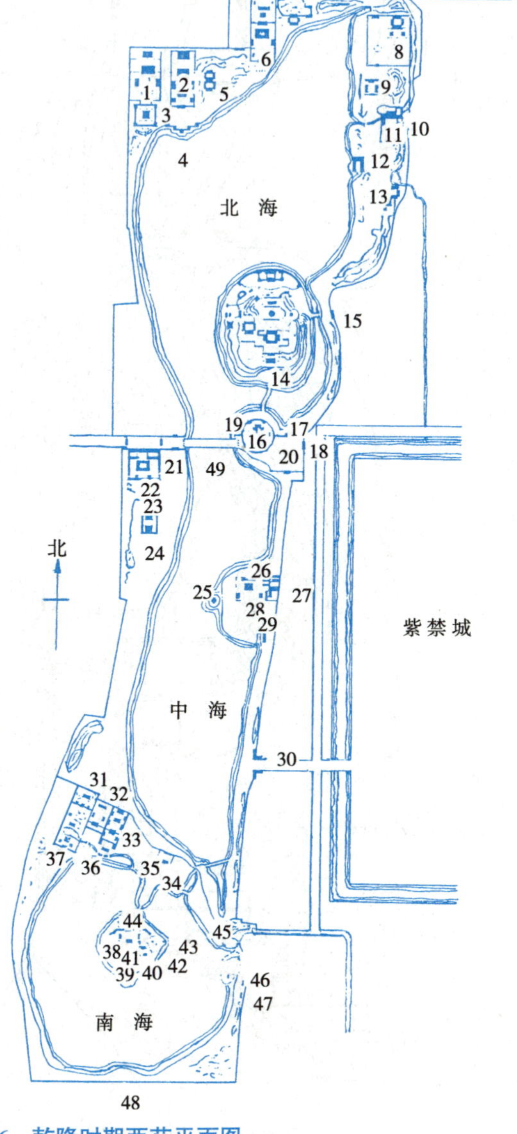

图2-16　乾隆时期西苑平面图

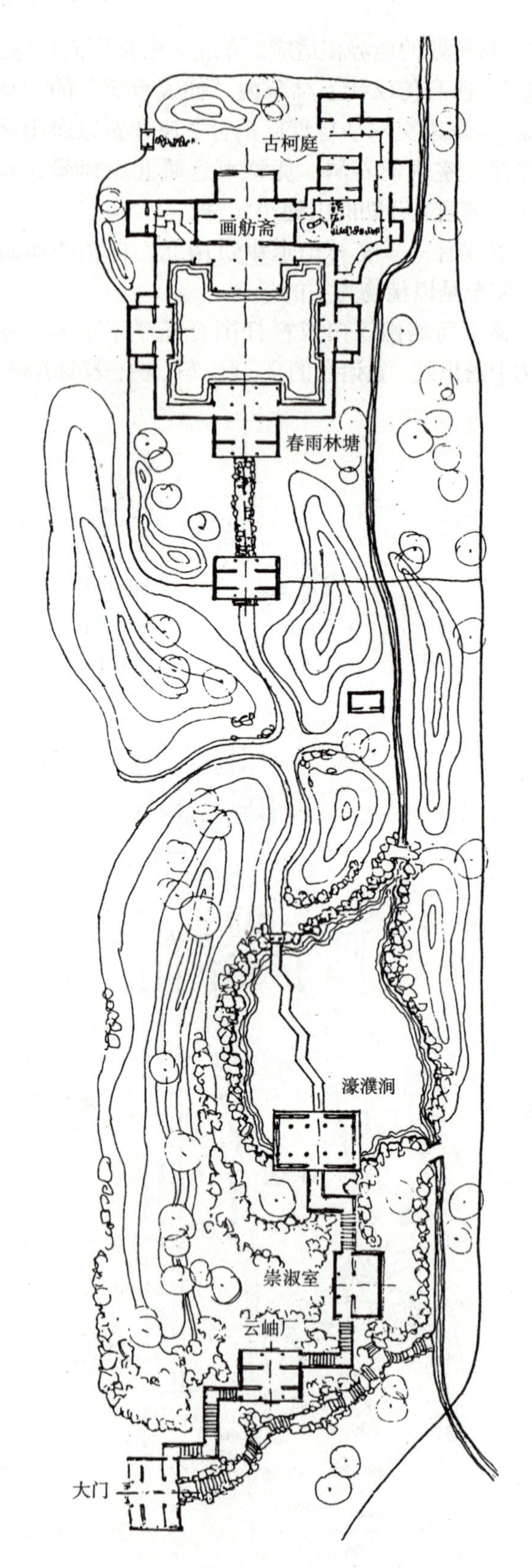

图2-17　濠濮涧——画舫斋平面图

最终收于白塔。全岛通体比例匀称，色彩对比强烈，倒影与天光相辉映，烟霞弥漫之际，宛若仙山（见附图3）。

北海的东岸利用一条水系形成四部分连接的独立景区。自南端，第一部分筑土为山，用爬山廊串联建筑。第二部分是以水池为主体的园林濠濮涧，水池用青石驳岸，跨越九曲石桥，桥南水榭，桥北石坊。再往北第三部分为过渡的小丘陵，树木蓊郁、道路蜿蜒。北部尽端是第四部分画舫斋。画舫斋是一组多进院落的庭院，为皇帝读书之地。前院“春雨林塘”，院内引入土山，仿佛丘陵余脉未断。过穿堂进正院，正厅为前轩后厦的画舫斋（图2-17）。斋前临方形庭水，斋后为竹石、曲径、土山。东北隔水廊为一精巧庭院，曲廊回抱，粉墙漏窗，具有江南情调。整个景区依次为山、水、丘陵、建筑的序列，展现了启、结、开、合，步移景异的空间韵律。

北海北岸新建有“园中之园”的静心斋，大型宫廷佛寺西天梵境，全长25.52m、高6.65m的大影壁九龙壁以及快雪堂、阐福寺、观音阁等。九龙壁两面各有红、黄、蓝、白、青、绿、紫七色造型各异的蟠龙9条，加上五脊、筒瓦、斗拱等处的小蟠龙总计635条，是我国现有3座九龙壁中最具特色的一座。

（3）御花园

御花园又名后苑，明永乐年与紫禁城同建，位于紫禁城中轴线的尽端，体现了封建都城规划的前宫后院的格局（图2-18）。

园中建筑占1/3的面积，虽左右对称但非完全取齐，在端庄严整之中求得变化。建筑按中、东、西三路布置，中路的钦安殿为主体，体量庞大，围墙略矮而不遮视线，东西路的建筑则小，衬托出主体的宏伟。全园20余幢建筑形态各异，色彩与装饰上极少雷同。

东路北端是假山，采用人工贮水，从上而下自蟠龙喷出。

园中成行列栽种柏树，空地之上是大小参差不齐的方形花池，间有石笋、太湖石。园路

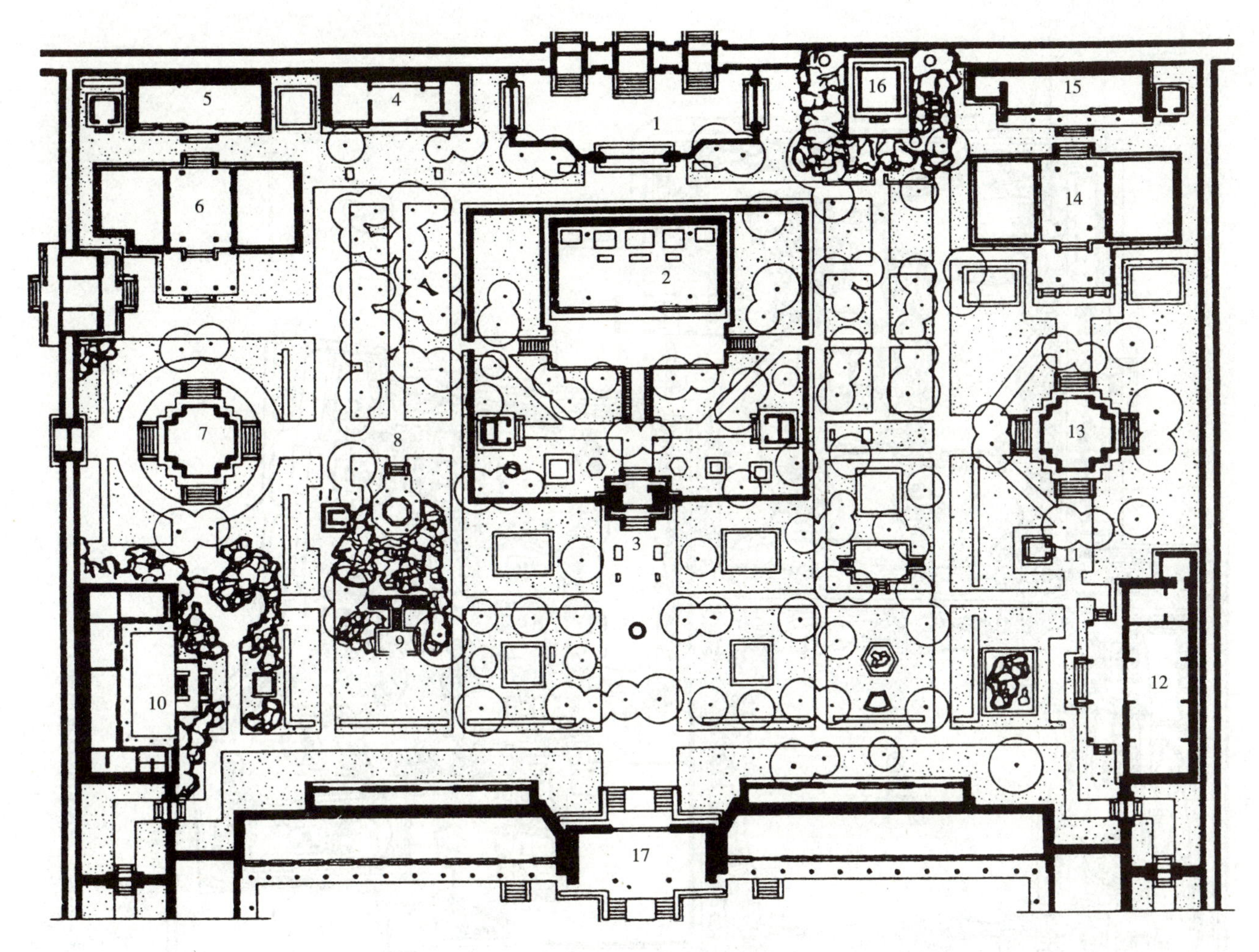

1.承光门 2.钦安殿 3.天一门 4.延晖阁 5.位育斋 6.澄瑞亭 7.千秋亭 8.四神祠 9.鹿囿
10.养性斋 11.井亭 12.绛雪轩 13.万春亭 14.浮碧亭 15.摛藻堂 16.御景亭 17.坤宁门

图2-18 御花园平面图

装铺有雕砖纹样、瓦条花纹，用五色石子镶嵌组成各种图案。

(4)圆明园

清代北京西北郊有香山静宜园、玉泉山静明园、万寿山清漪园以及圆明园、畅春园，称为“三山五园”。圆明园是规模最宏大的一座，包括长春园、绮春园两个附园，面积达347hm^2(图2-19至图2-23)。

圆明园始建于康熙四十八年(1709年)，全部由人工平地起造。造园师运用中国古典园林掇山、理水的各种手法，创造出一个完整的山水地貌作为造景的骨架。园中利用泉流开凿的水体占全园总面积的一半，分布景色多以水为主题，大如福海宽600多米、中如后湖宽200多米以及众多小型宽50多米的水面。河道纵横、回环萦绕，把各类水面串联成为一个完整而富于变化的水系，构成全园的脉络和纽带，完成观景、荡舟、交通等多种用途。岛、屿、洲、堤遍布，堆土叠石的假山随处可见，山重水复勾画了数十处园林空间。“小中见大，咫尺丘壑”的筑山理水手法，在广阔的地域展开，显示出皇家园林的气魄。圆明园的建筑多呈院落格局，除少数殿堂、庙宇，大多外观质朴，与园林的自然风貌相协调。雍正皇帝题署“圆明园二十八景”，即：

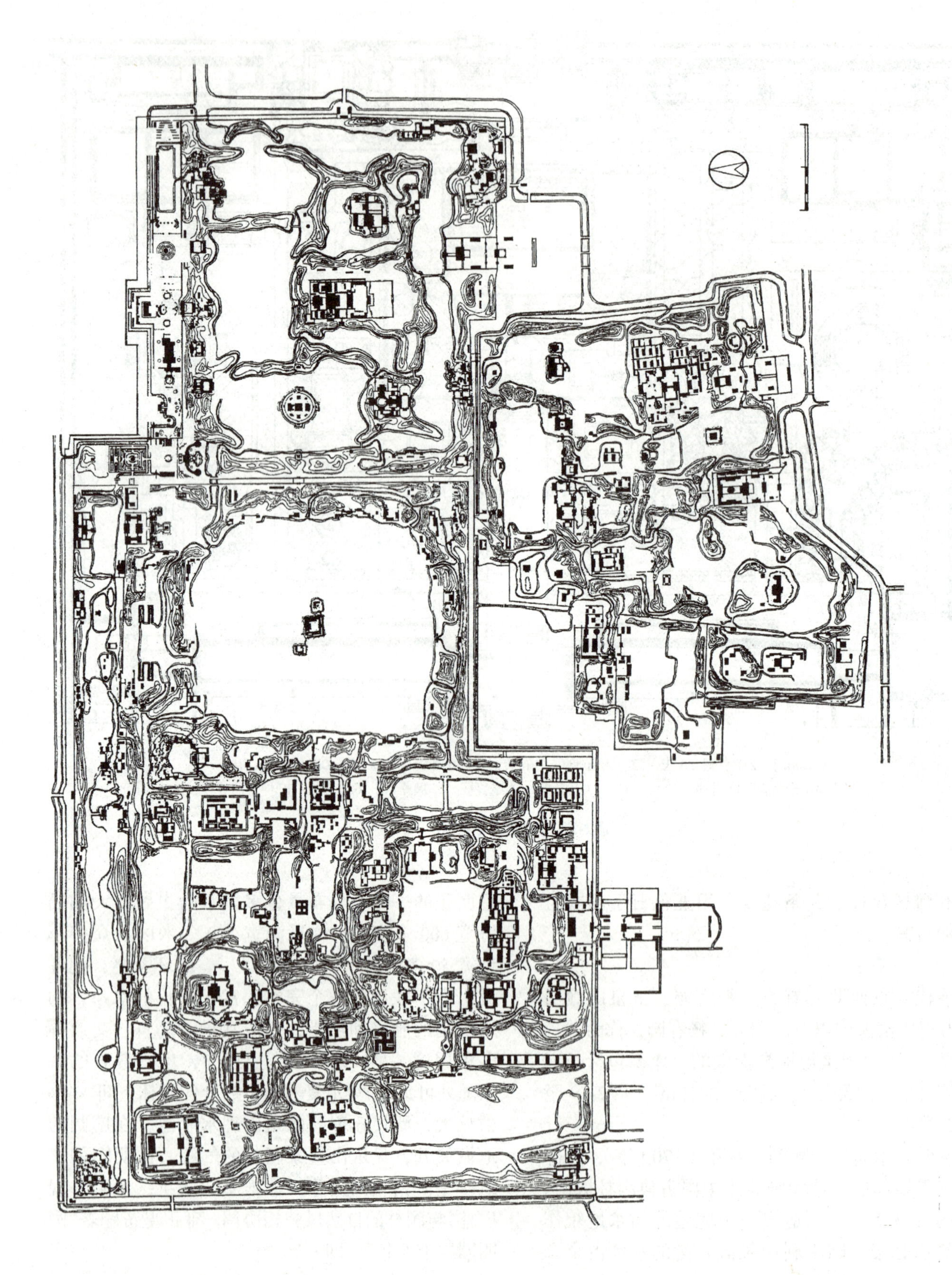

图2-19　圆明·长春·绮春三园总平面图

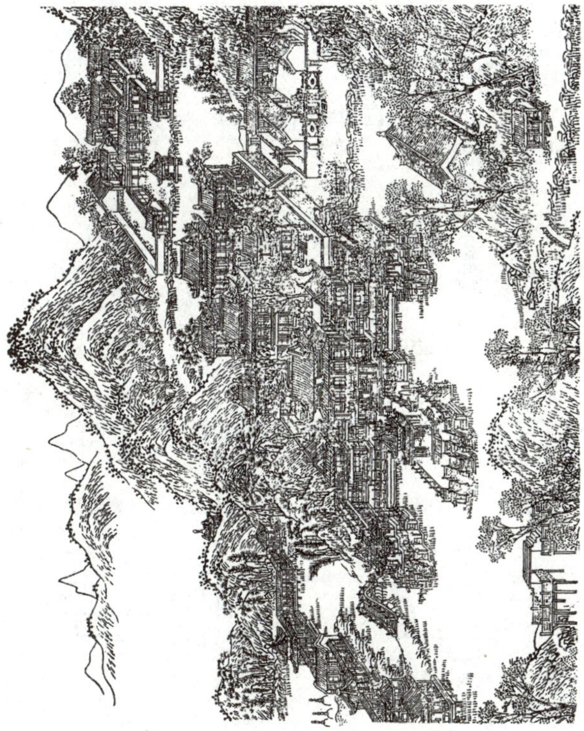

图2-20 福海景区《方壶胜境》

图2-21 九州景区《正大光明》

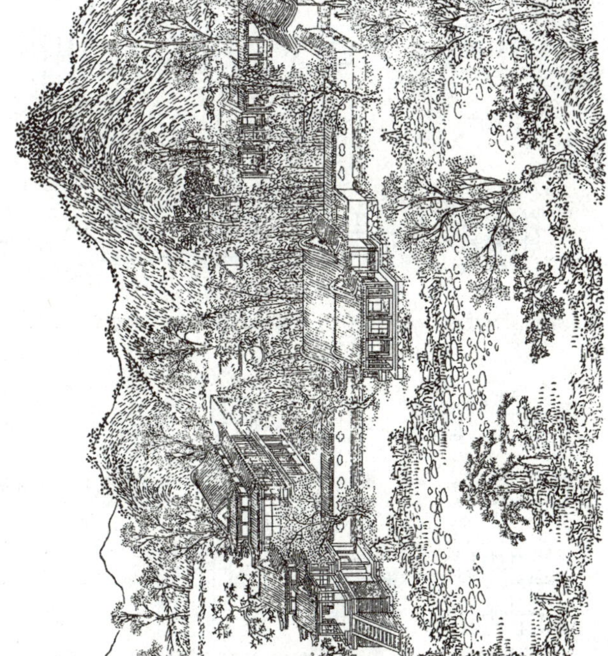

图2-22 九州景区《天然图画》

图2-23 九州景区《曲院风荷》

正大光明	勤政亲贤	九洲清晏	镂月开云
天然图画	碧桐书院	慈云普护	上下天光
杏花春馆	坦坦荡荡	万方安和	茹古涵今
长春仙馆	武陵春色	汇芳书院	日天琳宇
澹泊宁静	多稼如云	濂溪乐处	鱼跃鸢飞
西峰秀色	四宜书屋	平湖秋月	蓬岛瑶台
接秀山房	夹镜鸣琴	廓然大公	洞天深处

乾隆二年，乾隆皇帝移居圆明园，增建并题署十二景，即：

曲院风荷	坐石临流	北远山村	映水兰香
水木明瑟	鸿慈永祜	月地云居	山高水长
澡身浴德	别有洞天	涵虚朗鉴	方壶胜境

乾隆、嘉庆两朝是圆明园三园的全盛时期，乾隆赞誉“天宝地灵之区，帝王豫游之地，无以喻此”。此时设水闸5座、宫墙10km、园门19座，人工堆叠的岗阜岛堤300余处，各式木、石桥梁100多座，建筑物总面积$16\times10^4m^2$，以建筑群点景布局123处。除一部分具有特定的使用功能，如宫殿、庙宇、住宅、戏楼、藏书楼、陈列馆、市肆、船坞、码头等，大量的则是饮宴、游赏、休憩的园林建筑。建筑物绝大多数小巧玲珑、千姿百态。设计上突破宫式规范，广征博采北方与南方的民居，出现许多罕见的平面造型，如眉月型、卍字型、工字型、书卷型、田字型以及套环、方胜等。建筑群组无一雷同，各成独立空间环境的小园林，因而形成圆明园的大园含小园，群园散落，独特的“集锦式”总体规划（图2-24）。

圆明园三园专营花木植物的有300多人，满园“二十四番风信咸宜，三百六十日花开似锦”。很多景点以花木为主题，如杏花春馆的文杏，武陵春色的桃花，镂月开云的牡丹，濂溪乐处的荷蕖，天然图画的竹林，洞天深处的幽兰等。繁花茂叶，

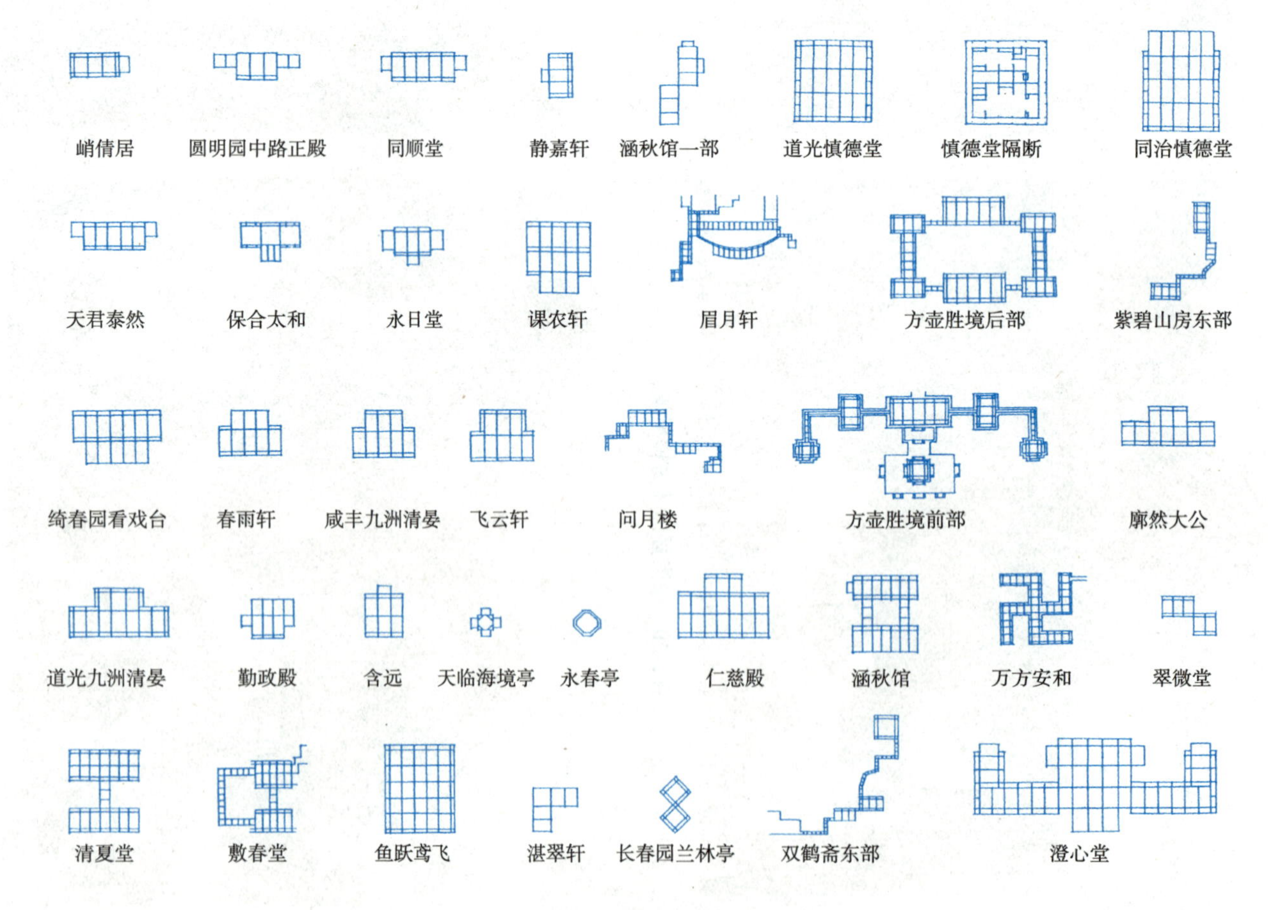

图2-24　圆明园三园中建筑物平面图例

树木郁丛，潺潺流水，鸟语虫鸣，一派生动的自然生态环境。

圆明园西部中路是三园的重点，包括宫廷区及其中轴线往北延伸的前湖、后湖景区。后湖呈九岛环列布局，以九洲清晏为中心象征“禹贡九洲”，有“普天之下，莫非王土”的寓意。其中“坦坦荡荡”是模仿杭州的玉泉观鱼，“慈云普护”则是天台山的缩写。前湖后湖景区的东、北、西3面分布了29个景点如众星拱月。其中安佑宫相当于园内太庙，供奉金佛上万尊；南北长街称为“买卖街”；文源阁仿浙江宁波的天一阁收藏四库全书；同乐园有3层高的戏楼清音阁；山高水长是燃放烟花的地方；武陵春色表现陶渊明《桃花源记》的意境；曲院风荷仿效杭州西湖十景；坐石临流为绍兴兰亭的写照。这些景观的丰富，造园的精妙令人叹为观止。

圆明园东部以福海水域为中心形成另一大景区。福海水区辽阔，中央蓬岛瑶台仿唐代李思训仙山楼阁画意，其三岛鼎列布局仍在沿袭传统。周边分布了近20处景点，如南屏晚钟、平湖秋月、三潭印月、四宜书屋、接秀山房、夹镜鸣琴、方壶胜境等。

沿北宫墙是狭长形的又一景区，河道蜿蜒穿流，河岸时宽时窄，水面时开时合。沿河建十余组建筑群，此水村野居的风光取法于扬州的瘦西湖。

长春园的北景区建“西洋楼”，有6幢西洋建筑物、3组大喷泉以及各种庭园小品。植物配置完全是欧洲规整式园林的手法：整齐的绿篱，修剪成形的灌木，地毯式的图案花坛。此时期通过欧洲传教士引进了西洋的绘画、雕刻、建筑、园林，中西方文化的交流，开创了中国园林与西方园林的融合，“西洋楼”成为一种尝试。

咸丰十年，朝廷腐败、国力衰竭，英法联军入侵北京时，圆明园惨遭劫掠焚毁，几乎全部建筑与设施均已荡然无存，成为令国人为之悲愤的废墟。

（5）颐和园

颐和园的前身是清代行宫御苑“清漪园”，始建于乾隆十五年。热衷园林的乾隆皇帝借万寿山上修建大报恩延寿寺为皇太后祝寿和疏浚昆明湖整治西北郊水系的机会，拓宽昆明湖的水面，开挖后溪湖，形成山嵌水抱的地貌，并开始了大规模的园林建设。清漪园的总体规划以杭州的西湖作为蓝本，建南湖岛、藻鉴堂、治镜阁3个大岛，小西泠、知春亭、凤凰礅3个小岛，西侧修建了长堤及支堤。

宫廷区建在园的东北端。东宫门为颐和园的正门，其前为影壁、金水河、牌楼。外朝的正殿为勤政殿，坐西朝东与二宫门、大宫门构成东西向的中轴线。勤政殿以西是广阔的苑林区，以万寿山脊为界，南为前山前湖景区，北为后山后湖景区（图2-25）。

前山中央的大报恩延寿寺从山脚的天王殿往上依次为大雄宝殿、多宝殿、佛香阁、琉璃牌楼众香界、无梁殿智慧海，连同配殿、爬山游廊、磴道，构成一条明显的南北中轴线。临东是转轮藏、慈福楼，临西是宝云阁、罗汉堂，又成为两条次轴线。这一片中央建筑群成为前山建筑布局的主体和重心。山体东西部分的建筑体量较小，形象简朴，有灵活布局的十余处景点，包括画中游、云松巢、无尽意轩、听鹂馆、养云轩、乐寿堂等。前山南麓沿湖岸建有长廊，东起乐寿堂，西至石丈亭，共755个开间，全长约1km，是中国园林中最长的游廊。长廊可以遮阳避雨，是前山重要的横向景观。湖岸汉白玉栏杆映衬着万寿山雄浑的山体（图2-26、图2-27）。

中央建筑群正中为佛香阁。佛香阁通高36m，是园内体量最大的建筑物，它巍然雄踞半山，攒尖宝顶超过山脊，显得器宇轩昂、凌驾一切，成为整个前山前湖景区的中心（见附图4）。

昆明湖西面最大的南湖岛以一座十七孔桥和东岸连接，岛上建龙王庙与佛香阁遥相呼应。十七孔桥东端有镇水“铜牛”，它与湖西岸的一组建筑群“耕织图”成隔水相望之势，寓意牛郎织女的神话传说。

与前山对应，后山中央有大型的连绵建筑“须弥灵境”，南半部是藏汉混合式建筑，倚陡峭山坡建在10m高的大红台上，北半部跨过后湖的三孔石桥至北宫门成为前山中轴线的延续。

西麓至“清晏舫”，昆明湖水收合，转往后湖区。

后湖的河道贯流于后山北麓，用浚湖土方堆筑了北岸土山。其岸脚凹凸，山势起伏，与南岸

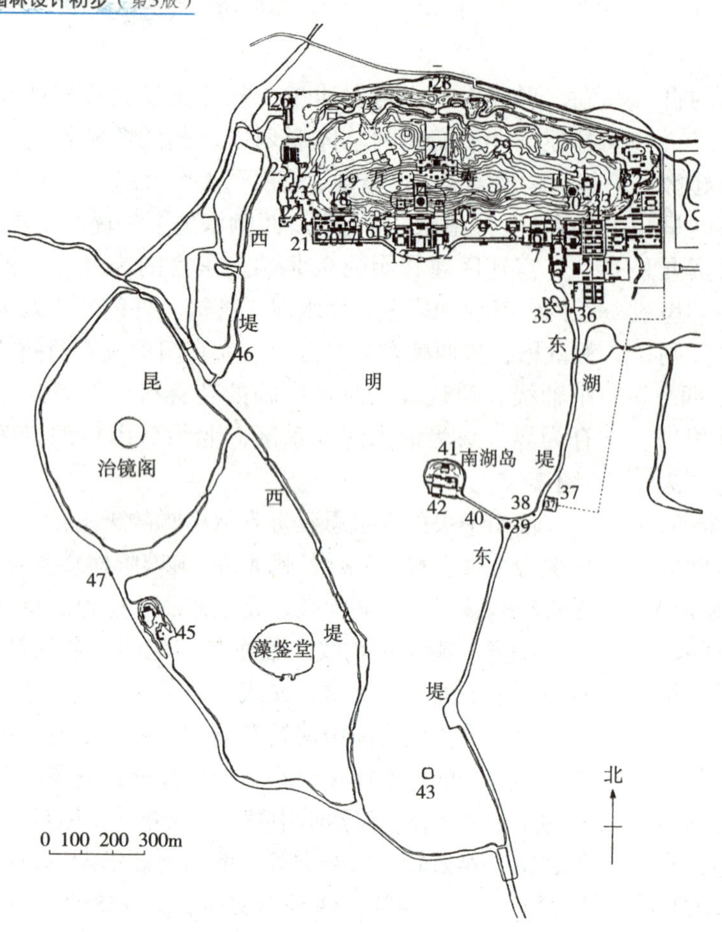

1.东宫门　2.勤政殿　3.玉澜堂
4.宜芸馆　5.德和园　6.乐寿堂
7.水木自亲　8.养云轩　9.无尽意轩
10.写秋轩　11.排云殿　12.介寿堂
13.清华轩　14.佛香阁　15.云松巢
16.山色湖光共一楼　17.听鹂馆
18.画中游　19.湖山真意　20.石丈亭
21.石舫　22.小西泠　23.延清赏
24.贝阙　25.大船坞　26.西北门
27.须弥灵境　28.北宫门　29.花承阁
30.景福阁　31.益寿堂　32.谐趣园
33.赤城霞起　34.东八所　35.知春亭
36.文昌阁　37.新宫门　38.铜牛
39.廓如亭　40.十七孔桥　41.涵虚堂
42.鉴远堂　43.凤凰礅　44.绣绮桥
45.畅观堂　46.玉带桥　47.西宫门

图2-25　颐和园平面图

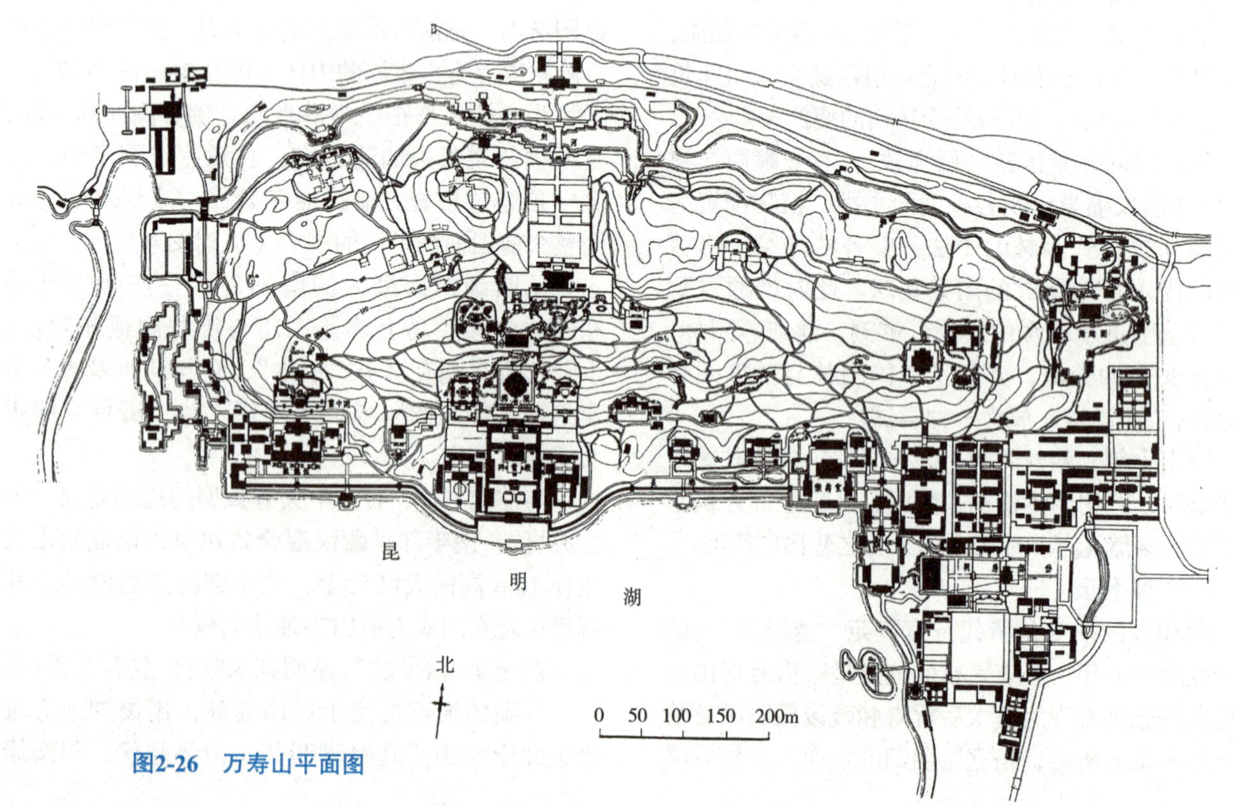

图2-26　万寿山平面图

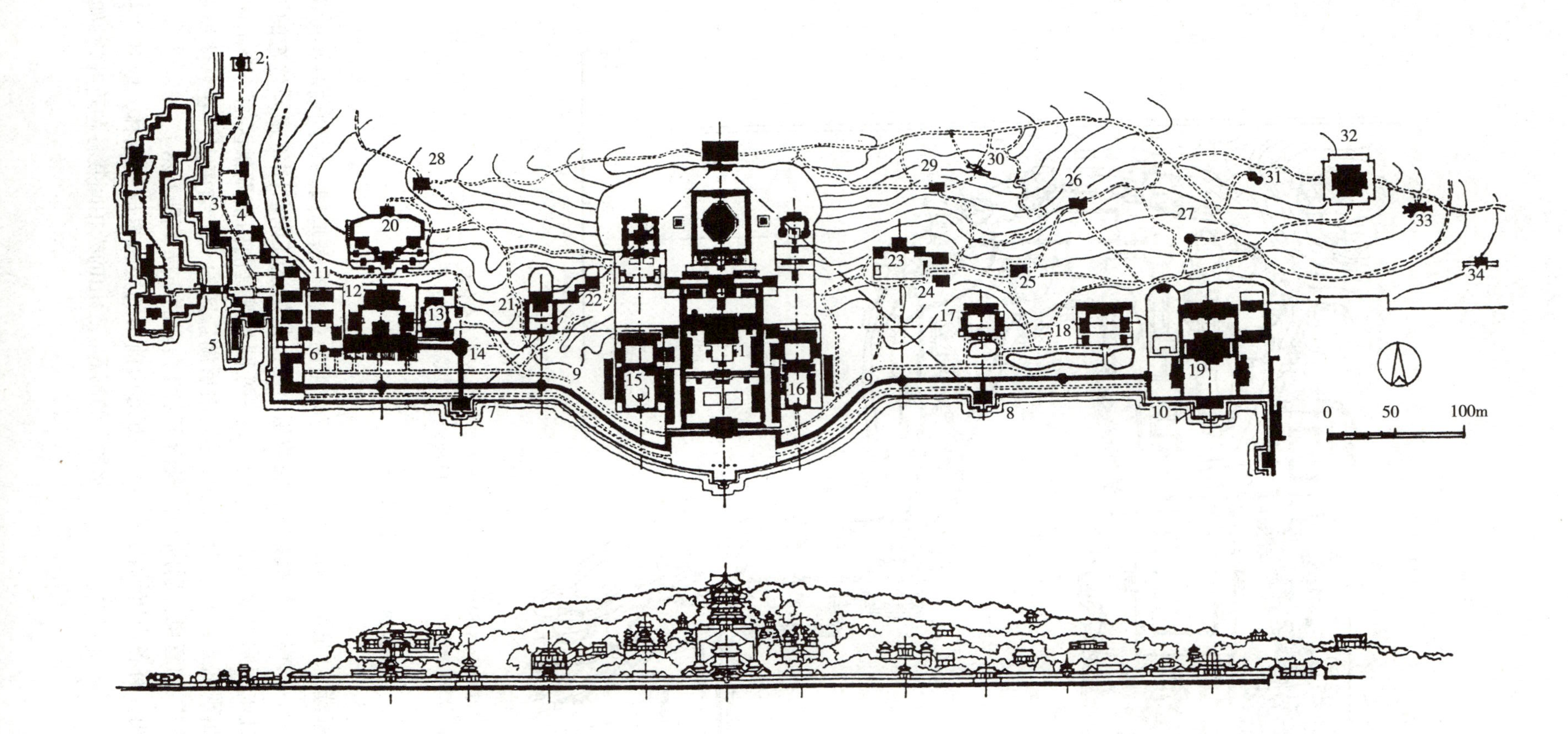

1.排云殿、佛香阁 2.宿云檐 3.临河殿 4.小有天 5.清晏舫 6.石丈亭 7.鱼藻轩 8.对鸥舫
9.长廊 10.水木自亲 11.西四所 12.听鹂馆 13.贵寿无级 14.山色湖光共一楼 15.清华轩
16.介寿堂 17.无尽意轩 18.养云轩 19.乐寿堂 20.画中游 21.云松巢 22.邵窝 23.写秋轩
24.圆朗斋 25.意迟云在 26.福荫轩 27.含新亭 28.湖山真意 29.重翠亭 30.千峰彩翠
31.荟亭 32.景福阁 33.自在庄 34.赤城霞起

图2-27 颐和园前山景区平面图及立面图

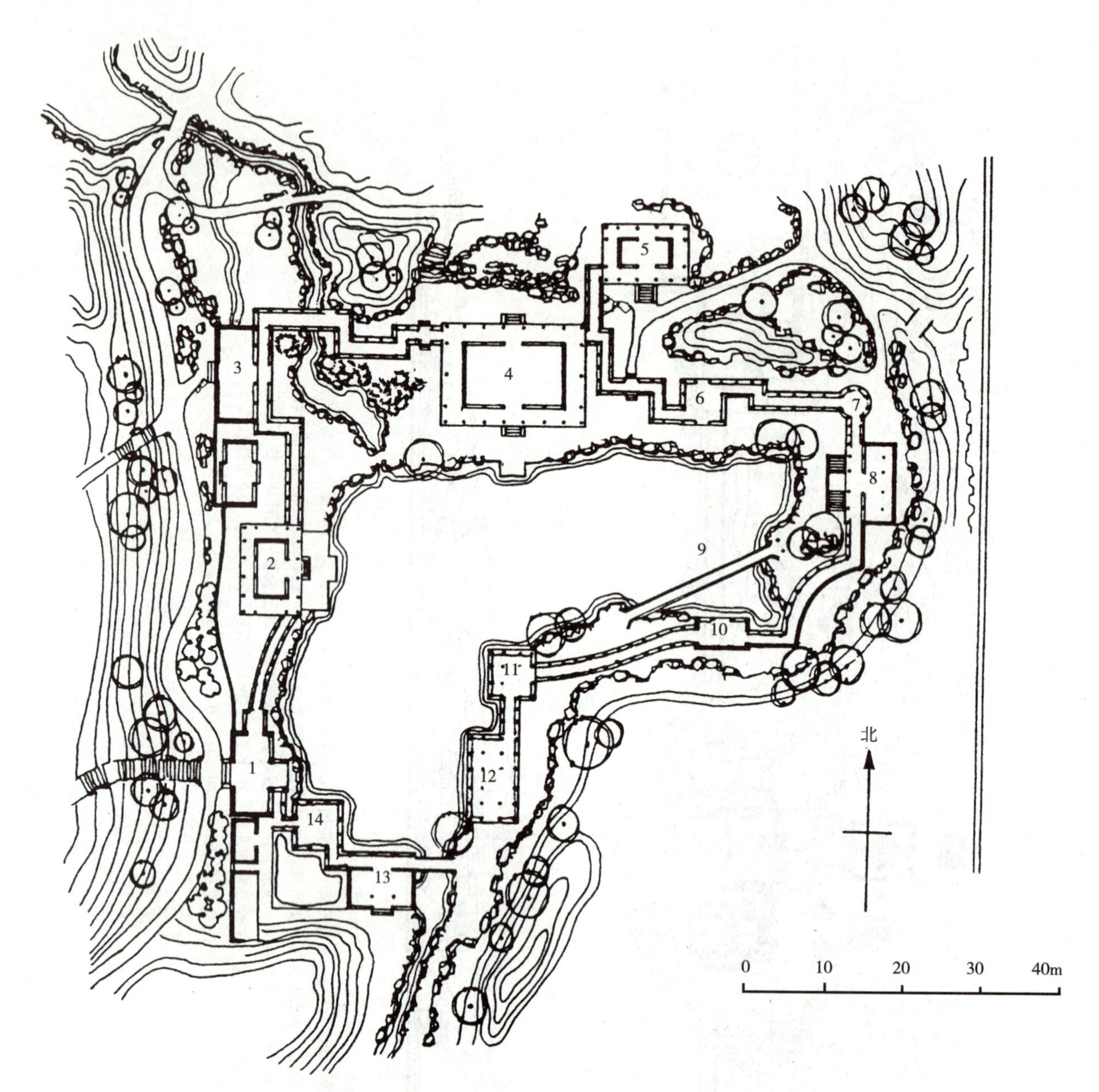

1.园门　2.澄爽斋　3.瞩新楼　4.涵远堂　5.湛清轩　6.兰亭　7.小有天
8.知春堂　9.知鱼桥　10.澹碧　11.饮绿　12.洗秋　13.引镜　14.知春亭

图2-28　谐趣园平面图

真山相对，北山仿佛是南山的延续，“虽由人作，宛若天成”。在这千米长的河道上，两岸山势平缓处水面必开阔，山势高耸夹峙处水面则收聚，节奏的变化使得沿岸景观时而会出现陆游诗句“山重水复疑无路，柳暗花明又一村”的意境。后湖中段的两岸仿苏州水乡建苏州街，有各类店铺供皇帝、宫人买卖游乐。

万寿山的东麓有谐趣园。它的前身是乾隆时期的惠山园，是仿造江南名园寄畅园建造的园中园。这一小园林既是前山前湖景区的一个延伸点，又是后山后湖景区的一个结束点，在总体规划上盘活了东北角隅的布局（图 2-28）。

万寿山前山的松柏树成片成林，取其“长寿永固”的寓意。后山的松柏间栽各种落叶树，如桃、杏、枫、槐等，突出季相的变化。湖岸、西堤大量种植柳树与湖光映衬，最具江南特色。西面芦苇丛生、荷花成片，引来水鸟成群出没。建筑物附近和庭院多植竹林，各种花木繁花似锦。乐寿堂的玉兰花号称“香雪海”，誉满京城。

清漪园的建成，乾隆给予了极高的评价：“何处燕山最寄情，无双风月属昆明”。

咸丰十年，英法联军火烧圆明园的同时焚毁了清漪园。光绪二十四年，西太后动用了海军军费加以修复，改名“颐和园”。由于内忧外患以及经费不足，颐和园比起当年的清漪园自然逊色了许多。

（6）承德避暑山庄

避暑山庄地处塞外承德，是迄今遗存规模最大的一座清代皇家园林，总体布局按“前宫后苑”的规制，宫廷区以北为苑林区（图2-29）。

宫廷区包括正宫、松鹤斋、东宫3组平行的院落。

正宫为九进院落，前半部的五进院落为前朝，建筑物朴素而尺度亲切，院内散植古松，是幽静的环境。后半部的四进院落为内廷，后殿“云山胜地楼”利用庭院的叠石作为室内磴道，整体建筑

图2-29 承德避暑山庄平面图

以游廊相连，显现出通透的空间。建筑前后交错穿插，连以回廊，呈自由式布局。此院落以北地势陡然下降6m，“万壑松风”恰处陡坡之巅，举目北望是苑林区的一片湖光山色。由于巧妙地利用地形特点，创造了从封闭的宫廷区进入苑林区而豁然开朗的“欲放先收”的组景效果。

湖泊景区为人工开凿的湖泊，以洲、岛、堤、桥划分了若干水域，湖中有大小岛屿8个，最大的是形似如意的“如意洲”。这一带景观开阔深远与含蓄曲折兼而有之，景区不到全园1/6，却集中了半数以上的建筑，是山庄的精华所在。如意湖东岸的小岛“金山”成为重点,金山的建筑采用“屋包山”的做法，临水曲廊环抱如月，殿宇亭榭与如意洲的建筑群隔水相望。岛上建3层高的金山亭成为重中之重，从不同视点望去，它都是观景的中心，可从东路、中路、西路3条不同的路线领略湖区的风景。

整个景区利用建筑与水岸开合聚散的关系以及对比、透景、障景等手法，在连续的“动态”观景中，随时收到步移景异的效果。

平原景区沿山麓展开，一片塞外草原的粗犷风光。

山岳景区连绵起伏，山形饱满、气势浑厚，被大片原始森林覆盖。众多小园林和寺庙建筑群建在幽谷深壑的隐蔽地段，它们依山就势，“巧于因借”的设计，代表了我国传统山地建筑艺术的最高水平。

湖泊景区浓郁的江南情调，平原景区的塞外风景，山岳景区的北方特征移天缩地，融会一园。园外的外八庙是藏、蒙、维、汉多民族形式的建筑，连同犹如万里长城的宫墙造型，寓意了清王朝大帝国的形象(图2-30)。

图2-30　承德避暑山庄景观

2.1.6.2 私家园林

明清的江南地区经济发达冠于全国，朝廷赋税 2/3 来自江南。经济发达必然促进文化的发展，江南文人辈出，文风盛行居全国之首；江南河道纵横，水网密布，气候温和湿润，适宜花木生长；江南建筑技术精湛又盛产石材，所有这些都为造园提供了优越的条件，江南的私家园林成为中国风景式园林艺术的精华。扬州、苏州被誉为“园林城市”，是私家园林的荟萃之地。

（1）影园

影园是明末扬州望族郑元勋的园林，由当时著名造园家计成主持设计和施工。影园占地 0.33hm^2（5 亩），造址极佳。郑元勋撰《影园自记》中描写：“前后夹水，隔水蜀岗蜿蜒起伏，尽作山势。环四面柳万屯，荷千余顷，萑苇生之。水清而多鱼，渔棹往来不绝。”“升高处望之，迷楼、平山皆在项臂，江南诸山，历历青来。地盖在柳影、水影、山影之间。”影园是湖中有岛、岛中有池的格局，园内园外水景浑然一体。东面筑连绵的土石假山隔障成墙，北面的山为园林墙界，其余两面均为开敞空间，以借景园外。临水有“淡烟疏雨”，由廊、室、楼构成独立的小院，楼上读书兼赏景。园内的树木花卉多成景观，建筑风格朴素、简洁清淡，所谓“略成小筑，是征大观”。

（2）瘦西湖

瘦西湖是扬州旧城外形如“丁”字的一段河道“丁溪”。因河道曲折开合、清瘦秀丽有如长湖，清代诗人汪沆把它与杭州西湖相比，所赋诗句中提及“故因唤作瘦西湖”而得名。乾隆年间是全盛时期，两岸建造鳞次栉比的私家别墅园，以及公共游览地、茶楼、诗社等。著名的有二十四景，如卷石洞天、西园曲水、虹桥览胜、冶春诗社、荷浦熏风、三过留踪、蜀岗晚照、万松叠翠、双峰云栈等。其中大部分是一园一景，也有一园多景或一景多园的。这些各具特色的园林沿湖岸连续展开，构成一幅犹如长卷的整体画面，依河道的转折和人工岛、桥的布置而变化。虽为独立的园林但各具特色，在总体规划上仍能相互呼应，彼此联络，因而成为一个完整的园林集群系列（图 2-31）。

瘦西湖又是一处水上游览的风景名胜区，湖中笙歌画舫昼夜不绝，游船的款式几十种之多。

至道光年间瘦西湖已经衰落，如今仅剩遗址可寻。当时文人涉足留下游记，另有《地方志》的记载，可从文字中领略瘦西湖的一些风貌。其中乾隆时期李斗所著《扬州画舫录》较为详尽。

（3）拙政园

拙政园位于苏州市东北街，是苏州四大名园之一。

明代御史王献臣引西晋文人潘岳《闲居赋》中拙政之句，取园名“拙政园”，园主几经易人，目前的拙政园为清代光绪年间所修建（见附图 5）。

全园 4.2hm^2，分为中部的拙政园、西部的补园、东部的新园（图 2-32）。

中部的拙政园是精华所在，园中以大水域的水池为中心，以聚合处宽广辽阔为主，散开处曲折变化为辅。池中垒土石假山筑成东西两座岛山，将水面分为南北空间，两山之间穿流溪谷，架设小桥。近西山水面建六角形荷风四面亭，亭的两侧各有曲桥一座，把水面又分为两个彼此通透的水域，成为全园的枢纽。

中部主体建筑是远香堂，堂的四壁有落地长窗可观四面景物，犹如长幅画卷的视觉效果。堂北临水处建平台，可隔池眺望东、西两山。夏日之时满池荷花，清香溢远。远香堂与西山的雪香云蔚亭成为对景，并以此形成南北中轴线。

平台西侧有水池的支脉流经，依水而跨廊桥小飞虹，与水阁小沧浪围成环境幽静的水院。

池面最长的东西两端各建别有洞天、梧竹幽谷两亭，亭中有洞亭门，两亭相望。

整个中部是多景区、多空间复合型的大宅园：有以山水为主的开敞空间；有以山水与建筑相间的半开敞空间；也有建筑完全闭合的封闭空间。各个空间既分隔又有联系，相互转承、过渡，形成变幻生动的动观组景。

园门内置身假山屏障是一个小空间；穿过山洞，面对顿觉开朗的清池与远香堂，成为半开敞的过渡；进远香堂临平台眺望全园的山水，舒展而宽阔，则是开敞的空间，是全园景观的高潮。

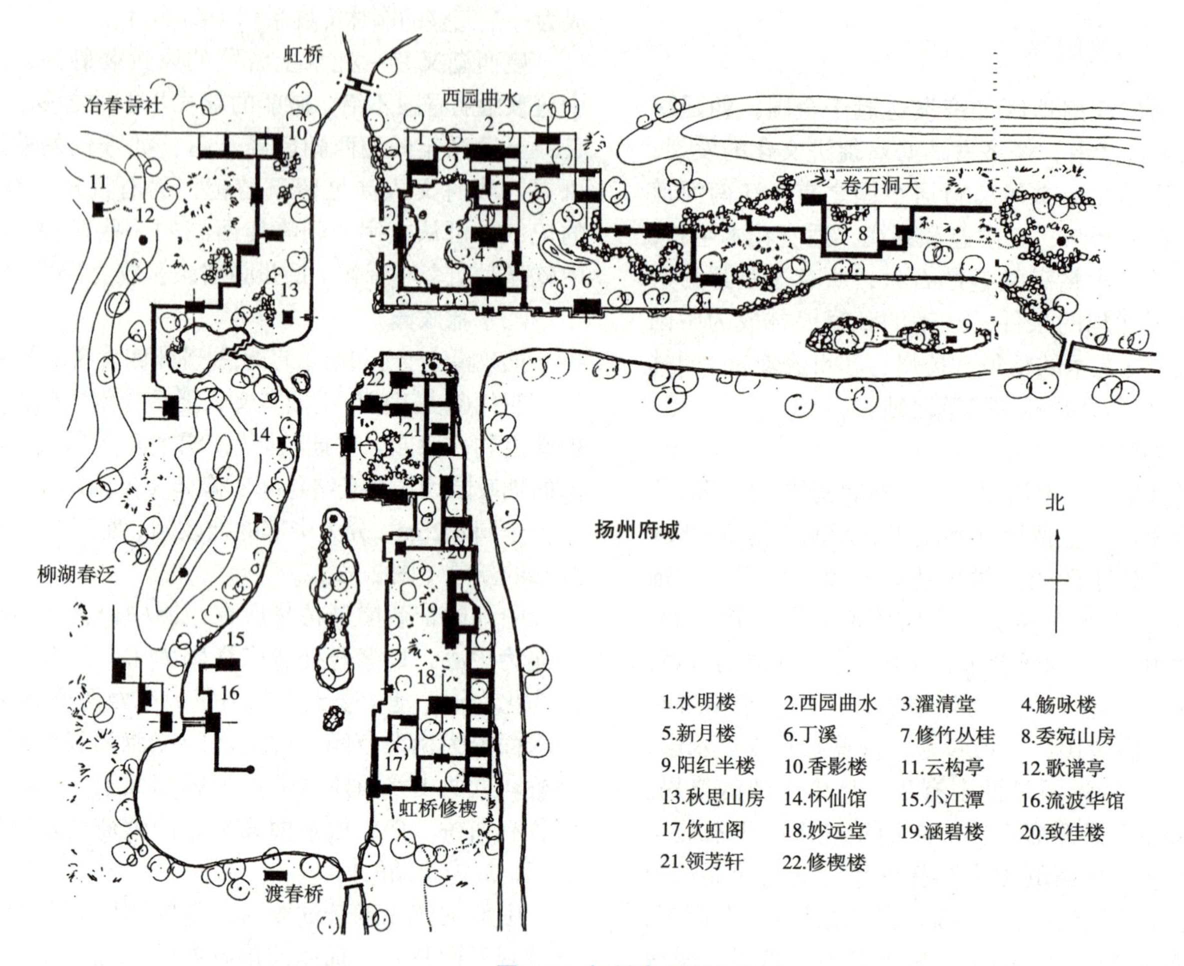

图2-31　扬州瘦西湖平面图

此后的景点又有小的收放变化作为过渡，最后以一处幽静的庭院作为结束。

西部的补园仍以水池为中心，但成为以散为主、聚为辅的布局。池中小岛建与谁同坐轩，取苏轼词意“与谁同坐？明月清风我”。池东北有一段狭长水面，西岸是延绵的自然景色，东岸界墙修筑了随地势而起伏、曲折生动的水廊。

东部原为归田园居的废址。1959 年重建为平坦开阔的旅游空间，已非原貌。与中部衔接处是一段很长的复廊，廊中的墙面连续不断的窗漏可以多视点地观赏中部的景观。

（4）留园

留园在苏州阊门外，原为明代东园废地，道光年间改筑更名寒碧山庄，园中集太湖石十二峰。光绪初年，大官僚盛康购得扩建后定名留园。

留园的面积约 $2hm^2$，分西区、中区、东区三部分。西区以山景为主，中区山水兼长，东区是建筑区。中区的东南地带开凿水池，西北地带堆筑假山，建筑错落于水池东南，是典型南厅北山、隔水相望的江南宅园的模式。东区的游廊与留园西侧的爬山廊成为贯穿全园的外围廊道，曲折、迂回而富于变化（图 2-33、图 2-34）。

东区正厅北面是一处较大的开敞庭院，内置巨型太湖石“冠云峰”，石高 5m 多，左右有太湖石“朵云”“岫云”两峰相伴，三峰鼎足，成为一大景观。登上临近的冠云楼可以借景远处的虎丘山。

（5）寄畅园

寄畅园位于无锡的锡山和惠山之间，明万历年间园主秦耀取王羲之《兰亭序》“一觞一咏，亦足以畅叙情怀”之意定名。园中引入惠山“天下第二泉”

的泉水，堆筑假山而成，是江南的名园之一。

寄畅园的主体是狭长形的水池锦汇漪，池的西南是山林景色，东北岸以建筑为主，两岸环以假山起伏跌宕。山间的幽谷忽深忽浅，山中古树参天、盘根错节与怪石参差。泉水经流山谷发出鸣琴般的声音，故名“八音涧”。假山首尾，缓向锡惠二山。

北岸的建筑景界开阔，是全园建筑的重点。东岸则点缀小亭以曲廊、水廊串联，其中跳出水面的方形水榭知鱼槛为这一带环境的中心。南水域以聚为主，北水域着重于散，北端的七星桥与廊桥增添了水域的层次感。

寄畅园借惠山的景色，与假山、水景构成远、中、近3个层次的景深，如天然的山水画一般。

从宏观而言，发展到清代，私家园林形成了江南、北方、岭南3种风格的格局。江南园林空间多样而富于变化，因气候湿润，花木种类繁多。建筑的室内外通透，木结构赭黑色，灰砖青瓦白墙，使整个园林清淡雅致。北方园林规则布局的轴线更为清晰，建筑趋于封闭、厚实，整体感觉凝重、刚健。岭南园林多为庭园与庭院的组合，为适应炎热的气候，建筑高大而更具开敞性。受西方的影响，有一些几何形的水体。由于树木高大茂盛，园林有幽深的感觉。

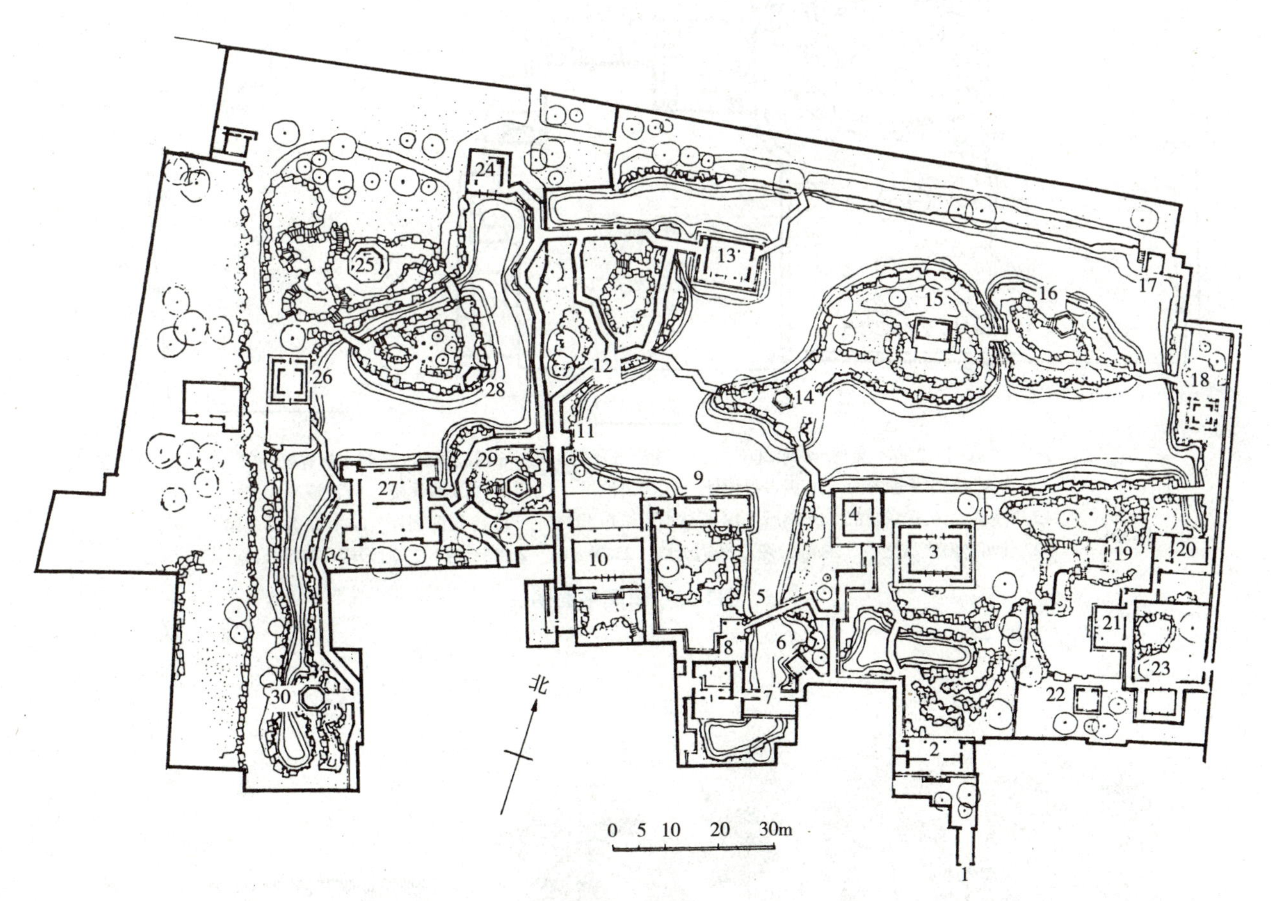

1.园门 2.腰门 3.远香堂 4.倚玉轩 5.小飞虹 6.松风亭 7.小沧浪 8.得真亭 9.香洲 10.玉兰堂 11.别有洞天 12.柳荫曲路 13.见山楼 14.荷风四面亭 15.雪香云蔚亭 16.北山亭 17.绿漪亭 18.梧竹幽居 19.绣绮亭 20.海棠春坞 21.玲珑塔 22.嘉宝亭 23.听雨轩 24.倒影楼 25.浮翠阁 26.留听阁 27.三十六鸳鸯馆 28.与谁同坐轩 29.宜两亭 30.塔影亭

图2-32 拙政园中部及西部景区平面图

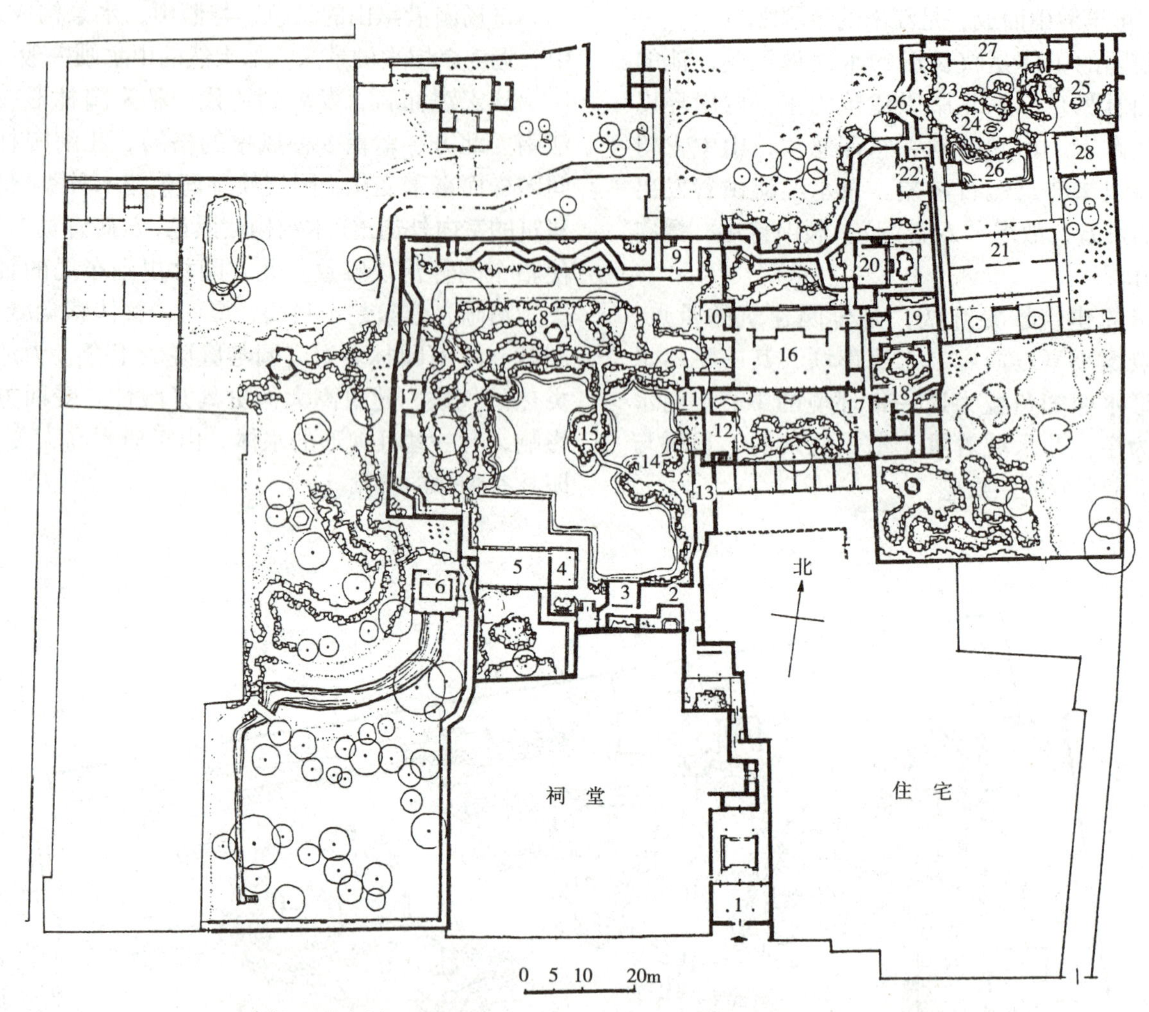

1.大门 2.古木交柯 3.绿荫轩 4.明瑟楼 5.涵碧山房 6.活泼泼地 7.闻木樨香轩
8.可亭 9.远翠阁 10.汲古得绠处 11.清风池馆 12.西楼 13.曲溪楼 14.濠濮亭
15.小蓬莱 16.五峰仙馆 17.鹤所 18.石林小屋 19.揖峰轩 20.还我读书处 21.林泉耆硕之馆
22.佳晴喜雨快雪之亭 23.岫云峰 24.冠云峰 25.瑞云峰 26.浣云池 27.冠云楼 28.贮云庵

图2-33 留园平面图

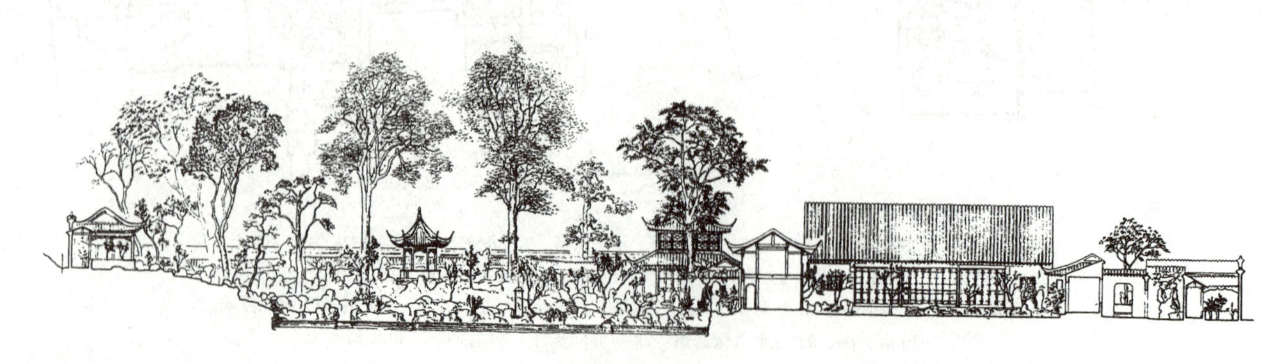

图2-34 留园剖面图

2.1.6.3 寺观园林

元代佛寺道观剧增，仅大都一地历史记载就有庙15所、寺70所，院24所，庵2所，宫11所，观55所，共计177所，其中多建有园林。

明代，随着政治中心的转移，北京成为佛教的中心。成化年间，京城内敕建的寺观就达636所，民间建置的则不计其数，寺观园林的盛况可想而知。

清朝几代皇帝都崇信佛教，乾隆皇帝为笼络蒙、藏上层社会而扶持喇嘛教，承元、明之余绪，佛道寺观在清代仍有发展。

（1）香山寺

香山寺位于北京香山的东坡，在金代永安寺旧址建成。寺观宏大，建筑群坐西朝东，沿山坡布局。进入山门即为泉流，上架石桥，过桥后循长长的石级而上到达五进院的壮丽殿宇。殿宇的左右与后面都是园林地段，散布众多景点，其中流憩亭、青来轩最为明显。流憩亭在半山丛林中，俯视可观全寺，仰视能览香山群峰。青来轩在面临危崖的方台之上，凭栏东望，玉泉山、昆明湖以及平原千顷尽收眼底，曾誉为“京师天下之观，香山寺当其首游也”。

（2）大觉寺

大觉寺在北京西北部，始建于辽代的“清水院”，明代富德年间扩建为大觉寺，乾隆年间重修成为现在的规模（图2-35）。

寺观建筑群分中、南、北三路，进山门为中路，依次为天王殿、大雄宝殿、无量寿佛殿、大悲坛四进院落。南路为戒坛和皇帝行宫，北路为僧房等。其间栽种竹林、花木，引流泉绕阶而下。

后半部建附属园林，地处较高的山坡上。水景、古树、名木是大觉寺的特色，有近百株百年以上的苍劲古树，10余株已达300年以上。古树以松柏和银杏为主，遍布满园，成为浓荫覆盖、遮天蔽日的清凉世界。

（3）古道常观

四川青城山是我国道教的名山，6所规模巨大的道观及若干小道观散布山间密林处，有“青城山天下幽”的美誉。古道常观即六大道观之一，建筑群位于山间台地之上，台地南临大壑，北倚山岩峭壁，极具道观选址深藏的特色。建筑群分中、南、北三路，多进院落。中路为宗教活动区，建筑体量大，三清殿是全观的正殿，古树参天的庭院以开阔的大尺度显示了宗教的肃穆。南路为道长住房和客房，体量与庭院都小，有亲切的尺度感和浓郁的生活气氛。北路则环境较为封闭，是道士起居用膳之处。正殿之后的小建筑群顺坡逐渐迭起，出后门即登山之路（图2-36）。

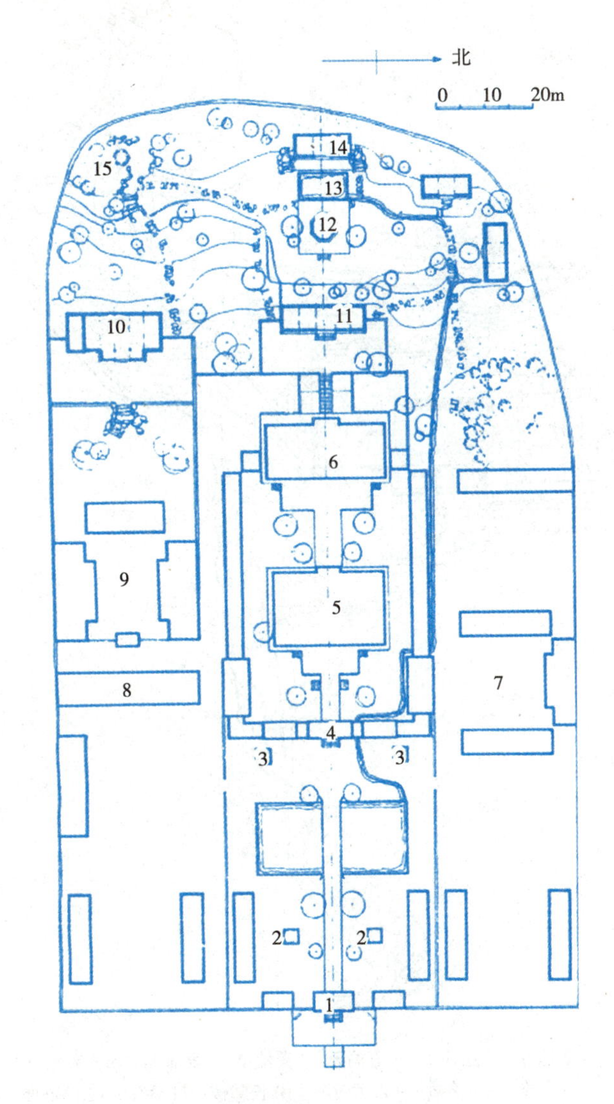

1.山门 2.碑亭 3.钟鼓楼 4.天王殿 5.大雄宝殿 6.无量寿佛殿 7.北玉兰院 8.戒坛 9.南玉兰院 10.憩云轩 11.大悲坛 12.舍利塔 13.龙潭 14.龙王堂 15.领要亭

图2-35 大觉寺平面图

道观西北角一条幽谷伸入山坳，于此处引山泉入池，建一榭两亭，点缀出含蓄的小园林。

古常道观位置隐蔽，入口处往前延伸200余米，使一个点状的处理延伸为一条线状的空间，这段山道因地制宜建亭、廊、桥等，成为一个吸引香客的渐进空间序列。山道结合地形充分展示了起、承、转、合的韵律，从起始的牌坊门洞到巍峨的正门“灵光楼”形成序列高潮，象征了由人间凡境步入道观仙界的旅程。

（4）黄龙洞

黄龙洞在杭州西湖栖霞岭，三面山丘环抱，始建于南宋佛寺，清末改为道观。其特点是园林的比重比宗教建筑大得多，是典型的“园林寺观”（图2-37）。

三清殿和前殿之间的庭院十分宽敞，两侧翼配以游廊，使庭院的空间与园林的空间互通。北侧园多竹林，南侧园是主体，以水池为中心，栖霞岭泉水呈多层瀑布注入水池中。池北临游廊，利用石矶划分大小水域，九曲平桥跨于小水域上。池东南以太湖石垒叠为山，依托于密林。池西厅、舫、亭随地势起落而建，以三折曲廊衔接庭院，又把西岸划分为两个空间层次。

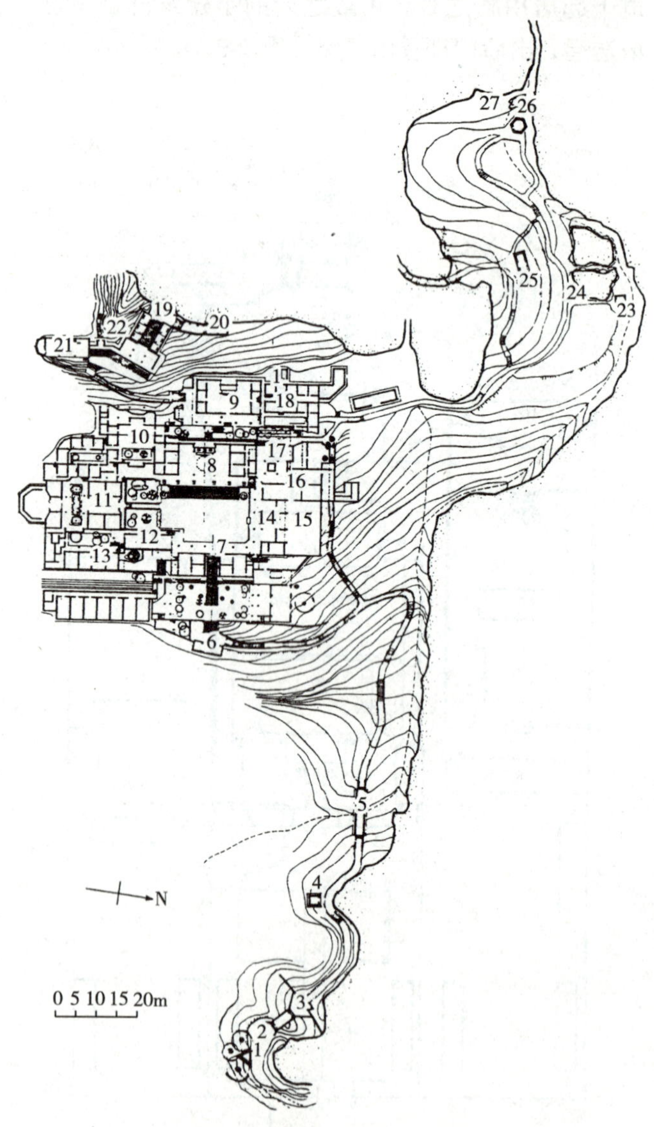

1.奥宜亭　2.迎仙桥　3.五洞天　4.翼然亭　5.集仙桥　6.云水光中　7.灵光楼　8.三清殿　9.古黄帝洞　10.长啸楼　11.客厅　12.银杏楼　13.饮霞山舍　14.客堂　15.大饭堂　16.厨房　17.小饭堂　18.迎曦楼　19.天师殿　20.天师洞　21.三皇殿　22.曲径通幽　23.憩鹤亭　24.降魔石　25.饴乐仙窝　26.听寒亭　27.洗心池

图2-36　古道常观平面图

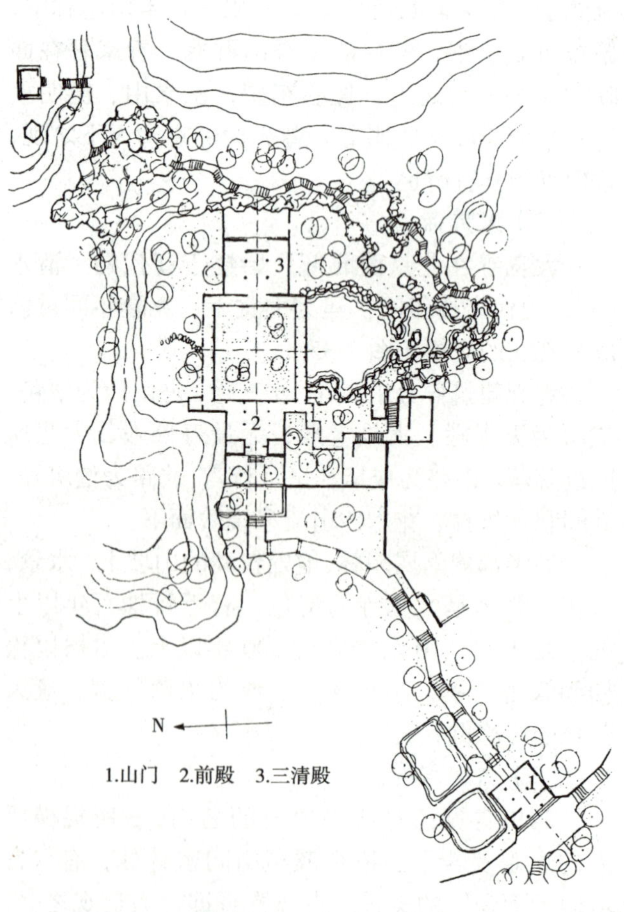

图2-37　黄龙洞平面图

前殿以东是开阔的林区，通往山门。

明清两代，园林的美学思想日臻完善，涌现出一批园林美学思想家及其著作。如王世贞的《古今名园墅编》、计成的《园冶》、文震亨的《长物志》、李渔的《闲情偶记》、叶燮的《滋园记》、李斗的《扬州画舫录》、陈继儒的《岩栖幽事》、林有麟的《素园石谱》等。

中国古典园林发展到后期，造园技艺精湛，但欠缺进取精神。其造园与建筑风格过分追求纤巧、细腻，因而出现烦琐与堆砌之感受，在延续中国古典园林辉煌的同时，正慢慢显现出末世的衰颓迹象。

清代结束，中国园林进入近现代的发展阶段。

2.2 外国古典园林

外国古典园林以西方古典园林为主流。

本节主要介绍古埃及、古代西亚地区、古希腊、古罗马、意大利、法国、英国以及日本的古典园林。

2.2.1 古埃及园林

埃及是世界最古老的国家之一，尼罗河孕育了古埃及文化，成为欧洲文明的摇篮。公元前500年，埃及的种植园从实用转向唯美与宗教意义的造园。

（1）神苑

宗教在古埃及的生活中占有极其重要的地位，最高统治者法老即是神的化身。在这种背景下，出现了大量的神庙以及相关的建筑，周围设置神苑，形成依附于神庙的丛林。笔直的通道从河岸延伸到神庙尽端，两侧栽种成排的树木，入口处屹立着雄伟的狮身人面像，庙前扩展为神坛。主建筑的神庙建在多层次的平台上，配以廊柱，形象非常壮观（图2-38）。

（2）墓园

埃及人相信死后会进入另一个世界延续生命而灵魂不灭，法老与贵族在有生之年纷纷建造金字塔墓地。金字塔铺设中轴线状的圣道，塔前有广场，周边以对称的树木陪衬，营造出肃穆的墓园环境。

墓中装饰着大量雕刻、壁画，墓外栽种植被，修建水池，营造浓厚的在世生活的气氛。

（3）宅园

王公贵族多建方形宅园，四面是园墙，形成较为封闭的空间。南墙正中设塔门及偏门，从塔门进入垂直的中轴路。凡宅园必有水池，大的水

图2-38 古埃及巴哈利神殿复原图

池宽阔，可以行舟、垂钓、猎鸟，池中有水生植物，沉床式水池的台阶与地面相接。园内有凉亭以及攀缘植物的棚架，用以美化、观赏、休憩与蔽日。整个宅园均呈对称布局，组合成各种规整形状的几何形空间。高大树木下的林荫路，修剪齐整的绿篱矮墙作为分割空间的界限（图 2-39、图 2-40）。

古埃及园林的形成与其自然条件、社会发展、宗教理念以及人们的生活习俗相关。其地处炎热、干燥、水源短缺、植物匮乏的环境，凉爽、湿润会给人天堂般的感受。人们寄托于神灵，敬仰水泉与树木，因而敬神、聚水、植树成为造园的要素，水池、凉亭、棚架等相应而生。由于天然林稀少，往往又不能近水，开渠引水成为重要的工程，使古埃及园林的初始形成就具有强烈的人工气息，布局也多为整齐规则的形态。

2.2.2 古代西亚地区园林

能代表古代西亚造园的地区是现今的叙利亚、伊拉克一带。

（1）古巴比伦的悬空园

古巴比伦诞生于美索不达米亚大平原，得天独厚的地理环境促成了这一地区园林的发展。

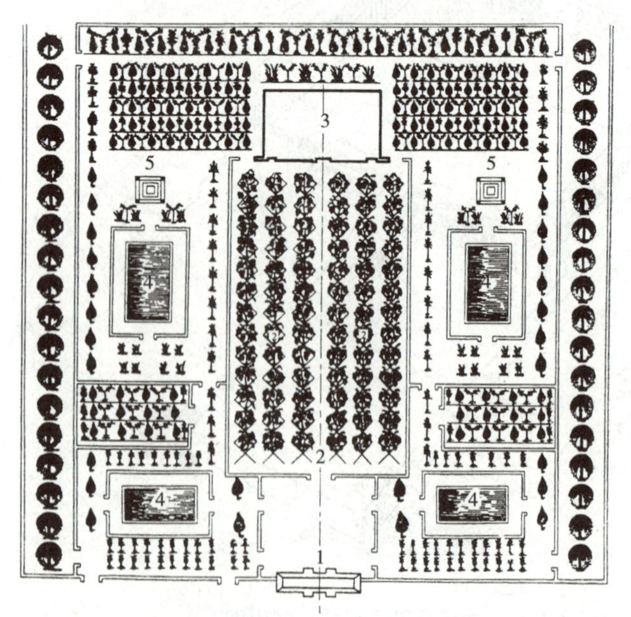

1.塔门　2.葡萄架　3.住宅　4.水池　5.凉亭

图2-39　古埃及宅园平面图

图2-40　宅图鸟瞰图

悬空园又名“空中花园”，是依附在巴比伦城墙之上的庭园。古希腊的史书记载，悬空园呈金字塔形，以渐变、错落的露台组成，台层之间大型空中花园的底台可长达 140m。露台外围是拱券式的柱廊，内部的空间穿插组合成居室、厅洞、浴池等。露台上堆积土壤栽培种类繁多的植被，郁郁葱葱，层层叠叠。宽敞的拱廊、浓密的植物，起到了通风、遮阳的作用。远远望去，悬空园犹如绿色的山丘悬挂在巴比伦的上空，有着神幻般的境界（图 2-41、图 2-42）。

（2）古波斯的天堂园

古波斯是当时的强国，在西亚地区有着悠久的造园历史，天堂园最具代表性。

天堂园环以围墙，园中十字形的交叉道路形成中轴线，交叉点筑建水池是全园的中心，以此格局象征天堂。中轴线把园林的空间分为 4 个区域，每一区域又划分为形态各异但不失齐整的小块区域，栽种树木、果木、花草。其间有水渠分

1.入口 2.客厅 3.正殿 4.空中花园 5.庭院

图2-41 古巴比伦悬空园平面图

图2-42 古巴比伦悬空园透视图

流串联，水池、花坛、水渠、绿篱形成美丽的图案。园林建筑比较朴素、简洁，由花窗沟通不同空间环境的景色。波斯人喜用彩色陶瓷片作装饰，墙面、地面、水渠、过廊、亭壁、坐凳都用其点缀镶嵌，形成了别致的波斯风格。

2.2.3 古希腊园林

古希腊是欧洲文明的发祥地，古希腊文化对古罗马以至整个欧洲文化有着深远的影响。公元前10世纪，荷马史诗《奥德赛》中便有大量内容描写了园林的景致。

古希腊祭神的庙宇装点花园；宫殿建筑群配有豪华的庭园；强健体魄的竞技场进行绿化造林；各类住宅修建形态变化的柱廊园；伴随公共建筑的兴起出现了供民众享用的公共园林；此外还有哲学家自辟讲学辩论的场所“文人园”，从中可以看出古希腊造园的兴盛。

（1）廊柱园

此时期的住宅采用了四合院式的布局，正面是厅，两边为住房，正厅与面对的一侧设柱廊，中间地带为中厅，有的则四边建廊，形成回廊的样式。早期中厅全部铺地，建喷泉，安置雕刻及装饰器物，而后逐渐在中厅植树、种花草，发展成了美丽的廊柱园。

（2）圣林

古希腊人崇敬树木，相信有主管树木的森林之神，把树林作为膜拜的对象，神庙以及竞技场四周所植树林被称为“圣林”。圣林中安置众神的雕像以及装饰性的雕塑，在这优美、幽静的环境中开展祭祀活动，是公共园林的一个特色（图2-43）。

（3）文人园

文人园是哲人与学者的园林，由于占地开阔，往往利用天然的风景加以改造。有高大树木并列的林荫道；有神殿、祭坛；有纪念碑、雕塑；有花廊、凉亭、座椅。哲学家在这舒适、温馨的环境中讲学、交谈、浏览、休憩，充满田园情趣。

园林布局围绕几何形体建筑而展开。当时哲人的美学观与数学、几何学密切相关，认为美是秩序与规律的组合，强调比例、尺度的协调必然导致园林的规则化。

规整的认知塑造了欧洲园林类别的雏形。

2.2.4 古罗马园林

古罗马征服了古希腊而继承了古希腊的文化，古罗马园林艺术是古希腊园林艺术的继承和发展。

（1）哈德良山庄

罗马皇帝哈德良的山庄坐落在梯沃里的山坡上，地形起伏不规则，大部分建筑顺势而建。山庄的中心部位是规则式布局，有规则式庭园、柱廊园以及形式多样的花园。山庄的水体丰富，贯穿全园，有溪、河、湖、池、喷泉。宫殿背靠山谷，修建平台、柱廊作为饮宴、观景的场所。

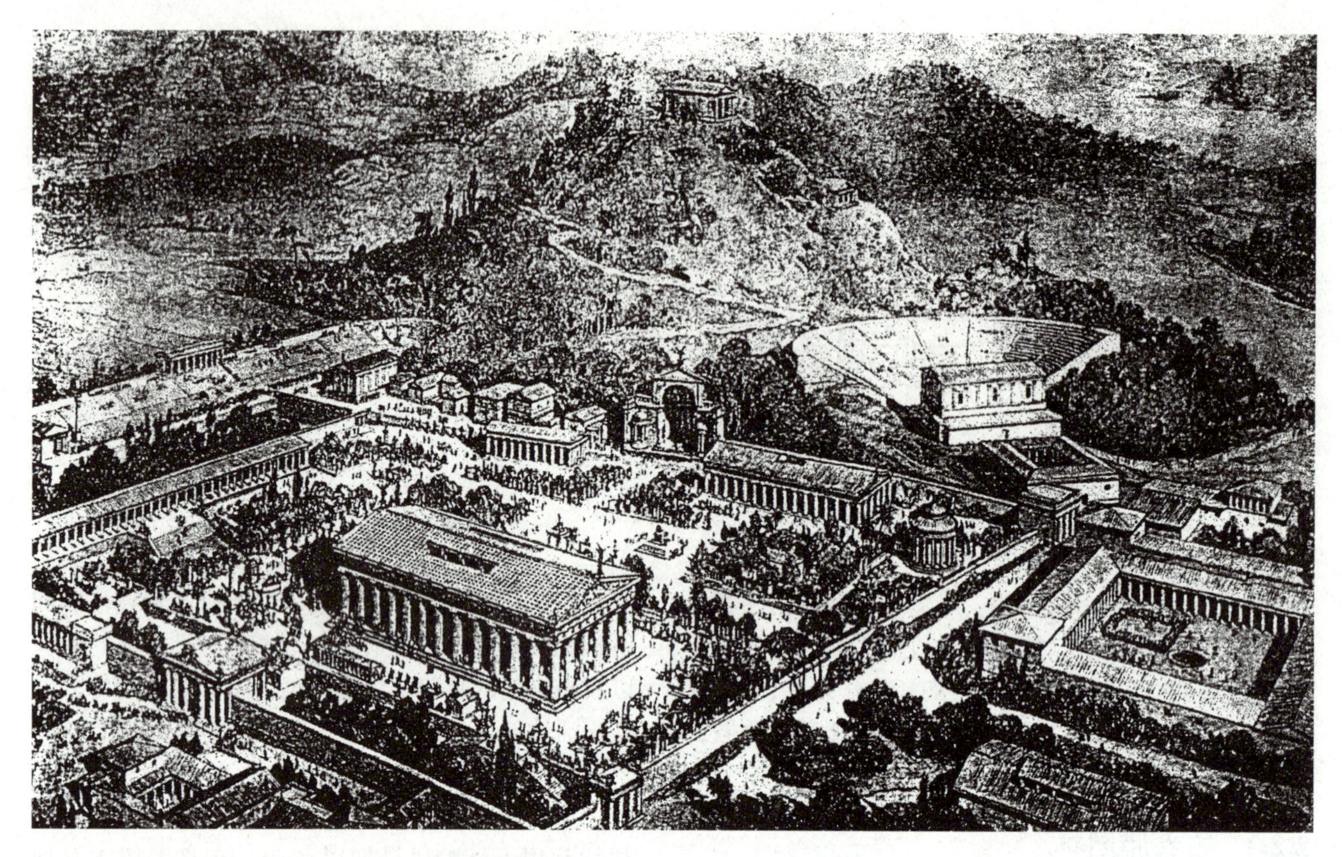

图2-43　古希腊奥林匹亚祭祀场复原图

（2）托斯卡那庄园

罗马人效仿希腊贵族的乡居生活，在郊外建造庄园成为风尚，作家普林尼在托斯卡那地区建造了一所典型的规则式园林（图 2-44）。

由于罗马城在山丘上，建造庄园时将坡地辟为多层平台，这种手法成为以后意大利台地园的基础。

庄园有高大的庄门，园内是直线与放射线交织的规整园路，路边栽种笔直的树木，装饰性的大理石雕塑置于绿荫之下。庄园的水池喷泉成为园林的中心，随处是修剪整齐的绿篱、几何形的花坛和植物雕塑，一切都限定在规则的布局中。

（3）古希腊、古罗马时期的柱式

古希腊、古罗马时期创造了以石制的梁柱作为基本构件的建筑形式，经过文艺复兴及古典主义时期的进一步发展，一直延续到 20 世纪初，在世界上成为一种具有历史传统的建筑体系，称为西方古典建筑。石制的梁柱围绕长方形的建筑主体形成一圈连续的围廊、柱子、梁枋，其基座、柱子和屋檐等各部分之间的组合都具有一定的格式，叫作柱式。柱式是西方古典建筑最基本的组成部分，了解西方古典建筑艺术造型的特点应首先从柱式入手，柱式成为西方古典建筑的象征（图 2-45 至图 2-49）。

2.2.5　意大利园林

14 ~ 15 世纪欧洲开始摆脱宗教的禁锢，古典主义文化重新复兴，人文思想得到弘扬，出现了始于意大利而后扩展到整个欧洲的文艺复兴运动。诞生了哥白尼、哥伦布、伽利略、但丁、达·芬奇、米开朗基罗等一大批不朽的科学家、探险家、文学家、艺术家。人文主义的兴起唤起了人们对大自然生活的向往，纷纷建造别墅、庄园，造园发展到了一个崭新的阶段。

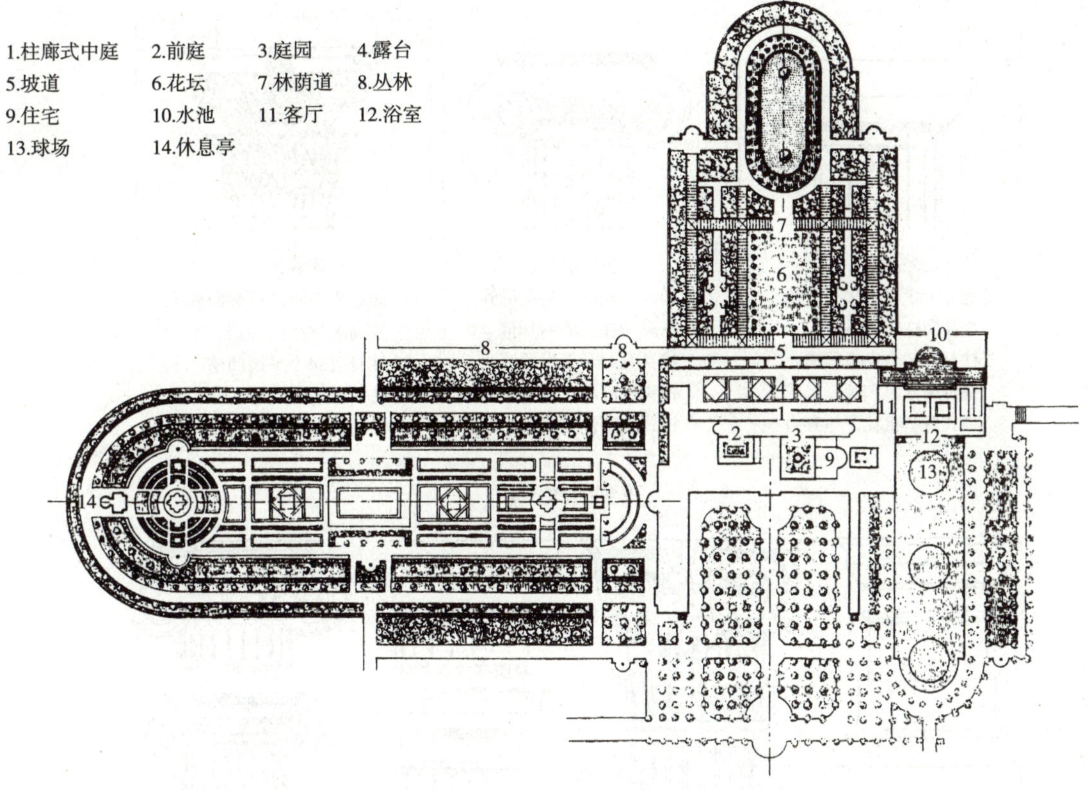

图2-44 古罗马托斯卡那庄园平面图

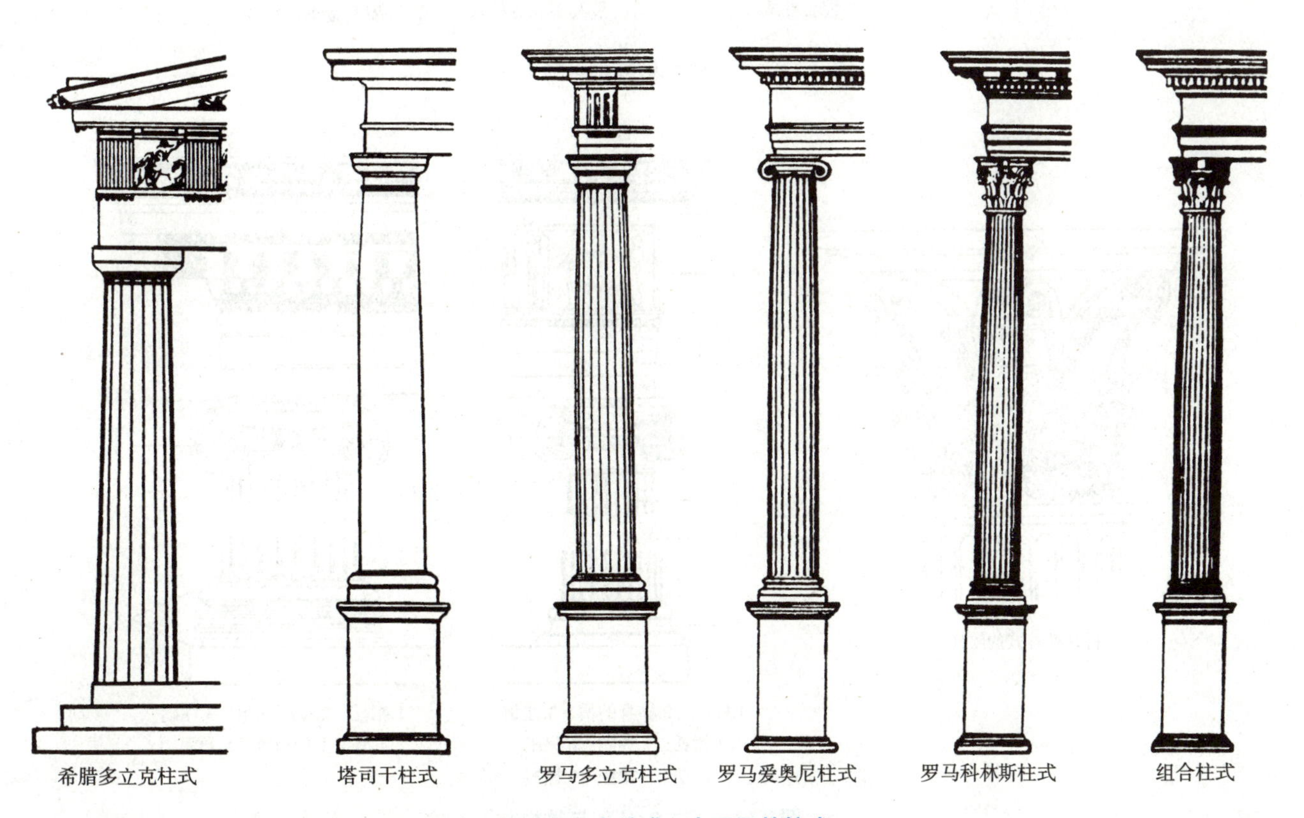

图2-45 古希腊、古罗马的柱式

希腊的3种柱式

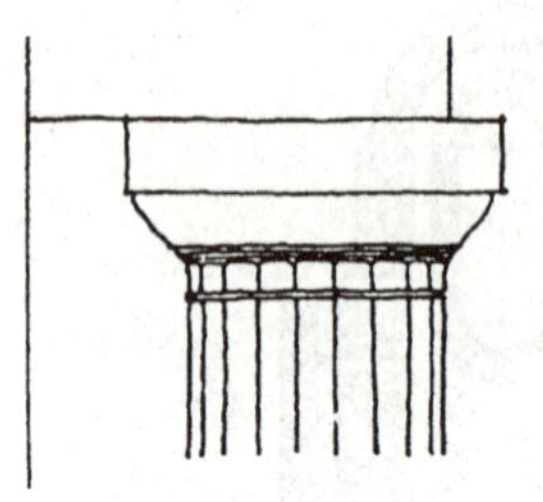

多立克柱式
起源于希腊的多立安族
柱高为柱径的4~6倍
柱身有20个尖齿凹槽
柱身由方块和圆盘组成
柱式造型粗壮浑厚有力

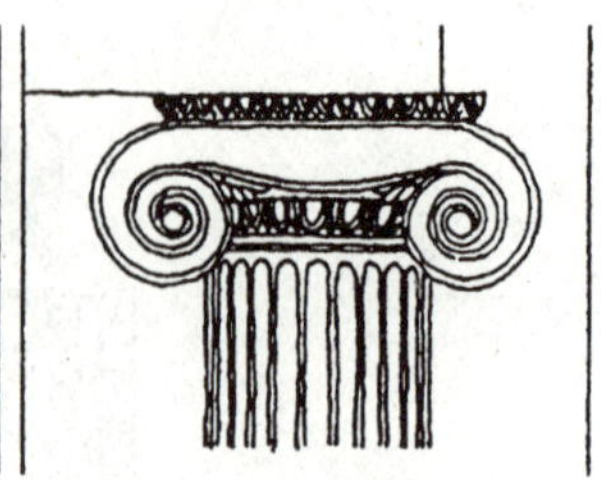

爱奥尼柱式
起源于希腊的爱奥尼族
柱高为柱径的9~10倍
柱身有24个平齿凹槽
柱头带有两个卷涡
柱式造型优美典雅

科林斯柱式
起源于希腊的科林斯族
柱高为柱径的10倍
柱身有24个平齿凹槽
柱头由毛莨叶饰组成
柱式造型纤巧华丽

罗马时期的柱式

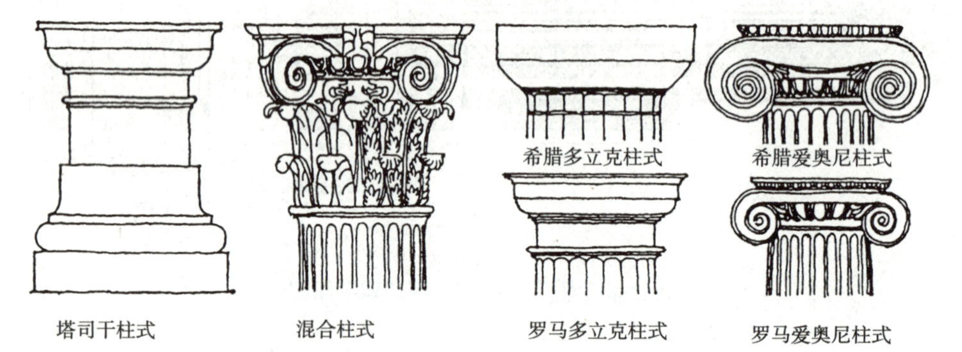

图2-46　各种柱式的造型及比例特征

科林斯柱式的纹样

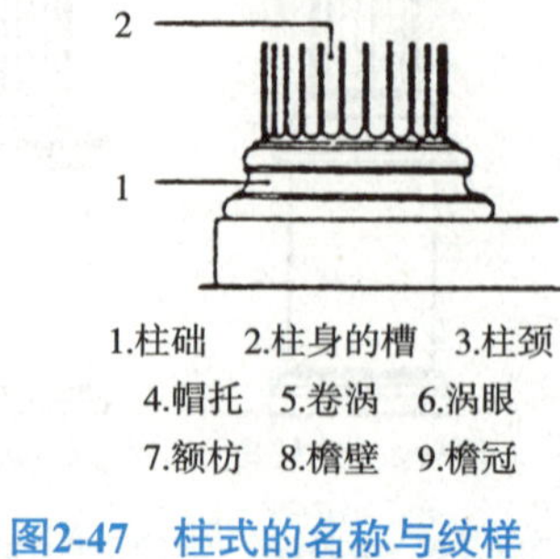

1.柱础　2.柱身的槽　3.柱颈
4.帽托　5.卷涡　6.涡眼
7.额枋　8.檐壁　9.檐冠

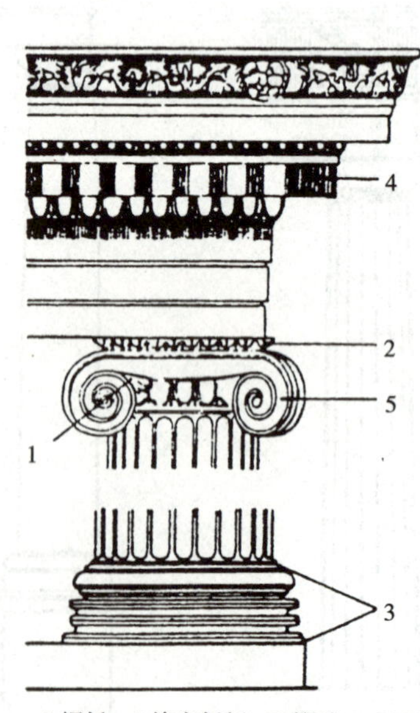

1.帽托　2.檐底托板　3.柱础
4.檐壁上的齿饰　5.卷涡

图2-47　柱式的名称与纹样

宙斯神坛

雅典帕提农神庙

卡瑞卡拉浴场大厅

罗马万神庙

图2-48 古希腊、古罗马的神庙与浴场的柱式

（1）菲埃索罗的美第奇庄园

美第奇庄园建在菲埃索罗丘陵的坡地上，是至今保留下来较为完好的文艺复兴时期的庄园。

庄园依山势形成3层平台，建筑设在顶层，保持开阔的视野。下台层的中心是圆形的喷水池，内有精美的水盘与雕塑，周围布置修整成各种花纹的草坪。中台层是上下台层的过渡，依靠攀缘植物覆盖的绿色棚架构成一条衔接的长廊。庄园的入口在上台层，进入庄园是一个小广场，被树畦、草坪环绕，成为前庭。转过树畦，豁然开朗，壮丽的建筑群跃然而现，成为先收后放的布局。建筑与山体之间留有后花园，使庄园置身于园林的环抱之中。由于台地地形相对狭窄，美第奇庄园的3层台地采用了虚实变化的手法，从下层明亮的水池，经过中层绿色的长廊到达上层浓密的树畦，转而是开阔的草地，最后收拢于封闭的建筑。视觉的变化产生了层次感，起到扩展与延伸空间的作用。

（2）埃斯特庄园

埃斯特庄园建在罗马以东，是古罗马造园盛期的代表庄园之一。

该园运用了几何学与透视学的原理，布局整齐、条理清晰，住宅与园林融合成一个整体。设计师结合地形将庄园划分成6个不同的台层，落差50m，贯穿全园的中轴线，既有高度变化又有纵深感，使最上层建筑愈显其高大雄伟。

入口在底层花园，三纵一横的园路将园林分为8个部分。周边的4块为阔叶丛林，中间4块是草坪、灌木、花坛。居中设圆形喷泉，四面环状水柱喷向池心，成为贯穿全园中轴线的第一个高潮。沿中轴线透视到远处的高台阶，台上的“龙喷泉”是第二个高潮点。埃斯特庄园以多样的水体景观著称于世（图2-49、图2-50）。

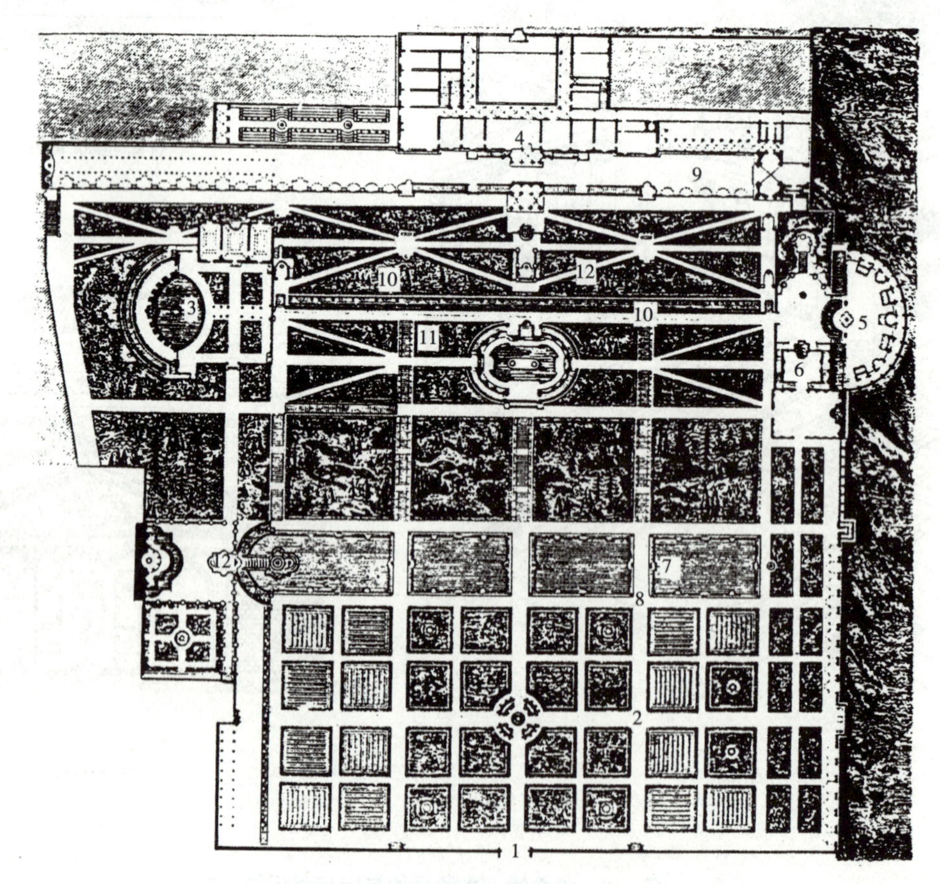

图2-49　埃斯特庄园平面图

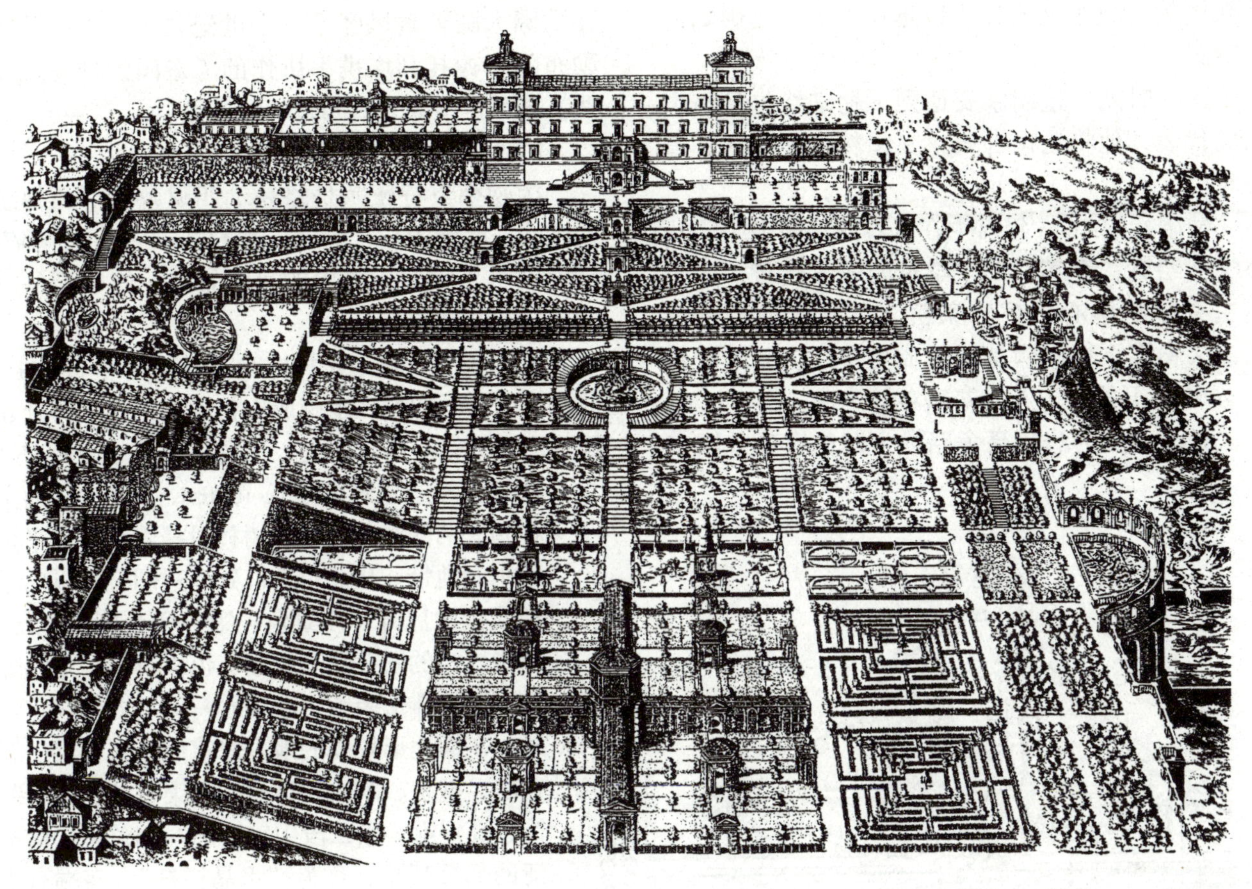

图2-50 埃斯特庄园全景

（3）意大利台地园林的特色

丘陵山地的地理条件形成了意大利台地园林，由于多为建筑师参与设计，建筑总是作为造园的主体，园林被视为府邸的延续。在传统设计理念的制约中，设计时遵循中轴线、对称式控制全局，主次分明，尺度与比例适宜，体现了古典主义美学原则。各类庄园、别墅多为一条主轴线贯穿全园，有时分主次轴线或多轴线，水池、喷泉、水渠、雕塑散点于轴线的恰当部位。

针对台地地层升降的特点，平面构思必须与竖向的构思密切结合，解决好竖向从一个层台向另一层台的过渡和转换，以及多层台转换的节奏变化。

台地布局时，府邸普遍建在高层，从下面望去，显得雄伟、威严；从府邸俯视又可以很好地鸟瞰宏观的景色。

台地特征演变了台阶的不同样式：陡峭处是云梯式磴道，阶厚而宽度窄；缓坡处阶薄而跨度大，高差大的地方出现了折形与弧形的变化。

台地的风景丰富而生动，高处的蓄水顺台层而下形成瀑布、跌水、溢流、壁泉等。

植被的设计有成行壁立的林荫道；有作为建筑的衬托背景；有作用于观景的框架；有作为转折的屏障。更多的植物与其他类型的园林一样，设计出各种图案纹样的造型。

2.2.6 法国园林

17世纪，法国专制王朝进入强盛时期，对外发动战争，肆意掠夺，对内不惜财力大建宫苑。法国古典主义文化成为这一时期的标志，古典主义园林艺术理论亦日臻完善，涌现出一批造园家，使法国的古典主义园林得以迅速发展，其影响遍及欧洲。

这一时期，造园家安德烈·勒诺特尔是最杰出的代表，他将法国古典主义园林带入极其辉煌的时代。

勒诺特尔1613年出生在巴黎的造园世家，从小学习绘画，青年时期改学造园兼学建筑，受古典主义影响倾心于哲学家笛卡尔的唯理论哲学观，沃勒维贡特庄园是他的成名作品。勒诺特尔从1661年开始投入凡尔赛宫苑的建造，直至1700年去世，他作为法国皇帝路易十四的宫廷造园家长达40年，被誉为“造园师之王”，其影响久远，在欧洲大陆整整风靡了一个世纪之久。他的弟子勒布隆与德扎利埃携手协作的《造园的理论与实践》被后世奉为“造园艺术的圣经”。

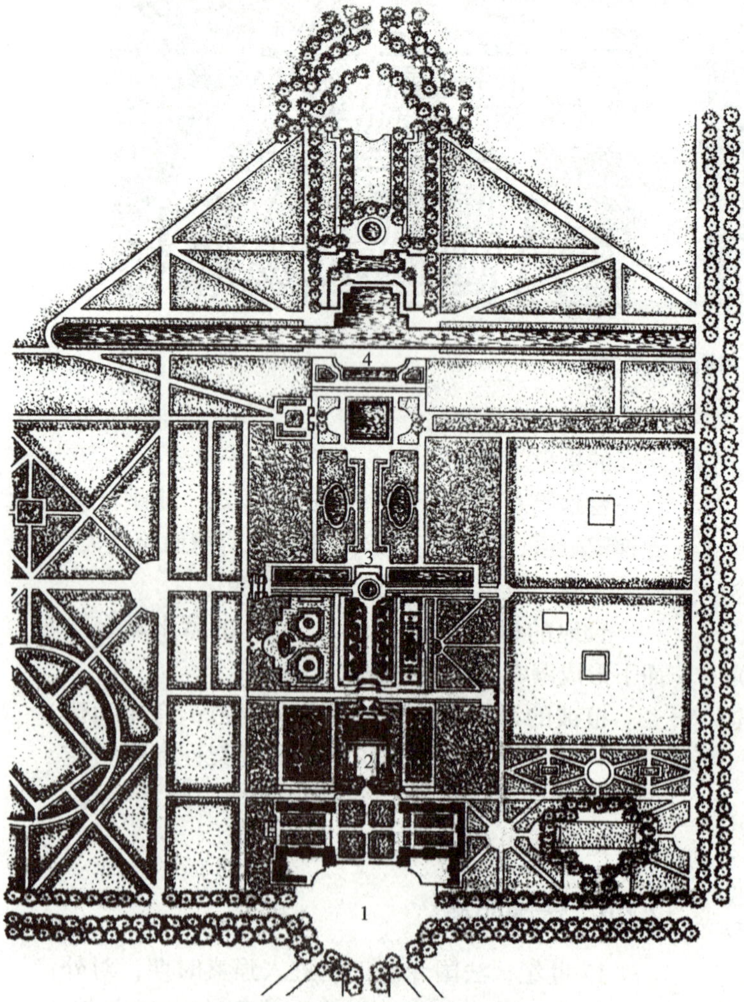

（1）沃勒维贡特庄园

沃勒维贡特庄园是路易十四财政部部长福凯的庄园。园地为长1200m、宽600m的矩形，引安格耶河水入园成为横向的运河轴线，将全园一分为二（图2-51）。

府邸采用古典主义样式坐落在龛形平台之上，对称而严谨。四面环水砌成方整的壕沟，入口处建椭圆形广场辐射出林荫道，广场与府邸之间为前庭花园。穿过建筑群是长1000m、宽200m的主花园，两侧浓荫暗绿的树林衬托着光亮、平坦的中间地带。从北边入口到南边园端的纵向主轴线依次展开3段景色：第一段为刺绣花坛，植物修整的图案纹理清晰、色彩鲜艳，角隅部分有瓶饰雕塑装点，簇拥着一圆二方的3座喷泉。东面地形较高的地方修筑成3个台层，有台阶、壁泉、跌水和穿插的水渠，挡土墙上装饰着高浮雕。第二段中轴路的两侧是一片数不清的低矮喷泉，称为“水晶栏杆”。南端有水平如镜的“水镜面”，映照出岸上美丽的景象。大运河在这一段横贯而过，河的北面有壮观的飞瀑向运河过渡，河的南岸有七开间的洞府，在幽深的环境中横卧着河神的雕像。第三段坐落在运河南岸布满树木草地的山坡上，起始处是一个简洁的圆形喷泉，泉水四溢、晶莹剔透如散落的珍珠一般。坡上半圆形的绿荫剧场与府邸的穹顶遥相呼应，坡顶的“海格力斯雕像”构成中轴线的端点。3个段落各具特色，相互过渡又十分和谐。沃勒维贡特庄园的设计充分展示了勒诺特尔的才华（见附图6）。

1.入口广场　2.府邸建筑　3.花坛群台地　4.运河

图2-51　沃勒维贡特庄园

（2）凡尔赛宫苑

17世纪下半叶，作为欧洲最强大国家法国的皇帝，路易十四是继古罗马皇帝之后最强有力的君主，凡尔赛宫苑这座皇宫御苑就是强大国家与强大君主的纪念碑（图2-52、另见附图7）。

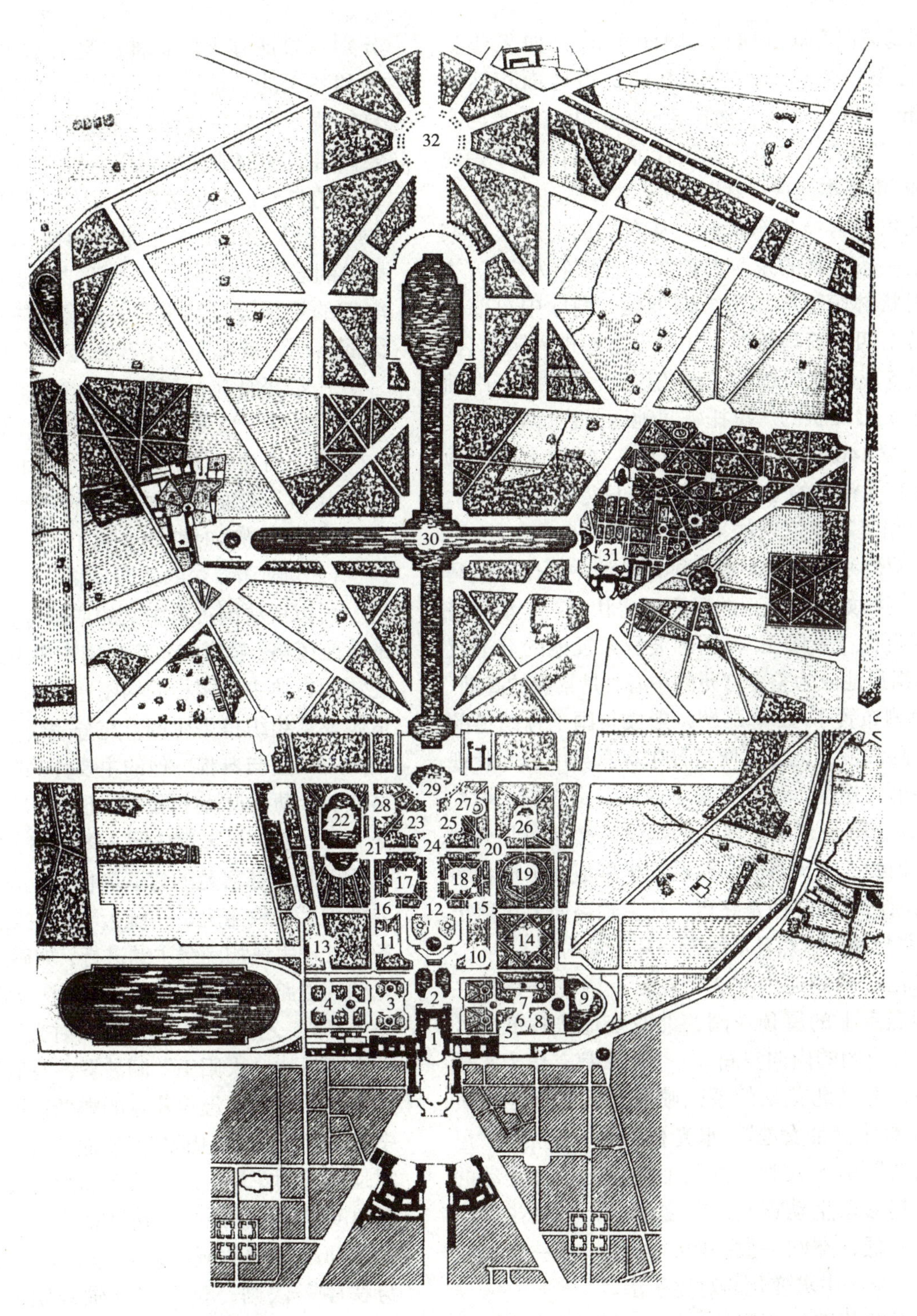

1.宫殿建筑　2.水池台地　3.花坛群台地　4.暖房　5.水池　6.凯旋门　7.水光林荫道　8.龙头喷泉
9.海神水池　10.阿波罗沐浴场　11.舞厅　12.拉托娜水池和花坛群台地　13.迷园　14.水剧场　15.粮谷女神
16.农神　17.枝状喷泉　18.丛林　19.星形丛林　20.花神喷泉　21.酒神喷泉　22.王之池　23.柱廊
24.绿毯林荫道　25.圆丘丛林　26.方尖塔丛林　27.直射丛林　28.栗树厅　29.阿波罗水池　30.运河　31.特里阿农区
32.皇家广场

图2-52　凡尔赛宫苑平面图

凡尔赛宫苑占地面积1600hm^2，如果包括与其成为一个整体的外围林园，占地面积达到6000hm^2，宫苑东西主轴长3000m，由路易十四亲自参与，勒诺特尔担任总设计师，从1662年始建至1688年基本建成，耗时26年。

凡尔赛宫苑坐东朝西，从东端的前厅至皇家广场是一条笔直的东西大轴线，前厅东为广场，3条放射状林荫道向城市方向伸延，前厅中央部位是路易十四的骑马雕像。往西出宫殿进入园林区，首先是5座泉池组成的“水花坛”，再往西于中轴线上建4层环状的“拉托娜泉池”。继续西行是长330m、宽140m的“国王林荫道”，24座大理石的雕塑在高大密荫的七叶树间陈列，显得典雅而庄重。行至西端是一座恢宏的泉池“阿波罗泉池”，太阳神阿波罗驾乘四马天车迎着朝阳从池中跃出，骏马奔腾、栩栩如生，表现的场面无比壮丽、生动。路易十四自比“太阳王”，用阿波罗象征他的至上权力，这组泉池成为整个宫苑的中心，是景观的高潮。泉的两侧布置了12尊雕塑，形成与国王林荫道的呼应。阿波罗泉池之后便是凡尔赛宫苑中最为壮观的十字形大运河，运河纵长1650m、宽62m，横长1013m，它既是东西主轴线的延续，又是南北分割的水平轴线，交叉点与东西两端扩展成3个形状各异的水池。运河往西是终点，在主轴路面上放射出8条道路与周围自然环境融为一片（见附图8）。

水花坛两侧建南北2个花坛，南花坛是建在柑橘园温室上的屋顶花园，北花坛地势较低，处理成较为封闭的内向空间。2个花坛都有作为水景的泉池，尤其北花坛的系列喷泉水景“金字塔泉池”“山林水泽仙女池”“水光林荫道”“龙池”“尼普顿泉池”引人入胜。泉池中映现出各种生动的雕像，其形象生动逼真，呼之欲出。南北花坛地势一高一低，空间一放一收，景观一多一少，充分运用了统一中求变化的对比手法。

国王林荫道的两侧是林园，林园的设计倾注了勒诺特尔的全部心血。全园共有14处小园林，两处在水光林荫道两旁，其余布置在中轴路的两侧，以正方形网格园路将这一区域划分出面积相等的12块园地。园路的4个交叉点有4座泉池，分别为象征春天的花神、夏天的农神、秋天的谷神和冬天的酒神。12处小园林题材不同，具有各自鲜明的风格：“迷园”构思最为巧妙，取材于伊索寓言，动物雕塑隐含出各种寓言故事；“沼泽园”是模仿自然山岩的岩洞，到处是层层叠叠的瀑布；“水剧场”由200多眼泉水形成10种式样不同的跌落组合；“水镜园”手法简洁，表现平静的水面，缓坡的草坪等自然平和的景象；“柱廊园”则为露天演奏厅，被誉为凡尔赛宫苑最美的园林建筑。

凡尔赛宫苑的诞生对整个欧洲的园林产生了深远的影响，成为各国君主梦寐以求的人间天堂。

随着历史沧桑的演变，如今的凡尔赛宫苑残存800多公顷面积，虽园林的主要部分得以保留，却难以再现鼎盛时期的全貌了。

（3）勒诺特尔的造园风格

可以说法国古典主义的造园特征即为勒诺特尔的造园风格。勒诺特尔集法国古典主义园林之大成，把法国古典主义园林的构图原则运用得更彻底，其造园要素组织得更协调，充分表现了古典主义的灵魂——庄重与典雅。他的主要作品除著名的凡尔赛宫苑、沃勒维贡特庄园外，还有枫丹白露城堡花园、圣·日耳曼·昂·莱庄园（图2-53）等。

以凡尔赛宫苑的建造为代表，勒诺特尔竭尽全力维护了皇权至上、一统天下的主题。设计构思与各种处理手法均围绕主题进行，如确立笔直、伸展、宽阔的道路以形成鲜明的中轴线；宫殿地处苑区地势最高处，坐落在中轴线与放射交叉线的中心；路易十四自比“太阳王”阿波罗，只有阿波罗乘四马天车和阿波罗之母拉托娜的雕像这两个景点安置在中轴线上；靠近中轴线为装饰布置的黄金地带，其间是最美的花坛；园中没有高大的树木，因而从各个角度都可以清晰地看到府邸。

勒诺特尔的园林规划与布局严格遵循“规律与秩序”法则，整个园林轴线明确、条理清晰、秩序井然、主次分明，以几何形网格的关系展开节点的布局。

地形的落差不大，整体趋于平缓而舒展，反映了法国园林作为府邸“露天客厅”的作用。

水体以静为主，喷泉及少量水阶梯、跌水、

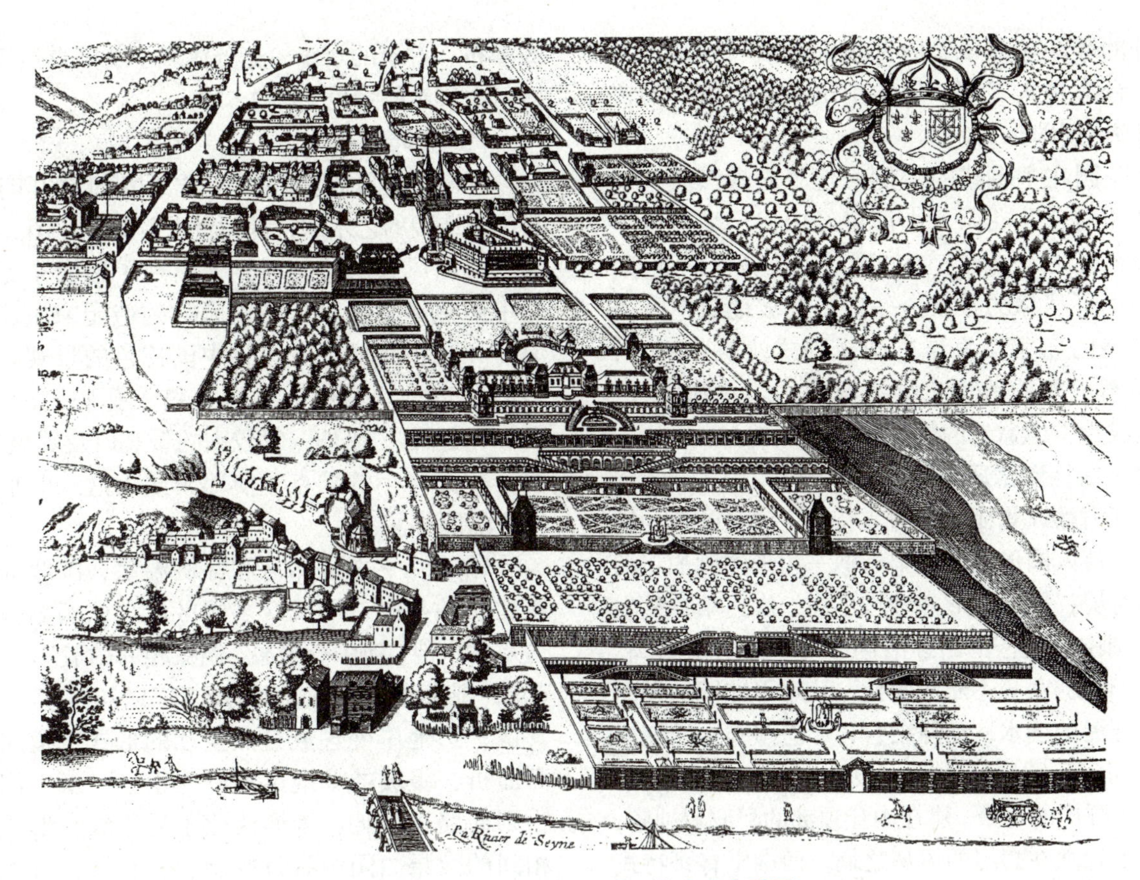

图2-53 圣·日耳曼·昂·莱庄园鸟瞰图

瀑布等动态水景与之形成大协调、小对比的变化手法。

植物广泛采用季节变化明显的阔叶乔木，集中种植成茂密的丛林。灌木墙、大型刺绣花坛（图 2-54），散置的树木修剪成造型各异、装饰性的绿色雕塑（图 2-55）。在这里树木往往失去了个性，时常以建筑要素来处理，成为“高墙”“长廊”“天井”“立柱”等（见附图 9）。

随着法国园林文化在欧洲的传播，勒诺特尔式园林取代意大利台地园林成为欧洲各国争相效仿的园林范本。

2.2.7 英国园林

18 世纪，英国的资产阶级革命已到了深入发展的阶段。资产阶级启蒙主义思想声势浩大，批判封建制度的一切方面，作为宫廷文化的古典主义失去了它的政治基础。

值此历史背景，规则式园林被视为专制主义的象征。有影响的政治家、哲学家、文学家、艺术家、造园家纷纷著书立说、口诛笔伐或身体力行，反对几何式布局强加给地形地貌，认为把树木修剪成绿色雕塑是对天性的摧残，主张必须制止对自然界的奴役。他们倡导浪漫主义精神，谴责理性的古典主义，摒弃规则式园林而宣扬自然的“风致园林”。加上这一时期农业繁荣，牧场、农庄兴起，人与自然关系日益密切，英国自然风致园由此应运而生，取代了规则式园林在欧洲流行千年之久的历史地位。

（1）对传统园林的改造

英国的一些传统园林具有规则式园林的特征，它们经历了从规则式园林向自然风致园的改造与过渡。

查兹沃斯风景园于 1750 年改建，用隐蔽的河坝将河流融入风景构图。重新塑造起伏的地形，大量种植各种植被，使园林出现了山野景致。

霍德华庄园中放射形树林被改造为杜鹃丛林，

大部分的雕塑消失了。府邸边缘建成弧线形的散步台，台下是人工湖，从中引出两条弯曲的河流流向开阔的田野。

斯陀园在主轴线的一侧修建了充满田园情趣的“香榭丽舍”花园，小河绕经山谷，呈自由多变的形态缓流。园的东部处理成山体微伏的地形，显现出荒野丛林的景象。一处山丘坡地建造了哥特式风格的庙宇，为与法国规则式建筑相对立，采用了不规则的造型布局。园中的“希腊山谷”则完全成为类似盆地的牧场风光（图 2-56）。

（2）斯托海德风景园

斯托海德风景园位于威尔特郡，流经园地的斯托尔河截流入园形成一连串近似三角形的湖泊。湖中有岛有堤，周围地形为缓坡土岗，岸边苇草丛生蔓延至湖中，茂密的山林沿湖岸与水面若即若离。水面的形状、宽窄不断地变化，从水平如镜的湖面到湍流悬瀑的溪水，动静结合，形态多样。沿湖岸点缀着庙宇、园亭、拱桥、假山、洞窟、雕塑等，时而成为呼应的对景。建在山丘顶部的阿波罗神庙，远望犹如耸立在碧绿的树丛之巅。西湖岸有哥特式的村庄，可以看到大片的牧草、成群的牛羊，悬垂的瀑布、古老的水车，充分体现了英国自然风致园回归大自然的特色（图 2-57）。

（3）邱园

邱园是英国皇家植物园，作为植物园的科学成就与作为造园的艺术成就都为世人所瞩目（图 2-58）。

英国风致园盛行时期，出现了追崇东方趣味的中国热潮，热衷于中国园林的造园家威廉·钱伯斯经过多年的经营，将中国特色的景观融入邱园的建造中。其中有中国宝塔、孔庙、清真寺、假山、岩洞、“废墟”等较大的景观以及零星的亭、桥、石狮等小的景点，使邱园成为这一时期独具特色的园林。

邱园的中心是邱宫和棕榈温室，围绕邱宫扩展建园的范围，形成众多的区域。棕榈温室的东边是大水池，池中有喷泉，温室相邻的驳岸、道路、花坛、雕塑均为整齐规则的造型，以与温室相协调。其他三边池岸处理成自然生动的形式，道路随之而曲折，缓坡的草地逐渐浸入水中，水中沼生植物则向路边延伸，因而淡化了池岸线，形成虚实相间的效果。园中有月季园、岩石园，有大面积的草坪和各种形态的自然植被，中国的银杏、白

图2-54　刺绣花坛

图2-55 规则式园林中经过整形的树木与灌木

图2-56　斯陀园平面图

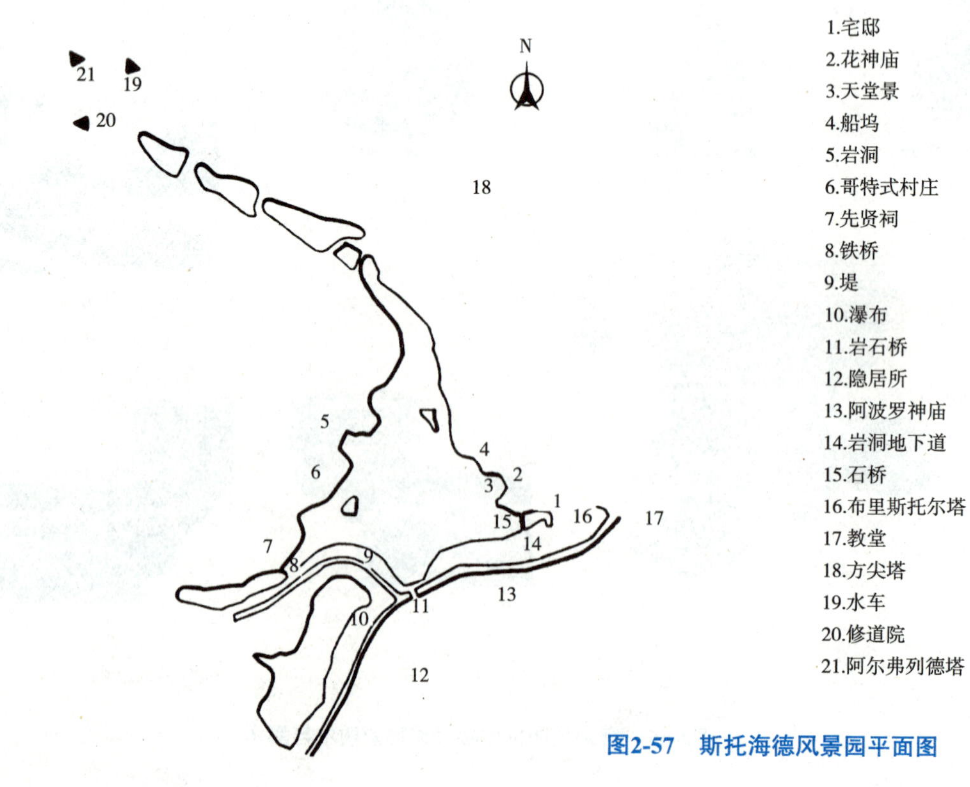

图2-57　斯托海德风景园平面图

以高山植物为主的岩石园

中国塔

建在山丘上的罗马石亭

邱园自然景观

1.温带植物温室
2.澳大利亚植物温室
3.热带棕榈类植物温室
4.水百合植物温室
5.仙人掌和兰花类植物园
6.羊蕨类植物园
7.柑橘类植物温室
8.玉兰园
9.杜鹃花园
10.草莓园

邱园平面图

图2-58 邱 园

皮松、珙桐、鹅掌楸等名贵的树木在这里安家落户。邱园的西南部是一连串长长的湖面，非常幽静，整个邱园是一座美丽的花园。

2.2.8 日本园林

日本园林在东方园林中颇具代表性，是独特的大和文化的组成部分。从历史发展来看日本园林起源于中国，日本早在中国汉朝就派遣使者，中日政治、文化的交流日益频繁，至盛唐派遣唐使以及鉴真高僧东渡日本，全面接受中国文化，在园林方面亦是如此，造园的理念与手法显著汉化。10世纪平安时代后期日本的园林寻求本土化发展，出现了和化的趋势。从大和民族统一至明治维新的1500年间，日本的园林按照造园的基本特征可分为古代池泉式宫苑、枯山水寺园、茶庭园、离宫书苑庭园4个阶段（见附图10至附图12）。

（1）古代池泉式宫苑阶段

神道精神是日本民族自然观的起源，认为大自然的万物都各具神灵，一草一木一石都应敬重。人是旁观者，面对自然，在欣赏中领略它们内在的美感，感悟其精神实质，表现出对岩石、砂砾、植物的崇拜心态。

5世纪，大和国统一了日本，积极与中国发展友好关系。佛教与汉代、魏晋南北朝的文化流入日本，形成日本的宫苑庭园，其样式完全是汉晋宫苑的翻版。宫苑中修筑“须弥山”，营造佛界仙境。汉代以来皇家园林“一池三山”的手法遍及日本皇家宫苑和贵族私家宅园，中国造园成为日本造园的模式，甚至中国营造的风水占卜都成为日本造园必不可少的因素。

平安中后期，一池三山的格局演变为具有日本特色的水石庭，出现了寝殿造园林与净土园林。

寝殿造园林的形式仍以南北为中轴线。园中有大池，池中筑岛，岛的南北用桥与对岸相连。池北有广庭，广庭以北是园林主体，其中修建寝殿，寝殿布局已改唐风模式，左右不再对称，形成较为自由的组合。池南为山，引水分流两路，一路从廊下穿过，另一路从假山中成瀑布流入池中。池岸点缀石组，游园时以舟游为主。其代表是藤原氏家族的宅邸庭园。

平安后期造园家橘俊纲根据寝殿造园林的亲身经历，撰写了《作庭记》。全书分上下两卷，上卷为7篇：立石要旨、立石诸样、汀形诸样、岛姿诸样、立泷次弟、落泷诸式、遣水事。下卷为5篇：立石口传、立石禁忌、树事、泉事、杂部。这部造园书籍对后世产生了深远的影响。

净土园林源于佛教西方极乐净土世界，流行于寺院园林中。基本格局相似寝殿造园林，只是寝殿改为佛寺金堂而已。园林格局有中轴式、中池式、中岛式。轴线从南至北依次是大门、桥、水池、桥、岛、桥、金堂和象征3座菩萨的石组“三尊石”。园林与戒坛结合，用木牌、垣墙、地形、道路等将佛界与俗界分开。净土园林的建筑仍保持对称关系，以示佛界的庄重。典型的净土园林有法成寺、法胜寺、平等院。

（2）枯山水寺园阶段

6世纪，达摩所创禅宗，不立文字，直指人心，以简单的修行取代烦琐的仪式。传入日本后迎合时世，迅速遍及社会生活的每一个角落。日本民族以极其崇敬的心态顶礼膜拜中国的寺庙与寺庙园林，加上宋元文人画、文人山水画论的推广，促成日本园林走上宗教园林之路。与禅宗相对应，造园中产生了以组石为中心，追求主观象征意义而抽象表现的写意山水园，使自然之物与禅宗精神融合的写意，最终发展成枯山水的形式。枯山水又称乾山水、假山水，与池泉园和真山水相对。造园时提取景观的局部以象征手法构筑“残山剩水”，观赏时选择最好的位置进行坐观、静观，面对景点沉思冥想，通过心灵与对景的沟通领悟禅宗的真谛，从而净化身心。枯山水园始建于寺庙园林中，因符合人们的精神寄托与审美要求，迅速在皇家园林、私宅园林中蔓延，它是日本古老民族精神的回归。

最著名的枯山水造园家是镰仓时期的高僧梦窗疏石，可以说他是最富日本园林特色的枯山水园的开创人，其建造影响最大的园林是西芳寺庭园。该园背山临水，分上下两个部分：下部为含有三岛的心形池泉，表现心定专一、力求顿悟；

上部是青苔覆盖的枯山水。

枯山水以沙代水、以石代岛，主要选材为沙、石、苔、木。沙被耙成各种纹样，象征日本周边的海洋，有涟漪式、起波式、纲代式、青海式、漩涡式等。以其选定主材料命名或以布局手法命名，枯山水可分为石庭、苔庭、型木式、型篱式、书画式 5 种。

石庭式运用组石布局：1 个景石象征须弥山；2 个景石象征老和尚念经、小和尚听禅；3 个景石象征“释迦如来、阿弥陀佛、大日”三尊或“阿弥陀佛、势来、观音”三尊，或“药师如来、日光、月光”三尊等；5 个景石象征金、木、水、火、土五行；多组景石有七五三的模式，即 15 个景石分 7 个、5 个、3 个 3 组，此外江户时代还流行龟石与鹤石组景的手法（图 2-59）。

苔庭是大面积覆盖青苔，象征海岛的生命，表现古老与枯寂的气氛。

型木式、型篱式侧重修剪树木、灌木。特别是型篱式将灌木修剪成高低错落、形态各异、方圆兼顾、点线协调，以此象征岛屿、海船、佛尊等。

书画式则完全是受中国宋元画论与写意山水的影响，立式枯山水源于中国立轴画，表现高远的景致，选大块竖石竖向造型；平式枯山水源于中国横轴画，表现平远的景致，以圆浑低伏的石脉水平延伸，也有两者兼顾的。

（3）茶庭园阶段

14 世纪的室町时代，从中国传入的茶文化已遍及日本列岛，演变形成了日本特有的茶道。茶道以净化心灵为宗旨，施以庄重的礼仪，履行严格的规范。为营造茶道的良好气氛，茶道步入园林，茶室与庭园相结合，庭园部分成为茶庭。16 世纪以后，茶庭逐渐定型为前庭后室。以茶室作为茶庭的主体建筑，置于茶庭的后端。到达茶室须经过选材朴素、造型简洁的露地门，主人与宾客在“腰挂”处会面，以显示主人迎客的诚意。客人须经厕

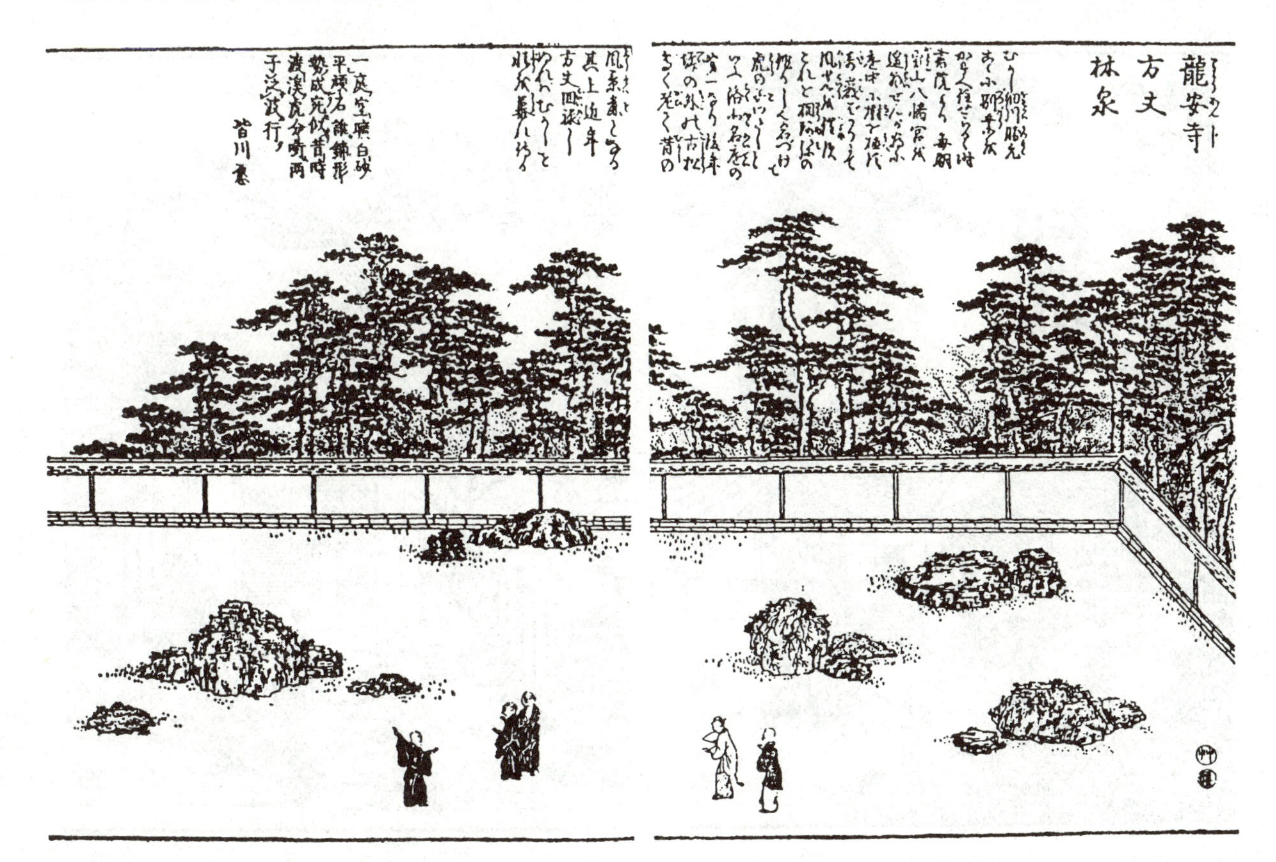

图2-59　龙安寺方丈林泉

所净身、蹲踞，在洗手钵中净手，然后踏过铺满松针形状曲折的点石路到达茶室，点石路刻意让参与者缓步而行，从而使心境得以平稳。茶室之门窄小，进入时必须蜷身而入，用以表达人品的谦逊与恭让（图 2-60、图 2-61）。

“简洁、平缓、庄重、淡雅”成为茶庭的造园特征。

（4）离宫书苑庭园阶段

16 世纪末的桃山时期至 17 世纪的江户时期，儒教兴起，人文精神与个性思想得以发展。此时期形成儒教、佛教、道教三足鼎立的局面，产生了具有日本民族文化特征的“回游式庭园”和“离宫书苑庭园”。

回游式庭园的园中修筑土山，开凿水池，土山可鸟瞰全园的风景，山中有溪流、小瀑布与水池连通。园路曲折宛转地绕经池岸、坡地、土山、草坪铺路石、水池汀步。在相关的地方散置石灯笼、卧石，散种修整的树木、灌丛。

儒家的中庸思想与中天人合一的理念影响了这一时期的造园，出现了池泉园、枯山水园与茶庭园 3 种园林形式的融合，形成综合性的大型庭园——离宫书苑庭园。离宫书苑庭园是从寝殿过渡到书苑，从居住功能转向游乐功能，其建筑群体庞大、气势恢宏，有着华丽的装饰，它与园中古朴简洁的草庵风格茶室形成鲜明的对比。书苑建筑面向水池，有称作“月见台”的观览平台与水中的蓬莱岛屿遥望。最为典型的是位于京都的“桂离宫庭园”，桂离宫庭园是智仁、智忠父子亲王的皇家离宫园 。一池三岛，修筑洲滨、半岛、土山、坡地等不同的地形地貌，以及书苑、茶室、楼、轩、堂、园桥、组石等各种建筑与景观。3 组错落排列的书苑掩衬在树丛之中，整个格调较为自由，少有传统格式的约束（图 2-62 至图 2-64）。

19 世纪的明治维新之后，日本开始大量接受西洋文化，古典主义园林的历史宣告结束。

图2-60　妙喜庵茶室全图

图2-61　玉川庭园

图2-62　受南画影响的园林图

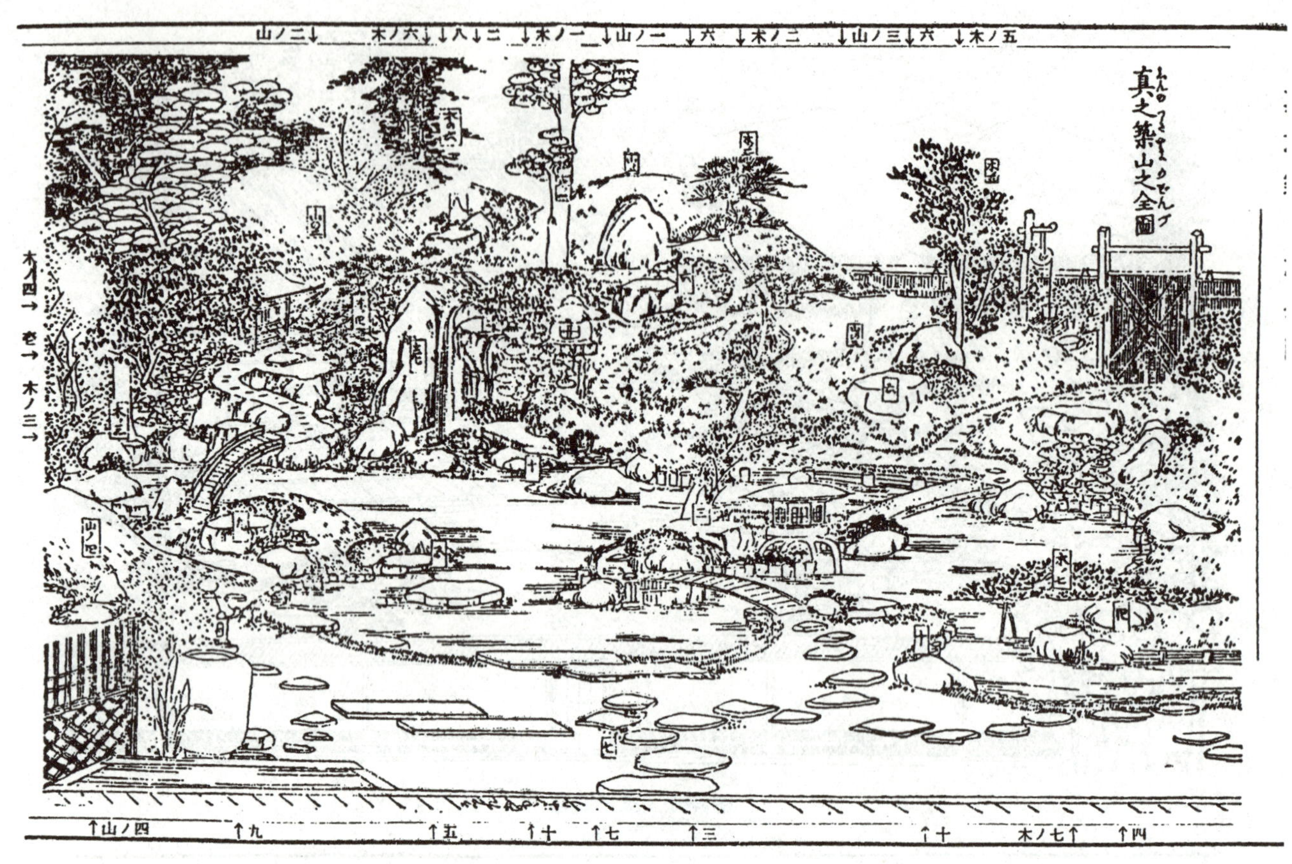

图2-63　真之筑山之全图

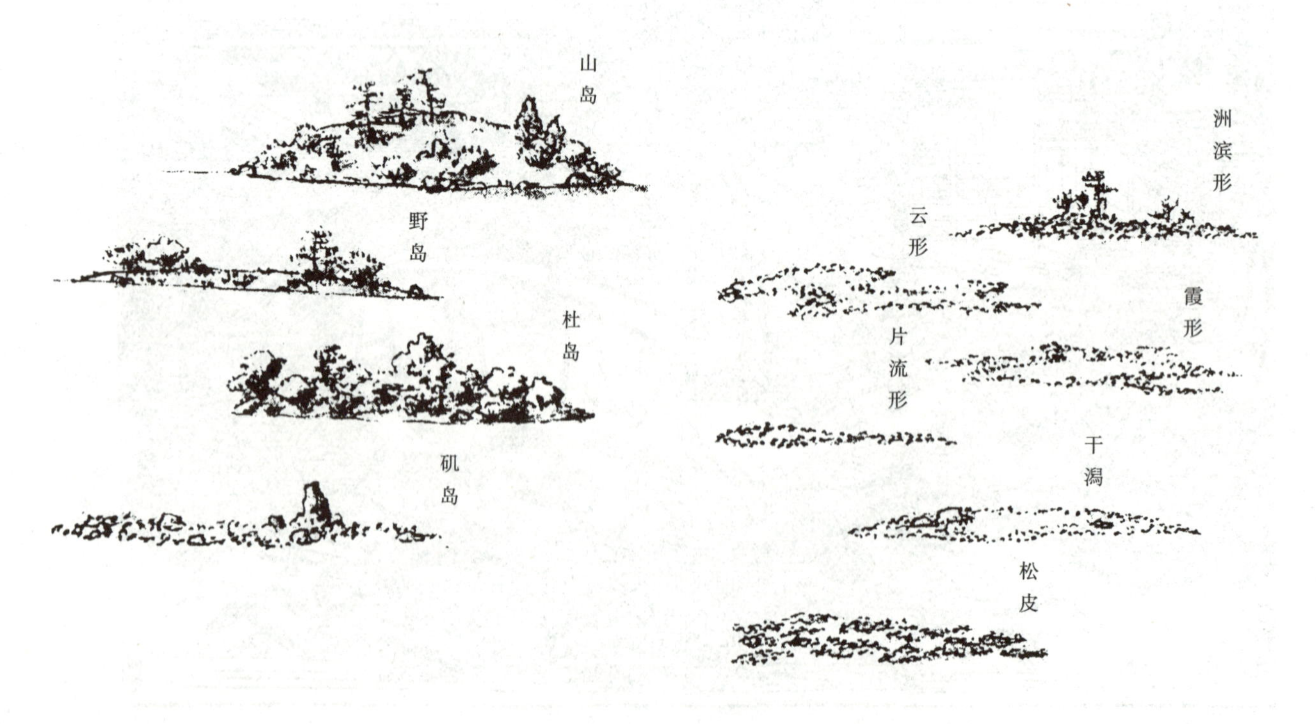

图2-64　日本园林十类山岛样式

2.3 近现代园林

随着工业文明的到来、城市规模的扩展，近现代的园林已发展为大众的活动场所。

18世纪下半叶近现代园林的初期，造园仍然以追求景观的观赏性为目的。进入19世纪，城市迅速膨胀，人类在开发与征服自然的同时，引发植被减少、水土流失、环境污染、生态失调，造成居住条件的恶化。如何使这一切得以改善，是风景园林新的课题。通过设计为公众共享的健康生态环境，成为现代园林的内涵。19世纪末兴起的生态学逐渐和社会科学相结合，开创了生态规划与设计的时代，成为规划史上的一次革命。

1851年美国近代第一位园林学家唐宁提出，“公园属于人民，公园应该是市民锻炼身体和保持健康的场地，公园应当是无噪音而又美丽的场所”。美国园林设计师奥姆斯特德于1858年提出风景园林师的概念，1865年创办了职业的园林设计事务所，将园林设计工作定为景观规划设计，以区别于传统的园艺。在其倡导下，美国风景园林师协会于1899年成立。

奥姆斯特德的造园原则为：

① 保护自然景观，在一定的条件下，自然景观需要加以恢复或进一步强调。

② 除了在非常有限的范围内，整体上要尽可能避免使用规则形式。

③ 保持公园中心区的草地。

④ 选用当地的乔木和灌木，特别是用于公园边缘稠密的栽植地带。

⑤ 大路和小路的规划应成流畅的弯曲线，所有的道路成循环系统。

⑥ 全园靠主要道路划分成不同的区域。

奥姆斯特德主持了纽约中央公园的设计，开创了现代公园的新纪元。

英国的社会活动家霍华德提出田园城市的规划思想，即城市由一系列的同心圆组成，中心地带为开阔的公园，有6条主干道向外辐射，把城市分为6个区，形成环状便利的交通。当城市人口超过限度则与其相邻再建新的城市，城市与城市之间以永久性的绿地衔接，这一规划思想成为现代城市规划思想的启蒙。

第二次世界大战之后，世界园林的发展又出现了新的趋势。受格罗皮乌斯、布劳耶、唐纳德等人现代设计思想的影响，现代园林设计经历了现代主义的变革。唐纳德提出现代园林设计的3个方面：功能的、移情的、美学的。园林是一个大的综合性的艺术，而不仅仅是建筑周围的点缀，风景园林不仅要注重美学方面，同样重要的还有社会和城市方面。

20世纪90年代，可持续发展成为现代园林规划设计的重要指导思想。1996年世界人居会议要求“按照能够充分维持人类未来世世代代之人类生命和幸福的标准，保护空气、水、森林、植被和土壤的质量”。因此，保护环境、重新规划未来、追求生活质量成为21世纪全球发展的主题，回归自然、返璞归真已成为势不可挡的潮流。

园林城市的构建已在一些地区成为现实，生态城市成为新的构想。

现代公园的种类向着多样化发展，有大型的综合性公园；专类公园，如植物园、动物园、儿童公园等；还有附属绿地；以及风景游憩绿地，如森林公园。

现代园林在继承传统的同时与社会的发展同步而不断创新，国家之间、区域之间在保持固有特色的同时亦不断相互借鉴与融合。

2.3.1 外国近现代园林

（1）纽约中央公园

1853年，纽约中央公园35个参选设计方案中，奥姆斯特德和他的助手沃克斯以“绿草地”为题的方案获得了头奖，并于1857年由奥姆斯特德主持破土动工。这标志着“公园属于人民”这一现代园林理念得以实践。

纽约中央公园坐落于曼哈顿岛的中央，南起59街，北抵110街，东西两侧由著名的第五区大道与公园西道围合，占地340hm^2，历经15年建成，它为纽约市民提供了休憩与游乐的场所。区域内有巨大的湖面、茂密的树林、牧场式的草地；有众多的体育活动场所；有各种儿童游乐场和各种文化活动的设施，因而能满足各阶层的需求，使生活在钢筋混凝土环境中的市民走入绿色的、自由的空间（图 2-65）。纽约中央公园是美国“第一公园”，它与“自由女神”“帝国大厦”成为纽约乃至整个美国的象征。随着纽约中央公园的建成，诞生了风景园林学这一新的学科。

纽约中央公园建成之后被世界各国纷纷效仿。

（2）黄石国家公园

19 世纪中叶，美国一批自然保护者极力要求美国政府保护美国的自然环境资源和文化遗产，在他们的倡导与推动下，1872 年政府出面在美国西北部怀俄明州、蒙大拿州、爱达荷州交界处建立了世界上第一处国家公园——黄石国家公园（见附图 13）。

黄石国家公园占地 8956hm^2，是 642 万年前火山喷发所形成的雄伟壮丽的地貌。园中有黄石湖，湖岸长 180km，两岸峭壁险峻巍峨。其中一段叫黄石峡谷，谷长 24km，宽 500m，深 400m，两岸由喷发岩浆构成的从橙黄到橘红色的岸层，色彩光耀夺目，黄石国家公园正是由此而得名。黄石国家公园有作为世界奇观的间歇喷泉 300 多处，占世界同类喷泉的一半以上。此外，众多瀑布垂立，其中下瀑布的一段达 94m 的落差。公园群峰列岫，间有五颜六色的乳岩以及色彩斑斓的热天池。

自第一处黄石国家公园建立之后，美国已建成 54 个颇具规模的国家公园。

（3）唐纳花园

20 世纪 40 年代在美国西海岸，一种不同于以往风格的加州花园兴起，成为当时现代园林的代表。花园成了不规则的植被区，修建了游泳池、露天木制平台，创建了室外生活的新方式。这一风格的创造者是美国现代园林奠基人托马斯·丘奇，1948 年建成的唐纳花园是他的杰作。

唐纳花园的庭院由入口、铺地、游泳池、餐饮区和大面积的平台组成。庭院的轮廓以折线和曲线组合，流线型的泳池与池中弧线形雕塑以及远处海岸线相互呼应。树冠的框景不断将海湾、原野和旧金山城市的影像带入庭院。平台是木装铺地与混凝土结合，托马斯·丘奇运用周围种种对比与呼应的手法使规则式与自然式共存，使建筑与环境融合，使不同材料的材质与色彩穿插，创造出丰富多彩的视觉效果与充满人情味的室外生活空间。

（4）流水别墅

赖特（1867—1959 年）是 20 世纪最伟大的建筑师之一。他主张从 19 世纪盒式建筑中解脱出来，使建筑与周边的环境相互协调，创造一种开敞的、流动的空间。他教导学生“应当了解大自然、热爱大自然，它永远不会亏待你的”。赖特于 1936 年设计了他的代表作品流水别墅。

流水别墅位于宾夕法尼亚州巴拉契山脚下的山水环境之中，整个建筑与山体镶嵌，与峡谷相连。建筑醒目的双层墙体如同飘浮般在山体中展开，溪流、瀑布永不停息地发出乐曲般的音响，与延伸的石崖、悬挑的建筑构成空间与时间多维的氛

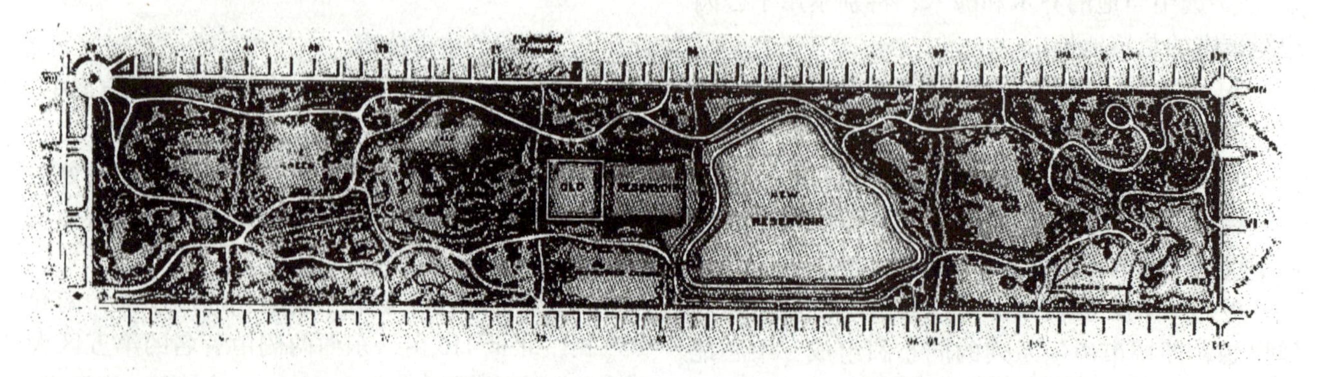

图2-65　纽约中央公园

围（见附图 14）。

流水别墅是置身于园林中的建筑，建筑与园林形成不可分割的协调的美。

2.3.2 中国近现代园林

中国近现代园林从古典主义园林的开放与公共园林的建设开始。清末的上海租界地于 1868 年由外商建造了“上海外滩公园”。此后的 80 年，帝国主义入侵，军阀混战以及内战，国家贫穷，园林事业惨淡。1949 年中华人民共和国成立，百废俱兴，中国现代园林开始发展。20 世纪 50 年代提出“普遍绿化、重点美化”的方针与“园林大地化”的口号，全国的公园达到 509 个，出现了众多小游园与街心花园。“文化大革命”期间又遭厄运，直至 80 年代的改革开放才得以复苏。在 40 多年短暂的历史时期中，中国的现代园林已得到长足的发展，其中开发风景游憩绿地、兴建专类公园、居住用地、附属绿地建设 4 个方面最为突出。此外传统的古典园林也得到很好的保护与整修，总体状况呈现复兴的局面。

（1）九寨沟风景区

九寨沟海拔 2000 ~ 4300m，占地 $1320hm^2$，地处岷山山脉南端尕尔纳峰北麓与长江水系嘉陵江源头的一条支流处。位于四川西北部阿坝藏族羌族自治州的九寨县境内，因沟中有 9 个藏族村寨而得名。这里有三沟一百一十八海、五滩十二瀑，十流数十泉的水景与九寨十二峰组成高山河谷的壮美自然景观。景区密布原始森林达 $3 \times 10^4hm^2$，栖息着大熊猫、金丝猴等众多珍奇濒危的动物，生长着 2576 种原生植物。翠绿、碧蓝以及五彩湖面清澈见底，如同宝石一般。这里终年凉爽、气候宜人，四季风景绚丽。远望雪峰林立高耸云端，村寨之中藏家木楼、晾架经幡、磨坊、渡桥等形态各异，朴素而多姿。

九寨沟有六大景区：树正、诺日朗、剑岩、长海、扎如、天海。可分树正、日则、则查洼、扎如 4 条游览路线。九寨栈道在景区之间曲折宛转，或石块铺地、或原木踏路，栈道间有亭、阁、栈桥，穿梭于湖岸、溪流、飞瀑、密林、古藤、苔地之间，这鬼斧神工之景观完全是人间的仙境。

1992 年，九寨沟风景区被列入世界自然遗产名录（见附图 15）。

（2）昆明世界园艺博览园

1999 年世界园艺博览会在昆明召开，我国兴建了气势恢宏的昆明世界园艺博览园。园区在昆明郊外山地靠山而建，其占地面积、建设速度、展示植物的种类、园林精品、连栋温室、竹类植物品种、古柏移栽、断崖塑石 8 项内容获吉尼斯世界之最，是迄今为止世界规模最大、最具原创性的园林艺术大观园。独特的历史文化与景观价值使其成为世界唯一完整保留的会址文化遗产。

昆明世界园艺博览园有五大场馆，即国际馆、中国馆、人与自然馆、科技馆、大温室。有七大专题展园，即树木园、竹园、盆景园、药草园、茶园、蔬菜瓜果园、名花艺石园。有三大室外展区，分别为国际室外展区、中国室外展区、企业室外展区。

园内植物 2551 种，数量达 200 多万株丛，其中珍稀濒危植物 112 种。

博览园集全国各省、自治区、直辖市以及 95 个国家与地区不同特色、风格迥异的园林精品、庭院建筑、科学成果于一身，充分体现了“人与自然和谐发展”的主题。

（3）紫竹院公园

紫竹院公园位于北京海淀区，全园占地 $46hm^2$，原为一片蓄水湖。

3 世纪，这里是高梁河的发源地，系燕京水源之一。明万历年间在湖的北岸修建“福荫紫竹院”庙宇，是万寿寺的下院。乾隆年间此地种芦苇，称之“小苏州芦花渡”，将庙宇更名为“紫竹禅院”。

1952 年修建紫竹院公园，挖湖堆山，湖水占全园面积的 1/3，有南长河、双紫渠穿园而过，形成三湖二岛一堤的格局。5 座拱桥将湖、岛、岸、堤相连，园中各类建筑，廊、榭、厅、馆、亭点缀其间。公园中部有青莲岛、明月岛、八宜轩、问月楼；西部有紫竹垂钓；南部有澄碧山房；北部有筠石院。湖边布芦苇，湖中植荷花，宽阔的湖面可行舟荡游。

紫竹院公园以传播竹文化作为园林营造的宗旨，园中引种四川、福建、江苏、浙江的名竹，目前有紫竹、斑竹、青竹、寿星竹、金镶玉竹等50余种40万株，成为华北地区最大的竹园。园内景点以竹冠名的有斑竹麓、竹深荷净、水竹坞、江南竹韵等。为增加竹园的气氛，园门、园墙、园中的一些设施均以青竹造型，整个公园被竹林环抱，沉浸在幽静清馨的绿色环境之中（图2-66）。

（4）元大都城垣遗址公园

元大都城垣始建于1267年，历时9年，至今已有700多年的历史。其最北部分在明初的北墙南移时，被遗存城外，至今仍可见到高十余米的城墙遗址，俗称“土城”。1957年，元大都遗址被列为北京市重点文物保护单位；1988年，北京市人民政府正式批准建园，并命名为元大都城垣遗址公园；2003年，为配合奥运景观建设，公园进行了整体改造。

元大都城垣遗址公园地跨朝阳、海淀2个区。

朝阳段位于北京中轴路东西两侧及奥林匹克公园、中华民族园南路，东起太阳宫，西至德清路，全长4.8km，宽130～160m不等，占地面积67hm²，被6条城市道路自然分为7个地域9大景区。

海淀段南起明光村，在小月桥处东转，全长4.2km，占地面积46.8hm²，有9个景区。西土城的城台上有乾隆御制的石碑“蓟门烟树”，此为燕京八景之一。

元大都城垣遗址是主题景观与公共绿地的结合，以主题景观为基础，集历史遗迹保护、市民休闲游憩、改善生态环境3个内容为一体。在这一段历史遗产的长廊中，突出了元大都城市规划特色、土城构造、元代治水家郭守仪的成就等人文内涵。9km的狭长地带贯流河道，两岸辅以土山绿地，在设计布局中化整为零，组成分散的小广场，构成不同功能的活动区。

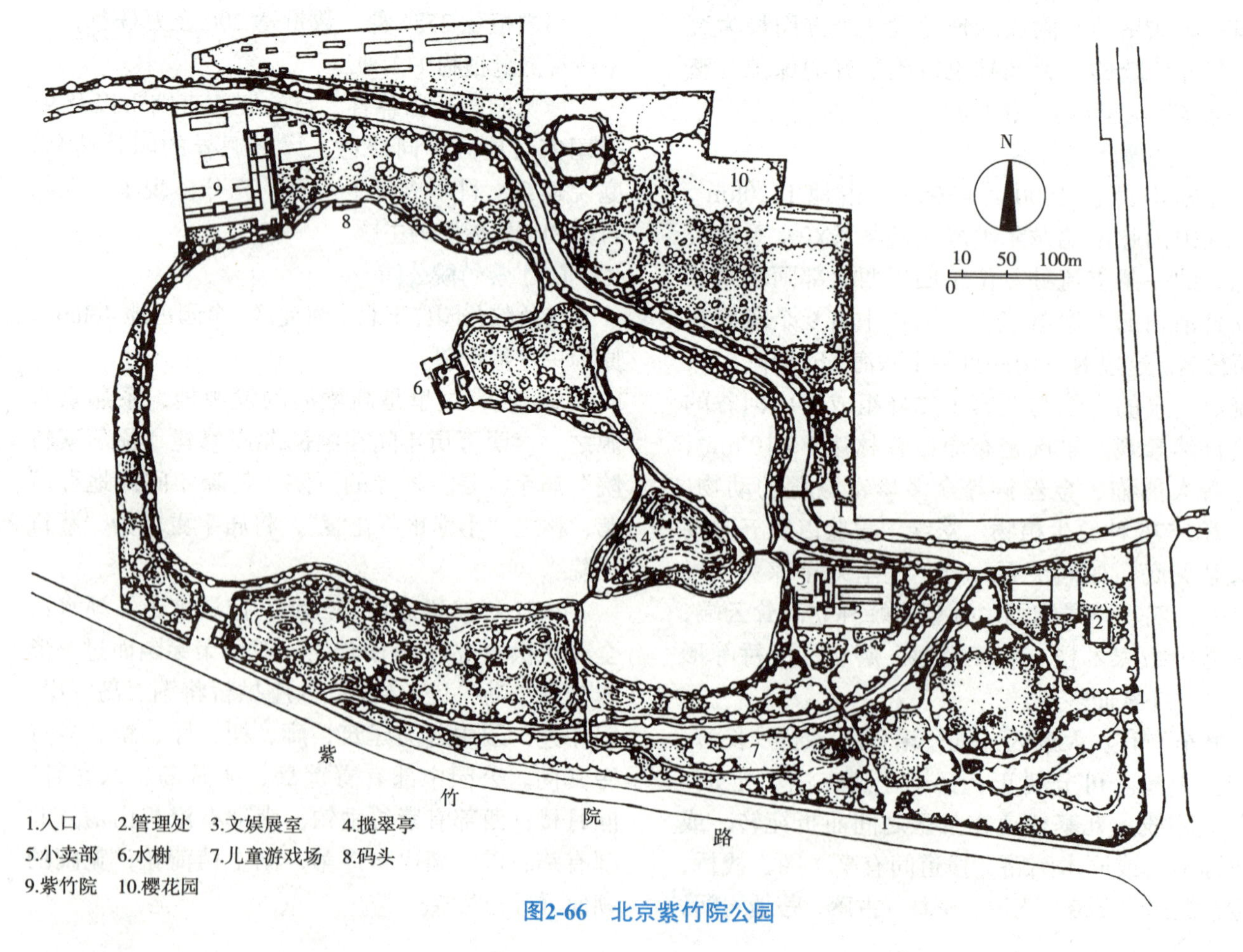

图2-66 北京紫竹院公园

植物景观的布局丰富而多样，有乡土植被营造的原生植物景观，例如合欢、白皮松、‘千头椿’等庭荫树，睡莲、荷花等水生植物，杨、柳、银杏等行道树。

元大都城垣遗址公园创下了4个北京之最和1项全国第一，即最大的城市带状公园，最大的室外组雕，最大的人工湿地，最先完成北京市应急避难场所建设的试点公园，北京因此成为全国第一个挂“应急避难场所”标志牌的城市。

元大都城垣遗址公园创造了一个“以人为本，以绿为体，以史为魂，平灾结合”的现代园林。

2.4 中国古典园林艺术对世界的影响

1954年第四届国际风景园林师联合会在维也纳召开，英国造园家杰利克在致辞中指出，“世界造园史上主要的三大体系是：中国、西亚和欧洲”，这一评论足以看出中国园林在世界的地位。中国园林秉承了传统华夏文化崇尚自然，赋予园林诗情画意的境界。这一特色独立于世界造园之林，为东西方国家所敬仰、学习和借鉴。

6世纪中国园林传入朝鲜、日本，17世纪末英国出现“中国园林热”。时至今日中国园林已波及欧美与大洋洲诸国。

2.4.1 中国古典园林艺术对日本的影响

6世纪以后，随着汉唐文化与佛教的东渡，中日之间形成广泛的交流，绘画、诗歌、园林、建筑、服饰等全面传入日本。9世纪，宋元的禅宗、文人画对日本产生了深刻的影响。日本从大和、飞鸟时期，王公贵族所建的宫殿、庭园就模仿秦汉的格局，凿池筑岛象征海上须弥山，架设吴桥，追求佛国仙界。镰仓时期日本流行的山水园是源于宋元禅道与文人园的构想。室町时期枯山水园的代表作是京都郊区的龙安寺，全园以白沙铺地，置5组卧石即寓意中国的五岳。被日本推崇为画圣的雪舟等杨随明使来中国遨游名山大川，学佛作画，访师寻友，他吸收马远、夏圭等宋元画家水墨画法形成独特的风格。在他创作的园林中尤以书画式枯山水最为出色，其中流露出中国山水画对他的影响。桃山时期茶庭园与中国的茶文化密不可分。江户时期回游式园林以小见大表现名山大川，不乏中国的西湖景、庐山景、赤壁景。其中“后乐园”的园名即为宋代范仲淹《岳阳楼记》“先天下之忧而忧，后天下之乐而乐”的词意。

可以说日本园林起源于中国，延续了中国历代文化的精髓与内涵。在此基础上演变为日本民族的艺术。

2.4.2 中国古典园林艺术对欧洲的影响

欧洲人对中国园林的了解最早应从意大利人马可波罗开始。1271年他来到中国游历了17年，著书《马可·波罗游记》，记述了他在中国的所见所闻，激起了欧洲人对东方的向往。他在游记中形容，“这里有世界最美的、最堪游览的园林”。16世纪利玛窦来华后，撰写了对中国园林美好印象的文章。17世纪末英国风致园的形成受到中国自然山水园的影响。英国宫廷建筑师钱伯斯两度来到中国，对中国园林产生了浓厚的兴趣，他在《中国园林的布局》《东方造园艺术泛论》等著作中盛赞中国园林，“中国人设计园林的艺术是无与伦比的，欧洲人在园林艺术方面无法与东方灿烂的成就相提并论，只能像对太阳一样，尽量吸收它的光辉”。1761年钱伯斯建造了邱园，园中有中国的塔、亭、阁，与湖水、自然地形相结合，表现了典型的中国园林的特色。18世纪中叶，英国的自然风致园在法国开始流行，法国随之掀起中国热。法国人称“中国式花园”“英中式花园”。法国画家王致诚神父做了清朝宫廷画师，参与绘制圆明园四十景。他致函法国朋友，称其为“圆明园是一座真正的人间天堂”，他介绍中国园林的著作一经发表便引起轰动。此后，中国园林艺术相继传播到德国、荷兰、俄国、瑞典、匈牙利等国家，其影响已遍及欧洲大陆。1773年，德国的温泽在《中国造园艺术》一书中把中国园林称为“一切造园的楷模”。

2.4.3 现代西方国家的中国园林热

20世纪80年代，随着对外开放政策的实施，中国与国际间的文化艺术交流与日俱增，加上旅游事业的兴盛，中国园林被更多的西方人所了解，令他们赞叹与敬佩。美国、德国、加拿大、澳大利亚等国家纷纷营造中国园林，在展览会、博物馆及城市环境建设中，形成中国园林的热潮。

1980年春，美国纽约大都会建中国苏州园林“明轩”。

明轩是参照网师园殿春簃设计的，由苏州市园林管理局修建。庭园以北是正厅，有6扇落地长窗和3扇窗漏，厅前设置长廊，厅东是曲廊，厅西是半亭，依傍于清泉。3间厅围合的庭园筑假山，铺卵石路，园中有竹、梅、芭蕉等植物点缀，表现了苏州园林的小巧精致、淡雅幽静。

1983年中国芳华园在德国慕尼黑国际艺展获得金奖。芳华园以广州园林为基础，全园以水为中心，形成一个半开敞的水景园。园中布置假山、瀑布、渡桥，传统建筑的舫、廊、亭用浅黄色的琉璃瓦与棕色木构架建成。

1984年英国利物浦举办国际园林节，中国园复制了北海公园静心斋内的沁泉廊与枕峦亭，取名燕秀园，获得大金奖。园内地形起伏，缓斜的石滩与湖水衔接，高耸的山丘间以悬壁峡谷。山顶是枕峦亭，谷外是沁泉廊，两相呼应。园中植物选取中国特色的银杏、水杉、珙桐、竹林、海棠、丁香、黄刺玫、迎春、月季、鸢尾、玉簪等，表现出美丽的北京园林风光。

1986年在加拿大温哥华大都会艺术博物馆建户外的苏州古典园林逸园，被誉为“镶嵌在温哥华的一颗明珠”。全园分为主厅区、水榭复廊区、书斋庭院区、水池假山区。主厅华枫堂中的“华”寓意中华，“枫”为加拿大国旗的标志，象征了中加友谊。

1995年北京市园林古建设计院为北京市的友好城市柏林设计兴建“得月园”，得月园在柏林东部马尔灿公园内，占地3hm^2，取小巧精致、构园灵活、色彩淡雅的手法营造供游人观赏休憩的自然山水园。整个园区随中心水池曲折的水岸而展开，水源自山岩叠下，有多处瀑布和涌泉。池中筑岛，沿岸辅以石舫、水廊、曲桥，妙趣横生。园中主要建筑是多功能茶室，人们在品茶休息时感受中国园林的文化氛围。得月园的植物景观具有“古、奇、雅”的特征，花木兼顾“色、姿、香”的种类，满园布局自然而生动。

2000年苏州园林设计院为苏州的姊妹城市美国波特兰市设计兴建兰苏园（图2-67），兰苏园位于波特兰市唐人街东北部，园地面积3700m^2。园林入口处运用苏州园林传统的欲露先藏的手法建一小环境，点景象征岁寒三友的太湖石与松、竹、梅。兰苏园分中心湖区、山林区、水院区、庭院区。中心湖区为主体景观，四面厅锦云堂、画舫、水榭、湖心亭环绕而建。山林区在园的北部，土山与院墙相接，临湖叠石筑岸。谷涧、岩洞、溪流、瀑布穿插在山林间。水院区有倒影清漪轩、知鱼亭和跨水廊桥，丰富了水岸线。庭院区是花木繁茂以梅为主的沁香仙馆。园中种植着中国特色的银杏、玉兰、桂花、芭蕉、荷花与松、竹、梅。

兰苏园的设计体现了自由灵活的布局，穿插渗透的空间组合，景观与文化内涵的交融，东方古典园林艺术与美国现代建筑规范的衔接，传统工艺与现代技术、材料的结合。

兰苏园成为在美国面积最大、质量最好、造园要素最全的苏州古典式园林，有赞誉称“即使把兰苏园放置苏州，亦可与拙政园、留园相媲美”。

此外，杭州园林设计院为美国纽约皇后植物园设计了中国园；上海园林设计院为加拿大蒙特利尔植物园设计了梦湖园；澳大利亚悉尼建成中国园林风格的谊园。在俄罗斯以及亚洲、非洲的一些国家也修建了中国园林。

“中国园林热”正在架起中国文化与世界文化交流的桥梁。

图2-67 兰苏园全景鸟瞰图

复习题

1. 分析颐和园的造园手法。
2. 苏州园林的艺术特色是什么？
3. 通过凡尔赛宫苑分析法国规则式园林。
4. 介绍你所熟悉的中国现代园林。

推荐阅读书目

中国古典园林史 . 周维权 . 清华大学出版社，1990.
西方园林 . 郦芷若，朱建宁 . 河南科学技术出版社，2002.
外国造园艺术 . 陈志华 . 河南科学技术出版社，2001.
中国古代建筑史 . 刘敦桢 . 中国建筑工业出版社，1984.
苏州园林 . 苏州园林设计院 . 中国建筑工业出版社，1999.
日本园林教程 . 刘庭风 . 天津大学出版社，2005.

第3章

园林设计与表现技法

［本章提要］园林设计方案要通过各种表现技法才能得以呈现。本章从线条、字体、制图常识、透视图、钢笔画、水彩渲染、水粉表现图、马克、彩铅、淡彩、模型制作11个方面加以介绍，同时提供相关的范图和参考资料。学生可按每一个内容所布置的课题完成必要的作业，从而达到设计表现所应具备的基础能力。

设计图是园林与城市规划设计师的语言，准确、美观、生动的图纸可以增强方案的表现力、吸引力。画好图纸必须经过严格、正确、反复的基础训练，这其中包含了设计方案的各种表现技法，如规整、挺拔、流畅的线条，端正、美观的字体，明快、润泽的色彩，生动、具有想象力的效果图以及精巧加工的模型等。理论并不复杂，必须依靠严格的要求、反复的实践才能打下坚实的基础。

3.1　绘图工具与材料

绘图的全过程都离不开纸张和绘图工具，选择适当的工具，掌握正确的使用方法才能保证图的质量。

3.1.1　图板、图纸

3.1.1.1　图板

图纸要附着在图板上描绘，有的用图钉、胶带固定图纸，有的必须经过裱纸的过程，将图纸的四边黏合在图板上，利用纸从湿到干的收缩过程，固定后图纸平整，描绘水色时纸面不易产生折皱。

图板有大、中、小不同型号。常用的有0号图板（1200mm×900mm），1号图板（900mm×600mm），2号图板（600mm×450mm）3种。图板四边有木框条，中间是木条龙骨，两面黏合三合板。龙骨可以均匀受力，还可以透气散湿，使图板牢固而不易变形。好的图板四边应为垂直关系，板面平滑，没有波状的起伏或划痕。

图板置于桌面的时候，前端应略高，以保持板面有一定的坡度，利于观察。

为便于图板的保护与携带，可购置相应的图板背袋。

3.1.1.2　图纸

绘制不同的图，需要选用不同的纸张。纸以其密度与厚度有所区分，克数较高的纸密度大、性能好。

（1）绘图纸

绘图纸表面光滑、密实，着墨后线条光挺、流畅、美观。由于基本上不具备吸水能力，不易着水彩、水粉色等。一般纸的两面都可以使用。

绘图纸适宜描绘墨线设计图。

（2）水彩纸

水彩纸最大的特点是既便于画墨线又便于着色，质地厚同时又有较强的吸水性能，水彩画法、水粉画法以及墨线黑白都可以表现。水彩纸一面较光滑，另一面纹理突出有粗涩感。粗的一面适合水彩画，可以得到很好的沉淀效果；细的一面则常用于着色的设计图，其墨线仍可达到较为流畅的效果。

一般应选用质地密度与吸水性能均匀的水彩纸。

（3）草图纸

草图纸柔软、半透明、有一定的韧性，可覆盖在已绘图的表面进行勾画摹写，作草图时易于拼接改动。

（4）复印纸

复印作为书写字体与练习钢笔画之用，常用 A4、B4 型号。

（5）吹塑纸、卡片纸、夹层纸板

这些纸多用于模型制作，有时卡片纸可绘制图面或作为衬纸。

吹塑纸是塑料制品，五颜六色非常鲜艳，其中单层的较厚，易于成形。卡片纸也有多种含灰色调的彩色纸型，使用较多的是白色与黑色。夹层纸板是在厚薄不同的苯板两面压合纸张，模型中使用最多，可用铅笔起草稿，非常便利。

3.1.2 尺类、圆规

表现整齐挺拔的线条必须靠各种尺类和圆规加以完成。

3.1.2.1 尺类

（1）丁字尺

丁字尺由相互垂直的尺头和尺身构成，尺身的上边沿为工作边，带有刻度，要求平直光滑无刻痕，因此切勿用小刀靠在工作边裁纸。丁字尺用完之后要挂起来，以免尺身变形。

所有水平线，不论长短，都要用丁字尺画出。画线时左手把住尺头，使其始终贴在图板左边，然后上下推动，直至工作边对准要画线的地方，再从左向右画出水平线。画一组水平线时，要由上至下逐条画出，每画一线，左手都要向右按一下尺头，使它紧贴图板。画长线或所画的线段接近尺尾时，要用左手按住尺身，以防止尺尾翘起和尺身摆动。

丁字尺只能将尺头靠在图板左边使用，不能将尺头靠在图板的其他边画线，也不能用丁字尺的下边画线。

丁字尺有 60 ~ 120cm 不同长度的型号。

（2）直尺

直尺有多种规格，40cm 左右的较为常用，可以随意地在图面上转动使用。

（3）三角板

三角板由两块组成一套，一块为 45°×45°×90°，一块为 30°×60°×90°。

所有铅直线不论长短，都要用三角板和丁字尺画出。画线时先推动丁字尺到线的下方，并使三角板的一个直角边紧贴在丁字尺的工作边上，然后移动三角板，直至另一直角边紧贴铅直线。再用左手轻轻按住丁字尺和三角板，右手持铅笔，自下而上画出铅直线。

用一副三角板和丁字尺配合，可以画出与水平线呈 15°、30°、45°、60°、75° 角的斜线。也可以用两块三角板配合画出任意平行斜线。

常用三角板以 30cm 左右为宜，也可以配合一套 15cm 小型号的，用于画局部图面，小型号尺的面积小，能够减少与纸面的摩擦，便于保持图面的整洁。

（4）曲线板

曲线板是单块的，曲线的类型较为丰富，用来描绘规整的各种弧线与曲线。

（5）蛇形尺

蛇形尺是塑料或橡胶制品，中心有金属丝，可随意弯曲，适合描绘长曲线。

（6）半圆规

半圆规是选取角度的尺规。

（7）比例尺

常用比例尺为三棱尺，有 6 种比例：1:100、

1∶200、1∶300、1∶400、1∶500、1∶600。比例尺上标出的米数即为实际的长度。如1∶100即尺上的1cm代表实际长度1m，1∶200即尺上的1cm代表实际长度的2m，依此类推。它们之间还可以换算出更多的比例关系。设计中的尺寸往往十几米、上百米，在图纸上必须依靠比例尺的换算，画出适合图纸大小的图形，依靠比例尺认知它们真实的长度（表3-1）。

不同的比例尺其6种比例会有不同的选择，如1∶50、1∶150、1∶125、1∶250等。

（8）界尺

界尺是源于中国传统山水画“界画”的尺子，尺的一侧有台阶形的尺槽，利用尺槽引导画出直线。在水粉表现图中经常使用，能画出各种宽度的长直线。

（9）模板

有正圆与椭圆的模板，有拉丁字母与数字的模板以及不同专业常用符号的模板。正圆与椭圆模板使用较多，可以快捷画出不同直径的圆形与椭圆形。

各种类尺的一边普遍有斜坡形或台阶状，画铅笔线时尺的平面一侧落纸；画墨线时，尺的坡面一侧朝下，可避免着墨时墨色沿尺边流溢。

各种绘画工具如图3-1所示。

表3-1　比例尺尺面换算举例

比例尺	比例尺上读数	代表实物长度（m）	换算比例尺	比例尺上读数（cm）	代表实物长度（m）
1∶100	1（m） 读数实长10（mm）	1	1∶1000 1∶500 1∶200	1 1 1	10 5 2
1∶500	5（m） 读数实长10（mm）	5	1∶250	2	5
1∶1500	10（m） 读数实长6.6（mm）	10	1∶3000	10	300

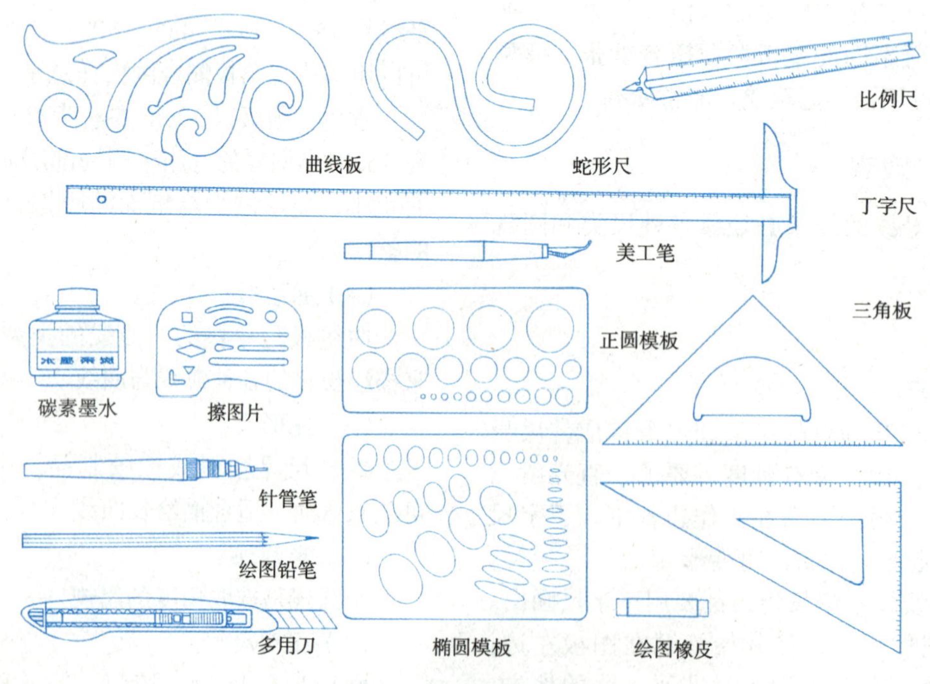

图3-1　各种绘图工具

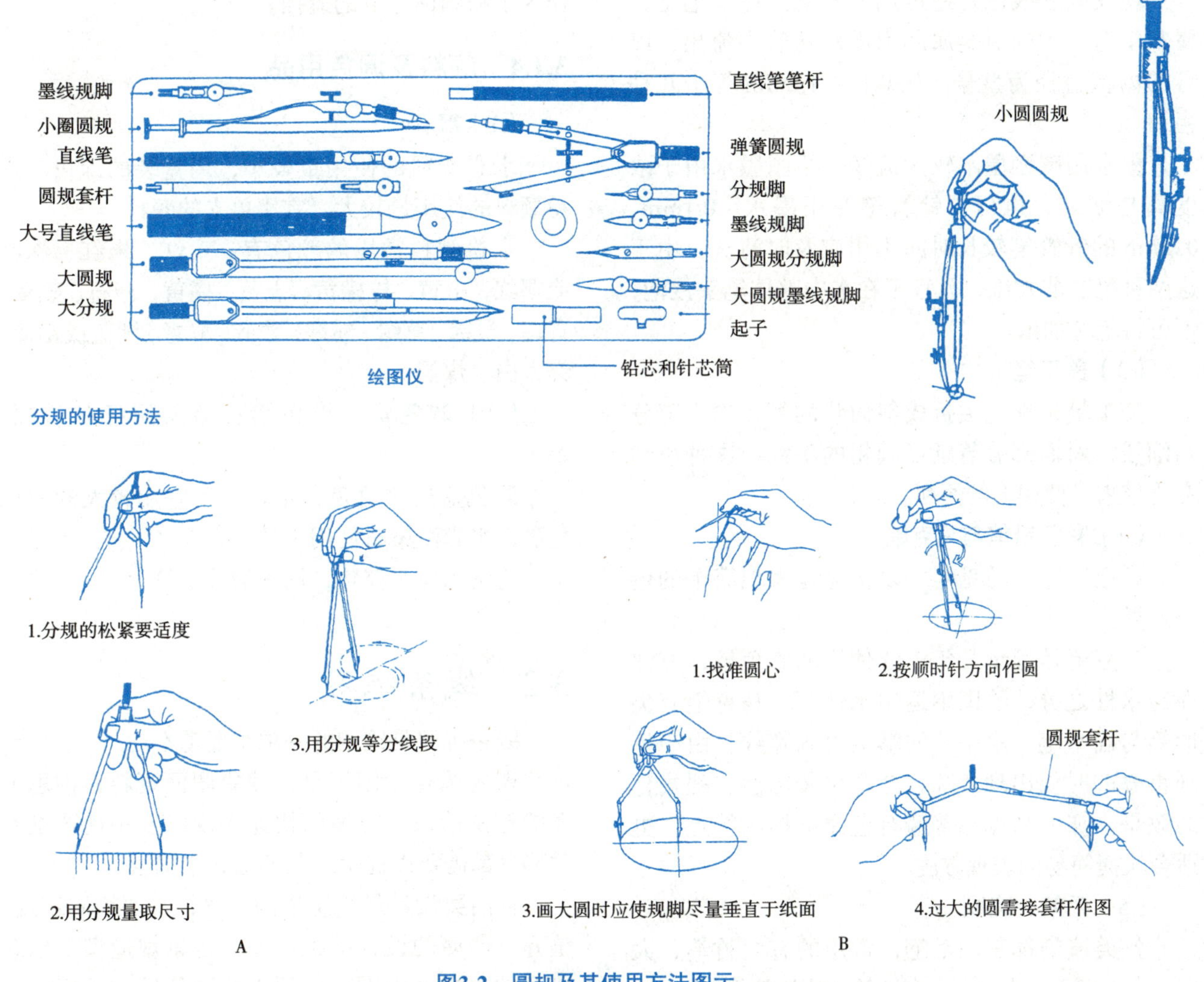

图3-2 圆规及其使用方法图示

3.1.2.2 圆规

圆规是画正圆弧的工具，有3件套、5件套以及十几件套的。常用的有圆规、分规、点划规等。作为主件的圆规用来画圆，分规用来度量线段，点划规专画小圆。圆规的金属针尖固定圆心，用铅笔部分画图，铅芯可修成锥状或片状。将铅芯接头换成鸭舌状接头可含墨画墨线，最好选择可以打开的鸭舌，便于清洗。画大圆时可套上接杆，尽量保持金属针尖与纸面近于垂直。针尖要略长于铅芯，用力要偏重在铅芯一侧，避免圆心被破坏（图3-2）。

3.1.3 各种笔及相关用品

3.1.3.1 笔类及相关用品

（1）铅笔、橡皮、擦图片

铅笔选用绘图铅笔，笔芯圆实、型号准确，墨色足，常用于绘图的型号有3H、2H、H、HB、B。画草图用HB、B，正图用3H、2H、H。

橡皮选用绘图橡皮，消除墨迹能力强又不伤及纸面。

擦图片为有各种形状空隙的金属片，利用空隙擦去多余的铅笔线而不触及应保留的线条。

（2）针管笔、碳素墨水

现在画墨线已普遍运用针管笔。针管笔是金属状笔管，中间有金属芯引墨水从管中流出，以管的内壁直径为型号，从 0.1 ~ 1.2mm 等十几种粗细。

墨水用碳素墨水较为流畅，绘图墨水由于浓度高易堵塞，也可用针管笔专用墨水。0.1mm、0.2mm 的针管笔较长时间不用应及时清洗，由于这两种笔芯非常细，只宜于在水中整体笔头浸泡，不可将笔芯抽出。

（3）美工笔

美工笔是钢笔尖折成斜面状的笔，尖头部分画细线，斜面部分着纸可画粗的墨线，这种粗细变化带来了使用上的便利。

（4）彩色铅笔与马克笔

彩色铅笔、马克笔可以快捷地表现简单的色彩效果。

马克笔是近十几年广泛使用的彩色笔，有油性与水性之分，绘图中运用水性笔。马克笔有尖形笔与扁平笔，扁平笔的笔尖可画宽线。由于笔画重叠的时候出现叠加，会产生装饰感、程式化的效果，加上马克笔普遍有色泽鲜艳的特点，更适合快捷简易的表现方法。

（5）毛笔、扁刷

各类渲染都需用毛笔，常用的有兰竹笔、大白云、中白云、小白云、衣纹笔、叶筋笔等。此外，还有专用水彩画法、水粉画法的平头笔。衣纹笔、叶筋笔用于画细部。

扁刷选用绘画的羊毫刷，在水粉画中画大面积颜色，在绘图中清洁纸面，在裱纸时用来走水，笔头宽度以 3 ~ 5cm 为宜。

3.1.3.2 其他

（1）乳胶

用乳胶裱纸易于快速干燥，在立体构成成型与模型制作时作为黏合剂。

（2）胶带

透明胶带用来固定图纸而不伤板面。不透明的胶带附着在图面可便捷地涂出整齐的色块，或作为水粉画白边框的遮挡。

3.1.4 颜料及调色用品

（1）颜料

水彩颜料的使用量较小，用盒装的即可。水粉颜料的使用量较大，宜用单支的颜料。

水粉颜料常用的颜色有：大红、朱红、深红或曙红，中黄、柠檬黄、土黄、橘黄，赭石、熟褐、青莲，翠绿、草绿、粉绿，普蓝、群青、湖蓝或钴蓝，锌太白、煤黑。

（2）调色盒、调色盘、渲染用杯状容器、笔洗

调色盒用来盛色，水粉表现宜用较大的白调色盘，水彩渲染时使用小杯状容器。

笔洗为盛水器物，用来清洗毛笔。

3.2 线条练习

线条练习是绘图的一项重要基本功。

现场调查作图记录，搜集图面资料，构思方案的草图阶段，方案的快速表现以及正规图纸有关部分都需要以徒手线条的形式来描绘。

各门类设计最终定稿的方案，都要绘制正规、整齐、严谨的设计图纸。尤其是景观造型、建筑造型的平立剖面图，必须以绘图仪器、尺规画出尺规线条（图 3-3）。

本节的内容重点介绍尺规线的练习。

首先由临摹范图开始。在临摹的过程中，熟悉作图的过程，熟悉工具的使用，熟悉纸张的性能，最终具备再现范图，准确、清晰、均匀、整洁描绘尺规线的能力。

图 3-3 中的图中由平行水平线、平行垂直线、粗线、细线、长线、短线、交叉线、折线、双勾线、圆与直线的组合、圆与圆的组合以及虚线等综合线条组合而成。

由于初次接触，要求先做铅笔图练习，在此基础上再做墨线图练习。

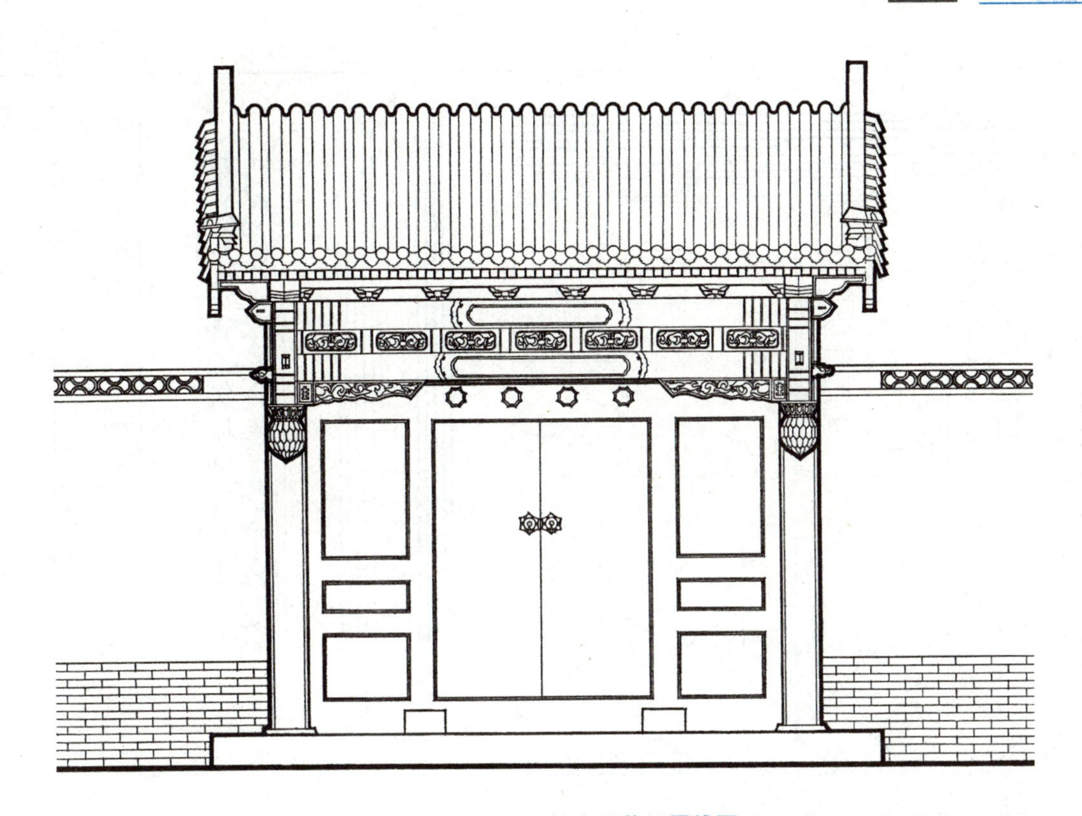

图3-3 北海公园画舫斋垂花门墨线图

3.2.1 尺规线条练习的图形分析

图纸中常以粗、中、细3种最基本的线型出现，本图相应确定3种线型，按针管笔的型号，分别为0.3mm、0.6mm、0.9mm，画铅笔线时参考针管笔线定粗细（图3-4）。

——A图、B图，是两组长线，线条要一气呵成，中途不停顿，线组两端取齐，线与线保持相同的间距。

——C图、D图、E图，两边保持对称关系。

——F图，所有的双勾线要等宽，中间形成的正方形要等形。

——G图，分割均匀，线的交接点接牢。

——H图、I图，直线与圆、圆与圆相切，避免相离或相交。

——C图，3个圆为同心圆，反复描绘时注意圆心不要扩大，上下圆相接处无接痕。

——E图，虚线线段相等、间隔相等，点划线短线居中。

——H图、I图全部用0.6mm中粗线，F图、G图全部用0.3mm细线。其他图按范图确定粗、中、细的标准。

3.2.2 铅笔线图

任何图纸都要经过铅笔草稿阶段。铅笔草稿可以在出现问题时进行涂改，作为铅笔草稿的铅笔线要注意两点，一是“轻”，二是“匀”。“轻”便于用橡皮擦改，“匀”使图面从开始就保持美观。在以铅笔线为最终效果的练习中，也要在轻而匀的铅笔草稿上覆以浓重的铅笔线，在练习的过程中，要不断保持笔芯的锋利。

——选用质地清洁、没有折痕的绘图纸，摆放在图板的正中，纸边与板边平行，以利于用丁字尺、三角板画线。用胶带或绘图图钉固定。

——将丁字尺靠齐图板左边上下移动，三角板靠在丁字尺上左右移动，保持90° 的关系。用2H铅笔起稿，程序为依照图形的大小主次从整体到局部进行。其顺序是，先画外框，再画各小图轮廓；最后画小图内部线条。

——在反复核实没有错误的前提下描画正式

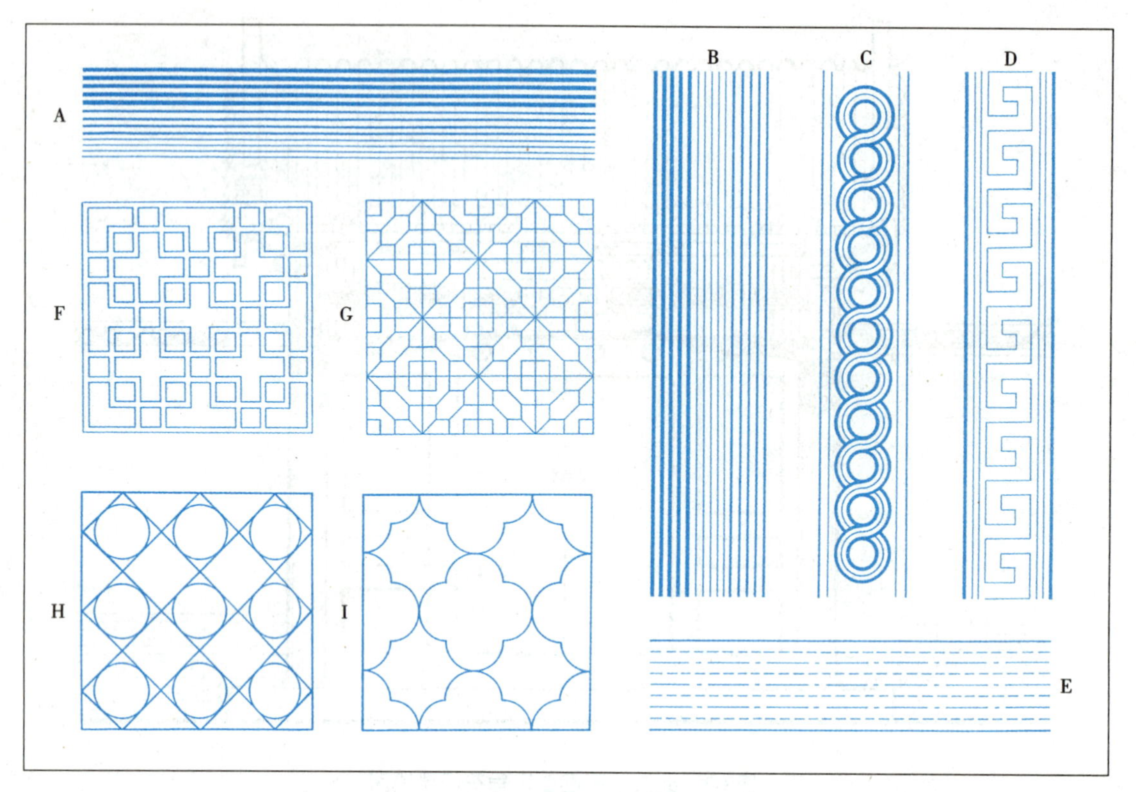

图3-4　尺规线条练习范图

铅笔图，做到所有线条的铅色尽量浓重，此时应减少绘图工具对纸面的摩擦。

——擦去图形外的辅助线，以及纸面被弄脏的地方，线条密集部分要用擦图片。

3.2.3　墨线图

在铅笔草稿上用针管笔描绘墨线图。描绘时要注意：

——铅笔稿阶段要减少涂擦，过多涂擦会损伤纸面，着墨时容易洇开。

——用一块备用纸试笔，避免笔尖一落纸面出现墨珠状笔触。

——尺的坡面朝下，描画墨线时笔尖与尺边留有间隙。

——描画过程顺一个方向推进，遗漏的部分待墨色干透再补画。不可忽上忽下、忽左忽右，这样做稍不小心就将未干的墨蹭脏。

——在铅笔线上画墨线要取中，以F图双勾线为例，若一条线取中、一条线偏移，或两条线偏外，两条线偏内，都会形成差别很大的宽窄关系。

——画墨色长线应一气呵成，中途不停顿，落笔前要清楚停止的部位。

——画正圆不要出现断痕。

——严禁使用白粉及涂改液修图。

3.2.4　徒手线条的练习

徒手线条练习是不借助尺规工具用墨水笔手绘各种线条，“得心应手”地将所需要表达的形象随手勾出。运笔流畅，画直线要笔直；曲线婉转自然；长线贯通；密集平行线密而不乱；描绘形象能准确地勾画在正确的位置上。

如范图所示（图3-5），练习长直线、平行直线、折线、平行折线、曲线、平行曲线、圆线、波状线、螺旋线等各类图形。临摹时采用对临的方法，即一边看一边临摹。下笔之前仔细观察所临的线型，尽量记忆形象的位置、范围，线型的特征，做到胸有成竹。走笔时速度要慢，沉稳有力地运笔，切忌快而轻飘。初始阶段可用浅淡的铅笔线起出

图3-5 钢笔徒手线条练习范图

简单的辅助轮廓，或在其他纸面上做一些分解动作的练习，待熟练后再描绘正式作业。线条中途出现误差应停笔再前进，宁可出现断痕也不要使用重合的笔道。随熟练程度可适当加快运笔速度，也可以进而运用默写的方法。

3.3 字体练习

字体是图面的一部分，选择适当的标题字会使图面生动美观。图中的小图名、设计说明、材料介绍等都需要书写文字，有些情况还要有拉丁字母或汉语拼音。

图纸上的文字、数字应书写正确、清晰、端正，排列整齐美观，易于阅读。

3.3.1 汉字

各种介绍与说明的汉字按照国家规定的制图标准，均采用长仿宋字体（图 3-6），以国家公布《汉字简化方案》的字形书写。

园林设计图常用长仿宋字

风景园林设计城市环境规划掇山理水建筑
植物树木观赏花卉绿地草丛峰峦丘壑崖岭
湖池河溪涧泉沟渠自然写意布局道路交通
空间序列街巷房屋楼阁别墅庭院轩亭舫榭
廊桥方案选址结构工程基础梁柱墙身顶篷
门窗台阶栅栏隔断挑檐家具匾联装饰雕塑
汀步小品声光电气照明给暖管线色彩质感
标准材料砖瓦灰沙岩石金属玻璃功能要素
概况总体介绍模型透视平立剖图封闭开敞
过渡引伸呼应形式法则比例尺度对称均衡
节奏韵律层次和谐骨架分析重复渐变特异
虚实疏密高低曲直粗细面积东南西北纵横

图3-6 长仿宋字体范图

3.3.1.1 长仿宋字的字形、间距、行距

长仿宋字的字宽与字高的比例为 2∶3。字间距≤ 1/4 字高，字行距≥ 1/3 字高，任何情况下行距大于字距，两者应有明显的差别（表 3-2、图 3-7）。

表 3-2 长仿宋字字高与字宽的关系

字高	20	15	10	7	5
字宽	14	10	7	5	3.5

先确定好位置，用铅笔打出轻淡均匀的方格以后，直接用墨线书写。练习时，写完后将铅笔格保留，以便对字形进行检查。

3.3.1.2 长仿宋字的基本笔画

长仿宋字的基本笔画粗细均匀，每一笔都有明显的笔顿，横划轻微往右上倾斜，以便于书写。与其他的汉字相同，基本笔画可分为点、横、竖、折、撇、捺、勾、挑 8 种。每种笔画还可以细分多种。笔画的起始与收笔处应有回转藏锋的处理。笔画粗细与字形宽窄应有适当的比例，太细显得纤弱，太粗显得笨拙。挺拔、秀丽、清晰是长仿宋字的字体特征（图 3-8）。

3.3.1.3 字体结构

中国文字是方块字，字要写得方正、充格，以保证大小。汉字字形有大有小、有长有扁、有正有斜，应依照方格的限定进行适当的调整，以求得总体的统一。各种字又有上下关系、左右关系、上中下关系、左中右关系以及交叉、穿插、围合等不同的特点，要把握好字的结构特征。长仿宋字是硬笔书法，与毛笔书写的传统书法一脉相承，应适当地进行传统书法练习，提高修养（图 3-9）。

3.3.1.4 其他字体

图纸的标题字多采用长仿宋之外的字体，体形大而醒目，与图面的内容相呼应，可以很好地衬托设计方案的主题，作为图面构图的环节，也可以与图像形成对比或协调的关系等。作为标题文字使用的字体有汉字标准印刷体，汉字标准印刷体的变体及各种美术字体。

汉字的标准印刷体　标准印刷体有老宋体、黑体、隶书体、魏碑体、楷体。

老宋体使用得最广泛，是书籍、报刊印刷的正文。放大的老宋体其特征清晰可见，形体正方，笔画横细竖粗，比例约 1∶6，从细横转入粗竖形成鲜明的笔顿，是最端庄、典雅的印刷字体。

黑体用于标题或提示性段落。平头平脚，粗细相近，雄壮有力。隶书、魏碑体与楷体均为将其规格化的印刷体，最大特征是字形的统一、笔画的统一（图 3-10）。

从老宋体、黑体演变出的字体　这类字体将老宋体与黑体加以简单变化而成，如改变外形比例，改变笔画粗细关系，改变起笔收笔处的造型等。

各种较为复杂的美术字体　如字体倾斜，笔画连接，笔画密集，笔画重叠，立体效果，明暗效果，重心偏移，添加装饰以及象形化的处理等。

标题字是图面的组成部分，它是观图的第一着眼点，在构图中应恰当地确定它的位置，往往标题的排列影响着整个图面的布局（图 3-11）。

标题应写在规整的方格中。

3.3.2 拉丁字母与阿拉伯数字

拉丁字母有印刷体和手写体之分，印刷体和手写体都有大写和小写。

拉丁字母的造型有两大类，一类是罗马体；另一类是等线体。罗马体有明显的粗细变化，有非常突出的装饰线，很像汉字的老宋体。等线体则很像汉字的黑体（图 3-12 至图 3-14）。

拉丁字母的排列有独特之处，时常会出现穿插的状态。如 H 与 B 组合成的“HB”是间隔分离，而 A 与 V 组合成的“AV”则是空间穿插。拉丁字母与汉字一样也有众多简单变体与变化较为复杂的花体字（图 3-15）。同样，阿拉伯数字也可依据拉丁字母的变体，形成与之呼应的字体（图 3-16）。

图3-7　长仿宋字的字形、间距、行距

圆点　长点　横　竖　横折　竖折

斜折　短撇　长撇　平撇　直撇　斜捺

平捺　横钩　竖钩　左钩　右钩

右弯钩　左弯钩　竖弯钩　斜挑　上挑

图3-8　长仿宋字的基本笔画

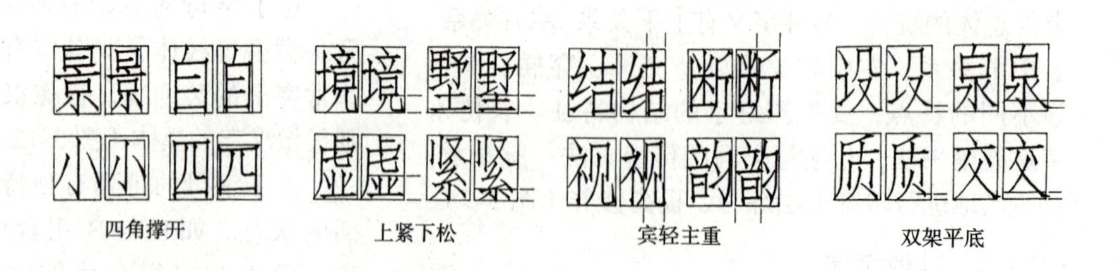

四角撑开　上紧下松　宾轻主重　双架平底

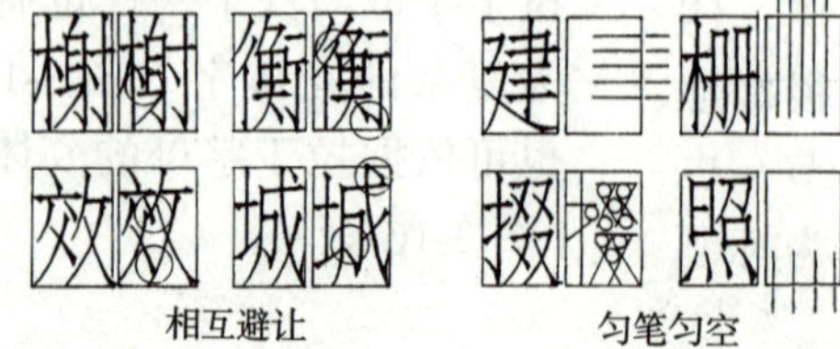

相互避让　匀笔匀空

特　家　园　面　水　介

长收短放

图3-9　长仿宋字的结构特征

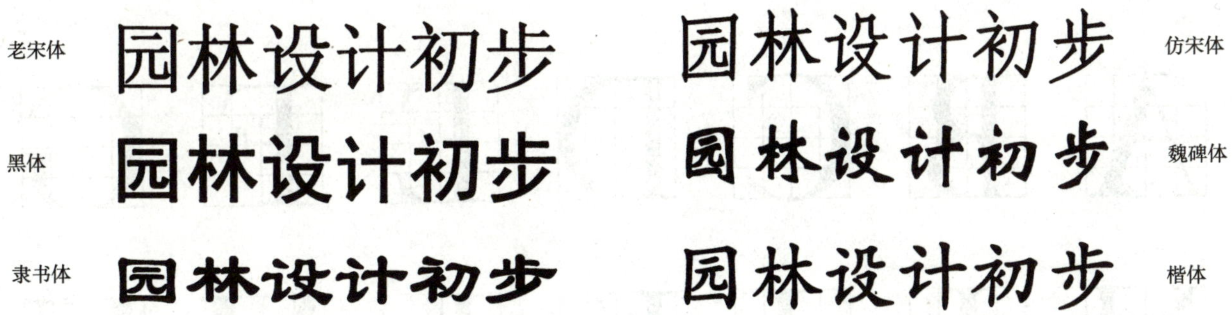

老宋体 园林设计初步 园林设计初步 仿宋体

黑体 园林设计初步 园林设计初步 魏碑体

隶书体 园林设计初步 园林设计初步 楷体

图3-10 印刷体汉字

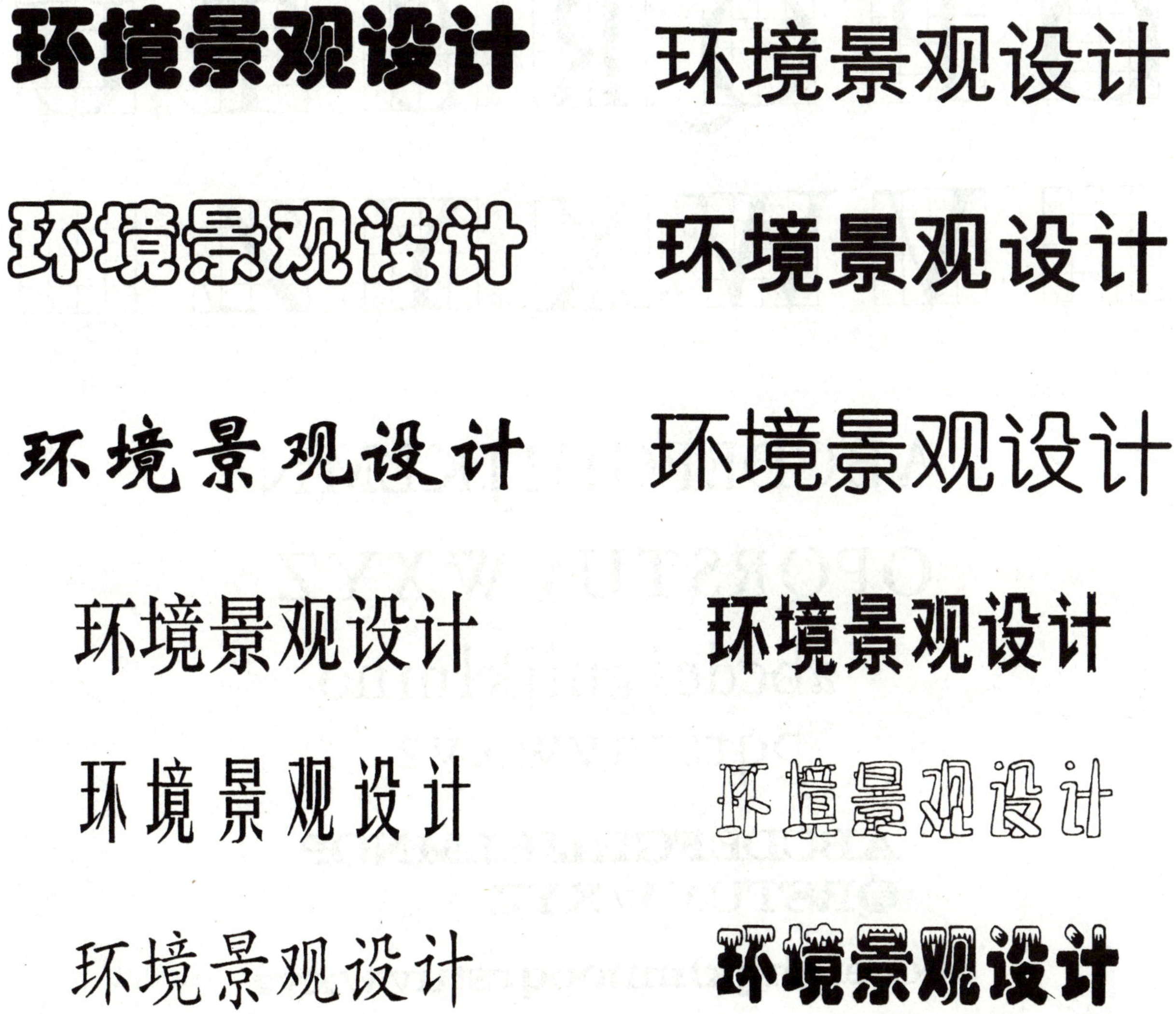

环境景观设计 环境景观设计

环境景观设计 环境景观设计

环境景观设计 环境景观设计

环境景观设计 环境景观设计

环境景观设计 环境景观设计

环境景观设计 环境景观设计

图3-11 各种标题文字

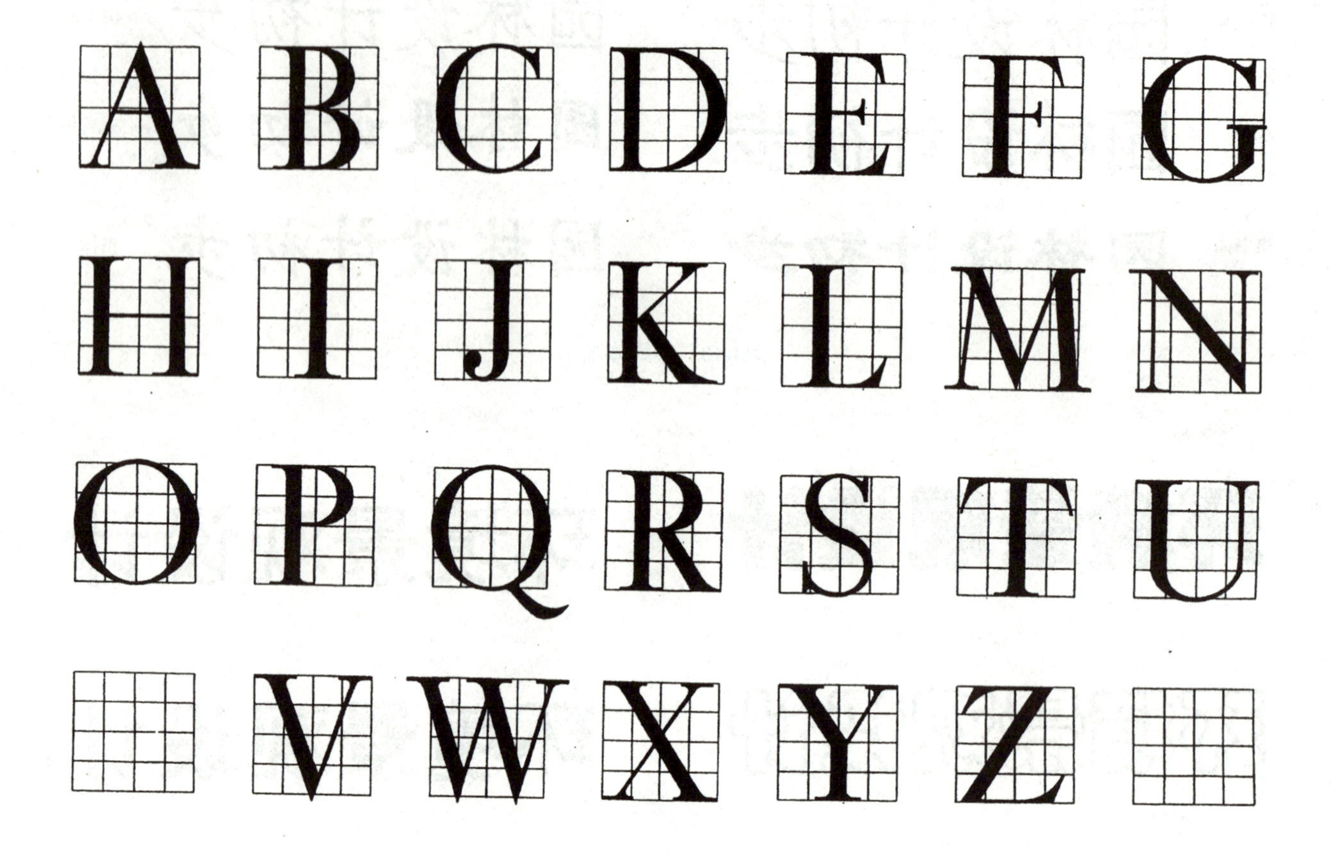

ABCDEFGHIJKLMN
OPQRSTUVWXYZ
abcdefghijklmno
pqrstuvwxyz

ABCDEFGHIJKLMNOP
QRSTUVWXYZ
abcdefghijklmnopqrstuvwxyz

图3-12　罗马体拉丁字母

abcdefghijkl
mnopqrstu
vwxyz
1234567890
ABCDEFGHI
JKLMNOPQR
STUVWXYZ

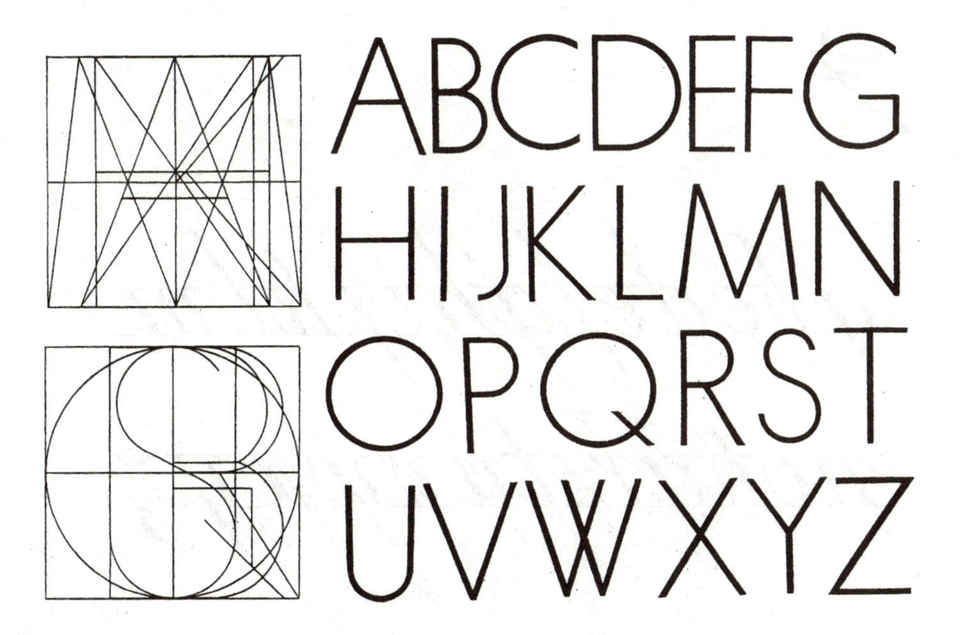

图3-13 等线体拉丁字母

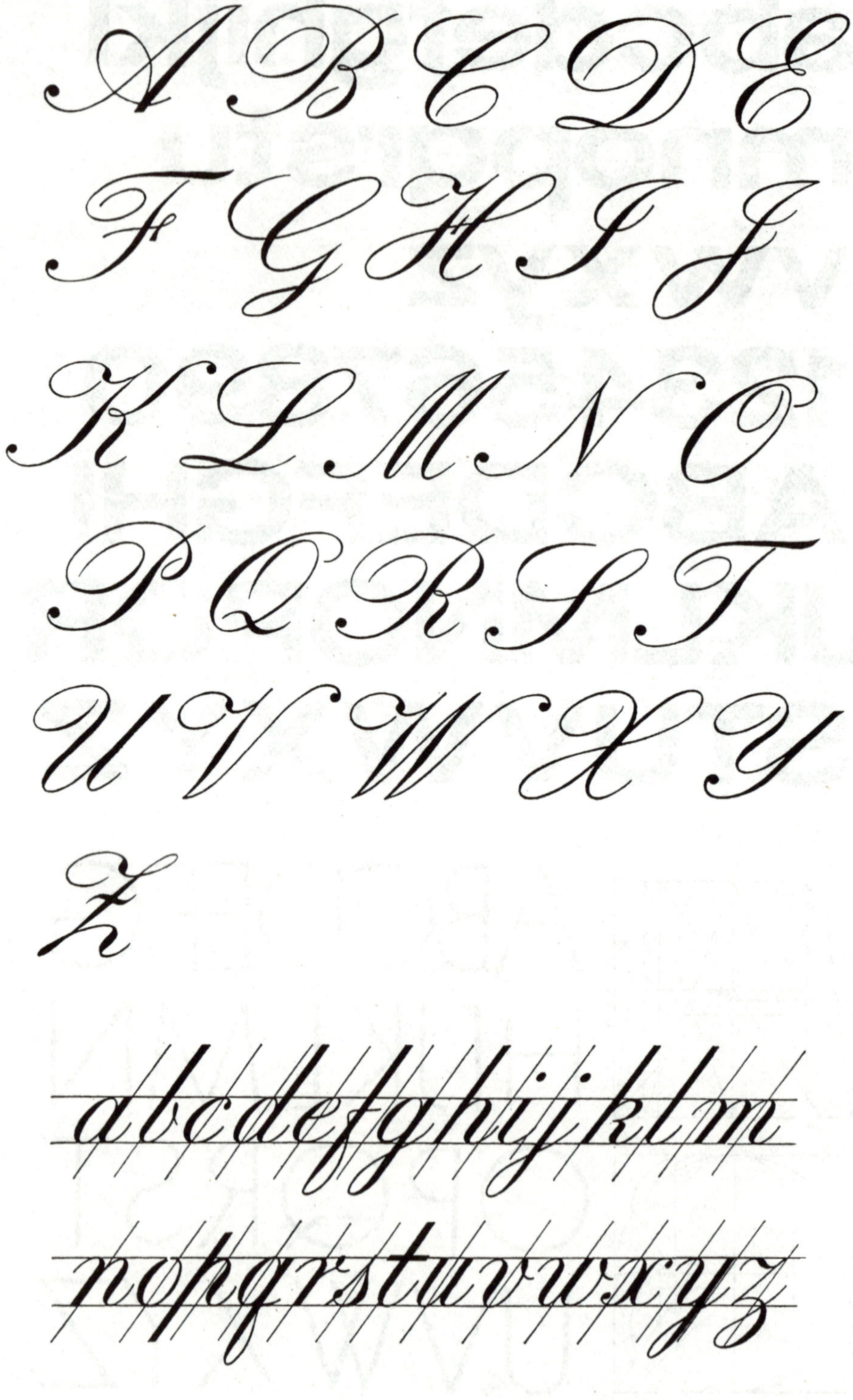

A B C D E

F G H I J

K L M N O

P Q R S T

U V W X Y

Z

abcdefghijklm

nopqrstuvwxyz

图3-14　手写体拉丁字母

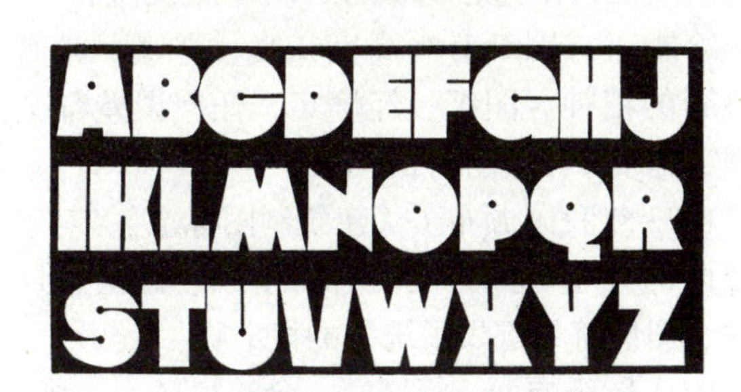

ABCDEFGHIJKLMNOPQRSTUVWXYZ
abcdefghijklmnopqrstuvwxyz
1234567890
ABCDEFG
HIJKLMN
OPQRSTU
VWXYZ
ABCDEFGHIJKLM
NOPQRSTUVWXYZ
abcdefghijklmn
opqrstuvwxyz
abcdefghijk
lmnopqrstu
vwxyz
ABCDEFGHIJKL
MNOPQRSTUVWXYZ
1234567890
ABCDEFGHJ
IKLMNOPQR
STUVWXYZ
ABCDEFGHIJKLMN
OPQRSTUVWXYZ
ABCDEFGHIJKLMNOPQRST
UVWXYZ
1234567890
ABCDEFGHIJKLMNOPQRST
UVWXYZ
1234567890
abcdefghijklmnopqrstuvwxyz
abcdefghijkl
mnopqrstuvwxyz

图3-15 拉丁字母的变化

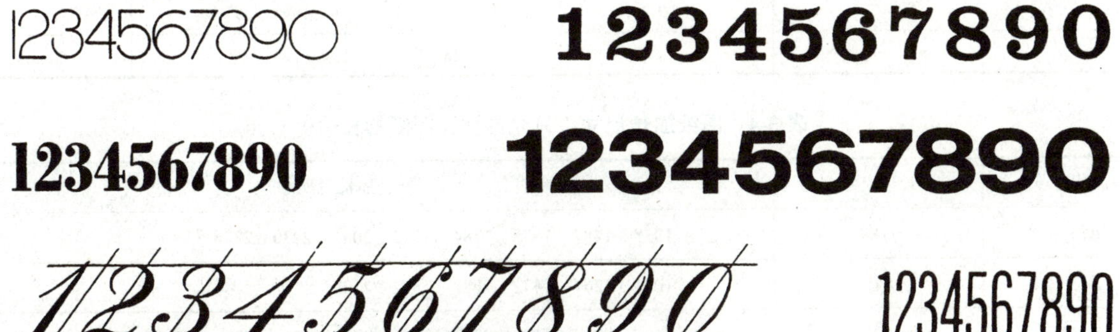
1234567890
1234567890
1234567890
1234567890
1234567890
1234567890

图3-16 阿拉伯数字字体

3.4 制图常识

3.4.1 基本知识

图纸是设计方案的技术语言。借助所需要的各种制图将方案的布局、形状、大小、内部结构、细节处理等详尽准确地表达出来。

制图要在平面的图纸上表现立体的空间的三维形态，要养成空间想象的能力。

制图是创作构思、初步设计、草案交流的手段。

绘制正式图纸必须高度认真、严谨，具有一丝不苟的精神。图纸一经确定，任何误差都会给工程实施带来不可弥补的损失。

1973 年我国颁布了《建筑制图标准》。对于图纸幅面的大小、图样的内容、格式、画法、尺寸标注、图例符号都做了统一的规定。

（1）图纸幅面、标题栏、会签栏

所有图纸的幅面均以整张纸 1189mm × 841mm 为 0 号图幅。1 号图幅是 0 号图幅的对裁，2 号图幅是 1 号图幅的对裁，其余以此类推。为使图纸装订整齐划一，图纸的长边可以加长，短边不可加长（表 3-3、表 3-4）。以图纸的短边作垂直边称为横式，以短边作水平边称为竖式。

每张图纸都应有标题栏，注明图纸名称、设计单位、设计者与项目负责人、日期及图号。除 A4 图幅位于图下方外，其余均定位图的右下角（图 3-17）。

会签栏是设计师、监理人员与工程主持人会审图纸签字用的栏目，放在图纸的左上角。小型工程往往合并在标题栏中。如图 3-17 所示，标题栏与会签栏附在图框上。

（2）图线

图纸上所画的图形是由不同的线型组成，不同的线型代表不同的内容（图 3-18）。

粗实线　主体形象的外轮廓或重点部位的轮廓线。

中实线　其他轮廓线。

细实线　细部、尺寸标注。

加强粗实线　剖切线、地平线。

点划线　中心线与定位轴线。

虚线　物体被遮挡的轮廓线。

折断线　物体在图面被断开、省略的部位。

（3）比例

平面图、立面图、剖面图常用 1∶200 ~ 1∶50 的比例，总平面图常用 1∶2000 ~ 1∶400 的比例，局部详图常用 1∶30 ~ 1∶1 的比例（表 3-5）。

图面比例标注往往采用图形的方法，显得比较活泼（图 3-19）。

表 3-3　图纸幅面规格　mm

尺寸代号	幅面代号				
	A0	A1	A2	A3	A4
$b \times l$	841 × 1189	594 × 841	420 × 594	297 × 420	210 × 297
c		10		5	
a			25		

表 3-4　图纸加长尺寸（只允许加长图纸的长边）　mm

幅面代号	长边尺寸	长边加长后尺寸
A0	1189	1338　1487　1635　1784　1932　2081　2230　2378
A1	841	1051　1261　1472　1682　1892　2102
A2	594	743　892　1041　1189　1338　1487　1635　1784　1932　2081
A3	420	631　841　1051　1261　1472　1682　1892

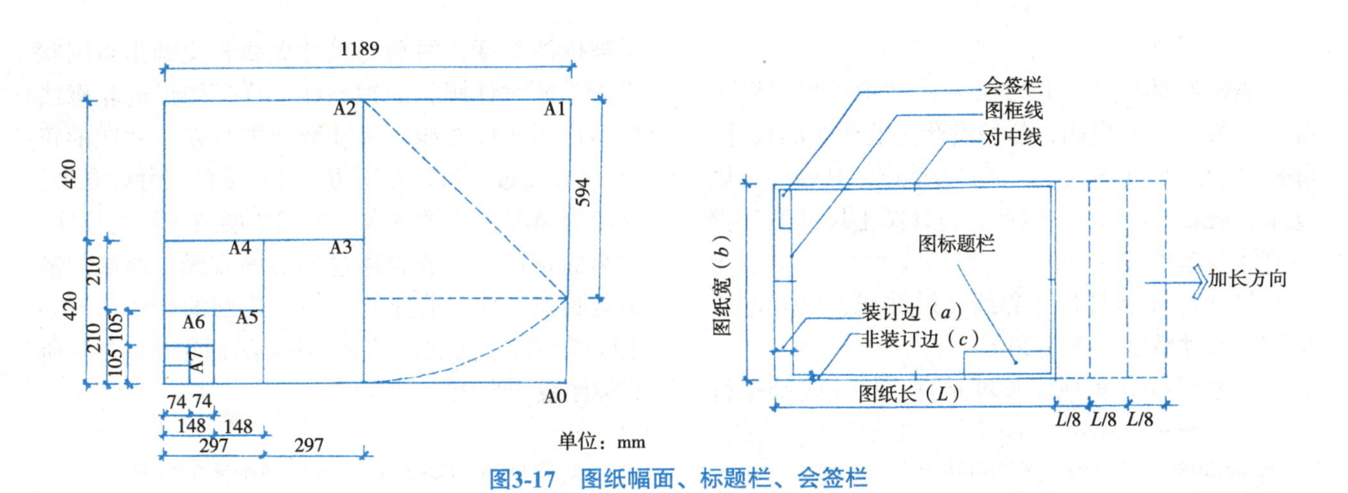

图3-17　图纸幅面、标题栏、会签栏

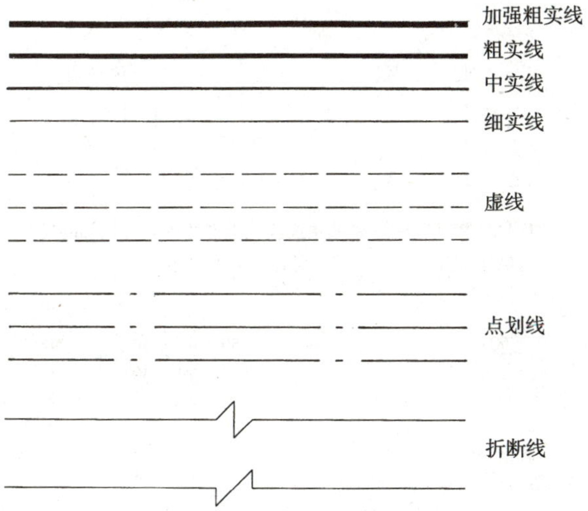

加强粗实线
粗实线
中实线
细实线
虚线
点划线
折断线

图3-18　图线的类型

表3-5　各类建筑图常用比例尺举例

图样名称	比例尺	代表实物长度（m）	图面上线段长度（mm）
总平面或地段图	1：1000 1：2000 1：5000	100 500 2000	100 250 400
平面图、立面图、剖面图	1：50 1：100 1：200	10 20 40	200 200 200
细部大样图	1：20 1：10 1：5	2 3 1	100 300 200

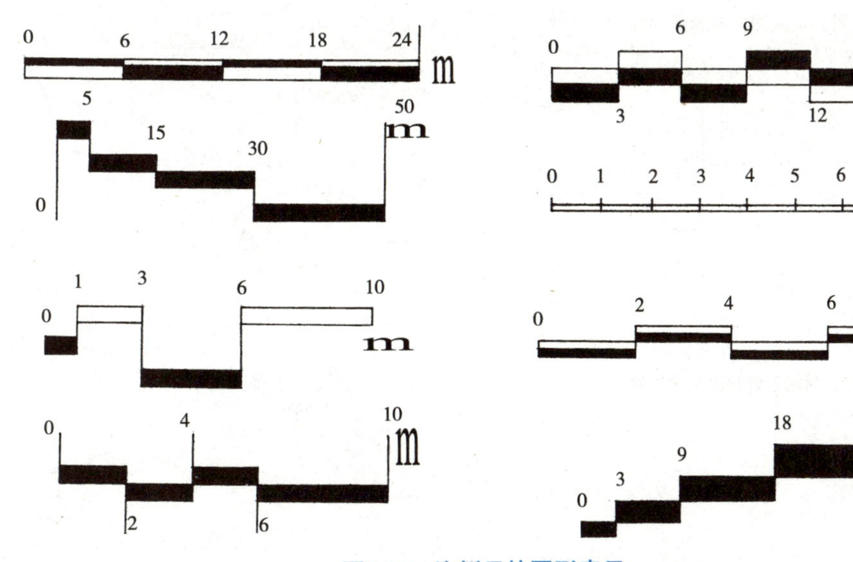

图3-19　比例尺的图形表示

（4）尺寸标注

表示物体的实际尺寸必须用准确的尺寸数字标明。根据国际惯例，各种设计图上标注的尺寸，除标高及总平面图以米（m）为单位，其余一律以毫米（mm）为单位。因此，设计图上尺寸数字都不再注写单位。

尺寸标注包括尺寸界线、尺寸线、尺寸起止标记、尺寸数字（图 3-20）。

尺寸界线与被标注长度垂直，尺寸线则平行于被标注长度，两端与尺寸界线相交画出点圆状或 45° 顺时针倾斜的短斜线。任何图形的轮廓线均不得用作尺寸线。尺寸数字书写在尺寸线的正中，尺寸线过窄可写在下方。总长度的尺寸线在外，分段的局部尺寸线在内，形成 2 层或 3 层的标注。正圆的直径尺寸线为通过圆心的直线，两端的箭头至圆弧，数字前加符号 ϕ。半圆的标注从圆心至圆弧，数字前加符号 R，小圆的标注在圆外，所有标注线均为 45° 的斜线。

尺寸的组成 尺寸线及尺寸界线应以细实线绘制，尺寸起止符号的斜短线应以中粗线绘制

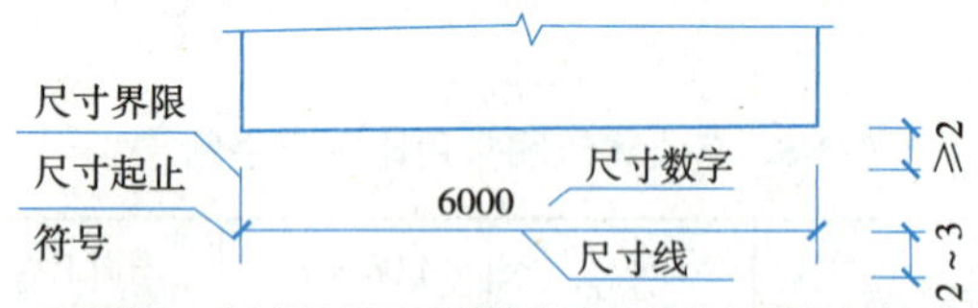

尺寸单位 标高及总平面单位为米，其他必须为毫米

直线尺寸

A.尺寸宜标注在图样轮廓线以外，如标注在图样轮廓线以内，尺寸数字处的图线应断开

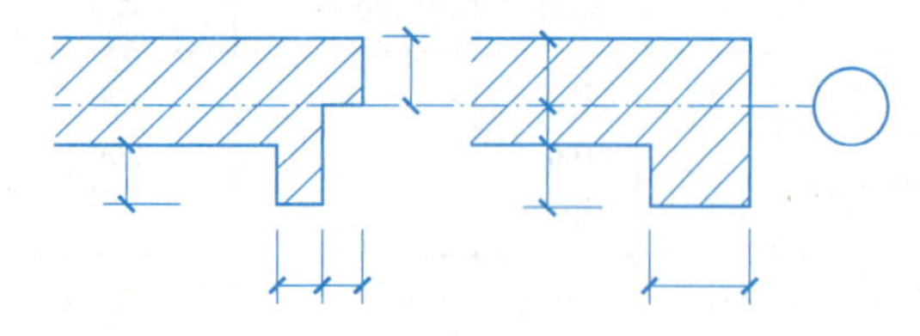

B.互相平行的尺寸线的排列，宜从图样轮廓线向外，先小尺寸和分尺寸、后大尺寸和总尺寸

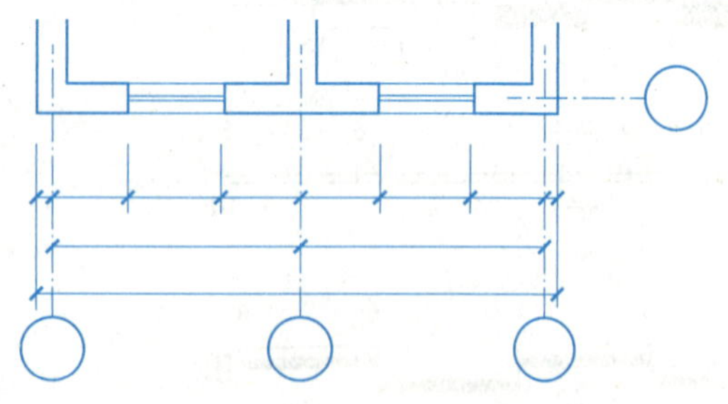

C.尺寸线应与被注长度平行，两端不宜超出尺寸界线

D.尺寸界线一般应与尺寸线垂直，但特殊情况也可不垂直。图样轮廓线也可用作尺寸界线

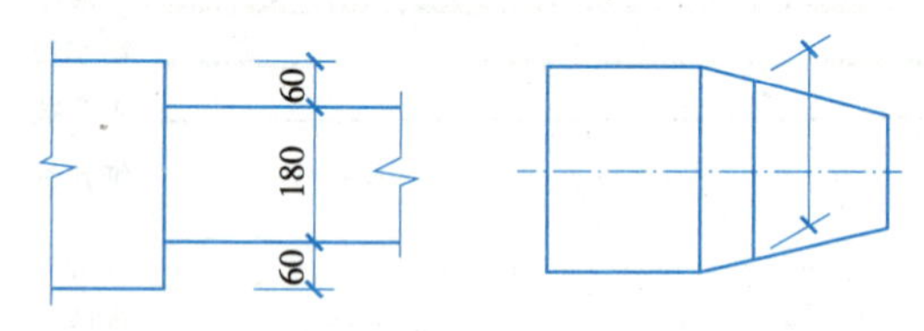

E.尺寸数字宜注写在尺寸线读数上方的中部，相邻的尺寸数字如注写位置不够，可错开或引出注写

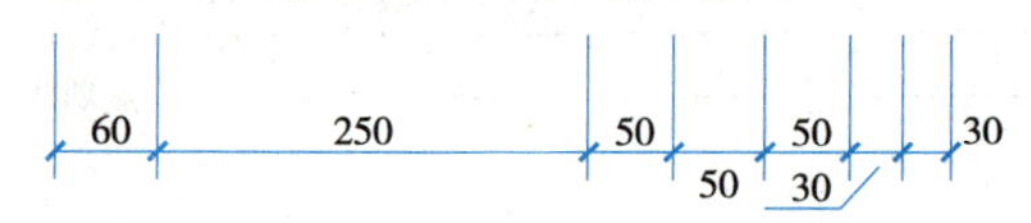

其他尺寸

半径、直径

R5 R8 R15 R15 R160 R160 φ8 φ8 φ300 φ15 φ4

图3-20 尺寸标注

图3-21　指北针图例

（5）指北针

图纸必须依靠指北针确定方位。一般按照上北下南安排。建筑设计平面图一般主入口朝下，其方位会出现变化（图 3-21）。

（6）剖切符号

设计方案的形象要适当地进行剖切，通过剖面了解看不到的部分。平面图中以剖切线与编号标示，立面图中以相对应的编号绘出剖切立面。剖切线为垂直的长短粗实线。长线表示剖切位置，短线表示观看的方向。剖切物两端各标一个，并注明编号。剖切线可在剖切物内部空间进行 90° 角的转折，凡转角部位都要标出转角线。

（7）标高符号

房屋内部的各种高度用标高符号表示。设定一层地面为零点，以米为数值单位标注小数点后 3 位，标明 ±0.000，高于零点省略“+”号，低于零点前面加“-”号（图 3-22）。

3.4.2　房屋的构造组成

一幢房屋由基础、墙与柱、地面与楼面、台阶与楼梯、门窗、屋面 6 个部分组成（图 3-23）。

（1）基础

建筑物与地层接触的部分，通过地基承受全部荷载。

（2）墙与柱

墙与柱起到围护与承重的作用。位于房屋四周的墙是外墙，两端的外墙称为山墙。外墙起到承重以及防风、雨、雪的侵袭和保温、隔热的作用。房屋内部的墙是内墙，起承重以及分隔房屋空间的作用。以砖墙为例，普通外墙为三七墙，即方砖一长加一宽组合，连同抹灰约 37cm。内墙为二四墙，即一砖横竖错位组合，连同抹灰约

尺寸及标高注法

（1）楼地面、地下层地面、楼梯、阳台、平台、台阶等处的高度尺寸及标高，在建筑平面图及其详图上，应标注完成面标高，在建筑立面图及其详图上，应标注完成面的标高及高度方向的尺寸。

（2）建筑平面图中各部位的定位尺寸，宜标注与其最邻近的轴线间的距离。建筑剖面图中各部位的定位尺寸，宜标注其所在层次内的尺寸。

（3）标高画法。

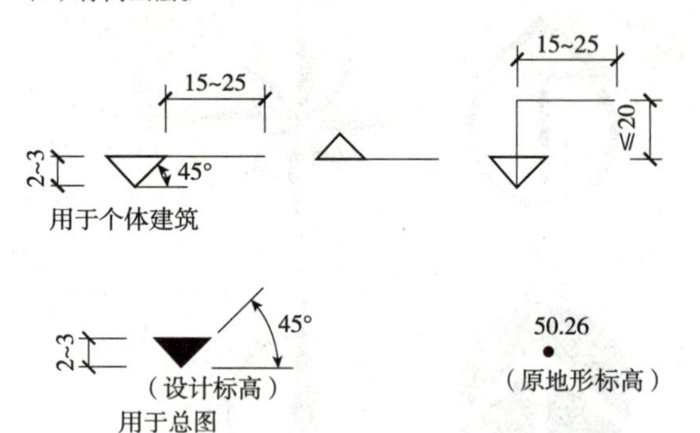

剖切符号 用粗实线绘制，剖切位置线长6～10mm，方向线长4～6mm。

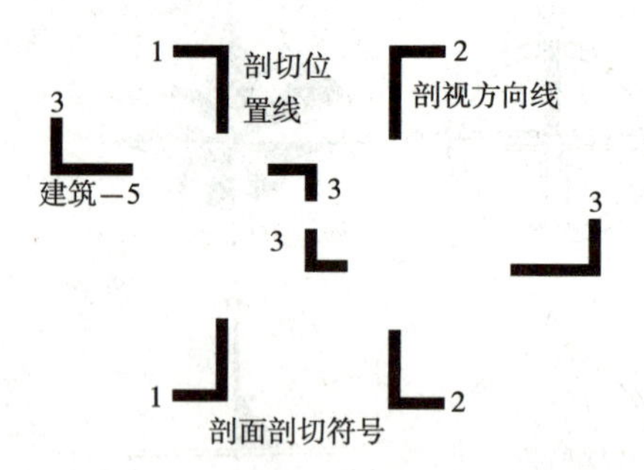

详图符号 圆用粗实线绘制，直径14mm，圆内横线用细实线绘制。

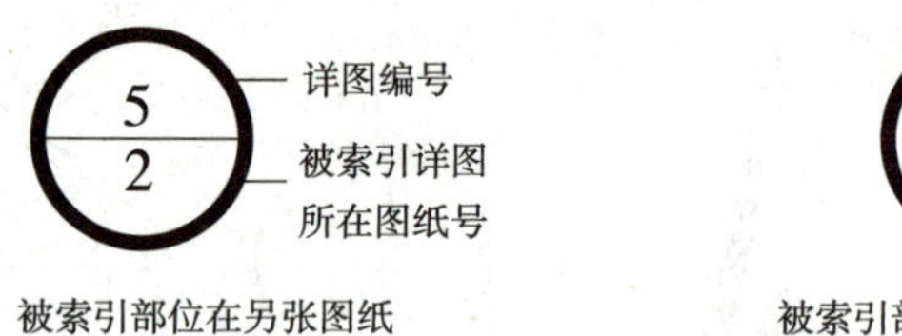

图3-22 标高、剖切、详图符号

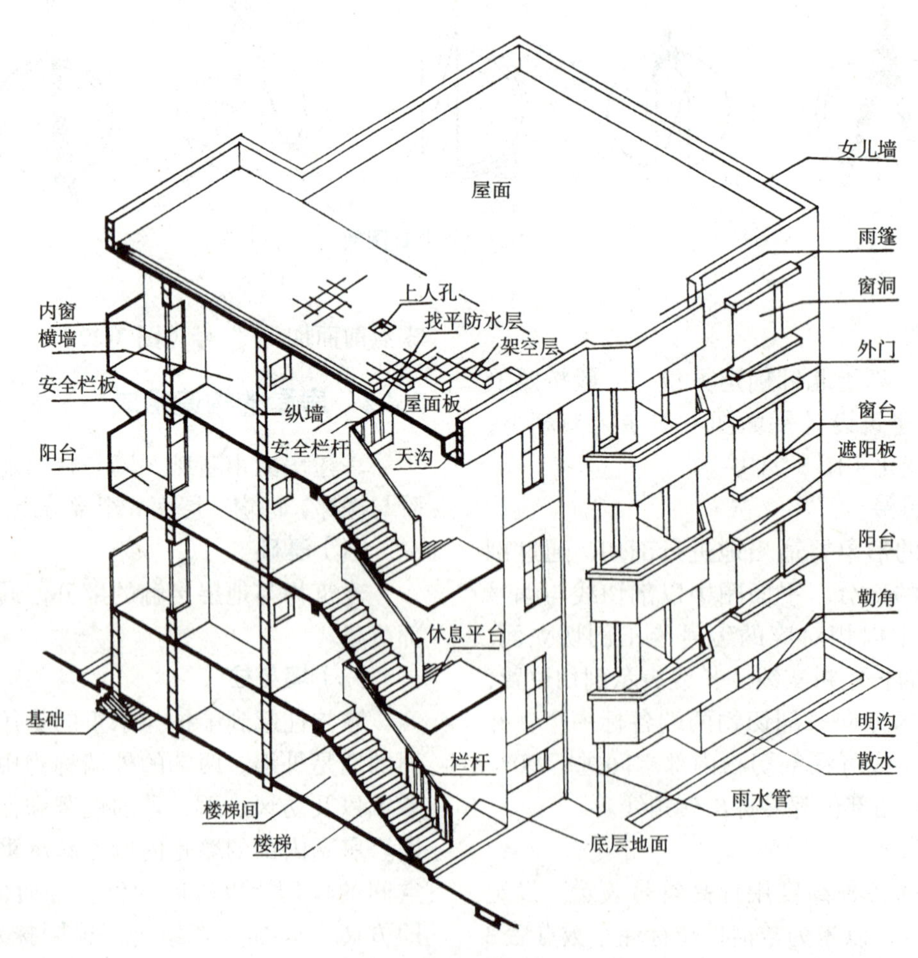

图3-23 房屋的构造组成

24cm。墙体直接承受上部荷载的叫承重墙，反之则为非承重墙或半承重墙。沿建筑物长轴方向的称纵墙。屋顶探起的墙体部分称为女儿墙。

（3）地面与楼面

地面与楼面是人们活动的载体。地面有防湿隔潮的作用，多层房屋的楼面起到水平分隔空间的作用，并承受家具、设备与人的重量。

（4）台阶与楼梯

室内的地面要高于室外，靠台阶形成过渡，楼梯是层间的垂直交通设施。

（5）门窗

门作为室内外流通的限界，窗用于采光与通风。同时它们有阻止风、雨、雪的侵蚀与隔音的作用。作为建筑的外观,门窗还有立面造型的功能。

（6）屋面

屋面是屋顶与天花板面的总称，由承重层、保温隔热层、防水层等组成。

此外还有阳台、雨篷、遮阳板。屋面有天沟，通过雨水管、散水、明沟成为排水设施。屋外墙体下方有凸起的保护层勒脚，室内墙体下方有保护墙面的踢脚。楼梯有安全护栏。

3.4.3 平面图、立面图、剖面图、总平面图、详图

通过平面图、立面图、剖面图的综合表现，正确认识、表现建筑形体与空间其中的部分细节以详图的方式介绍，建筑所处环境以总平面图的方式加以介绍（图3-24）。

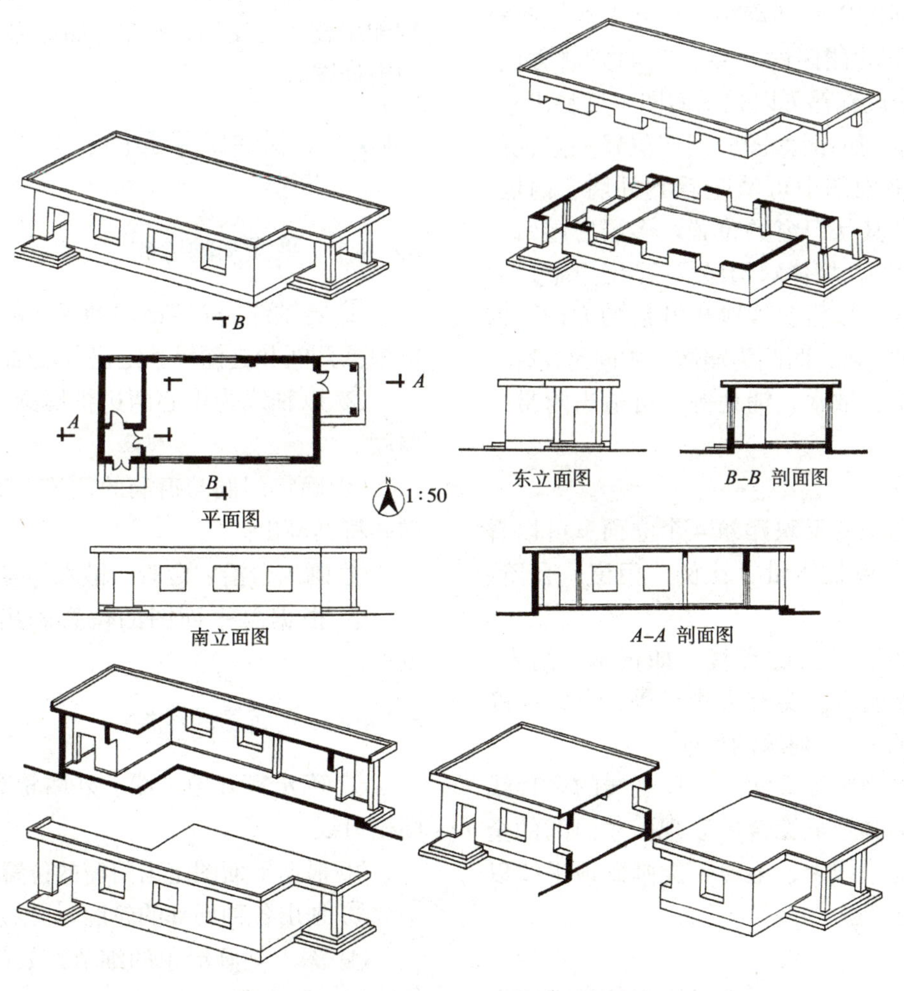

图3-24 平面图、立面图、剖面图

建筑是含有空间的实体，由长、宽、高3个方向构成三维空间。

从建筑的正面看过去，画出来的图样称为正立面图；从侧面看过去，画出来的图样称为侧立面图。一般是东、南、西、北4个立面图。

从建筑的顶面看下去，画出来的图样称为屋顶平面图。

要看到室内房间分隔的空间关系，可以假设从中部进行水平方向的剖切，将屋顶的上半部取走，从上面看下去，画出来的图样称为平面图。而垂直方向的剖切，取走一半以后从立面看到的室内状况画出来的图样称为剖面图。

（1）平面图

平面图是设计方案中最为重要的部分，它反映了室内的空间关系。人们对建筑的第一需求是生活在一个舒适的空间环境中：房间布局是否合理，通道与各个功能区的联系，门的开启方向，以及各种固定的设施都可以在平面图中反映出来。平面图是水平剖切的剖面图，剖切位置一般在门窗的中部，从平面图中可清楚看到外墙、内墙、台阶、楼梯，尤其是门窗的位置。多层房屋每一层都要画出平面图。墙体双勾墨线后涂实墨色。

门是通透的，以粗实线画出开启的方向。窗的部位画4条细实线，两侧为墙体，中间是窗体。

屋外有台阶、散水、铺地等，可适当附带一些周围环境。

（2）立面图

完整的立面图要反映建筑4个立面。可以看到建筑的造型，包括体量、比例、门窗、台阶、表面装修等。

立面图要表现相关的环境，如树木、灌木、花丛、栅栏、照明等。要有人物点景，人的高度像一把尺子，可以反映建筑的尺度。

立面图形象刻画细致深入，尺规线的多种线型与徒手的钢笔画形成综合的表现。立面图的全部形象落实在地平线上，绝对不能画到地平线以下或出现悬空的状态。

（3）剖面图

剖面图应选择适合的视点最恰当地表现室内的空间状况。从剖面图中可以看到屋顶的形状，包括女儿墙的高度、屋顶的厚度、从找平防水层到天花板层的构造。可以看到室内外地面的落差、踢脚、台柜、洗手池等室内固定设施。

平面图、立面图、剖面图一般采用相同的比例尺。

（4）总平面图

总平面图表现建筑所处的地理环境，包括地形、位置、朝向、相邻建筑、道路、草坪、铺地、水面、驳岸、树木、灌木、路灯、围墙、护栏等。

总平面图的建筑部分画出简单的轮廓即可。

平面图与立面图所表现的环境应与总平面图的标示一致。

（5）详图

详图是局部的放大图，对房屋的细部与部分构配用较大的比例尺画出。如楼梯详图、阳台详图、门窗详图等。

3.4.4 绘制建筑平面图、立面图、剖面图的步骤

3.4.4.1 平面图的绘制

① 定轴线。先定横向和纵向的最外两条轴线，再根据开间和进深尺寸定出其他轴线。

② 以轴线为中心两边扩展画出外墙、内墙的厚度。

③ 确定门洞与窗洞的位置，确定门的开启方向并将其画出。

④ 画出台沿、台阶、散水等各种建筑局部。

⑤ 根据总平面图的位置画出适当的环境配景等。

3.4.4.2 立面图的绘制

① 确定室外地平线、外墙轮廓线、屋脊及屋面檐口线。

② 根据平面图定出门窗的位置。

③ 画出各种局部的轮廓。

④ 深入刻画形象的细节，如门框、窗框、墙体砖缝、贴面等。

3.4.4.3 剖面图的绘制

① 根据平面图中剖切位置与编号，分析所要画的剖面图哪些是剖到的，哪些是看到的，做到心中有数。

② 确定室外地平线、垂直轴线、楼面线与顶棚线。

③ 依据垂直轴线定墙厚，定屋面厚度与屋面坡度。

④ 定门窗、楼梯、台阶、檐口、阳台等局部。

所有图面均以2H铅笔画出轻而匀的铅笔稿。平面图与总平面图的建筑形状应相同。平面图与立面图、剖面图所表现的相同部位应相互对应，位置、尺寸、形状必须完全一致。经检查无误，擦去多余的铅笔作图辅助线，勾墨线完成正式图纸。

3.4.5 构图

每张图纸都涉及构图。构图决定图面的秩序与美感。

（1）骨架线

图纸中的各种图形与文字在构图中是点、线、面的构成元素。依靠构图的骨架线可以合理地安排布局而不至于散乱。如纸面的横构图与竖构图、图形间的水平分布与垂直分布、对称关系与均衡关系等。

（2）留边

图纸的四周要留出边缘地带，宽窄可以不同，但必须限制图形与文字不可进入此边缘，如同任何书本报刊都有虚边一样。否则给人的感觉如同图纸被裁短、残缺一样。

（3）间距

各种图形之间、图形与文字组块之间都要有间距，可依据主次关系区分间距的宽窄。

（4）守角

整个布局要注意角隅部分，如果4个角都不能出现方正守角的布局，则图面有不安定的感觉。

（5）经纬线的对应关系

注意图形、线型以及文字条块之间的经纬线取齐与对应关系，这可以使图面具备安定的因素。

3.4.6 测绘图

测绘图是对环境现状进行测量的记录，依靠准确的数据将实际情况描绘在图纸上。包括绿地测绘、景观测绘、园林测绘、建筑测绘等。

设计初步课程的测绘图是线条练习、字体练习、钢笔画练习的综合性作业。

测绘图是一幅较为完整的图纸，图面表现的各部分内容要通过构图达到有序、合理、美观的效果。

测绘图作业选择合适的小建筑，先进行实测取得数据，然后按比例尺画出平、立、剖面草图，经过构图组织好图面，其中包括标题字、指北针、环境配景，在草图纸上画定稿草图，最后在绘图纸上重新画出正式铅笔草稿。建筑部分要依照定稿草图边量边画，尽量减少橡皮擦涂修改，以免影响墨线的质量与纸面的整洁，具体详见图3-25。

3.5 透视

透视是观察物质存在于空间的普遍视觉原理。透视画法以现实客观的观察方式，在二维的平面上利用线和面趋向会合的视错觉原理刻画三维物体的艺术表现手法。

透视具有消失感、距离感，相同大小的物体呈现出有规律的变化，空间中同样体积、面积、高度和间距的物体随着距画面近远的变化，在透视图中呈现出近大远小、近高远低、近宽远窄、近疏远密的特点；随着观者观看点高度的变化，在透视图中呈现出仰视、平视、俯视的视高变化；随着观者观测角度的变化，透视图中呈现出平行透视、一点变两点、成角透视、散点透视的视角变化。因此要根据表现主题的特点，选择合适的角度、高度及距离，从而获得生动的画面效果（图3-26）。

3.5.1 透视的基本概念

在观察相同样式的建筑群落时原本等宽的建

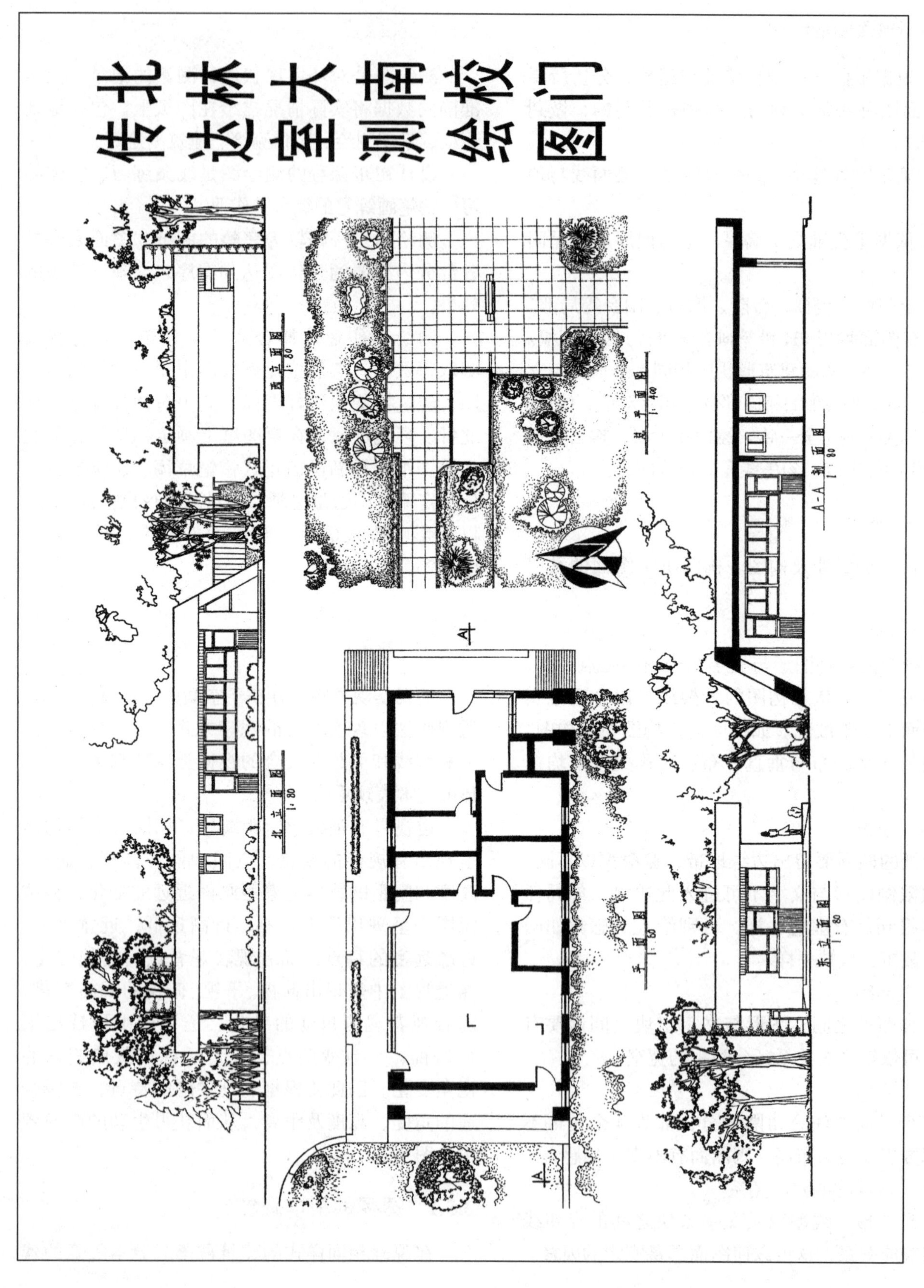

图3-25 北京林业大学南校门传达室测绘图

筑，近大远小，这由人眼视网膜上的成像方式所决定，将这种成像如实地反映在画面上，就相当于人们透过一个透明的画面来观看物体，观者的视线与画面的交点就是透视。下文将对透视的有关概念进行介绍。如图 3-27 所示。

① 视域　描绘者不转动自己的头部，以眼睛所看到前方的场景内容是有一定范围的，生理角度在 60° 以内，实际描绘以 30° ~ 40° 最佳。

② 视点　包括在平面图上确定的站点的位置和绘图者在画面空间中确定视平线的高度。视点的选择要与画面的大小比例在构图中相协调。例如，在建筑写生时要将所描绘的主体设定在观者舒服的生理视角范围以内，也就是说在描绘画面中，视点始终保持在一个角度范围以内，在构图中能够充分体现建筑主体与主要配景的造型特点。

③ 视高　视平线与基线之间的距离，一般可以按照人的身高来确定。在实际的描绘中往往将视高提高或降低用以强调画面的表现力。视点的远近、视高的变化直接影响到画面透视的变化。图 3-28 中为近距离的仰视图，建筑透视较大，画面显得宏伟而富有张力。

④ 基面　放置物品的水平面。

⑤ 基线　画面与基面的交线。

⑥ 视平线　与眼睛等高，为同一条水平线，在透视图中一般设为字母 h。提高或降低视高对构图有直接的影响。当视平线提高，透视和构图在画面中会比较开阔，在表达建筑群及鸟瞰时常用。当视平线降低时，建筑主体透视给人高耸的感觉，在强调建筑特征时常用。画面视平线高低的选择要根据所表达内容需要变化，最常见的写生视平线略低。在这里要注意构图中，视平线的位置不宜放在画面正中高度，这样导致构图上下均等，画面呆板。

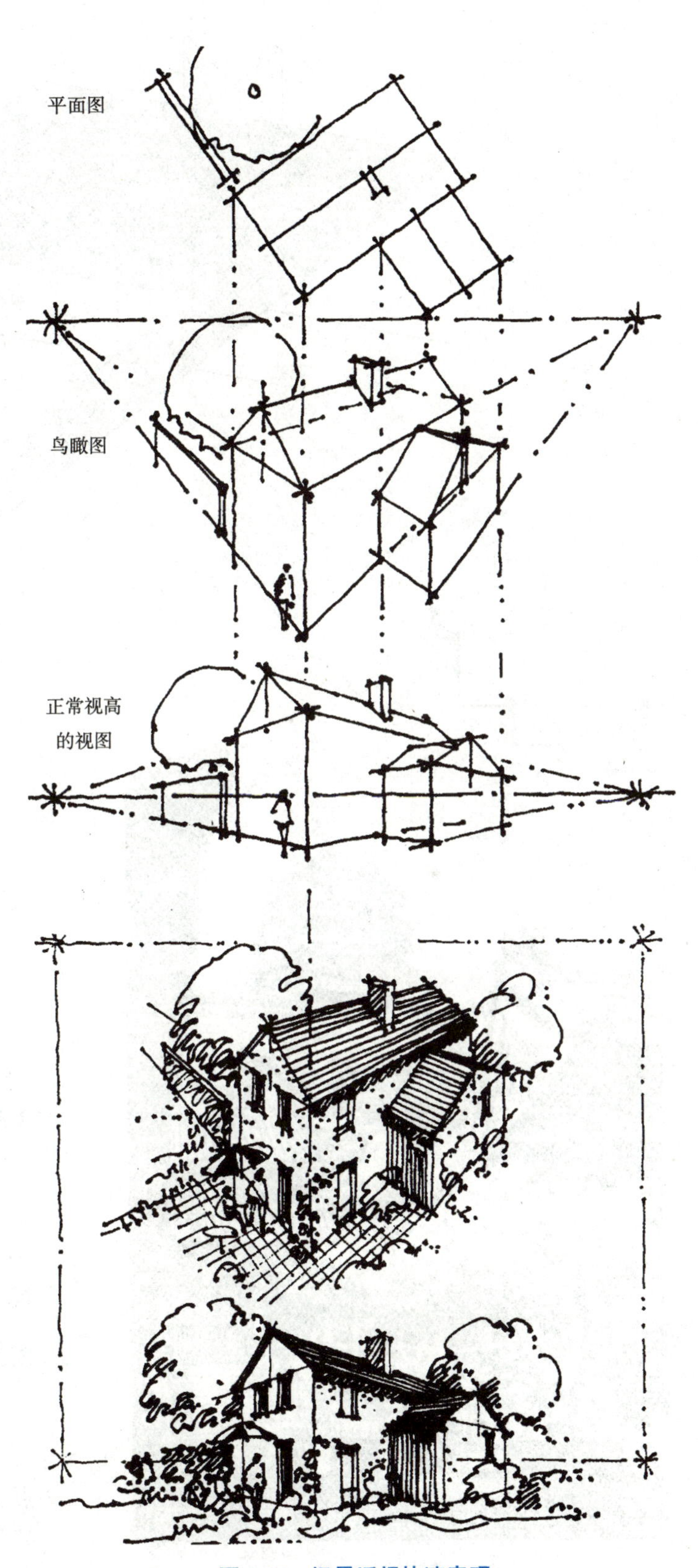

图 3-26　场景透视快速表现

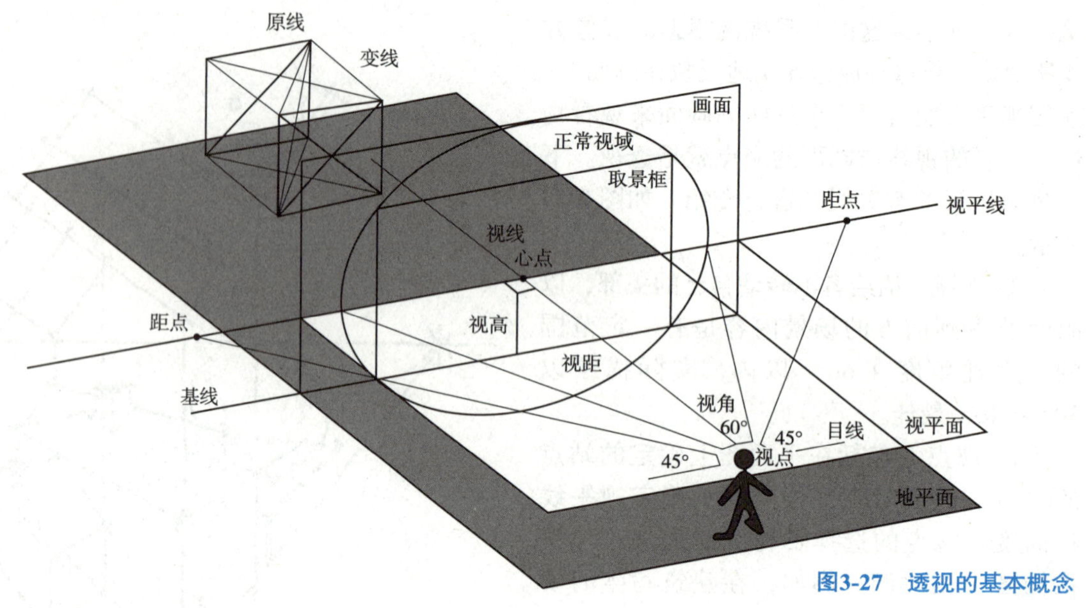

图3-27　透视的基本概念

图3-28　仰视图实例

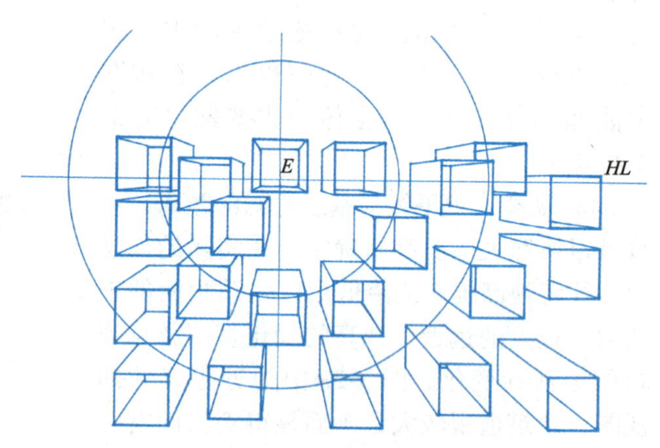

图3-29　正立方体平行透视图

3.5.2　平行透视

画面垂直于基面，视点位于前方景物立面的长与高平行于画面，而宽度（深度）的轮廓线有一个灭点，这样的透视称为平行透视（或一点透视）。

3.5.2.1　正立方体平行透视图

平行透视容易把握，但也有些局限性，如正立方体平行透视（图3-29）中就可看到以视觉焦点为中心超过90°的视角范围，透视过于夸张，故平行透视图适合小的人视点透视图的表现。正立方体平行透视图步骤如下：

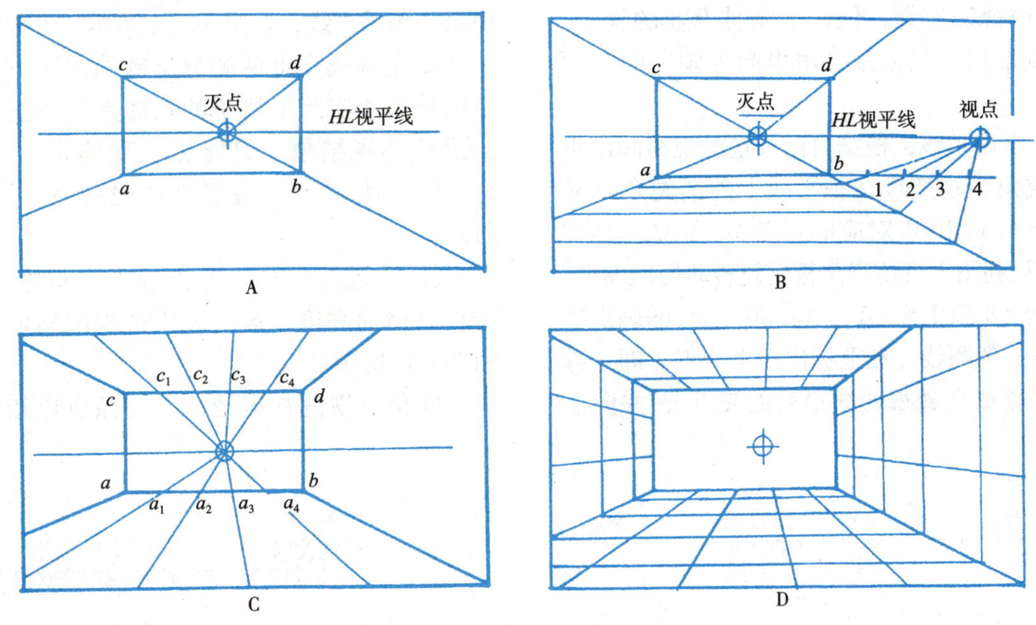

图3-30　一点透视网格法

①所有平行于画面的直线，包括水平线与垂直线，其水平线之间、垂直线之间都是平行的。

②所有垂直于画面的直线，都相互平行，其透视线的灭点只有一个，都消失在视心 *E* 上。

③在 60° 视角范围，图中的小圆内，透视图形正常。

④在 60° ~ 90° 视角范围，图中的两圆之间，透视开始变形。

⑤当超出 90° 视角范围，图中的大圆之外，透视呈畸形，因为它超出人的视野范围，不宜采用。

3.5.2.2　一点透视网格法

在一点透视的景物描述中，常用网格法建立透视参考线，这样再复杂的平面图都能在透视网格中找到相应的点，此方法适用于室内、建筑、风景园林等专业的一点透视表现（图 3-30）。

①按已知墙面尺寸的缩小比例画出 *a*、*b*、*c*、*d*，在其范围内任意选取灭点。灭点适宜在中心区域，但不要太正，避免形成上下左右的平均状态，显得呆板，尤其不宜在正中心。

灭点过 *a*、*b*、*c*、*d* 作延长线，求出左右墙面、地面和天花顶棚，如图 3-30A 所示。

②由灭点沿视平线 *HL* 向右作水平延长线，并在延长线上选取任意一点作为视点。

延长 *ab* 线向右作辅助线，在辅助线上截取需要的等分刻度。等分单位应为整数，如 50cm、1m 等。等分数量应以需要表现的地面或墙面的进深为准。

将视点与等分线相连并延长至右墙底线上形成等分点，如图 3-30B 所示。

③在 *ab* 线与 *cd* 线上按等分单位标注等分点，各等分点与灭点作连线并延长画出地面与天花顶棚的纵向分割线，如图 3-30C 所示。

④右墙底线的等分点作水平与垂直贯通的平行线，此时，整个室内形成标准尺寸的框架网格。在框架网格的基础上即可按室内装修、家具、陈设的尺寸进行深入的绘图，如图 3-30D 所示。

3.5.3　成角透视

当物体无基本面与假象平面平行且成一定的角度时形成的透视关系为成角透视，也称两点透视。其特征为：垂直线条只发生近大远小的透视变化，其他线条则成为变线并向左右两边灭点消失。成角透视的画法有很多，如“视线法”“量点法”“新透视法”等，但对于园林专业的学生，量点法比较常用，且采用“由里向外画”的步骤（图 3-31）。

①先画出视平线，根据自己设定的视距画出正方形两侧成角透视变线在视平线上的消失余点 V_1 和 V_2，再画出 V_1 和 V_2 对应的测点 M_1 和 M_2。在实际画图中，只利用大直角三角板反复转动使用即可，但是这一步骤要画正确，V_1、V_2、M_1、M_2 的确定要合理。假设一条测线，在上标出一个交点（即正方形基透视网格成角透视变线最后的交点），并向上引出一条垂直线，如图 3-31A 所示。

②在测线交点两侧分出欲画的正方形透视网格的格数（实际上格子的长短是欲画正方形单位的最后透视结果，只能凭感受确定），再用 V_1、V_2、M_1、M_2 画出正方形基透视网格，如图 3-31B 所示。

③在交点上方的垂直线上，根据需要截取透视网格的高度，最后画出透视网格的高度，如图 3-31C 所示。

成角透视的视域较广，成像也比较自然，但

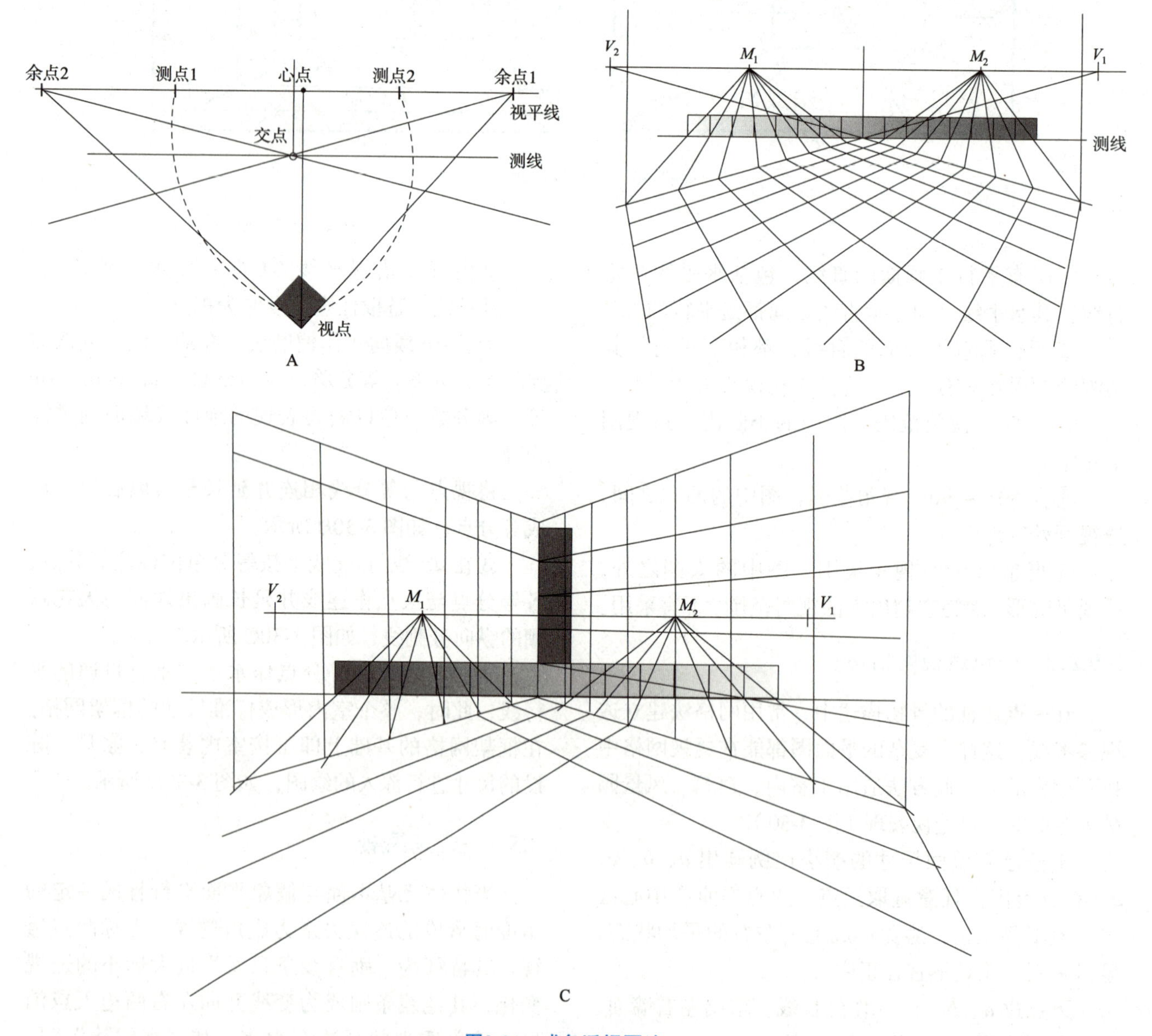

图3-31　成角透视图法

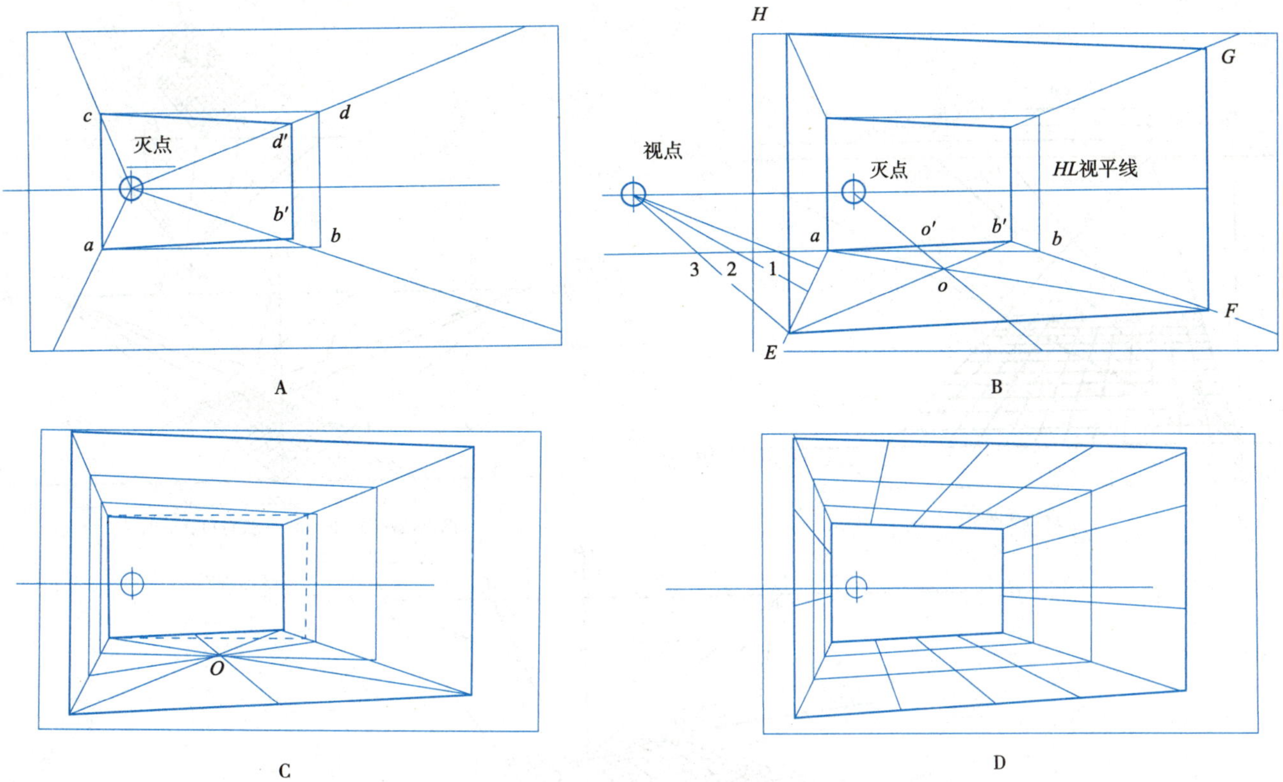

A B C D

图3-32 一点变两点透视网格法

两个灭点增加透视灭线的烦琐与失误概率，结合成角透视平行透视及网格法的优点，形成一点变两点的透视法网格法，此法在表现时变到广泛的认可。一点变两点，即将一点透视的平行墙面斜倾成梯形，即可形成两点透视（图 3-32）。具体如下：

①按已知墙面缩小比例画出 *a*、*b*、*c*、*d*，在其范围选取灭点应靠 *ac* 或 *bd* 线边缘的位置。连接灭点与 *a*、*b*、*c*、*d* 求出左右墙面、地面和天花顶棚。

灭点与 *b* 点、灭点与 *d* 点作收分处理为 b' 与 d'，如图 3-32A 所示。

②由灭点沿水平线向左作水平延长线，并在延长线上选取任意一点作为视点。

延长 *ab* 线向左作辅助线，在辅助线上截取需要的等分刻度。

将视点与等分线相连并延长至左侧墙底线上形成等分点。最外侧进深点为 *E*。

连接 Eb'。灭点与 ab' 线中点 o' 相连延长与 Eb' 相交于 *o*，*ao* 相连延长至 *F*。

由 *E* 点作垂直线得 *H* 点，由 *F* 点作垂线得 *G* 点，*H*、*E*、*F*、*G* 相连成为透视外框（图 3-32B）。

③左墙底线的等分点过 *o* 转移到右墙底线（图 3-32C）。

④过左右墙面底线的等分点做水平与垂直贯通，灭点与内外框作放射状纵深等分线，形成两点透视的框架网格（图 3-32D）。

3.5.4 鸟瞰透视网格法

鸟瞰透视网格法主要为一点透视网格法及两点透视网格法。对于反映园林设计、规划设计的鸟瞰图以及曲面、曲线等复杂造型的建筑最为适用（图 3-33）。

作图时，先对平面图进行正方形网格分格，把平面图放在透视网格上，画出透视平面，然后根据各部位尺寸量高画出透视图，具体详见图 3-34、

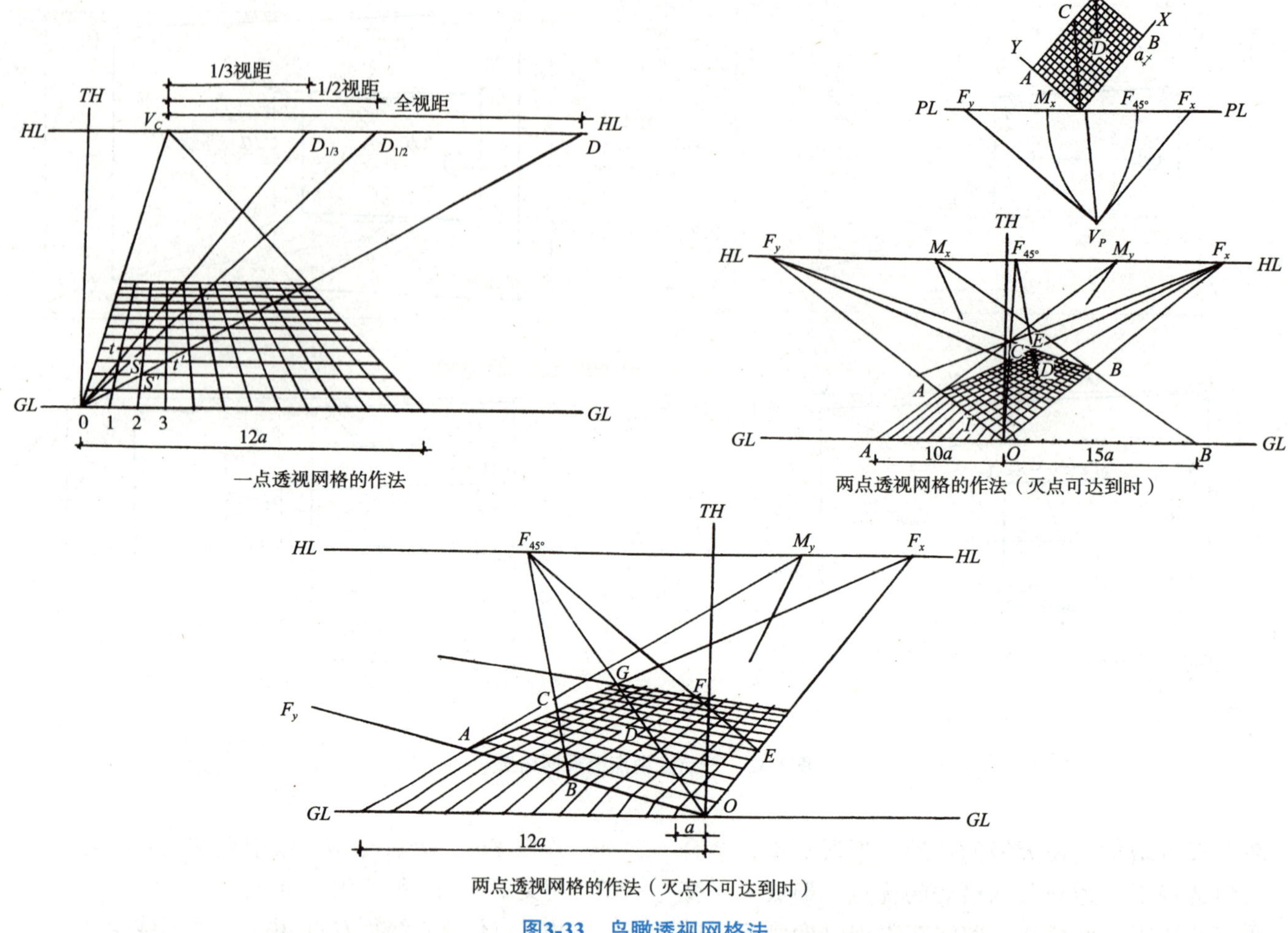

一点透视网格的作法

两点透视网格的作法（灭点可达到时）

两点透视网格的作法（灭点不可达到时）

图3-33　鸟瞰透视网格法

图 3-35 所示步骤。

（1）一点透视网格法

网格的一边平行于画面。超出 90° 视角范围会变形失真。

（2）两点透视网格法

网格与画面成一角度。

双灭点透视网格　2 个灭点的成角透视。

单灭点透视网格　单灭点指其中一个灭点因距离远而省略的方法。

3.5.5　动点顶视鸟瞰图

动点是在平面范围内有多个灭点或灭点轴而形成的透视，可以避免固定灭点造成变形失真。常采用“V”字形形式，可以重叠延长，适合表现城市街道、带状公园等狭长的设计（图 3-36）。

3.5.6　散点透视法

散点透视源于中国山水画的动点透视，不仅移动观察视点，还随着内容的转变移动站点，从而表现“咫尺千里”的辽阔境界意境，如《清明上河图》《千里江山图》，可以在画面中表达多种主题或多种场景，给人动态视点的体验。它打破了焦点透视固定的视点，立足点的空间及视域局限，更贴近人眼的灵活性，更自然地描绘客观场景。对于园林、风景园林专业，对其的探索及研究是很有价值意义的。

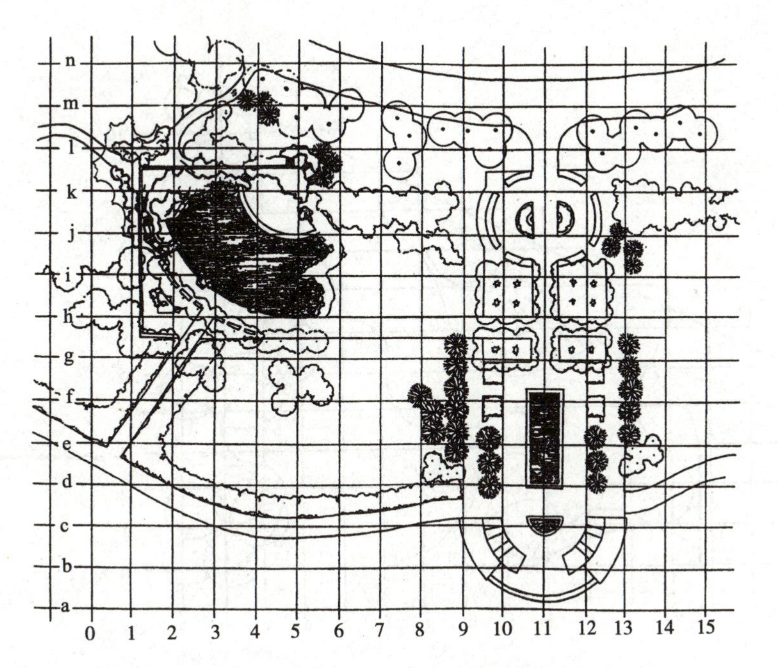

A. 在平面图中，用网格进行分格

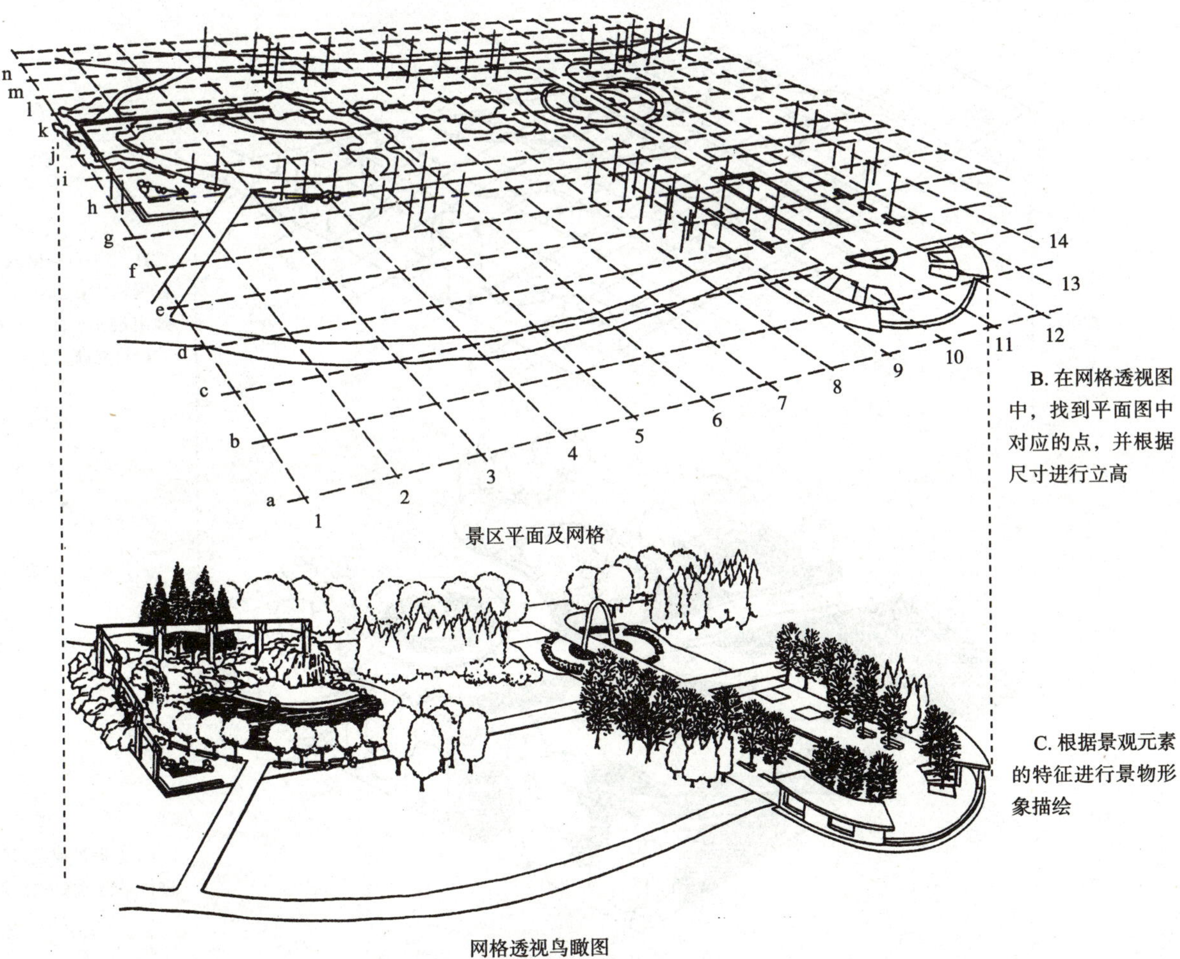

B. 在网格透视图中，找到平面图中对应的点，并根据尺寸进行立高

C. 根据景观元素的特征进行景物形象描绘

图3-34　鸟瞰透视网格法图例（1）

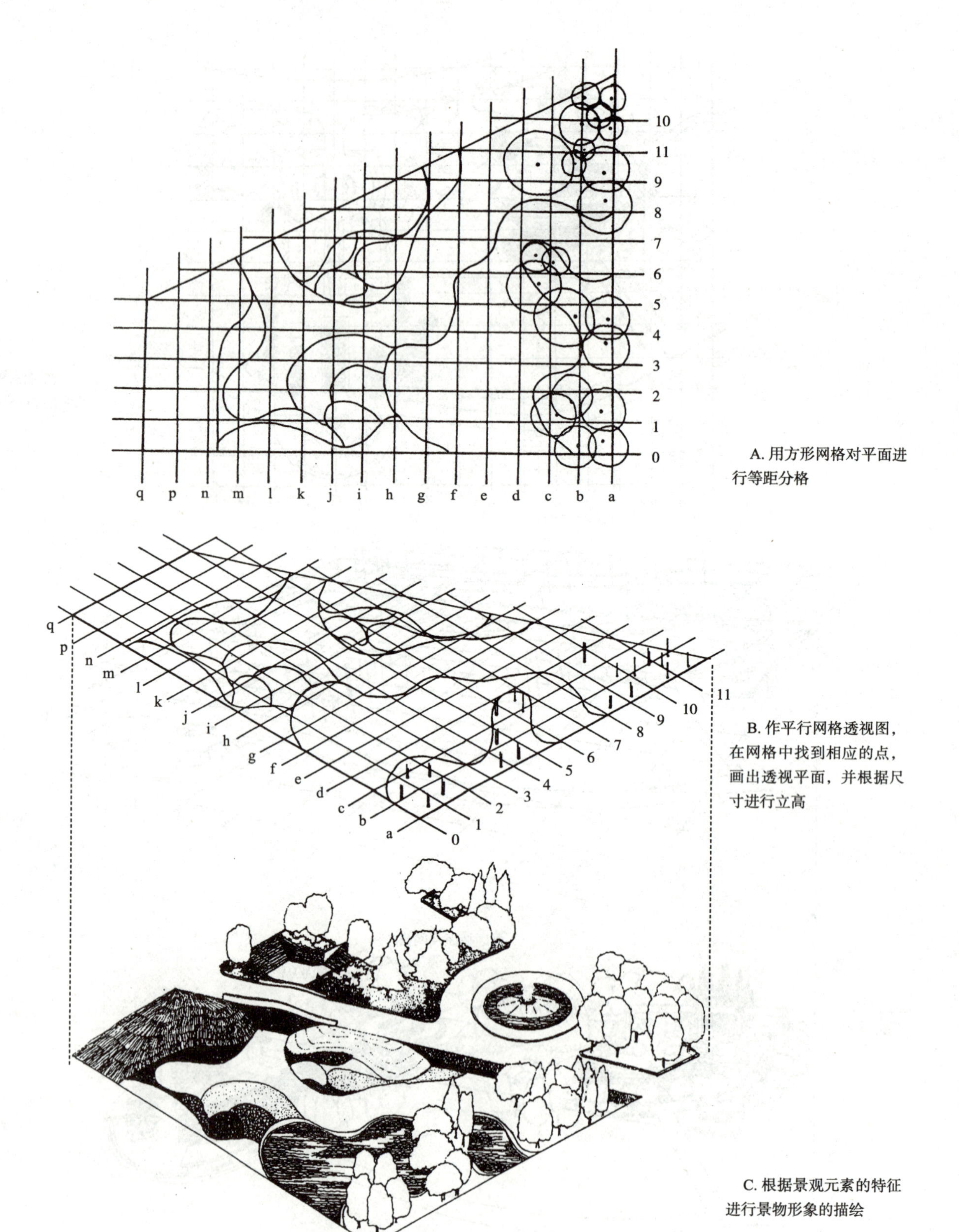

A. 用方形网格对平面进行等距分格

B. 作平行网格透视图，在网格中找到相应的点，画出透视平面，并根据尺寸进行立高

C. 根据景观元素的特征进行景物形象的描绘

图3-35　鸟瞰透视网格法图例（2）

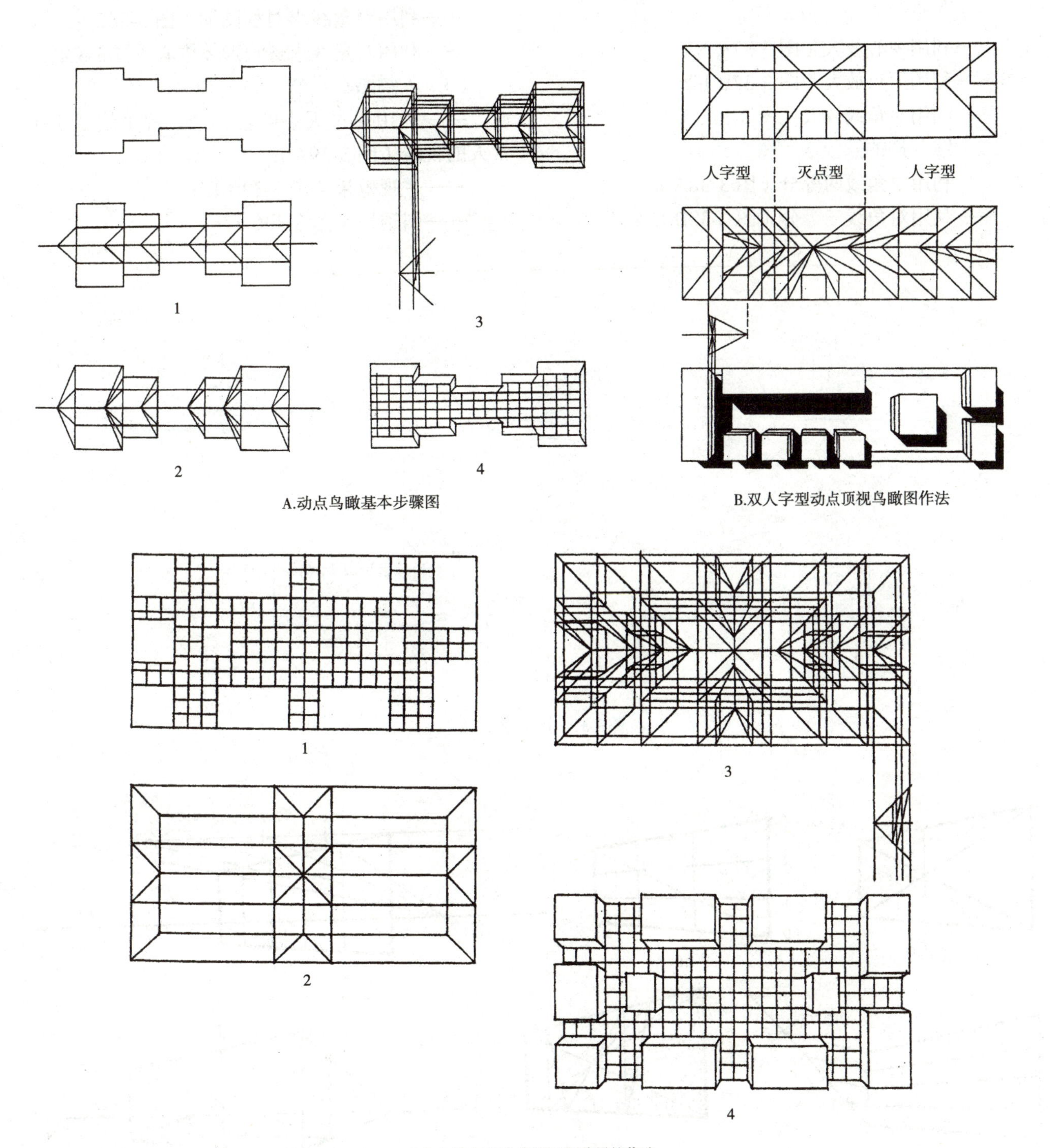

图3-36 动点顶视鸟瞰图

3.5.7 有关透视的其他方面

（1）图形放大法（图 3-37）

——利用视心放大（图 3-37A）；

——利用灭点放大（图 3-37B）；

——利用对角线放大（图 3-37C）。

（2）线、形的等分法（图 3-38）

——利用对角线两等分（图 3-38A）；

——利用对角线三等分（图 3-38B）；

——利用辅助线垂直分割（图 3-38C）；

——利用辅助线横向分割（图 3-38D）；

——利用对角线求对称图形（图 3-38E）；

——利用对角线求透视形体中心（图 3-38F）。

（3）人物透视画法（图 3-39）

——利用通过灭点的辅助线，视平线低于正常人的视线（图 3-39A）；

——平视效果（图 3-39B）；

——斜透视（图 3-39C）。

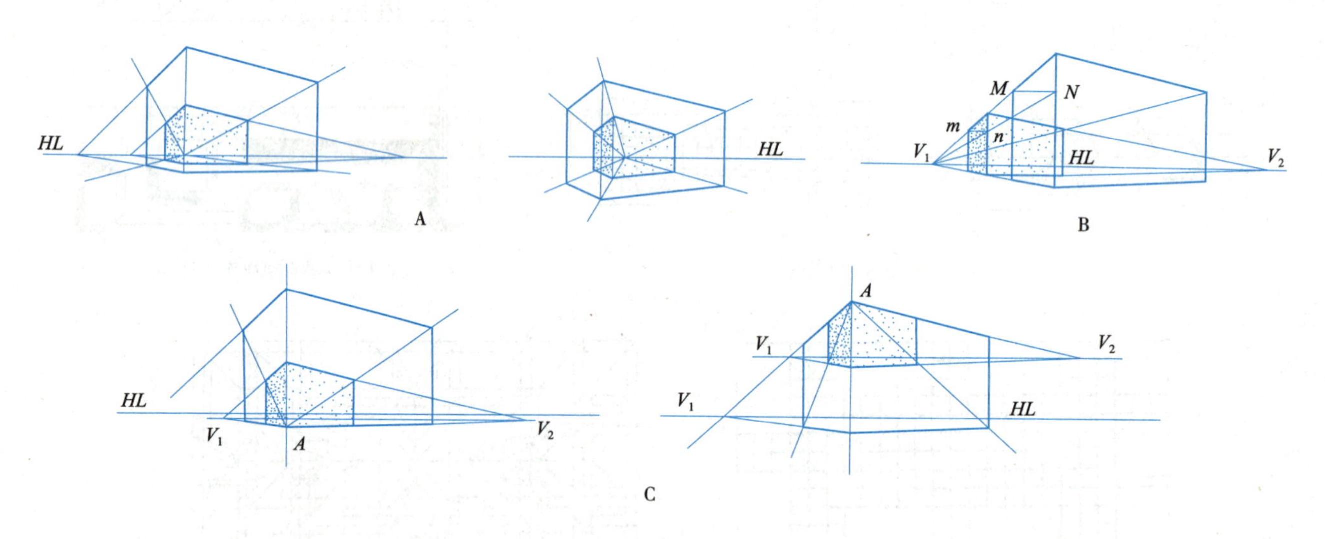

图3-37 图形放大法

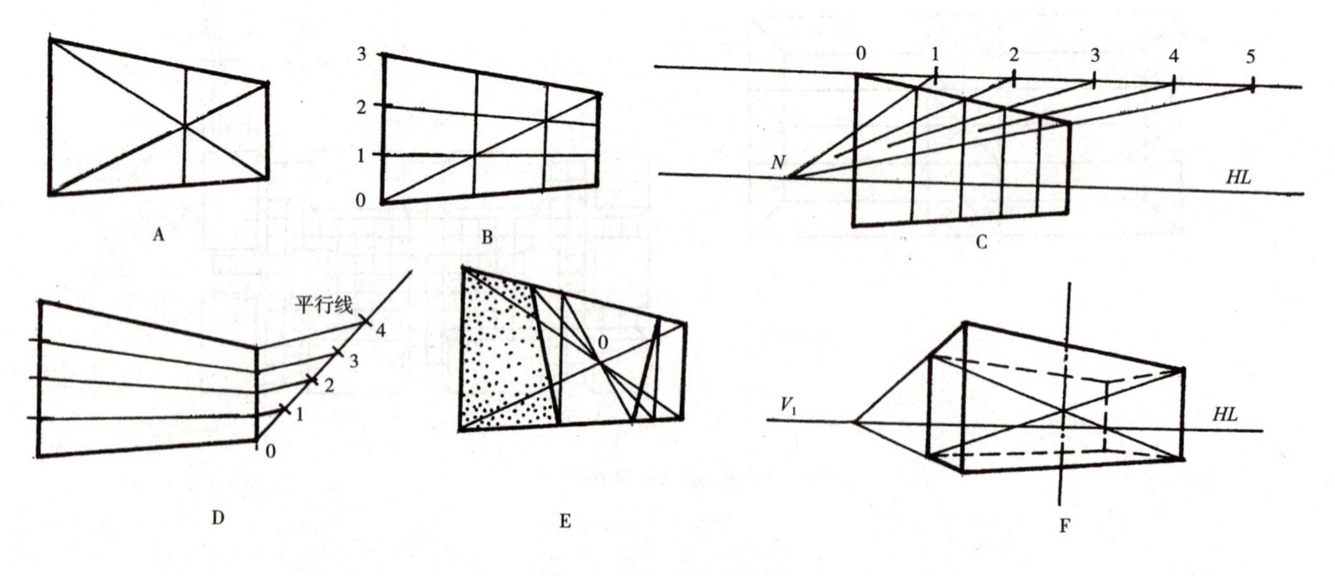

图3-38 线、形的等分法

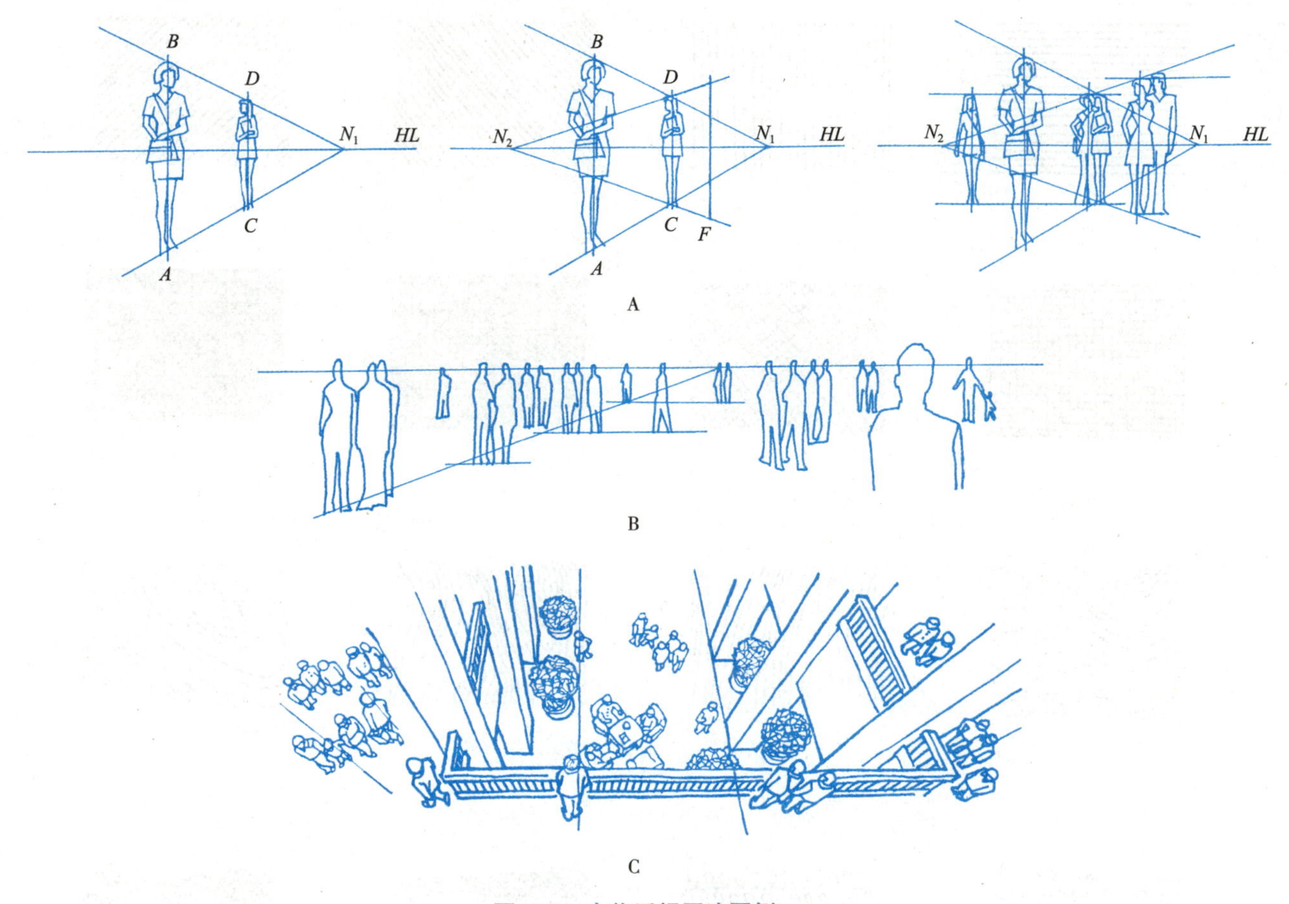

图3-39 人物透视画法图例

3.6 钢笔画

钢笔画原本指的是利用钢笔作画，依靠笔尖的性能画出粗细不同的线条，一般都用黑色墨水，白纸黑线，黑白分明，表现效果强烈而生动。随着材料及工具的不断发展，如美工笔、针管笔、蘸水钢笔、塑料水笔、签字笔、马克笔、鹅毛笔等都列在钢笔画范围。设计图中很多平面与立面的表现要靠钢笔画来完成，钢笔画与在钢笔画基础上着色的淡彩是常用的表现图的画法。此外，钢笔画广泛应用在速写记录形象、搜集资料、勾画草图、完成快题设计等方面，成为从事设计工作不可欠缺的基本技能。

学习钢笔画从临摹入手，从最简单的徒手线条练习开始，循序渐进地掌握专业所需要的各种描绘方法。和练习长仿宋一样，学习钢笔画要细水长流、持之以恒。

3.6.1 钢笔线条的肌理与明暗变化

钢笔线条的肌理与明暗变化是明暗画法的基础练习。

直线、曲线、断线的不同排列可以表现多样的肌理效果（图 3-40）。

点线有规律地穿插组合可以表现各种均匀的明暗变化。当点、线浓密的时候避免画腻、画瞎，应仍有通透的感觉（图 3-41）。

图3-40　线条的组合训练

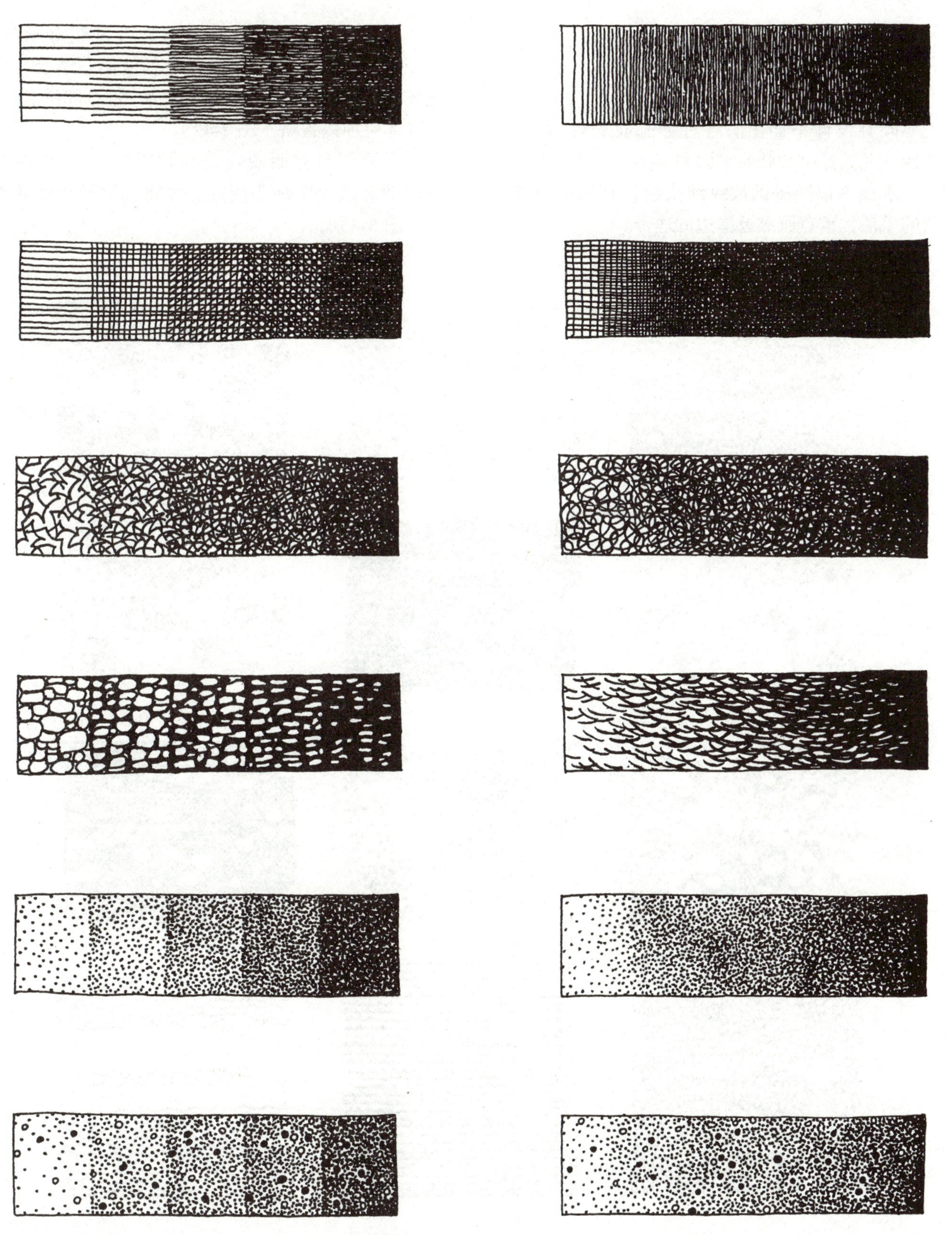

图3-41 明暗的表现

3.6.2 园林设计平面图中水面、草地的画法与材质的表现

园林设计平面图的各种形态应表现得简练、概括，尤其是呈片状的水面和草地。

水面多以整齐的波纹线描绘，宜采用空白间断的手法，重点画靠近岸边的地带。

草地有点绘、密集的短线以及乱线等画法。由于草地常与树、石、道路等其他形态结合，变化较多，在表现时要注意疏密关系，重点部位多画，次要部位加以省略（图 3-42）。

平面图与立面图在表现材质时，各种墙体、地面铺装的纹路最为明显，要将其纹理清晰地画出（图 3-43）。

图3-42 水面与草地的表现

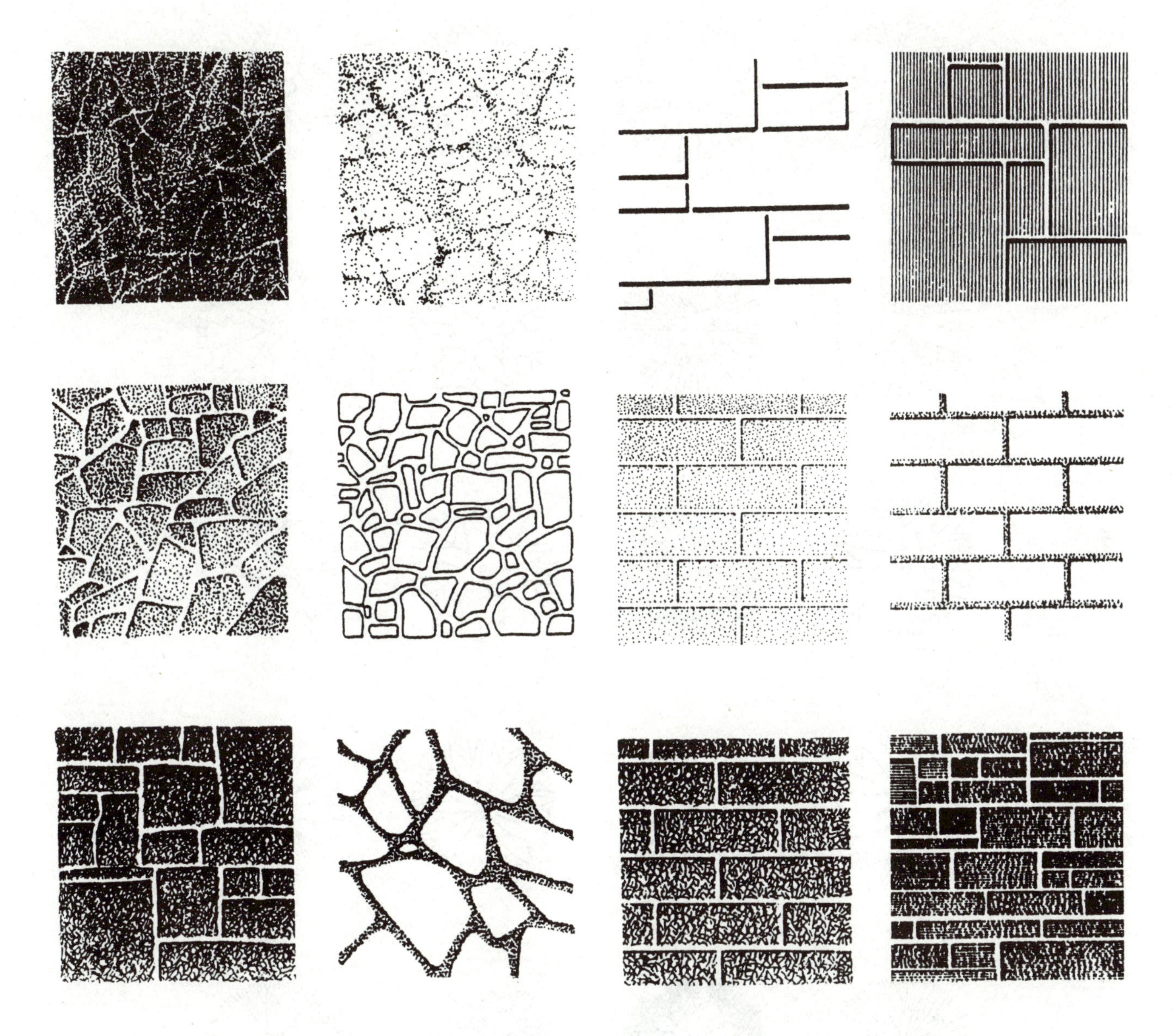

图3-43 材质的表现

3.6.3 园林设计平、立面图中树的造型

设计图中平、立面树多用白描的方法，清晰的线条能够与设计主体相协调。

平面树形多种多样，可以选择不同的造型表示不同的树种（图 3-44）。

平面树与草地、道路的组合形成数量的多与少、线条的疏与密、色调的明与暗等种种变化，是使图面丰富、美观的重要手段（图 3-45）。

立面树的形象可以概括为偏于写实的与偏于装饰抽象的两种。写实的画法应注意树枝与树叶的穿插，往往依靠密集的枝叶成为暗部，表现一定的立体感（图 3-46）。装饰性的画法应注意树冠的整体造型，一般将其归纳为单纯、明确的几何形（图 3-47）。

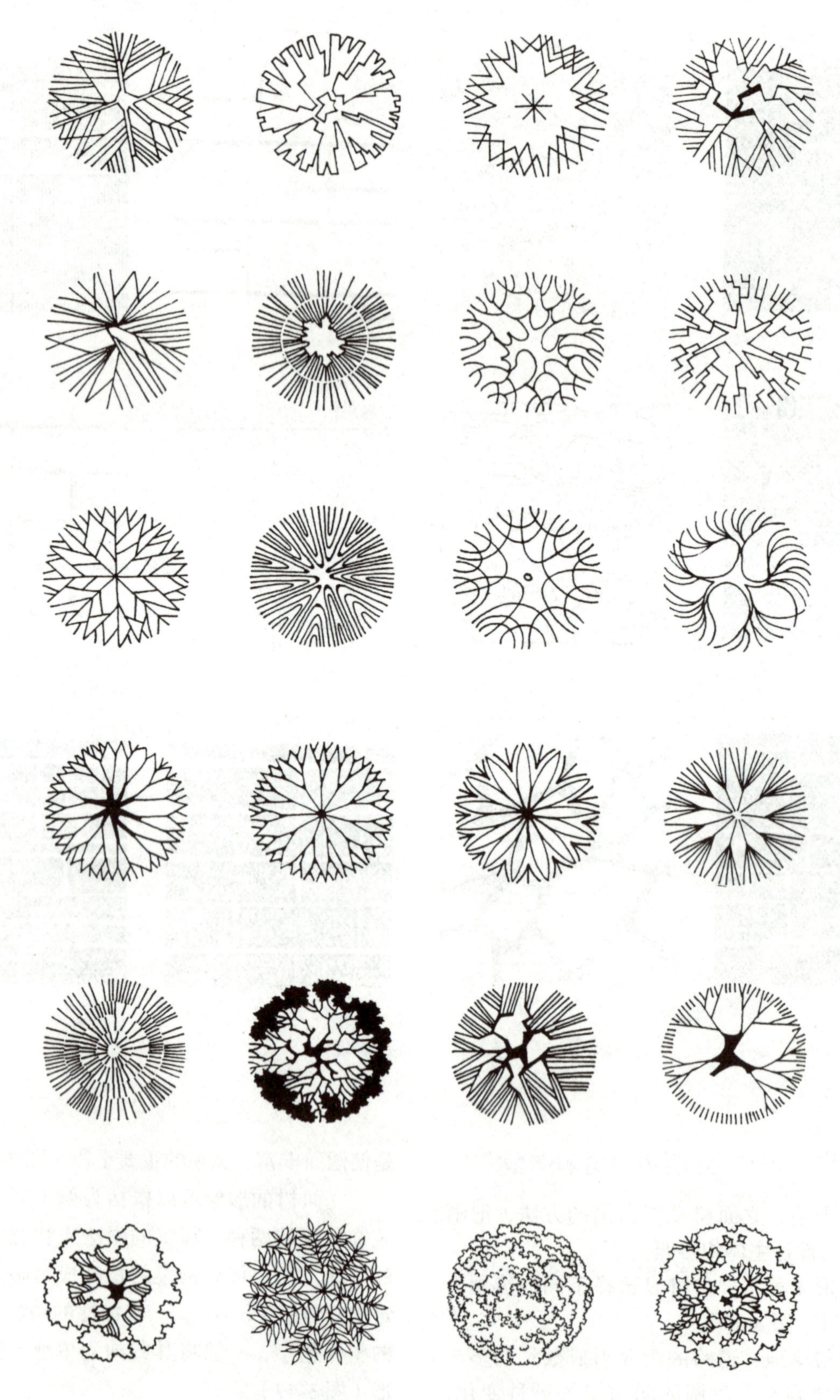

图3-44　平面图中树的表现

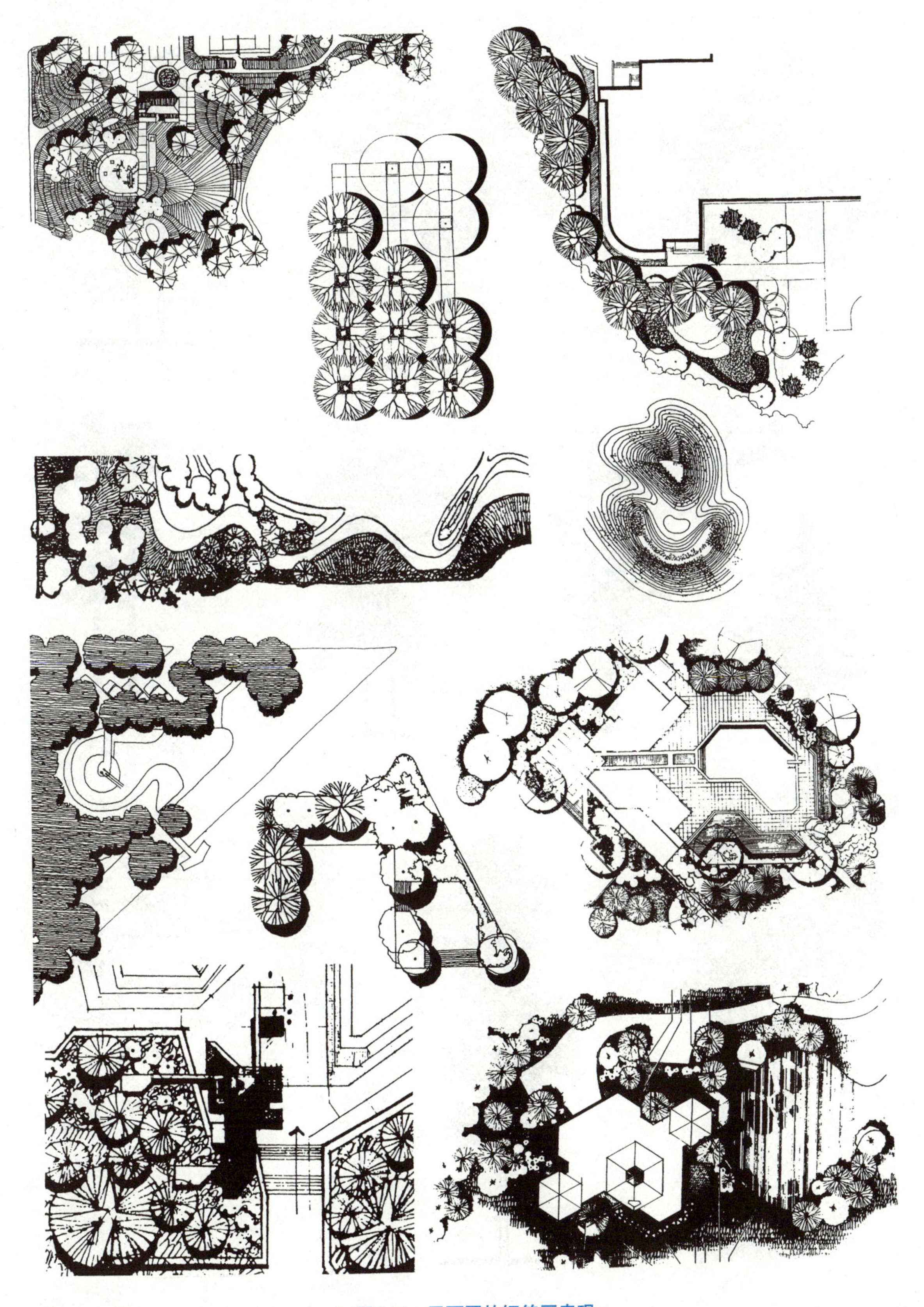

图3-45 平面图的钢笔画表现

图3-46　立面图中树的写实画法

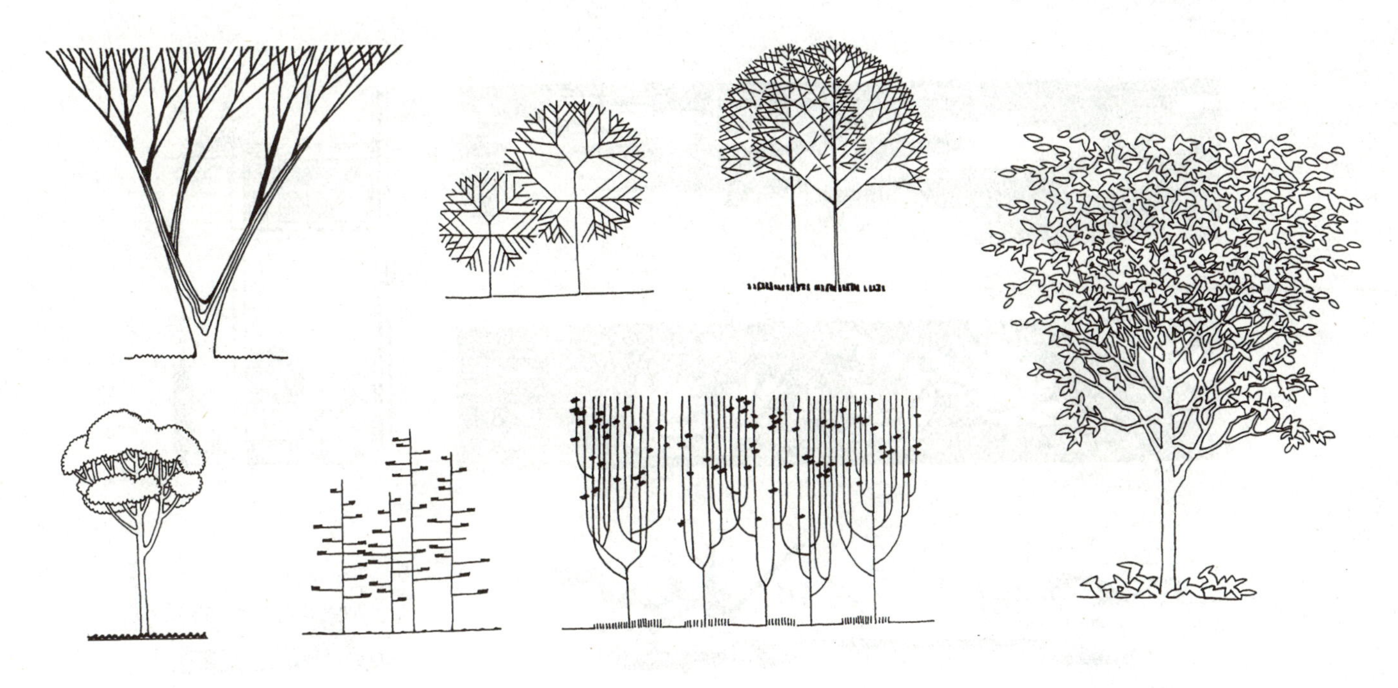

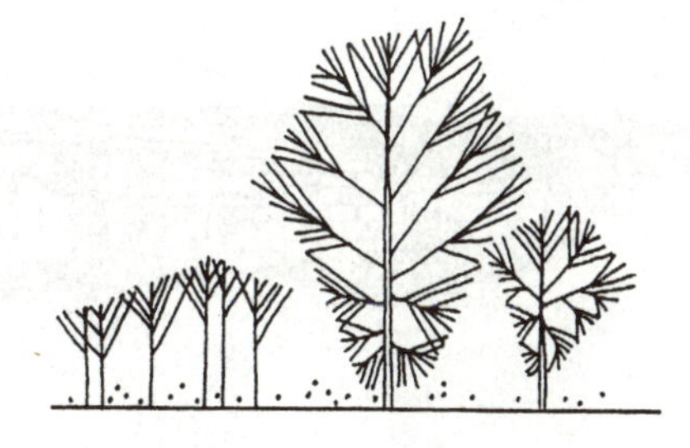

3.6.4 表现图中花草、人物、汽车的画法

在表现图中，花草、人物、汽车等是细节刻画，经常起到画龙点睛的作用。花草使画面生动，人物、汽车可以衬托环境氛围，表现这些细节适宜进行精致的描绘（图 3-48 至图 3-50）。

3.6.5 钢笔画的种类

钢笔画有多种表现方法，有以勾勒轮廓为基本造型手段的白描画法，有以表现光影，塑造体量空间的明暗画法，以及两种画法相兼的综合画法。

（1）白描画法

中国的传统绘画以白描为主，花鸟画、人物画、山水画中虽有大写意、小写意、泼墨等不同表现，但以线成形仍为核心。钢笔画中白描画法秉承了中国绘画的传统，得到了较为广泛的运用。尤其是与设计方案相关的钢笔画，需要表现严谨的形象，正确的比例、尺度甚至是尺寸，需要交代清楚很多局部、细节，因而更适合白描画法。白描

图3-47 立面图中树的装饰性画法

图3-48　表现图中花草的表现

图3-49 表现图中人物的表现

图3-50　表现图中汽车的表现

画法也可以表现空间感，如利用勾线的疏密变化，在形象的转折部位与明暗交接的部位使线条密集；在画面的次要部位适当地省略，形成空白；主体形象勾画粗一些的线条，远处的形象勾画细一些的线条等。以这些虚实、强弱的处理产生空间感，使画面生动（图 3-51）。

图3-51 钢笔画的白描画法

（2）明暗画法

明暗画法细腻、层次丰富，光影的变化使形象立体、空间感强，材质与质感清晰、肌理明确，因而具有真情实景的感觉，适合于描绘表现图。明暗画法要处理好明暗线条与轮廓线条之间的关系，要求具备较强的绘画基本功（图3-52、图3-53）。

（3）白描与明暗结合的画法

有时以白描为主的画法略加明暗处理，能得到兼顾的效果（图3-54、图3-55）。

此外有大量运用尺规表现建筑造型的钢笔画，这类钢笔画中同样有偏于白描与偏于明暗的区别（图3-56至图3-58）。

3.6.6 钢笔画室内表现与鸟瞰图

钢笔画是室内表现与鸟瞰图的主要手法之一。室内表现图中大量的家具、陈设；鸟瞰图宏大场面中各种的建筑运用钢笔画白描的画法非常简洁。在表现时，主要的形态、主要的轮廓、重点部位与环节应勾画较粗的线条，或略加明暗关系的处理，以避免雷同、单调（图3-59至图3-61）。

图3-52 钢笔画的明暗画法（1）

图3-53 钢笔画的明暗画法（2）

图3-54　钢笔画白描与明暗结合的画法（1）

图3-55 钢笔画白描与明暗结合的画法（2）

图3-56 用尺规表现的钢笔画（1）

图3-57　用尺规表现的钢笔画（2）

图3-58 用尺规表现的钢笔画（3）

图3-59　钢笔画室内表现

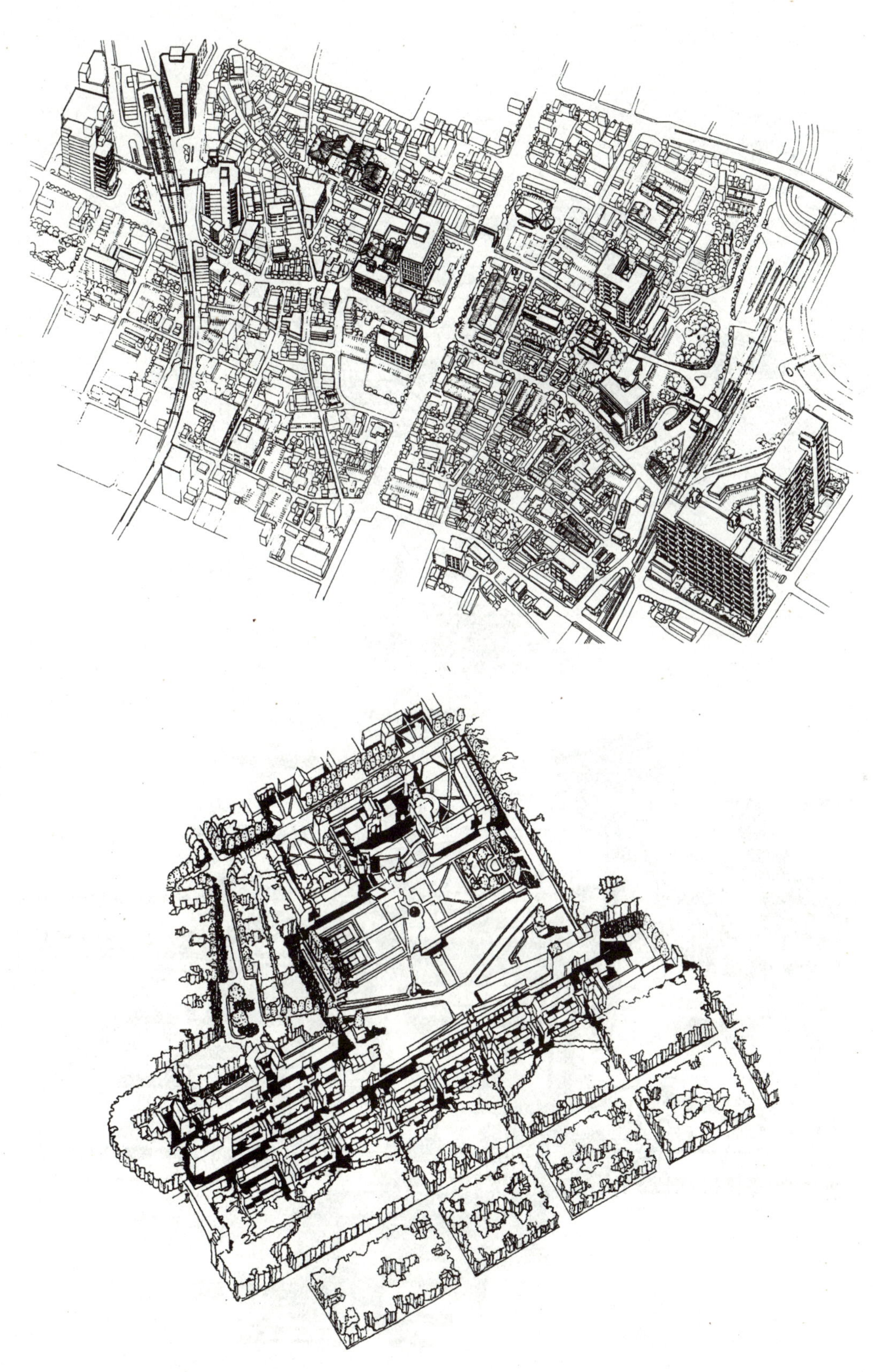

图3-60　钢笔画鸟瞰图（1）

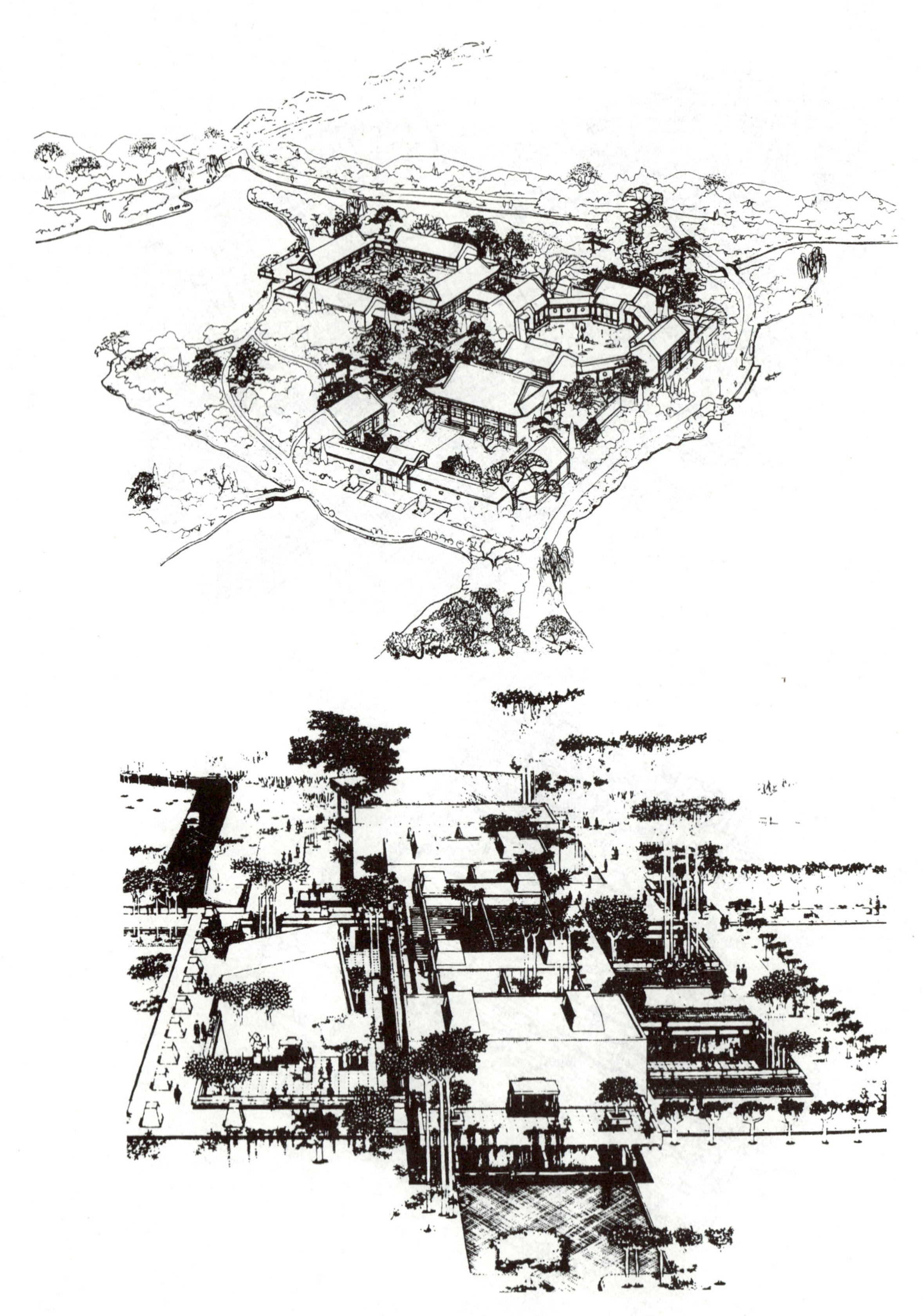

图3-61　钢笔画鸟瞰图（2）

3.7 水彩渲染表现

以均匀的运笔表现均匀的着色是水彩渲染的基本特征。无论是平涂还是退晕，所画出的色彩都均匀而无笔触，加上水彩颜料是透明色，使得这种方法特别适合运用在设计图中。没有笔触、均匀而透明的色彩附着在墨线图上，各种精细准确的墨线依然清晰可见，墨线与色彩互相衬托，有相得益彰的效果。

水彩渲染可以反复叠加。叠加后的色彩显得沉着，有厚重感，能够表现复杂的色彩层次。在表现图中有时水彩渲染与水彩画结合，对所描绘的形象进行深入细致的刻画，作为建筑画的一种表现技法，水彩渲染有着独特的艺术魅力（见附图 16、附图 17）。

3.7.1 裱纸

任何纸张遇水后便会折皱，水彩渲染所用水彩纸必须经过裱纸固定于图板，方可使用（图 3-62）。

（1）折纸边

将纸的四边折 1.5cm 宽的边，纸的光面为上，朝上折起。

（2）注水加湿

以折边高 0.5cm 容量的清洁水倒在纸面上。纸受浸泡后膨胀，约 15min 后沿纸角将水倒出。

（3）刷乳胶

把纸摆放在图板正中与图板边缘平行，折起的纸边外沿刷乳胶。注意不要把乳胶蹭入图板中央部位，以免将来由于黏合难以下板。

（4）与图板黏合

先压合图纸两长边的中间部分，两手同时反向用力。再以相同的方法压合图纸短边的中间部分。最后两组对角对称用力，分别从压合好的中间部位往角端赶压。要确认四边全部粘牢。

（5）图纸干燥

纸应先干燥四边，形成收缩纸面的拉力，使纸面绷平。可在纸的中心放一小块湿毛巾，待四边干透再取掉。

经过水裱的纸张再着水色不易皱起。由于渲

A. 折约1.5cm的边，成屉状

B. 注水，使纸面膨胀

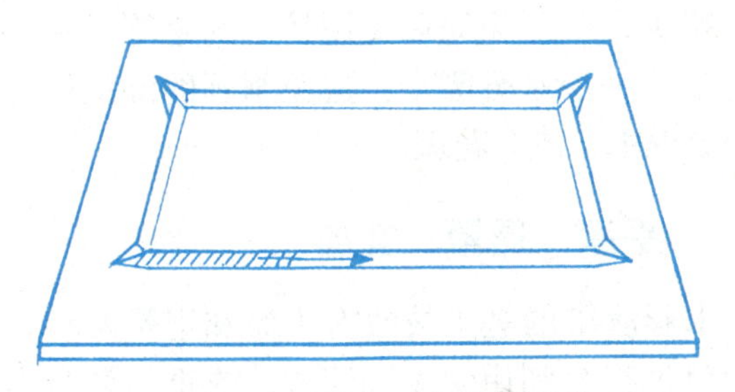

C. 倒掉水后摆正，4条外边涂乳胶

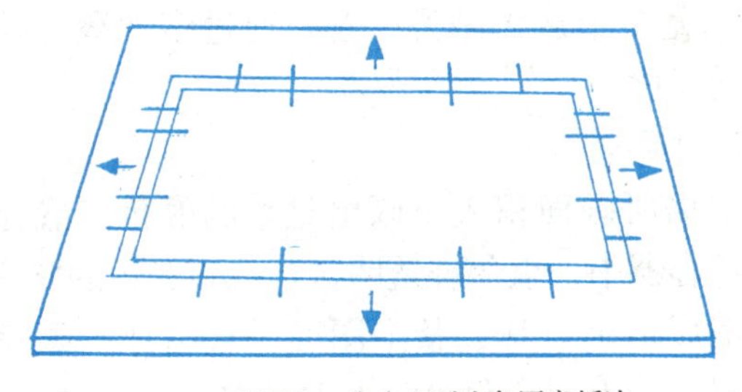

D. 对称用力，先中心再边角固定纸边

E. 裱完纸，中心置湿方巾使纸的四边先干

图3-62 裱纸的方法

染图描绘过程中有水洗图面的处理，用水胶带贴边固定纸面不够牢固。

3.7.2 运笔

选用含水量大的大、中、小白云笔或兰竹笔。所用颜料要调稀，不可浓重。毛笔含量要饱满。

图板前端垫起，形成15°角的坡面，着色后有轻微下垂的作用。

运笔时从左至右一层一层地顺序往下画，每层2～3cm，运笔轨迹成螺旋状，能起到搅匀颜色的作用。应减少笔尖与纸面的摩擦，一层画完用笔尖拖到下一层，全部面积画完以后会形成从上而下均匀的干燥过程。要求没有笔触，光润、均匀。

进行渲染色块的基础练习时，用铅笔轻轻画出方框。起笔与走笔都要找齐边界。收尾一层含量可略少，全部涂完后要用挤干的毛笔浮在颜色中将最后一层水分吸干，避免刚画的湿色向略干的部分返水，成为花斑。

3.7.3 平涂、退晕、叠加

水彩渲染的基本技法有平涂和退晕两种。由于涂色过程是利用匀速沉淀法，浓重的颜色会出现不均匀的沉淀，所以表现重色必须反复叠加，一遍色完全干透再画另一遍。通过多次叠加达到预定的深度。

（1）平涂

根据所画面积大小调出足量的颜色，盛在小玻璃杯容器中，玻璃杯透明，可观察颜色的状态。

依照运笔方法，整个图面一气呵成。画完最后一层时最上层应仍处于潮湿状态。运行过程中，只能前进不可后退，发现前面有毛病，则要等该遍全部画完干燥后，再进行洗图处理重新再画。

洗图的办法是先将色块四周用扁刷刷湿，再刷湿色块部分，避免先刷色块形成掉色沾在白纸上。然后再用海绵或毛笔擦洗，用力不可重，不要伤及纸面。洗图只是弥补小的毛病，出现较大的问题只能重画。

（2）退晕

退晕可以从深到浅、从冷到暖。一般用3个小玻璃杯分别调出深、中、浅3种颜色。深浅退晕时将浅色部位朝上，如表现蓝天效果从浅蓝到深蓝。分层运笔时第一层画浅蓝，然后蘸一笔中蓝色，在浅蓝杯中搅和后画第二层，再蘸入一笔中蓝色画第三层，至中间部位的层次时，浅蓝色杯内已成中蓝色，重复这样的方法将深蓝色蘸入直到底层。整个色块干燥后会形成均匀的色彩过渡（图3-63）。

（3）叠加

如果要表现很深的蓝，必须反复叠加，干一遍画一遍，直到预想的程度。有时要画上5～10遍，每一遍画完可用吹风机吹干。

冷暖退晕可以先画冷色的深浅退晕，干后反方向再画暖色的深浅退晕，冷暖色叠加，叠加后形成从冷到暖的自然过渡（见附图18）。

3.7.4 水彩渲染应注意的问题

① 纸面应洁净，没有油迹、折迹、擦迹。

② 裱纸时应有一定拉力，裱出的纸面平整，再着水不会皱起。尤其四边黏合要牢固，中途不会开裂。

③ 毛笔要不易掉毛，不含杂墨、杂色，笔锋清楚，有弹性。

④ 颜色含胶量适当，不用变质、僵硬的颜料。

⑤ 调色要足量，避免中途因无色而停顿。

⑥ 图板控制好倾斜角度，过平走水不畅出现横纹，过于倾斜颜色很容易流落。

⑦ 运笔要匀层、匀量、匀速。

⑧ 所有边缘都应细心，不能画出界外。

⑨ 收笔部分及时吸水，防止返水现象。

⑩ 每画一遍从头到尾一气呵成，中途绝对不可返回修补。

⑪ 一遍干透再画第二遍。

⑫ 深色须经反复渲染叠加来完成。

图3-64为水彩渲染易出现的问题。

水墨渲染亦属于同一类别，它以单纯的墨色描绘，传统的教学常以水墨渲染作为基础练习（见附图19、附图20）。

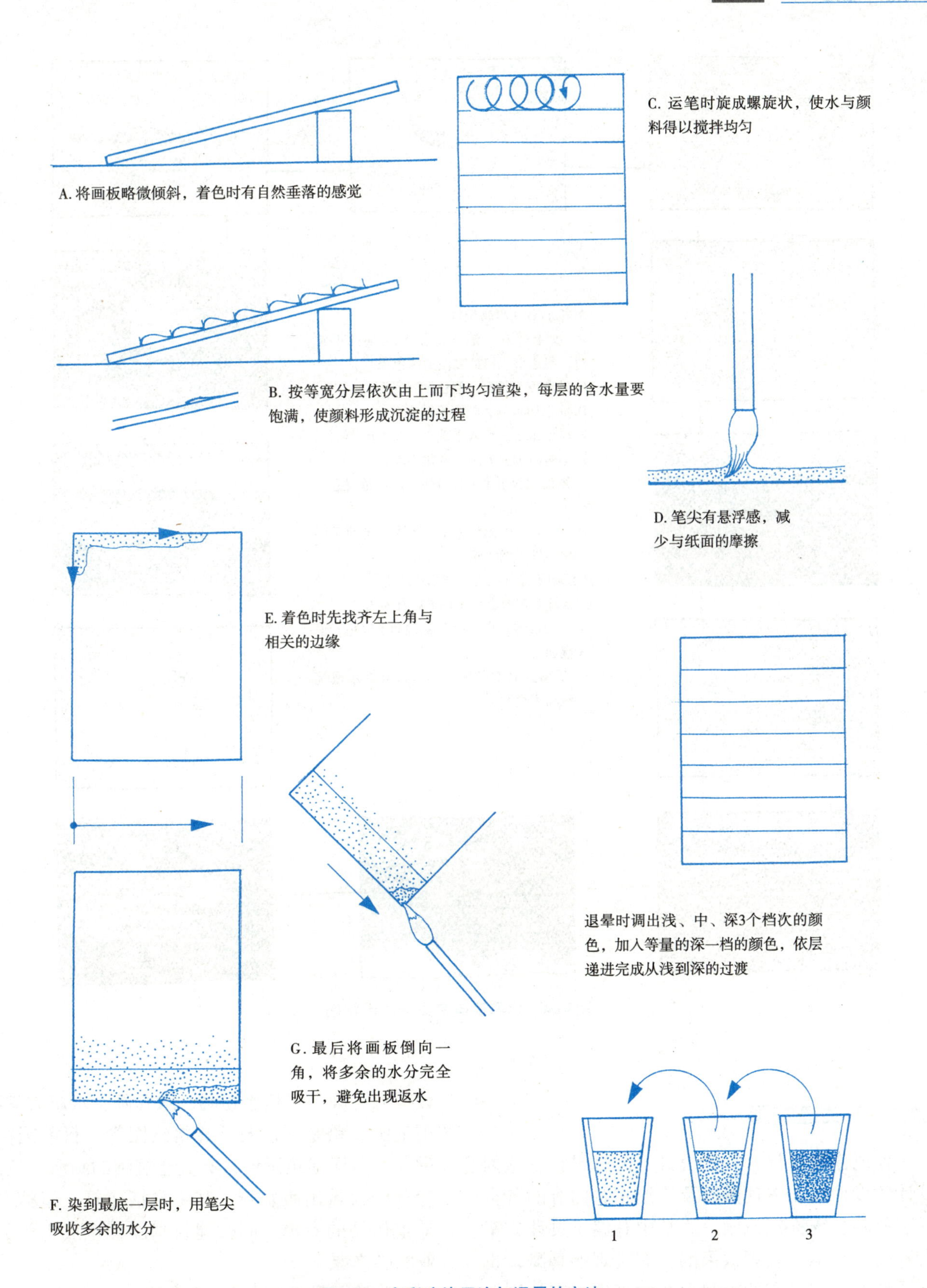

图3-63　水彩渲染平涂与退晕的方法

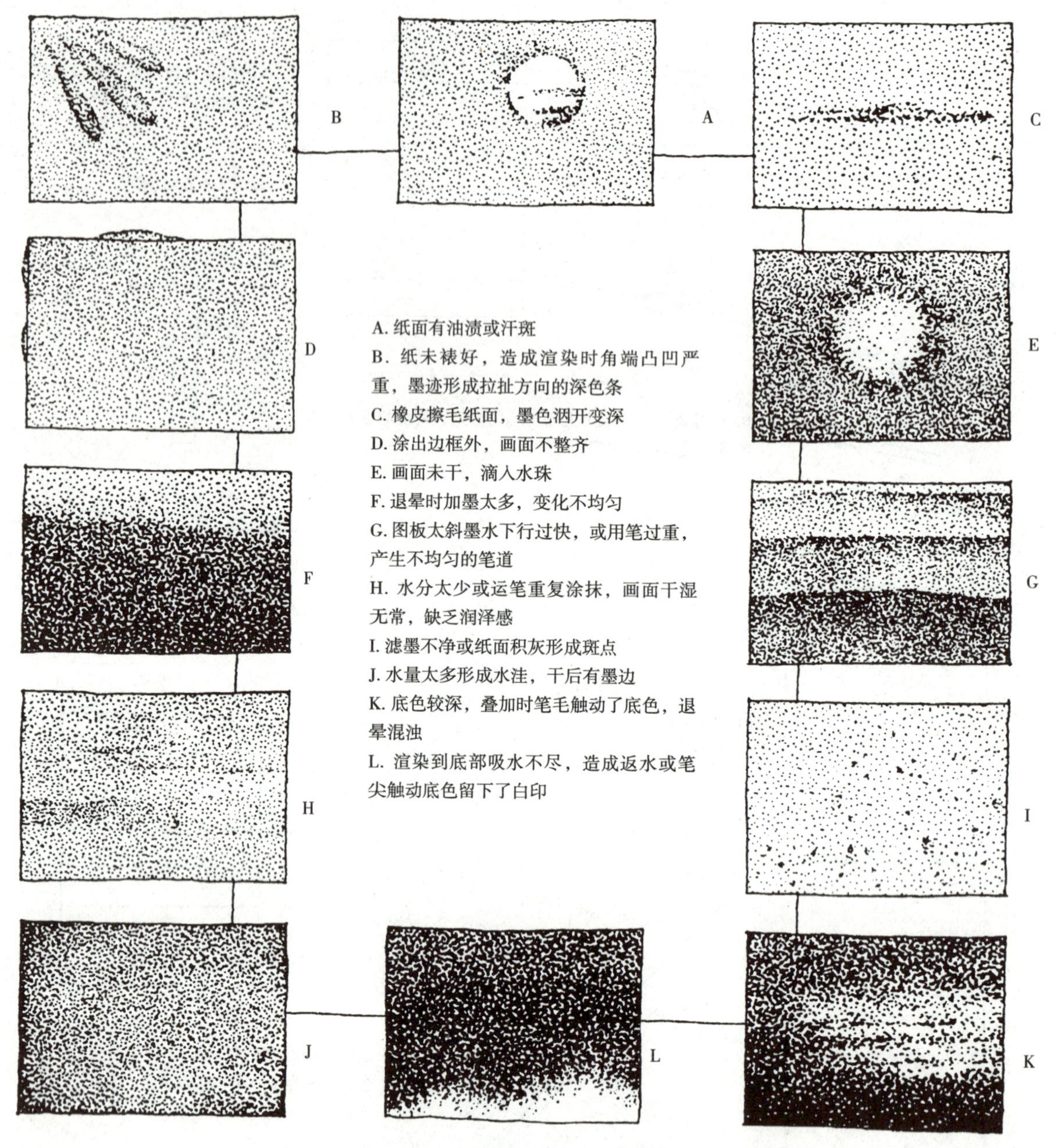

图3-64　水彩渲染常见问题示意图

3.7.5　有关建筑画

表现建筑设计、规划设计、园林设计、室内设计的设计图、表现图以及描绘相关内容的各类画法的画，统称建筑画。这其中有偏于设计方案内容的，有偏于表现效果的；有宏观的鸟瞰，也有局部的细节；有的绘制得非常真实，有的则比较写意。画种包括水粉画、水彩画、水彩渲染图、钢笔画、铅笔画以及计算机绘图等。目前国内已举办了多届建筑画展，有关建筑画的画册、杂志、专著已大量出版发行，其中包括建筑、园林专业学生作品的专辑。同时建筑画课程也成为相关专业的必修课。

建筑画具备 3 个方面的特征：

① 设计方案与建筑形象的真实性　表现准确的透视，严格的比例、尺寸，描绘各种局部细节。

② 绘画的艺术表现　依靠较强的绘画造型能力，画出有风格特点、有感染力的艺术作品。

③ 装饰与程式化的手法　建筑画的主体是建筑与所设计的景观造型。环境是陪衬、附属的部分，往往在表现时以简捷、概括、归纳的方法形成有装饰感的造型。建筑画中墙面、地面、玻璃窗等还经常以程式化的手法达到光亮、洁净的效果（见附图21）。

3.7.6 水彩渲染表现图的步骤

（1）过稿

过稿时在草稿纸纸背其正面有线条的部分涂软质铅笔并抹去浮墨。固定位置画出标记后将画稿复写过去。复写时不要用力过重，避免图面出现沟痕。所做标记便于在复写途中检查效果。

（2）复稿

复写过来的线稿比较浅淡且有不清晰的地方，须经尺规与2H铅笔进行复稿，以最后要表现的铅色勾出正式的铅笔线图。根据形象的主次勾出不同的粗细与深浅。

（3）干洗图面

可用半干的少量馒头末撒在纸面上轻轻揉动，沾去表层的浮铅粉及不洁净的地方。

（4）画小色彩稿

临摹作品按范围进行。创作内容要先拟定小的色彩稿，对色调、主体与环境的色彩关系、色彩层次等进行构思与设定，可以画几个简单的小幅彩色稿从中优选。直接在正稿上边想边画，一经失败，则前功尽弃。

（5）从整体到局部再到整体

首先定所选图片整体的色调，比如画面整体偏蓝还是偏绿，然后确定整体色调是偏冷还是偏暖。把握画面大面积的色调，比如天空、墙面、水等占画面大面积的色彩可以反映画面的总体色调和气氛。任何作画过程都应遵循从整体到局部的过程，在渲染大面积色彩时将主要形象的大的体面关系及整个图面的近中远层次表现出来。有时表现色调非常统一的画面可将该色调的淡色于作画伊始罩在整个图框内。

（6）画局部与细节

依主次关系刻画各种局部，主体形象应有更多的细节表现。刻画中景和近景，其中画面中景部分最为重要。深入刻画要对景物进行取舍和概括，可以用一些小笔，在造型上做进一步具体、深入的刻画。在这一步，与表现主题无关的配景要进行弱化或舍弃，集中精力对表现图中的主体景物刻画充分，使其成为画面最精彩的部分。整体色彩关系上要加强对比，审视画面构图，注意高低、动静、疏密的景物搭配，在考虑整体色彩关系的情况下突出主题的色彩特性。

（7）暗面与投影

水彩渲染中，色彩变化最丰富的部分是暗部以及过渡到亮部的中间调子。而初学者对于暗部以及物象的投影往往画得黑而平，体现不出水彩色彩透明的特性。水彩渲染画面中暗面与投影在处理中要体会两者之间的呼应关系，仔细观察景物会发现，最重的暗面色彩在画面中的面积比例往往比较小，在强调转折处或用以稳定整个画面色彩的层次关系。而在塑造以建筑为主题的表现图中，投影的色彩直接受到暗面的影响。暗部和投影的色彩关系往往与亮部是相对的，正常光线的情况下是亮部发暖、暗部发冷，投影色性偏冷，色彩反映周围对它的影响。但也并非绝对，要根据实际情况找出色彩的冷暖对比关系，水彩渲染中最忌讳的就是将暗部处理成单色的明暗变化。这也是初学者画面色彩因素始终感觉简单的原因之一。

（8）最后的调整

局部的刻画往往会出现宾主失衡，描绘的最后阶段应回到预想的总体效果中，加强总体关系的协调。在保持整体画面的基础上，对局部细节进行调整。从远中近3个层次出发，对比画面景物色彩空间关系是否协调，强调画面的视觉中心。这一步要加强主题内容局部的对比，可以使用干画法来塑造强烈的体积关系，细节刻画丰富，符合整体的色彩关系。忌面面俱到，显得匠气，在最后调大关系，要保持对风景最初的色彩感受。这一阶段可对整个画面进行轻微的水洗，冲掉浮色，这样做有协调整体色彩关系的作用（见附图22、附图23）。

3.7.7 建筑局部与材质表现

（1）各种砖墙

砖墙的特征是砖与砖之间的砌缝。由于砖的数量多，一块一块地着色会很呆板，可先画出墙体的整体明暗与冷暖关系，然后重点在明暗交接处勾出砖缝。远离这个地带逐渐间断，至亮部可不再勾画。大量砖体细节靠铅笔稿勾出。

（2）抹灰墙

抹灰墙可以退晕的方法打破平板单调感。

（3）碎石墙、虎皮墙、卵石墙等

此类墙体的纹路较为复杂多变，可先依主次关系分块局部描绘，最后从整体关系考虑加以通体退晕。

（4）屋顶

屋顶位置居高，应有较突出的虚实关系。檐口部分应加强，远离部分则减弱，与亮面墙体接触部分以稍重的色彩形成对比。瓦状屋顶仍重点刻画明暗交接的地带，适当画出瓦块或纹路。

（5）玻璃门、窗

玻璃门、窗多用程式化手法，以垂直方向、水平方向或45°对角方向退晕，再铺以垂直、水平方向的块状与线状的色块，可以表现玻璃的质感、光感。

玻璃门、窗的框架多，应细心留出高光的部分。由于水彩渲染整幅画面是洁净透明的表现，不允许加白粉修整，用粉质不透明色会极不协调。

3.7.8 配景画法

一般水彩渲染中的主景多为建筑、园林建筑、硬质主体景观等画面的主题或中心内容，配景作为这些内容的陪衬，渲染次数要少，而且色彩不宜凝重。描绘过多会喧宾夺主，引起画面秩序混乱。

（1）天空

天空在水彩渲染中面积很大，适合开阔、明朗的效果，尤以蓝天白云居多，渲染时从上至下呈深浅自然过渡。由于色彩面积很大，天空的形态直接影响到画面的主题情感，求其变化可打破上下垂直的关系而略呈倾斜，让画面具有动感。表现云层时在云的边缘形成虚实变化的轮廓，由于大部分天空为冷色调，在渲染云的色彩时，要略微带有暖灰倾向，让单一色彩整体中富有变化，白云部分留出空白。

（2）乔木

水彩渲染中树是最常见的配景素材，相较于其他植物种类，树在体积和形态特征上具有明显的特征。各种植物的生长都是有规律的，在描绘的时候，要对其生长规律有一些了解才能更好地概括，所描绘的内容才具有生命力。

乔木的关键是树冠造型以及中间空隙造型，树冠不可呆板，间隙要注意疏密。乔木的表现可以结合水彩画画法，干画法、湿画法均可。表现乔木生动的造型可以适当运用笔触。

（3）灌木

当我们观察高大灌木的时候，通过树冠往往很难对树的具体位置进行定位，这是由于只见头不见脚的观察方式。灌木低矮往往成片成群，枝干略带几笔或完全不画，主要表现灌木的整体起伏和明暗关系。

（4）草地

草地必须画大关系，表现层次的变化，重点部位略点一些细节。草地上加画树影等会增加其进深感。

（5）山石

常见的画面中山、天空与水是构成画面的基本元素，那么在颜色上山同样受到后两个因素的影响。山分为近山、远山两种，也可以称为近景山、远景山，画面中要充分运用山的这两种类别来拉开画面的空间距离。远景山用色上要与天空统一中有变化，色彩要与天空背景相呼应，颜色清淡。根据空气透视的原则，一般远山色性偏冷，山越远形态越模糊，可以用同类色稍加区别分出简单层次，让两色相融合又与天空有别。光线对于近山的受光面和背光面影响很明显，在用色时要根据山的明暗形态来分出大的块面走向，山石多用灰蓝、灰紫及深褐色，主要进行受光面、背光面与阴影的处理。山石切忌生硬刻画。

（6）水面

水面主要体现反光、水纹和倒影，受环境影响明显。一般水面处理宜明亮，具体要根据所反射的环境进行表达。

3.8 水粉表现

水粉表现图在建筑画中应用最为广泛。由于水粉颜料具有覆盖性能，便于反复描绘，既有水彩画法的酣畅淋漓，又有油画画法的深入细腻，产生的画面效果真实生动，艺术表现力极强。水粉画法着重刻画形态的体量、空间、质感，画好水粉表现图同样需要较为扎实的绘画基本功（见附图 24）。

3.8.1 水粉画法与水粉颜料的特征

水粉颜料又称广告色、宣传色，有瓶装与袋装两种，袋装的水粉颜料与胶着剂混合的状态较好。

（1）不透明色与半透明色

水粉颜料普遍含有粉质，属于不透明色。有些粉量低是半透明色，如柠檬黄、翠绿、普蓝、湖蓝、青莲、玫瑰红等色，它们有一定的透明度。其中湖蓝、青莲、玫瑰红所含矿物质原料具有很强的穿透力，被其他颜料覆盖后容易泛出表层。

（2）白色作为调色剂

由于含有粉质，水粉颜料用水调稀后画在纸面上都很透明但颜色干后顿显灰暗，没有水彩颜料明亮鲜艳的效果。与油画相同，白色是调色剂，如各种蓝色加白后都成为浅蓝，这时的浅蓝显出了明亮鲜艳的效果。水粉调和颜色必须兼用水与白色。含粉质的水粉色在湿的状态下颜色较深，待颜色干透后变得略浅，使用时要摸索这方面的经验。

（3）水粉色层不宜太厚

水粉色不可涂得过厚，色层过厚，颜色干后易出现龟裂剥落。有时画得不合适，颜色又比较厚，可用笔蘸水把这部分涂洗掉再重新画。变色与剥落是水粉画的短处，但水粉容易描绘，速度快、颜色干得快，表现形象更精致是它的长处。

（4）薄画法与厚画法

水粉画有近于水彩画法的薄画法，绘图过程是先浅后深，深色压住浅色。水粉画也有近于油画的厚画法，绘图过程是先深后浅，浅色压住深色。薄画法含白量少，厚画法含白量多。

（5）与水彩画法结合

水粉画与水彩画都用水来调色，在水粉表现图中有时与水彩画兼用，天空、水面、玻璃等明亮的部分也可以用水彩来描绘。

3.8.2 水粉表现的基础练习

水粉表现图的很多体面需要平涂；各种颜色的渐变需要退晕；大量的轮廓需要勾画线条。平涂、退晕、画线条是 3 项基础技法。

（1）平涂

与水彩渲染浅淡的水色相反，水粉色平涂需要浓稠的色彩，要加入较多的白色，依靠白色加强颜料的密度，用白粉托出色彩的纯度。

平涂色的颜料要调足，应稍有余量。半途颜料用光，重新再调会出现误差。有时还要利用余量进行修补。

小面积着色用中号扁笔或大号扁笔，大面积着色用羊毫扁刷，笔与刷用前应浸水检查，清理易掉的笔毛，尽量减少涂色中掉毛。

调好的颜料用笔蘸试，以含在笔中而不滴落的浓度为宜。着色运笔时与水彩纸略有摩擦感为宜，如黏住笔推拉不畅是颜料过稠，有运笔湿滑轻快的感觉则颜料过稀。

涂色时最好经过水平、垂直、再水平 3 遍运笔过程。第一遍水平运笔，颜色足，用笔力度强。第二遍少量加色垂直走一遍，中等力度。最后一遍不加色，轻力、匀速地走一遍笔，减少笔与纸的摩擦，只是浮在颜色表面找匀。每遍运笔应顺一个方向均匀前进，中途不宜返笔。涂完的颜色面从侧面望去应有毛绒的感觉，如表面水汪汪的或留有明显的笔痕，干后肯定不均匀。颜色若稀薄，湿的时候看上去均匀，干后就显出不均匀的效果。

（2）退晕

小面积的退晕采用一支小扁刷两头蘸色，如一头蓝一头白，左右反复摆动，带有中小幅度的上下移动，使蓝白颜色形成过渡。大面积的退晕可用两把刷子，一把从一端涂深色，另一把从另一端涂浅色，向中间合拢，中间地带运笔略轻。也可以调出深、中、浅三色，分别涂在两端与中间，然后用两把刷子分别在衔接地带反复移动运笔，形成退晕效果。

退晕所调颜色的浓稠与平涂相同（见附图 25）。

（3）画线条

水粉表现图中大量的线条必须用界尺来画，圆规套件的直线笔只适合画很细的线条，各种粗而笔直的长线条必须依靠界尺来完成。我国宋元时期盛行的山水画中的界画广泛地使用界尺画出早期的建筑画，表现亭台楼阁，细致精湛。使用界尺时，一手持两支笔。一支为画线笔，一支是导向笔，与所画线部位留有一定距离。画线时持笔的手卡紧两支笔，导向笔顺尺槽滑动，拖带着画线笔画线（图 3-65）。画长线肩部用力，画短线手腕用力；画细线用衣纹笔，画粗线用兰竹笔或白云笔，齐头线用扁头笔，手指用力下压笔尖可使线条变粗。由于导向笔在尺槽中运行，不会使图面出现划痕。如果用直线笔画长线，会因含颜料不足而中途断色，直线笔画出略粗的线呈凸起状，会影响画面的效果。

要完成一张水粉表现基础练习，在平涂的色块中依照规定粗细的类别画出平行排列，等宽、等距的齐整线条（见附图 26）。

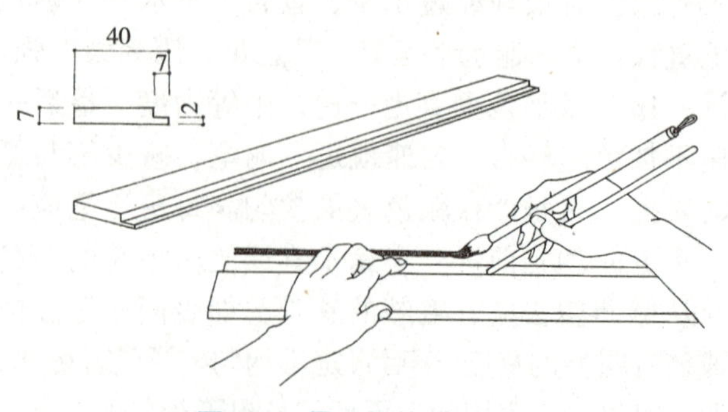

图3-65 界尺及其使用方法

3.8.3 水粉表现图的程式化手法

程式化是一种模式，被反复运用在不同的场合、不同的内容、不同的表演、不同的画面中。中国传统艺术的戏曲、绘画有大量的程式化手法，如京剧的化妆、唱腔、道具、表演形式，中国传统山水画的皴山法，人物画勾线的十八描，花鸟画的梅、兰、竹、菊画法等。程式化的单纯形式形成局限，在局限的制约下便形成独特的风格，各种风格的纵深发展具有广阔的空间。

水粉表现图中包含了很多程式化的手法：

（1）大型玻璃窗

有单纯的色彩退晕画法；有呈倾斜方向宽窄变化的笔触画法；有垂直、水平色块的穿插画法等。

（2）墙面

多采用对角的明暗过渡，与垂直水平形状的墙体形成对比。

（3）地面

地面描画宽窄不等的水平面、水平线，建筑物在地面形成高反差的垂直倒影，勾出流畅的动感线条。各种方法都表现了地面的洁净与明亮，很好地映衬了主体建筑。

此外，树木、人物、汽车也多有程式化的表现（见附图 27 至附图 29）。

3.8.4 水粉表现图的步骤与画法

画水粉表现图没有固定不变的方法，因人而异，不同的内容往往适应不同的画法。这里主要根据范图介绍作画的步骤。

（1）画天空或底色

有的图面处在真实的环境中，如白云、远景、远山、群树。有的则以抽象概括的手法只画出底色，有的在底色的基础上再表现具体的环境，如同画在带颜色的水彩纸上。不论哪一种，在作画步骤中它们都是第一步。

天空最明亮。适合轻快的笔触，略薄的画法。画天空时可将远景、近景中大片草地、水面一起完成。以后的步骤基本是别的形象覆压在上面，依照薄画法先浅后深，先淡后浓。

天空的色彩较为接近，一般上深下浅，上冷下暖。有层云的情况注意其聚散以及与建筑呼应衬托的关系。近处的云形大，云与蓝天的接触柔和中有虚实的变化。

底色是一块象征性的色块，其他内容覆盖在上面。底色不宜画得太厚，因为上面还要覆盖多遍色彩，太厚会龟裂。在底色上画图属于厚画法，先深后浅。底色不宜鲜艳，多为偏亮的中明度色，选用复色，色彩含灰。底色也可选择退晕的方法、笔触的方法，其性质相同。

（2）过稿

过稿是第二步。如果最开始就起稿会被上一步的涂色所覆盖。水粉画法是逐渐叠压的画法，初次过稿复写主要的轮廓即可。复印稿要做标记，四边贴胶条固定在图板准确的位置上，以免再复写时错位。

（3）画玻璃窗

玻璃窗采用程式化的薄画法，从浅色到深色分层次地完成。以范图（见附图30）为例：画每一层颜色不受窗框与墙体的限制。上面三层楼体的窗户通体画，可以画到墙面上，因为此后画墙面时可以覆盖，挤压窗框形状一次成形。但不能画到背景上，凡是已经确定不再改动的轮廓与色彩不能被破坏。分层着色时，画玻璃窗用倾斜的或与窗框走向一致的笔触。上面三层楼是茶色玻璃，第一层色是含棕色的土黄色，画满整个窗体，第二层色是浅棕，第三层色是深棕，第四层是棕黑色。每一层都要薄，略有覆盖性。

分层画色可以用干画法，即每层干透再压第二层。也可以用湿画法，即第一层没完全干即画第二层，有润泽的变化。

（4）画大面积的暗部色

厚画法从暗部开始，因暗部色重，含粉质少，再叠压比其浅的色一压即可。反之深颜色压在浅色上，粉质会出现往上翻起的现象，造成画面的灰暗。另外，先画上部暗色，整个形象的体面关系显示出来，容易把握整体关系。

画完最重的部分再画较重的部分，依次完成。

根据主次关系应先画主体建筑，画面积最大的。建筑的体面用界尺画，尤其是垂直笔触，能表现建筑的坚固、挺拔。注意画建筑的体面时不要画出轮廓以外。

（5）画大面积的亮部色

亮部色仍从深色往浅色画。越浅的部分含的粉量越大。

（6）画各种局部

这一步骤涉及众多形象。根据图面的复杂程度，可能要多次复写过稿，逐渐从大的局部画到小的局部。

（7）画配景

配景主要是乔木与灌木。写实的环境以写实的树来表现。

表现环境的层次感，远景、中景、近景的树木起到很大的作用。远景的树木不做明暗体积的刻画，用色纯度低，外形轮廓为平缓的树群。中景的树靠近主体建筑，最能反映树的全貌，多用简捷轻快的笔触，变化的光影与色彩表现生动的姿态。近树多取局部，有时处在图框地带，起到框景的作用。

（8）画地面

地面基本采用程式化的手法。画水平横线与横面显示路面、广场、铺地的通畅。画垂直线与垂直面表现地面的光洁，映衬烘托建筑的形象。用细的水平线或流线表现动感。靠图纸近端边缘部分常常画出浓重的水平面，并向中部过渡变窄，同样在活跃画面的情况下，增强了透视感。

（9）画细节

表现各种建筑形象的细节，是建筑设计表现的需要，也是建筑画的特征。精细的刻画要与整体相协调，不同的细节要形成呼应。细节部分可以用直线笔画出各种细线。

（10）画人与汽车

人与汽车的点缀使图面具有生活气息。人的表现在于动态，五官、手足均省略，有时采用夸张的手法，头部很小，腿部修长，同样是程式化的处理。现在计算机绘图多运用细致入微的人物造型，手绘水粉表现图与其有很大的差别。人物较多的构图注意从近到远的透视关系。

（11）画线条

画各种线条，包括轮廓线、结构线、高光线、室内照明线等放在最后的阶段，酌情选用界尺或直线笔。一般画完线条即可以裁图下板了（见附图 44）。

水粉画表现图也可以通过对实景照片进行归纳创作（见附图 31）。

现在计算机绘图已经较为普遍，其中具备水粉画表现能力往往是用计算机绘制表现图的基础。

3.9 马克笔、彩铅的效果表现

马克笔是一种高度简化的色彩工具，这种工具广泛地应用于设计图以及设计表现图。马克笔溶剂多为酒精和二甲苯，颜色鲜明、透亮，也正是这种强色彩张力导致细节深入性与色彩可修改性较弱，所以需要其他工具如彩铅、修正液、高光笔等来进行细节辅助刻画。

3.9.1 马克笔

（1）形体塑造

在快速表现中，色彩依附于形体，由于马克笔无法限定形体的边缘，所以多用墨线来强化形体的轮廓。

（2）色彩透明

马克笔的颜色鲜亮而透明，这种特性导致颜色不易调和，不具有色彩覆盖力，也就决定了上色的步骤为先浅后深，在用笔衔接色彩关系时也要注意轻重缓急以调和。

（3）色彩不易修改

马克笔的溶剂具有较强的挥发性，着色之后，颜色干得很快。初步训练中要多做一些色彩配色训练，要做到对工具属性的了解，尽量数遍之内将色彩画到位，忌反复涂抹。

（4）用笔方法

① 笔触　马克笔的笔头粗细不同，在用笔时轻重缓急抑扬顿挫、长短相交等笔法会产生不同的笔触效果。

② 线条　与笔触一样，由于马克笔自身的特性，效果表现的造型以及空间主要依靠笔触和线条来体现，可根据内容灵活用笔，当垂直和斜向用笔并用时相近色调可产生浓淡均匀过渡的效果（见附图 32A）；当交叉用笔时，需笔触长短结合，用 3 种颜色结合来画，有明暗关系，适合植物画法（见附图 32B）；当平行用笔时，速度较快，适合表现为夹带的物体，如建筑物或构筑物，需要“上浓下淡”或“上淡下浓”时，浓的部分需用叠加用笔，如笔触之间有适当的留白，可用相近的淡笔叠加，柔化色彩的对比关系（见附图 32C）；当要出现粗细或宽窄的笔触时，用笔头的斜面画，笔触则宽，用笔尖画就窄，在运笔过程中转换笔的方向可得宽窄不同的笔触（见附图 32D）；当两种或以上的同类色并用时，需讲冷暖及明暗关系（见附图 32E）；当马克笔头要干枯时，不要丢弃，它适合表现粗糙的材质（见附图 32F）。

③ 体块　在透视空间下的任何物体都是有体块关系的，它主要通过线条造型与马克笔的色彩线面结合进行表现。

④ 干湿衔接　主要有湿接法和干接法两种。湿接法是指在第一遍马克笔上色未干之时，快速上其他颜色，使底色趁湿与颜色融合，色彩丰富柔和，过渡自然。干接法是指在第一遍颜色干后再铺色，这样色彩层次明确，强调体块关系（见附图 32G）。

3.9.2 彩色铅笔

彩铅作为一种颗粒、蜡质的铅笔，是一种简洁方便的表现工具，也是马克笔表现最常见的辅助工具。由于它的使用很大程度上与素描的方式相近，对于初学者来说更易于控制和掌握。与马克相比，在色彩方面，彩铅色彩更加柔和；在塑造方面，色彩的叠加方式比较简单，排线所形成的色彩块面关系更具有透气性和可修复性（见附图 33）。彩铅一般结合马克笔共同使用，多用于表现局部细节的色彩关系与形体塑造。

彩铅在不同的纸面上会产生不同的肌理效果，大面积地运用彩铅比较费时间。这种工具最大的优点在于对画面细节的处理，比如草地的过渡，铺装材质的纹理表现等，表现光滑和反光质感较弱。彩铅笔触把握两点：①为形体和空间的塑造服务，保持形式美感；②色彩过渡丰富而统一。笔触方向可适度倾斜，力度强则画面色彩饱满；力度弱色彩与周围关系融合而形成自然的过渡。用笔调要适度加强力度变化，这样既可以丰富单一色调，又使色彩之间自然过渡，有层次变化（见附图34）。

彩铅主要功能是辅助细节刻画和丰富画面色彩，在与马克、水彩综合使用时，除了注意色彩叠加与融合外，彩铅的色彩搭配是活跃画面局部细节的关键，主要为色彩的冷暖、对比等，比如在冷色的天空中加入一些橙色等，这样的色彩搭配活跃而符合整体色彩关系，整体而不乏细节。

除了彩色铅笔之外，水彩、透明水色也可作为马克的辅助工具。

3.9.3 配景的表现

马克笔在配景表现中可以起到点缀、陪衬、丰富层次的作用，其深入程度需根据画面进行取舍，详见附图35。

（1）植物

植物在效果表现中是最常见的配景，在画面中主要功能有两方面，一是在局部塑造中与建筑或其他硬质景观产生色彩以及造型上的搭配关系，起到衬托、遮挡的作用，在整体画面色彩中又可作为协调关系，柔化视觉上建筑或景观过于生硬的造型及色彩，形成自然过渡；二是在设计中各种植物的搭配来塑造来生境、意境，丰富空间。另外，植物塑造还要从造型、色彩上考虑画面的透视，一般远景多为冷色调、近景为暖色调，用以拉开画面空间关系。

植物分类：乔木、灌木、草地等，从平面分类有单体、群落等。

① 乔木　乔木是由树冠、树枝、树干三大部分组成，在塑造中要忽略细节，从以上三部分着手概括去画，可以将树冠归纳为不同的几何体。单体上色，选取3～4种同类色，常见植物多以绿色为主调，为了让颜色丰富，可以适度用中性的黄色和蓝色辅助。在绘制时，始终保持树的形态与结构，分出亮、暗、过渡3个大的层次，先铺出植物大的明暗关系，亮部要多留白，暗部要留透气，依次逐步深入刻画。群组上色时，远景植物颜色用单色平涂即可，所选颜色要与背景色彩相融合，对比度低。近景植物除了表达亮、暗、灰之外，有时要注意树的投影，投影可以增加空间透视，还能反映地面铺装。

② 灌木　灌木的造型特征是低矮，整体以块面体现，色彩塑造时注意要将灌木整体进行色彩归纳。忌画平。

③ 草地　草地塑造要注重整体关系以及空间进深的透视变化，色彩统一中有变化，可以近景塑造以拉开空间。

④ 植物平面上色　植物平面上色过程一般为由浅入深，着重体现亮、暗、灰和投影4层关系。落笔要肯定，可用彩铅混合上色。

（2）石头

园林设计中石头种类繁多，主要以两种形式出现：①以驳岸与水景搭配；②作为景石单独放置或组合搭配。石头形体塑造“宁方勿圆”，色彩强化石块的亮、暗、灰三面的转折关系，亮部多留白，笔触果断，以一种颜色为主调，加入不同色彩，强调石块的材质特征。

（3）地面

地面包括不同铺装的材质表达，主要包括底色、反光、环境色。由于地面色彩是一个静态的整体，所以色彩要统一中有微妙变化。笔触要以横竖为主，上色时始终以画面空间透视为基准，底色可快速横向用笔平铺，反光垂直用笔，适度用中性的环境色丰富色彩关系。

（4）水体

水体总的来说分为动水和静水两类，另外由于水自身具有反光特征，在表现时往往要注意水与其他景物的关系。作为一个反射面，水体要适度留白，不要画得过多，加强水体边缘明暗对比与中间的色彩过渡。

（5）天空

天空表现要灵活运用笔触塑造云的形态，统

一中有变化，忌画“平”。由于天空色彩单一，面积较大，很容易形成与主体景观的色彩对比，在画面中多以植物或建筑为边界依次向外自然过渡，与主体色彩形成互为因借的塑造关系。

（6）人物

人物塑造不需要很强的写实性，主要通过人物组合渲染场景功能，需要注意的是要根据园林设计不同的功能需求来选取人物造型及色彩，造型需简单、色彩干练。

3.9.4 临摹

临摹练习对于初学者来说是必不可少的经验积累过程。在临摹过程中，主要从不同景物的色彩搭配、笔触的塑造方式这两方面着手。通过临摹来熟悉马克笔笔触和色彩的特性，从优秀作品中去了解和体会用笔、用色的规律，为今后创作归纳和总结经验。

在临摹一定优秀作品之后，可以选择实景照片作为原型，通过前期的归纳和总结，再进行马克效果表现创作，除表现图外，这一步要包括平面图、剖面图、鸟瞰图和各类分析图，逐渐过渡到设计创作的表现。

3.9.5 写生

写生是马克设计表现的一个重要环节，体现描绘者对真实物象的提炼与表达、色彩的提炼与表现能力。对于园林设计专业来说，写生可以建立从三维到平面空间的想象能力，特别是平面空间布局及竖向设计等内容。在户外写生时，首先要分析主体建筑或感兴趣的景观节点所处的地形特点，然后通过快速平面图来理解设计与空间的关系，这个过程考虑整个地形、园林要素、平面布局等，把观察、分析以及对设计理念的感受和理解作为户外写生的前提，再按合适视图原则选择最佳视角，梳理画面的层次及空间关系再进行场景的描绘。

3.9.6 效果表现

（1）构图

构图体现的是设计师的立意与构思。首先，在明确设计基本功能的前提下，根据平面图选择节点进行效果表现。这一步可以用2B铅笔起稿，确定主体景物，画面所有表现内容可先用简单几何体进行归纳。其次，确定这些内容在画面中的位置是否符合空间透视的一般性视觉规律，通过透视关系来协调景物之间的主次关系、结构关系、点线面关系。最后，进入线稿的细节刻画，包括光影、质感等。

（2）铺大色调

效果图是展现设计师的设计理念，上色之前要根据设计立意来确定画面色调，不同的主体色调体现场地环境的设计要求及目的。铺大色调时，要从整个画面的色彩对比、协调出发，上色过程中始终遵循统一中又富有变化。不可孤立地描绘主体，始终要注意画面色彩之间的协调性。对于初学者来说，临摹和写生中练习的配色、套色非常实用，先配色再上色，要做到对画面色彩胸有成竹，大的色块色彩选择明确，否则会导致画面整体色彩关系混乱，主题表达不明确。

在铺大色调时，要建立整个画面的光影关系，一是注意光线方向统一；二是注意前、中景物形状与投影的关系。

（3）细节刻画

根据画面的整体色彩塑造关系来定细节的深入程度，可以从画面主体或中心的明暗关系、色彩关系出发，逐一刻画。在塑造时，保持色彩搭配的协调性，注意画面的整体节奏，避免平均对待而导致画面色彩缺乏张力与节奏。

刻画中景和近景时，画面中景部分最为重要。深入刻画要对景物进行取舍和概括，注意笔触的流畅与节奏感，在造型上做进一步具体、深入的刻画。在这一步，与表现主题无关的配景要进行弱化或舍弃，集中精力对画面中的主体景物刻画充分，使其成为画面最精彩的部分。整体色彩关系上要加强对比，审视画面构图，注意高低、动静、疏密的景物搭配，在考虑整体色彩关系的情况下突出主题的色彩特性。

（4）整体调整

在保持整体画面的基础上，对局部细节进行调整。从近、中、远3个层次出发，对比画面景物色彩空间关系是否协调，强调画面的视觉中心。这一步对于主题内容局部要加强对比，可以使用重颜色和修改笔来塑造强烈的发光，用以表现体积和空间关系，细节刻画丰富，符合整体的色彩关系。色彩塑造要有取舍，忌整个面面俱到，画面始终通过整体色彩感受明确反映设计师的设计思路（见附图36、附图37）。

3.9.7 四季效果的变化

季相的变化在效果图中是非常重要的，春季偏黄绿基调，或灰黄、灰蓝调；夏季偏翠绿基调；秋季以黄色基调为主；冬季为冷灰色系或蓝绿基调。切勿在一张图画中出现四季景观的色调，否则破坏画面的整体感（见附图38）。

3.10 钢笔淡彩综合表现技法

钢笔淡彩是钢笔画与水彩渲染、马克笔、彩色铅笔等色彩画结合的画法，广泛地应用于设计图以及设计表现图。由于水彩渲染透明性强又能进行细致深入的刻画，以水彩渲染和钢笔画结合的钢笔淡彩最为普遍（见附图39）。

3.10.1 钢笔淡彩表现图

钢笔画的表现力非常丰富，尤其是白描的画法，将各种形象的轮廓勾画得清清楚楚，因而使渲染在塑造形象方面变得比较简洁。运用水彩渲染时着重于表现色彩的关系及整个环境的气氛，既可以深入刻画，又可以一带而过。明暗画法的钢笔画更适合作为独立的画种，其大面积的明暗线条缺乏使用色彩的空间，如果着色也只能浅淡地点缀或渲染。

园林、风景园林与城乡规划专业的学生在绘画基础方面相对薄弱，而墨线造型方面却有一定的优势，用钢笔淡彩的方法完成表现图更为适宜（图3-66、图3-67）。

钢笔淡彩的创作步骤可参考附图40的创作过程。

图3-66 钢笔淡彩鸟瞰图（1）

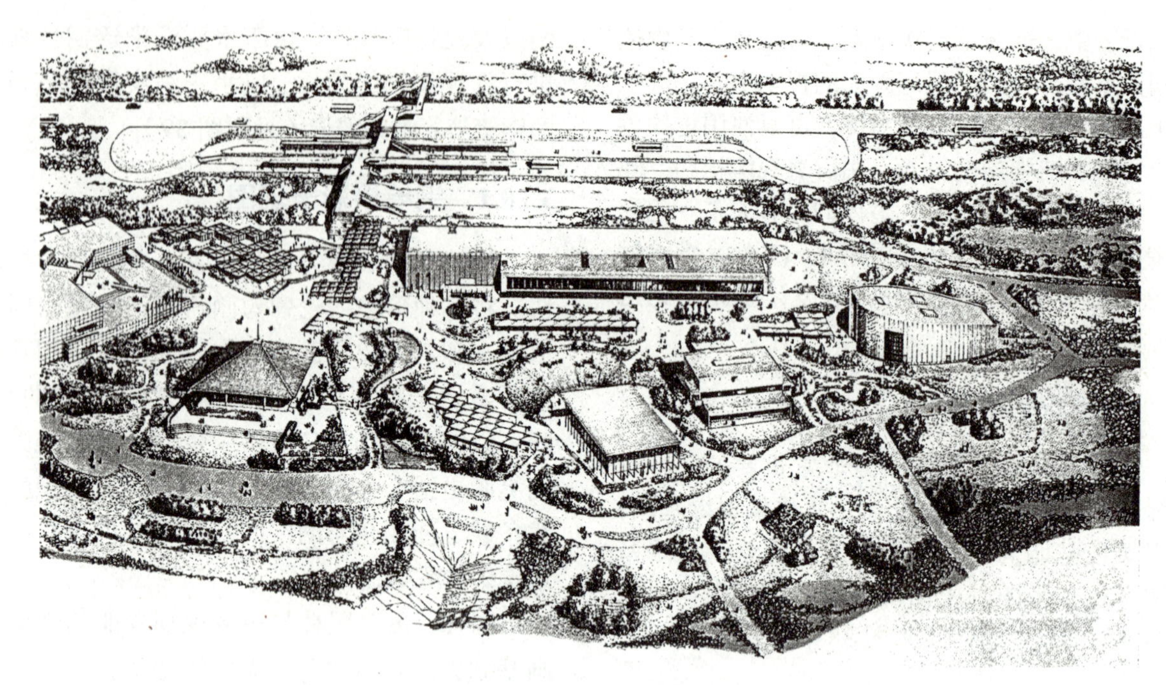

图3-67 钢笔淡彩鸟瞰图（2）

3.10.1.1 钢笔淡彩表现图的特征

① 钢笔淡彩表现图不单纯是钢笔画加淡彩，钢笔画阶段即考虑着色的效果，给渲染留有余地。

② 突出画面的色调，着重整体气氛的表现。

③ 为打破淡彩画的单调，应格外强调画面的层次感，近景、中景、远景三大层次分明。一般的构图，主体形象作为中景的居多，中景色彩的对比变化丰富。近景概括而浓重，略有细节的处理。远景以虚为主，色彩浅淡。

④ 钢笔淡彩无论怎样深入渲染色彩，都应保持钢笔线条清晰可见。

⑤ 由于钢笔墨线大量出现在画面上，总体的色彩格调倾向于淡雅、简洁。

⑥ 适量地运用“空白”的处理手法，如窗框、栏杆、远景树、树枝树干、人、汽车、飞鸟等。黑色的墨线、白色的间隙会对画面的色彩形成中性色的分割，能使画面协调，有装饰感。

3.10.1.2 学习钢笔淡彩表现图的3个阶段

（1）临摹

学习中国传统绘画多从临摹入手，学习设计初步课程的各种表现技法同样从临摹入手，通过临摹可以逐步掌握这一画法。选择适合的范图，按照合理的步骤进行临摹，临摹时要尽量与原作相同，才能达到学习的目的。只有掌握这一画法，今后才有可能进一步创作与发挥。

（2）归纳创作

选择有绿地环境的小型建筑照片作为原形归纳成钢笔画，再进行设色创作，以此作为向设计创作的过渡。

（3）设计方案表现

设计方案表现安排在设计作业阶段，将自己创作设计的方案画成表现图。选取恰当的视角，画出正确的透视关系，完成独立创作。

3.10.1.3 临摹钢笔淡彩表现图的作画步骤

（1）复印底稿

把临摹的范围按需要的尺寸复印成底稿。

（2）过稿

底稿纸背涂铅笔，擦匀后复写到裱好的水彩纸上。在此之前一定要试验一下水彩纸的质量，即勾完墨线干燥后遇水不洇。

图稿复写能看清即可。建筑的一些细节如细

栏杆、瓦缝、砖缝最好直接用铅笔在水彩纸上起稿。因为复写过程很可能出现不均匀的误差，一经涂改，连同过稿的压痕会影响墨线的质量。

（3）勾墨线

建筑形象运用尺规线。根据主次、远近选择不同粗细的线条。

先勾主体的建筑部分，因建筑形体复杂，有大量的尺规线，容易勾坏。如果环境全部勾完再勾建筑，一旦出现问题需要重画，损失太大。

建筑从主要轮廓勾起，依次为其他轮廓和细部。

（4）清洗图面

清洗图面必须在墨线干透的情况下进行。

先抹去图面的浮铅粉，再将图面进行一遍水洗。水洗是指把图框的四周刷上清水，迅速弄湿整个图面后用自来水冲洗一遍，去掉线条的浮墨。

（5）渲染天空

天空颜色较浅且面积较大，适合先画。如果上深下浅可将画板倒置。画天空时要注意取齐边框与其他各种白色的轮廓。

（6）画大面积颜色

大面积颜色决定画面的总体关系，包括屋顶、墙面、地面、草地、水面等。

（7）建筑局部

建筑是主体形象，深入阶段应从建筑开始。

（8）配景

从近景画至远景。

（9）第二次水洗

方法与第一次相同，在接近完成的阶段进行第二次水洗，去掉浮色的同时可以达到协调画面色彩的作用。

（10）细节加工

内容略。

（11）最后整体关系的调整

内容略。

3.10.1.4 归纳制作

作为归纳的素材不要用现成的各类建筑画的印刷品，包括计算机绘图。这类图面的构图、建筑形象处理、配景、布局等是经过作者创作加工的。设计初步课程作业须自己进行创作，对原状环境的照片进行加工处理，具体绘制可参考附图 41、附图 42。

（1）照片的选择

选择小型建筑，建筑造型最好是成角透视，外形有起伏变化，不宜平叙的正立面。建筑形象较为完整，尤其是入口部位不被遮挡。建筑的细部如檐口、窗框、栅栏等比较清楚。有一定的绿地环境空间。

（2）建筑钢笔画形象

入口部位应作为重点；檐口、墙面的转折部位应加以强调；竖线部分呈垂直的状态；确定一部分细节加以刻画；屋顶的叠瓦、墙面的砌砖可以适当地加以省略、间断。

建筑形象的墨线最好全部以尺规线完成。根据主要轮廓、次要轮廓、局部、细节的主次关系采用不同类型的线条。

（3）钢笔画配景

现状照片的配景往往不够理想，需要采用取舍、改变形状、位移、添加等方法，以便和主体建筑形成很好的陪衬与呼应关系。

建筑前面的树木不能挡住建筑的重要部位，可以改变形状或留出树叶间的空隙进行躲闪，或者移动位置。

建筑四周的树木不宜与建筑等高，应高于建筑或低于建筑才不显平板，树干更不能齐在建筑的垂直轮廓线上。

树木的造型可参考现成的钢笔画资料。注意树冠的造型，枝干与树叶的穿插，树叶疏密的勾勒方法等。

草地应分大的层次，在近处、路边、树下和分层次的部位画出草纹线，其他空白处靠色彩渲染补充。

水池在近岸处画少量波纹与倒影，倒影宜虚不宜实，断续地描绘。

近中景可适当地刻画少量的花草、路石、岸石等。

为使画面生动，还可以增加人、汽车、飞鸟等，把握好与建筑的尺度关系。

（4）构图

建筑入口面的朝向如同人像摄影中脸部的朝向，前面应留出足够的空间，不能堵塞。安置主体建筑的位置不宜居图面正中，否则有呆头呆脑的感觉。确定朝向后必然形成重心向相反一侧偏移，有时表现天空多一些，建筑重心下移，有时表现草坪、水池多一些，重心上移。建筑重心偏移后，偏移的一侧也要有一定的空间，使整个图面舒展。

建筑的屋顶与背景的树木形成一个影像，影像的形状要有疏密、高低起伏。通往建筑入口应有道路，路的形状应间断遮挡，不宜笔直生硬。

归纳创作的钢笔画可以参考其他资料，但前提是以原状的照片为基础，不可改变得与原照片相差甚远。

（5）设色

色彩部分除了建筑的固有色的基本状况外，可以任意发挥。

先在色彩的小样上进行多种设想的构思。

第一是主调。冷调与暖调、对比色调与调和色调、偏蓝的冷调与偏绿的冷调等。主调可以表现春、夏、秋、冬不同的季节，具有很强的感染力。

第二是层次。有柔和过渡与跳动过渡，层段过渡与穿插过渡。无论怎样过渡都必须表现出近、中、远的空间层次。

第三是对比。对比是画面中不可缺少的环节，即使是调和的色调也必须有部分的对比手法出现。运用对比手法表现主体形象与环境的对比，主体形象的主要部位与次要部位的对比，注意环境中要有点睛细节。

3.10.2 公园景区平面图

各种景区平面图是从事园林、风景园林与城市规划设计描绘较多的图纸之一，尤其是公园景区平面图最为典型，这类图面的表现仍广泛采用钢笔淡彩的形式。公园景区平面图主要关注两方面内容：一是图面中各种墨线形态的造型与组合；二是色彩的运用。可参考附图43至附图48。

3.10.2.1 墨线景观与环境

（1）建筑

大多数建筑的造型是对称的，是外形单纯明确的几何形，规整的形象必须用尺规描绘。

（2）道路、桥、铺地

有些公园的面积很大，以绘图的比例，道路、桥、铺地都无法表现，在公园景区平面图中它们的形象均略加放大夸张地描绘。

道路是整个浏览路线的脉络，曲折多变的道路也应画得挺拔、齐整。

冗长的道路可用树木、路石适当遮挡。

（3）水岸线、水面

水岸线多画成文武线。岸边画加粗实线，水内侧辅以细实线。

同样可以用树木与岸石活泼整个水岸的造型。有时水面以成组的波纹点缀。

（4）山体

山体用等高线描绘，纤细流畅的等高线增添了画面的曲线美。可以用大量的树群穿插在山体中，对等高线进行分割与遮挡。

（5）树木

树木有单树、组合树、群树。除极特殊情况，均以大体区域来表现，没有实际数量的概念。因此，在布局上可多可少，可疏可密，是公园景区平面图中最富变化、最为生动的构图元素，平面树的造型也最为丰富。

（6）草地

画草地的墨线有点状、短线、波状线、乱麻线等，常勾画在树间、路边、岸边，形成局部的密集。

3.10.2.2 构图

公园景区平面图的构图较单纯，由平面图、标题、景点介绍、指北针4个部分组成。平面图是占据图面2/3的大块面；标题是小方块组成的带状面；景点介绍可以灵活处理成面状或带状，整齐外形或参差错位等多种形式；指北针是小的点状面。构图即为安排这几个点、线、面的关系。4个部分应有明确的间隔。平面图部分的边缘地带可考虑柔化，通过色彩的退晕向图纸边缘过渡，形成与其他部分的穿插。

3.10.2.3 设色

公园景区平面图的色彩设计可涉及下面几个方面：

① 主色调应更加明确。因为没有具象形态的制约，可以更加充分地发挥色调的感染力。对比色的色彩更强烈，调和色的色彩可以用同类色来表现。

② 标题应醒目，与图面形成对比。标题字采用双勾线时，双勾线的着色可在标题内或在标题外。

③ 建筑永远是主体，常用单纯色，与色彩丰富的环境形成对比。

④ 道路是整个景区线路，常采用空白，依靠邻近部位色彩的衬托，显得流畅而突出。

⑤ 水面与地面是景区设计的两大元素，相互之间要有明显的差异。

⑥ 树木的组合，树木、草地与空地的色彩配置最易形成丰富变化，要运用不同方向的退晕相互穿插，形象之间的明暗关系要不断转换。

⑦ 大面积色宜用退晕手法，避免平板。水面的退晕可以从四边往中心、中心向四边、单边平推、双边平推、多边交错退晕等。

⑧ 景点介绍部分可在其所占区域用退晕烘托，可以在每个景点前加小色块以活跃画面。

协调素雅的图面要穿插局部的鲜艳，对比强烈的图面要辅以局部的单纯，使图面不至于因变化而混乱，因求协调而呆板。

3.11 模型制作

完整地表现设计方案，包括详细图纸尺寸的平、立、剖面图，真实环境氛围的表现图，展示体量与空间的模型。

模型制作成为设计的一个环节已经广泛地运用于绿地景观的水池、花坛、独立的园亭、小型院落、建筑造型、室内布局、庭园、景区全景以及城区规划。模型所展示的效果最为直观，有如身临其境地体会它们的三维空间，适应于观赏者各个层面。

模型是真实景观的比例微缩。精致的模型可以再现其环境、方位、造型、空间序列、色彩、肌理、装修、绿化等。

模型是设计师创作设计阶段的媒介。通过制作模型，酝酿、推敲、完善、落实最终的方案。

学生可以利用模型进行体量、空间组合的基础训练；通过实测模型认知相关形态的造型特点；设计阶段运用模型以提高构思的想象力与动手制作的技能。

3.11.1 模型的类别

（1）以设计内容区分

造型设计模型　为单体或组合体的造型，像雕塑、环境景观中的各类小品，如水池、花坛、园凳、路牌、路灯等。其种类繁多，使用材料也最为广泛。

建筑设计模型　建筑有工业建筑、农业建筑与民用建筑三大类。其中民用建筑又可分为住宅、公寓等居住建筑和商场、旅馆、剧院、体育馆等公共建筑。园林专业学习的园林建筑多是小型建筑，如公园大门与售票处、展室、小卖部、码头、别墅等。

室内设计模型　着重于各种建筑的室内空间分割，室内外空间的联系，室内外装修、陈设等。

城市、小区规划设计模型　规划设计模型的建筑为群体，着重于整体布局，与环境绿地结合为综合性的开阔景观。

公园、庭园景区设计模型　表现造园掇山理水的诸多手法。此类设计模型最生动、最美观。

古建筑实测模型　再现古建筑的精华，如亭、桥、舫、榭、牌楼、角楼等。

（2）以使用方式区分

基础训练模型　以线材、面材、块材塑造立体形象，组合空间关系。培养抽象思维的能力，建立形式美感的视觉观念。

方案构思模型　这类模型属于工作模型。形象概括简洁，侧重于方案的分析、比较，是理念的构思过程。只表现主要的局部关系，更多的细节雕琢可以省略。

方案实况模型　是设计图纸全部落实后的再现，造型准确、逼真。刻画所有必要的细节。是设计平立剖图、表现图、模型三位一体介绍方案的重要组成部分。

展览、竞赛模型　像服装表演的艺术展示，这类模型更侧重于艺术表现。有的极其精致，有的极其概括，有的色彩通体单色，有的以照明渲染出神话般的境界，有时不拘于写实，以象征、抽象、装饰的手法表现鲜明强烈的艺术风格。

（3）以加工材料区分

木材类模型　目前已有各种形状、各种型号的线材、板材、块材的模型木制品。可以黏合、咬合、榫卯，加工方法多样且成形美观。

塑料类模型　包括有机玻璃、各种苯板、泡沫塑料、吹塑制品、塑料薄膜、塑料胶带以及其他类别的复合制品。塑料类的材料色彩鲜艳而且丰富。

纸品类模型　纸品类有卡片纸、瓦楞纸、草板纸、玻璃纸、植绒纸、砂纸、电光纸、纸胶带、压缩纸板以及其他类别的复合纸。纸品类加工最为便利，成形的手段也最多。

金属类模型　金属类常用铝材、马口铁、铜线、铅丝等。金属材的加工略复杂，除一般工具外，需要部分机械加工设备。

综合类模型　上面所介绍的材质类别通常是以一种材料为主，容易达到整体的统一和谐。实际运用中有时会适当地与其他材料结合。

3.11.2　制作模型的工具、黏合剂及其他材料

（1）工具（图 3-68）

刀剪类　多用刀、手术刀、玻璃刀、足刀、普通剪、手术剪。

锯类　手柄锯、钢丝锯、拉花锯。

钳类　老虎钳、台钳。

锉类　木锉、钢锉。

钻类　手摇钻、手电钻。

电器类　电阻丝切割器、电热刀、电吹风、电烙铁、电熨斗、上光机。

电阻丝切割器用来切割苯板等塑料制品，电热刀用来切割有机玻璃与切削苯板成形。

尺类　卡尺、角尺、钢板尺。

其他　手刨、锤、砂轮、钉书器、打孔器、一次性注射器等。

（2）黏合剂

有氯仿、丙酮、乳胶、502 胶、4115 建筑胶、801 大力胶、两面贴、胶水等。氯仿、丙酮用来黏接有机玻璃与赛璐珞片。

（3）其他材料与代用品

如玻璃、赛璐珞片、陶瓷片、胶泥、碎石、砂土、卵石、盆景石、石膏、牙签、大头针、树枝、苇草等。

材料与代用品应不拘一格，只要适用，经过加工、整形、喷涂颜料，都可以作为很好的模型材料。

3.11.3　各类模型的特征

（1）造型设计模型

造型设计模型一般在通透、开敞的空间展开，呈显露的空间关系。一是造型本身的塑造，二是造型与相处环境的高低落差变化。因为空间关系单纯，所占面积又不大，制作时比较简单。以设计平面图为蓝本，完成竖向造型。

（2）方案构思模型

方案构思模型在建筑设计构思的过程中广泛运用。建筑造型做“体块模型”；分析结构做“框架模型”；推敲空间做“面材穿插模型”；群体布局做“体块组合模型”。基于辅助构思的功能，统称为“工作模型”。工作模型是设计方案的立体草图，不要求多么精致，省略细节的刻画，因而可以快速地解决相关阶段的问题。

（3）建筑设计模型

建筑设计模型属于正式设计方案的再现，要求微缩的比例、尺寸非常正确，各种建筑局部与主要细节交代清楚，色彩、质感得到表现，模型的加工制作精巧，模型具有长期保留的价值。

建筑模型的环境处理较为灵活，写实的手法与建筑形象相协调。抽象、装饰的手法又可以形成对比。

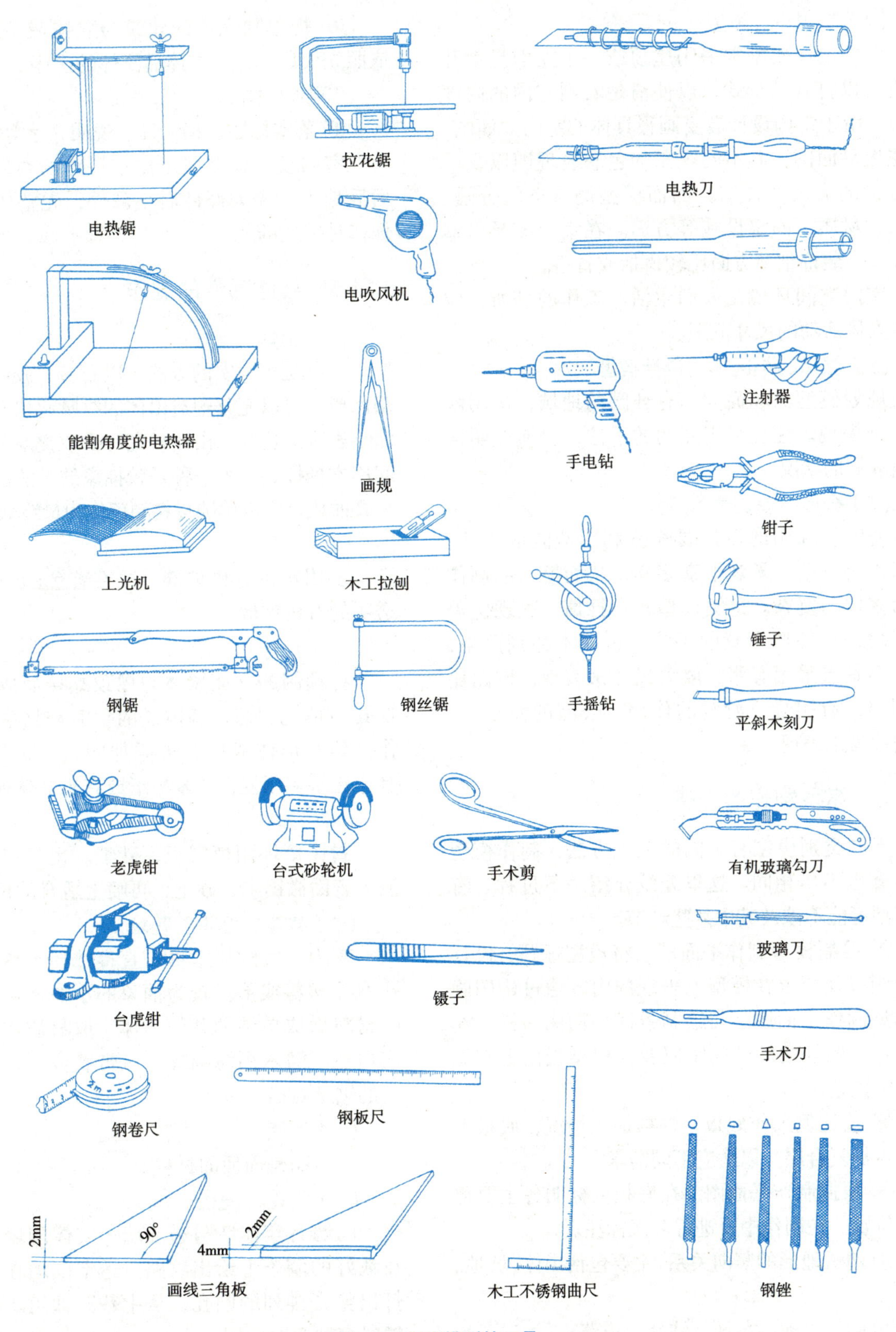

图3-68　制作模型的工具

（4）室内设计模型

室内设计模型常采用屋顶或一个立面呈敞开状或可以打开的形式，以便清楚看到室内的内部状态。由于室内设计需要画很具体的室内立面图，天花板平面图，画不同视角的色彩表现图以及一定数量的大尺寸详图，因而模型侧重空间分隔、色彩、材质、固定设施等方面。在室内家具、室内陈设、装饰细节方面比较概括或省略。

室内空间环境是人们生活、工作的场所，应注意人体活动的尺寸范围。

（5）城市、小区规划设计模型

规划模型的场面大，有开阔的地域，运用沙盘模型表现。往往采用照明的手法，变换照明来介绍规划的状况。

（6）公园、庭园景区模型

公园、庭园的设计要充分利用造园的手法，地形地貌复杂，景观丰富多样，从而模型的制作较为多样与复杂。这类模型重在抒情，表现优美的环境，往往以写意的手法，尺寸不特别严格，建筑类景点采用夸张、放大尺寸来表现，园路比较明显，有引导、游览的作用。公园的面积大，也用沙盘来表现。

3.11.4 模型制作的步骤

不同类别模型有不同的表现方法，制作模型的步骤也不尽相同。这里笼统介绍一下过程。有的模型可能不涉及其中某些环节。

① 绘制模型制作平面图。将模型标题、设计平面图以及要求在模型上表现的内容通过构图画出模型制作平面图。与绘制景区平面图一样，注意留边，图块之间的间距以及在模型板面上布局的虚实关系。

② 按比例尺作底板。根据加工情况，底板上可以再加复合层，以适应不同需求。

③ 根据制作平面图，在底板上标明各主要部件的位置。在制作中要进行多次标注。

④ 塑造地形的竖向关系，主要包括山体、坡地、台阶。

⑤ 制作水池、草地、铺地、道路。

⑥ 把单独完成的建筑与立体造型黏合上去。依照先大后小，先主体后宾体的次序。

⑦ 加树木衬景。

⑧ 落实标题、指北针、说明文字等。

室内设计模型属于比较特殊的类型，但先地面后地上，先大部件后小部件，先整体后局部的规律是一致的。

3.11.5 具体部件的制作

（1）山体

一种是较写实的方法，以石膏、胶泥、纸浆堆塑而成，可以充分塑造山体的纹脉起伏。干燥后再涂绘表现的色彩。山体较高时采取镂空的办法，中间用木框撑起。另一种是较抽象的方法，用等高层垒叠而成，常以单纯材料颜色作为最终效果。

（2）水面

多用彩色有机玻璃，或在着色的纸张上覆盖透明的有机玻璃。

（3）建筑

将预制的立面墙体与屋顶黏接而成。墙面的挖孔与填充门窗、墙体线的叠痕与划痕要提前制作。建筑形体成形后再添加阳台、护栏等局部。制作建筑多用复合的苯板纸或有机玻璃板。

（4）草坪

制作草坪用植绒纸、砂纸。也可以在涂满胶液的表面撒锯末、砂土，再喷上适合的色彩。

（5）树木、灌木、花坛

较为写实的树木可以直接选择干树枝或以大孔泡沫塑料成形。较为抽象的小树木可以用适当的材料做成单纯的几何形体。取材质本身色或涂成白色。灌木用海绵球状、带状成形。花坛用着色的锯末点撒。

（6）道路

及时贴是简便的材料。

（7）围墙、栅栏

围墙有实体墙与透空墙。实体围墙用签字笔在裁好的墙条上绘出纹路。透空围墙在片状材上打出整齐排列的圆孔，从中裁开即可。栅栏可用塑料窗纱截取使用。

复习题

1. 简述平、立、剖面图的定义以及它们之间的关系。
2. 谈谈练习钢笔画的体会。
3. 水彩渲染易出现的问题是什么？
4. 绘制景区平面图时如何运用色彩？

推荐阅读书目

建筑设计资料集（第一集）. 建筑设计资料集编委会 . 中国建筑工业出版社，1994.

画法几何及建筑制图 . 乐荷卿 . 湖南科学技术出版社，1995.

建筑初步 . 田学哲 . 中国建筑工业出版社，1999.

建筑渲染 . 童鹤龄 . 中国建筑工业出版社，1998.

风景园林制图（第 3 版）. 李素英、刘丹丹 . 中国林业出版社，2024.

第4章 从概念到形式设计

［本章提要］本章从风景园林专业特征出发，介绍从概念到形式设计的推敲和演绎过程，依托造型基础的平面构成、立体构成、色彩构成、形式美的法则等理论体系，充分结合专业的特色，紧扣实际应用的形式组织规律，将设计概念转化成专业形式设计中的平面布局、空间塑造和情景渲染等。

4.1 平面布局

4.1.1 布局设计中的视觉要素

根据康定斯基的图形研究理论，任何平面图形都可以被分解或抽象成点、线、面。点、线、面不仅是图形的三大视觉要素，也是图形思维的抽象模式。在专业布局中也不例外，无论是抽象的形象想象，还是平面化的图形布局，都可以说是点、线、面的抽象反映或演绎。因此，如何将三维形态归纳或把设计内容抽象成点、线、面，或通过点、线、面演绎出新形或空间造型，对于平面布局来说是非常重要的。

如图 4-1 所示为日本 IBM 大楼的庭院景观，用点、线、面的形式进行抽象，能清晰地观察到

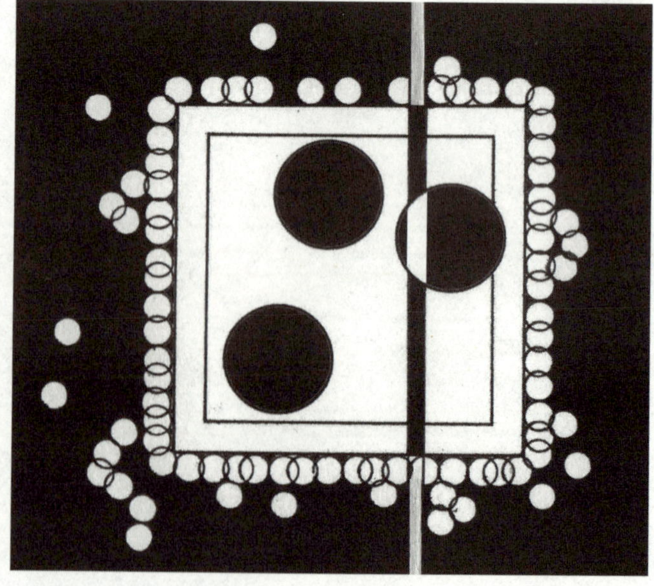

图4-1　日本IBM大楼的庭院景观与点线面抽象形式

其庭院布局中结构、章法、层次等。反过来如果把设计内容抽线成点、线、面的形式要素再进行布局，那么设计思维就不会被各种纷繁复杂的具象所束缚，从而让我们能迅速而直观地把握整体的设计布局和设计方向。因此，对形式的基本要素点、线、面的特征的研究和在专业设计领域中的布局应用的分析，有助于我们灵活掌握平面布局的形式特征。

4.1.1.1 点在布局中的特征及作用

在布局中，点是最小的形式构成单位。点的概念是相对的，对它的判断需要以周边环境形态的尺度为依据或设计的重点为线索，给人以相对小的视觉感受，就可以看作是点。如一块休闲广场中心种植一棵大树，这棵树相对于广场的尺度来说是点的概念形态；但如果把目光锁定在大树的范围，树下的一盆仙客来相对于这个环境来说就是点的概念形态（图 4-2）。因此，场地大小决定点的概念，它的概念是相对的。

在平面布局中点的存在形式是多样的，有起画龙点睛之笔的点，有为突出重点而渲染的点，有起视觉平衡或相互呼应的点等，总结起来主要由点的虚实、大小、方位、重复等来决定点在布局中的图形显现及作用。

（1）点的虚实

在布局中，被凸显或被强调的着重点为实点；反之，被隐含的或虚化的点为虚点。在布局中为了引起视觉焦点或视觉导向的标志物，在布局中常以实点的形式出现；而结构线或网格布局中出现连接点或交叉点，则属于虚点，如图 4-3 所示。

（2）点的大小

点的大小与所处的环境、空间范围有关。两个同样大小的圆，一个周边围绕着比它小的圆，一个周边围绕着比它大的圆，前者比后者在视觉上略显大（图 4-4）。因此，同一棵树放在空间局促的地方或周边有相对小的植物，树显得很大；而放在空旷的场地或周边都是大树的环境中，树就显得小一些。

（3）点的方位

点的方位与布局中的表情有着密切的关系。焦点在布局中的方位不同，产生心理感受也是不同的。居中偏上一点具有较强的视觉聚集力，给人稳定、集中感；偏上或偏角落具有提示或导向的作用，给人不稳定感，或容易忽视的感觉；根据黄金分割点的原理，位于画面 2/3 偏上的位置时，最易吸引人的注意力，如图 4-5 所示。

（4）点的重复

单点在布局中具有停留视线和形成焦点的作用；而多点的出现将增加视点，分散注意力，需要在大小、距离、方位和数量做调整。当出现两个相同的点，两点之间将产生连接或对抗，使人的视线在两者之间不停地移动，难以产生焦点，

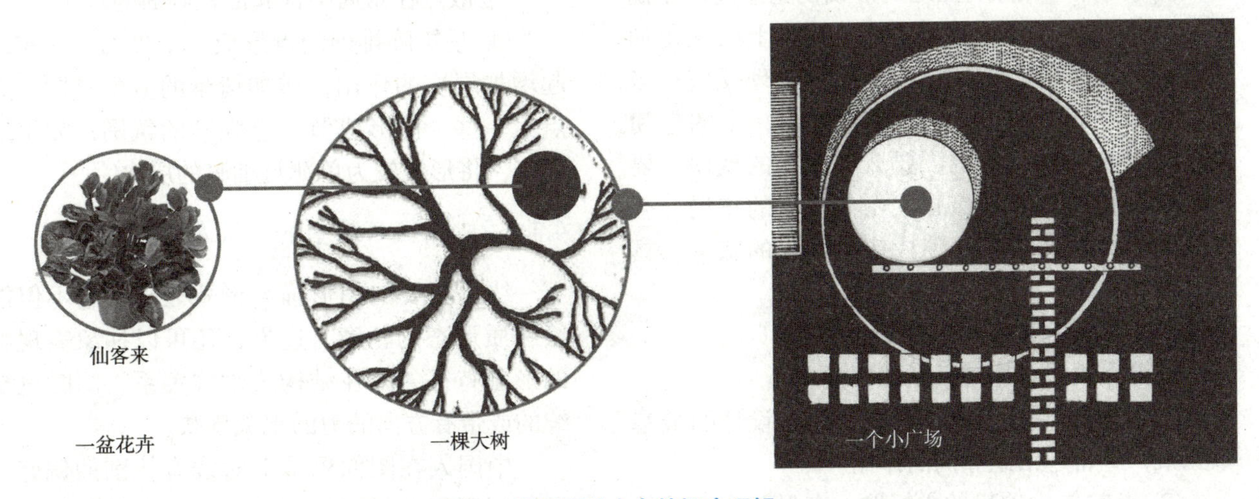

图4-2 风景园林中点的概念理解

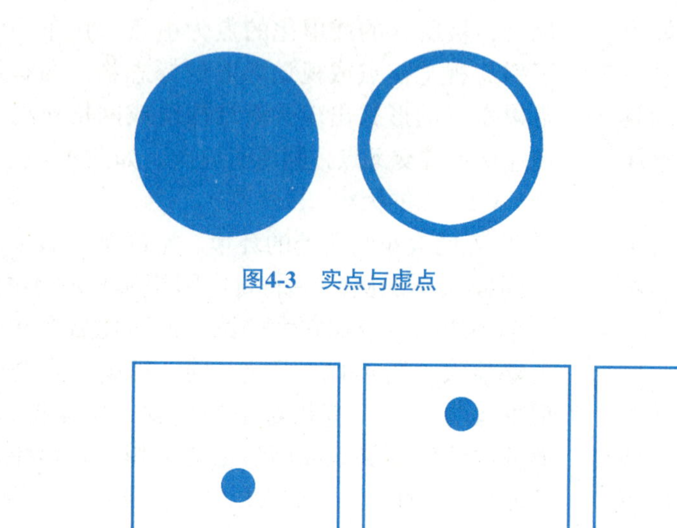

图4-3　实点与虚点

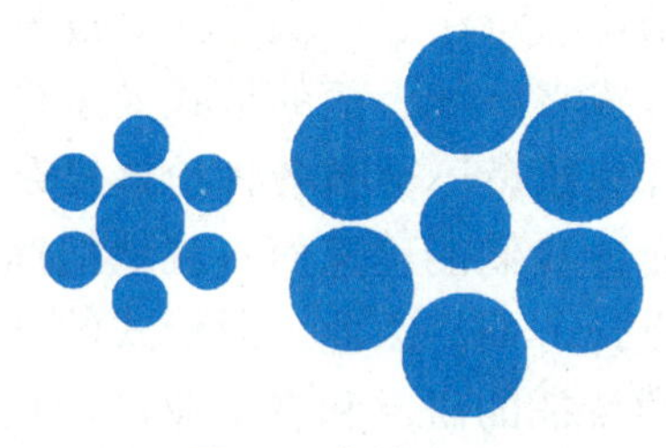

图4-4　点的大小

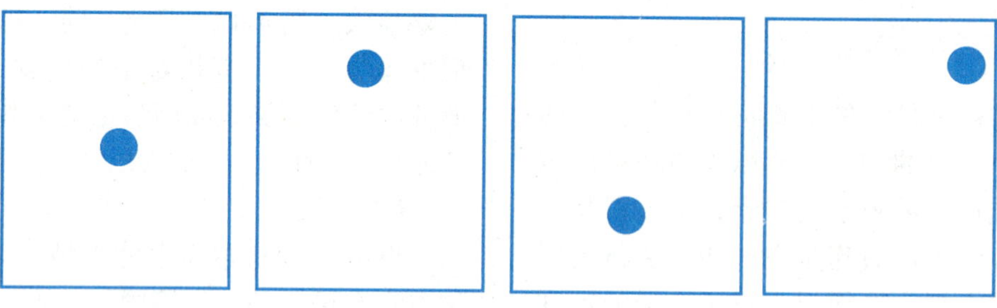

图4-5　点的方位

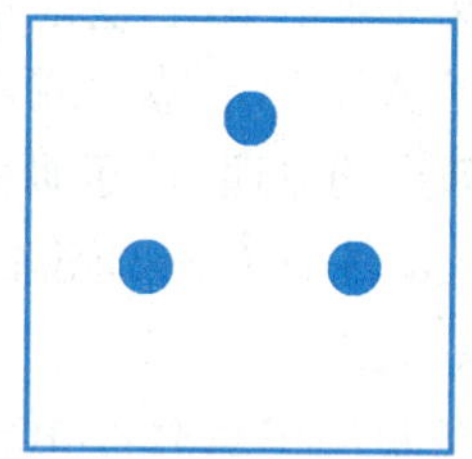
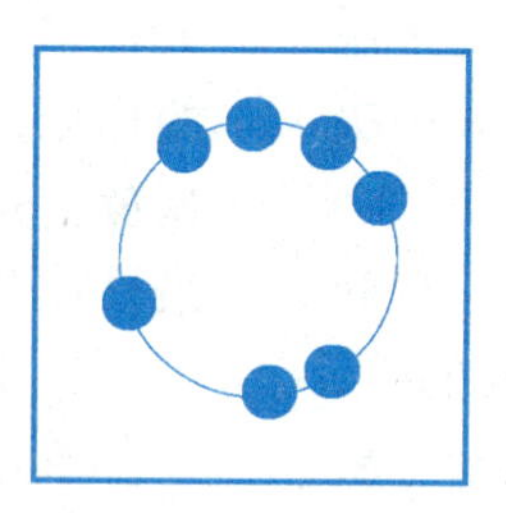
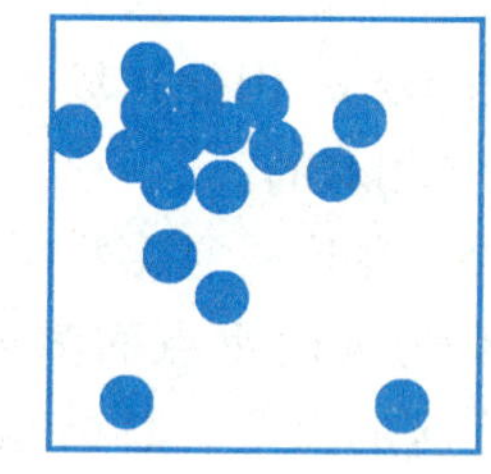
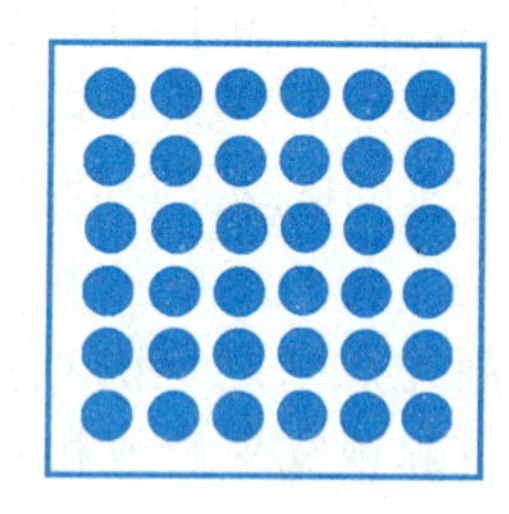

图4-6　点的重复

除非改变两点的等同局面，使其形成一个整体或互补或主次，产生新的形象或主题；当布局出现3个散开的点时，点与点之间形成视觉连线，在视觉心理上产生连续的效果，产生视觉上的三角形虚形，产生一种空间感，这是一种心理反应；当布局中出现3个以上点时，需要建立一定的空间秩序，要么按图形布局，要么形成线的秩序，要么形成面的秩序，要么建立密集构成的布局，否则画面开始显得零乱，使人产生烦躁的感觉，具体详见图4-6。

（5）点的作用

点是布局设计中最活跃的因素。

① 点在布局中是最小单位，也是设计的最基本元素，经常起活跃布局的作用。

② 点常作为项目的主标题，有强调或提示的作用。核心点在平面布局一般起到“画龙点睛”的作用，其他点在布局中起陪衬、引导的作用。

③ 散点在布局中常起活跃画面的作用。

④ 呈矩阵排列的点形成一个虚面，在布局中起增加层次的作用，增加情景的渲染氛围。如果点大一些，能形成节奏感强烈的氛围；如果点小而密，将形成较为单薄且细腻的层次。

4.1.1.2　线在布局中的特征及作用

线是主要的图形描绘形式之一，它不但能描绘物质形态的轮廓、边界，还可以抽象表现物质的形象特征、内在结构或轴线关系，同时也是持续的或带有方向的力的视觉反映。

中国人在图像思维上对线有特别的偏好，从书法到国画，从园林到建筑，从家具到装饰都呈现出对线形的眷爱。

在现当代设计中，线是最富表现力的视觉形态，也是现代艺术重要的表现语言，能演绎出丰富多彩的视觉形象，或激情、或老辣、或气韵流畅、或细致含蓄。

在布局中线也起着重要的作用。如划分空间结构、组织交通流线、引导视觉导向、营造空间表情等，总结起来主要由线的虚实、曲直、粗细等来决定作用。

（1）线的虚实

实线是相对于背景而言能独立存在的线，是相对比较严谨的线，如轮廓线、边界线、结构线等。虚线一般指由连续排列的点或短线构成的线，主要起渲染、补充、引导、连贯等作用，如园林景观中汀步石、行道树、路灯等。

还有一种线是形与形之间的间隙，也称虚线。就像两块巨石夹缝中显现出一条天线的“一线天”景观，又如庭院铺饰中条石与条石之间勾勒出草地的虚线，实线和虚线共同组成虚面（图 4-7）。

（2）线的曲直

线的形态可大致分为直线和曲线。根据线的类型和动势的不同，不同的线具有不同的感情性格，并起到一定的视觉心理暗示。

从动势来看，直线表现静，曲线表现动。

从性格来看，直线刚劲有力，其中水平线平和、稳定，垂直线给人刚劲、崇高之感，斜线则有速度感，折线让人联想到内力与外力之间的抗衡等；曲线柔韧、丰满、自由、连续，其中圆弧线、螺旋线等几何曲线体现对称和规整的几何美，抛物线、旋转曲线等体现刚柔并济的运动美，蜿蜒曲线自由而富有弹性，给人延伸感等（图 4-8）。

线的形状与场所精神有着密切的关系。

（3）线的粗细

从几何学的角度看线是没有宽度的，但在视觉形态中，线不仅有宽度，而且变化丰富。粗线显得厚重而粗笨，细线显得轻盈、锐利、紧张。

（4）线的组织方式

线是布局中最主要的设计元素，线形的表现

图4-7　实线与虚线

图4-8　线的曲直

很少独立存在，只有相对被强调或凸显出来的着重线。所以如何排列和组织线条对于布局来说是非常重要的，也是决定布局结构成败的关键。根据组织方式的不同可分为平行式排列、发散式排列和交叉式排列。

① 平行式排列　从方向上分，有水平式方向和垂直式方向；从结构上分，有等距离式、渐变式。

② 发散式排列　等距离、渐变式、自由式。

③ 交叉式排列　从方向上分，有垂直式、自由式；从结构上分，有等距离式、渐变式、自由式。

（5）线是布局设计中最具表现力的视觉元素之一

① 不同的类型和表现手法，使线具有丰富的形态变化和空间层次。

② 根据线的形态特征，可加强、明确主要的结构物，或弱化、模糊某些边界。

③ 利用线的情感特征表现布局中所设想的设计氛围或情感效应。

④ 线具有导向和界限功能，用于区分空间和区域，给物体以明确的边界。

4.1.1.3　面在布局中的特征及作用

面，顾名思义就是其长度和宽度比接近，给人从面积上有视觉的充实感。面与点、与线有着密切的关系，当点扩大或高度密集给人面的印象，点的矩阵式排列也给人点化的虚面感；当线宽加粗或围合也能形成面，线不但可以描绘面的轮廓，也可以表现面的内在结构，阵列排序的线也给人虚面的感觉。可见，点、线、面之间的形象符号是相互作用的。

在布局中，面对于点和线来说是相对完整的功能空间，具有较强的完整性和统一感，所以深层次地理解面的正负、形状、虚实是很重要的。

（1）面的正负

面的正负是强烈的两组对比关系，是正形（主形）与负形（背景）之间的强对比关系。在以往的视觉经验来说，代表形状的面突出，代表背景的面退后，形成画面的主要两大层次关系，这种对比强烈、响亮。但图底关系有时是相对的，如图“鲁宾之杯”（图4-9），既能看成一只黑色的杯，也能看成两张面对面的白色人脸，充分体现“图即是底，底也是图”的图形辩证关系。

图4-9　“鲁宾之杯”

（2）面的形状

面是和形状联系最密切的形式，但不管形状如何丰富、如何复杂，都可归纳为直面和曲面。

直面指的是由直线构成的面，包括几何形的直面和不规则的直面。如方形、三角形、五边形、不规则多边形等都是直面的范畴。直面具有直线所表现的心理特征，给人安定、秩序、刚劲之感。

曲面指的是由曲线构成的面，包括几何形曲面和自由曲面。如圆形、椭圆形、梅花形、自由曲面等都属于曲面。曲面具有饱满、轻松、柔和之感。

（3）面的虚实

虚实变化是图形变化的主要特征，也是增加图面层次的主要手段之一。面的虚实从表意上具有图底之间的层次关系，实的面凸显，虚的面退后。但有时又是辩证的，如果周面环境都是以实的形式存在，虚面就是相对的实面；反之周围的环境是虚的，实面就是实在的着重面。

面的虚实更多体现在虚面的调子控制上，通过虚面不同的构成形式可获得不同的调子，增加画面的层次，如点的矩阵式排列与线的阵列排列所形成的层次感就不一样，点式的虚面给人更为通透和灵动的感觉，线式虚面给人含蓄和细腻质感；再如，粗实线构成的虚面比细实线构成的虚面显得更为突出（图4-10）。所以，面的虚实主要是控制虚面的构成形式，使其产生不同的调子，

面

点化的面

线化的面

图4-10　面的虚实

来丰富布局的层次和内涵。

（4）面是布局设计中形成功能表情的主要因素

面的形状、层次、肌理是形成功能表情的主要因素，它们决定了面给人的感受是温和的，是坚强的、柔美的、坚硬的、细致的，还是粗糙的等，在布局中可以根据不同的场合和功能空间的需要对面进行组织和表现。

① 面的曲直、松紧、节奏，能充分体现功能空间的表情。自然、流畅、韵律的曲面给人灵活多变、步移景异的空间感；机械、整洁、节奏的直面则给人秩序井然、干净利落的空间感。

② 面的图底、虚实的关系能带来丰富的明暗调子，增加空间布局的层次关系。黑白对比强烈的，布局显得响亮;大面积的灰调子，布局显得含蓄细腻。

③ 面的肌理可以丰富布局的视觉感受，进一步渲染画面的表情。肌理的对比在视觉上使我们产生触觉的通感。

④ 当布局中出现多种形状的面时，面的大小对布局的结构和总体特征有很大的关系。如果布局的视觉元素散点状分布，面积相差不大，整体则统一均衡；如果布局中几个面的面积相差很大，整体布局将充满张力感。

4.1.1.4　课题实验：以点、线、面构成要素抽象风景园林的平面布局图

（1）要求

广泛浏览现代和当代风景园林设计大师的作品，特别是平面布局构成感较强的设计大师，如彼得 · 沃克、凯文 · 林奇、玛莎 · 茨瓦戈等人，分析他们的平面布局构思中点、线、面的布局方式；并以点、线、面的形式抽象设计作品的平面图。

（2）步骤

先分析设计思想及平面图布局；接着用大块面的点、线、面进行平面布局的抽象；进一步分析点、线、面细节应用；最后用黑白构成的手法把平面布局中点线面的应用充分地表现出来。可参考图 4-11。

（3）尺寸

画在 21cm × 29.7cm 白色细纹水彩纸上，可参考图 4-12。

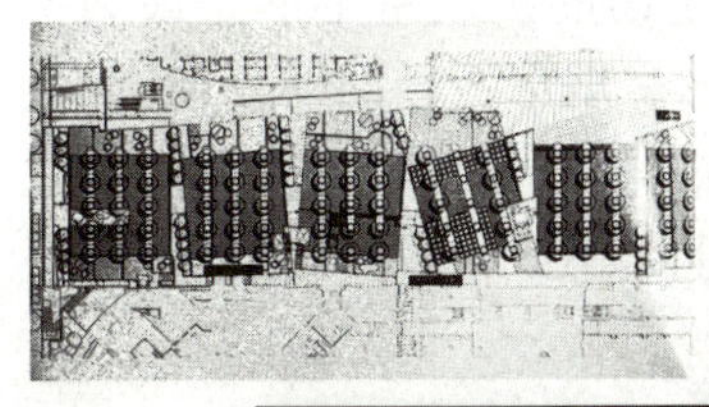
A. 分析平面图 分清地面层、设施层、树层，理解设计师的意图、图形语言、设计手法以及目的

B.抽象最主要的基本元素，抓住主要结构及方向

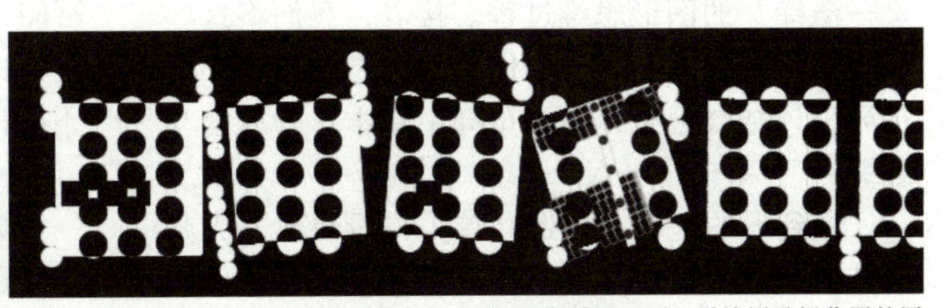
C.以形的基本要素点、线、面表现出平面图。保持地面层、设施层及绿化层的层次关系，通过抽象的图像加强表现设计的意图及目的

图4-11　以形的基本要素点、线、面解读风景园林的平面图

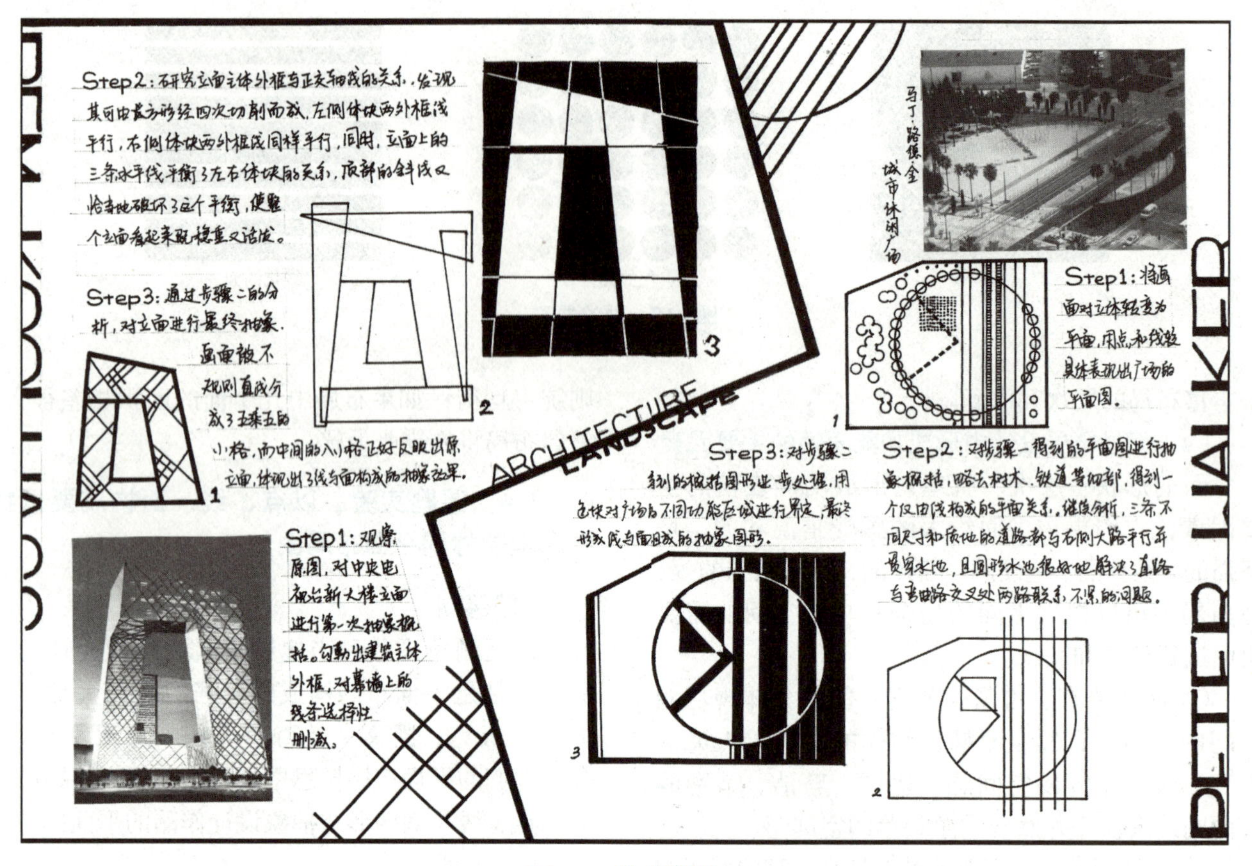

图4-12 作业案例

(4) 课题要点

理解风景园林平面图中点线面的构成方式与设计主题的关系。

4.1.2 布局中的基本形及组织关系

点、线、面的形式法则让我们能快速地捕捉事物的形态特征，并将其抽象成简单的形式符号，使我们的思维完成了一次“具象—简化—抽象—演绎”的图形思维过程。接着，我们将这些法则拓展到形的归类与创作，并与专业设计中的布局设计结合起来，完成布局中基本形的取舍与组织。

说到形的组织与创造，首先得看看形式大师的鼻祖——自然，“自然”这位伟大的老师不但创造了丰富多彩的物质世界，还影响着人们的审美习惯和评价标准，并为人类的创造性活动提供了不竭的源泉，从古至今不断地激发人类的创造灵感和形式组织语言，如日月星辰、山川河流、四季变迁等景象为人类提供了无限的形式蓝本，总结起来都可用“圆、方、角”3种基本形进行归纳。

4.1.2.1 圆

圆是在自然界常见的形，其圆润、饱满、有张力的特征，让人联想到太阳、月亮、行星等。以圆为基本形，可衍生出的次级基本形是最为丰富的，如圆形、半圆形、扇形、椭圆形、卵圆形、自由曲面形等，它们除具有圆润柔和的共性外，还具有自己的独特个性。

(1) 圆形

圆形是自然界中最具张力又最为保守的形态，它用最少的表现包围了最大的面积，同时又能有力地防止各种形式的破坏损毁，具有完美的整体性特征；圆形容易让人联想到球或轮子，看上去并非静止不动的，使其具有运动和静止双重特征；

圆形边缘的任何一点与中心点能形成一个很自然的聚焦的，且是等距的半径，因此呈现出一种特别的和谐统一性。

圆形随着组合方式的不同，将产生不同的形式表情。

① 单个圆形在空间的组织中，由于圆形的饱满、简洁和张力感，在空间中起视觉焦点的作用，但需要在立面空间或其他设计要素加以丰富，否则很容易显得单调。

② 自由密集的圆形组合是由一个统领或多个统领的圆形带着多个大小不一的圆形分离且不相交的组合，像水里的气泡有大有小、有松有紧，给人轻松自然的感觉。

③ 阵列的圆形组合是按照等距离的重复骨骼，安排大小不同的圆形有规律、有秩序地排列，给人秩序井然且活泼生动的空间氛围。

④ 相切或相交的圆形组合像珍珠项链一样，给人连续的、活泼生动的空间情感。

⑤ 不同圆心的圆形组合，是对单个圆的进一步强调和夸张，在强化空间的视觉焦点的同时，带来空间的流动和运动感。

⑥ 同轴线的圆心组合，是数个大小不同的圆，其圆形在同一轴线按组织秩序时紧时松，使空间充满运动感，但又不失平衡的韵律感。

⑦ 同心圆组合是一系列有相同圆心但半径不同的圆上的弧，通过半径相连在一起。可以理解为在类似蛛网的网格基础上绘制而成，然后根据概念方案所需的尺寸和位置，遵循网格线的特征，进行平面图绘制。同心圆具有很强的向心性和圆润感（图 4-13）。

图4-13 多种圆形组合模式

图4-14　半圆模式

图4-15　扇形模式

（2）半圆形

当完整的圆形被对称地分割成半圆时称为半圆形；但被随机分割时，大于半圆时称为圆弧形；小于半圆时称为半圆弧形（图4-14）。

① 半圆形是整圆的一半，具有圆形的饱满和张力，又具有直线的刚毅，如拉满弓的弓弦。

② 圆弧形是在整圆的基础上，分割出一小部分，整体上大于半圆。圆弧形给人的围合感很强，又具有一定的方向感。

③ 半圆弧形是在整圆的基础上，分割出一大部分，整体上小于半圆。半圆弧形比较单薄、尖锐，具有较强的方向引导性，但比锐角三角形更具柔和感。

（3）扇形

扇形是一条圆弧和经过这条圆弧两端的两条半径所围成的图形，半圆形是一种特殊的扇形。圆心角小于180° 的扇形具有外向扩展的视觉导向性，容易形成视觉焦点，同时也比锐角三角形更具柔和感。圆心角大于180° 的扇形给人以围合感和内向扩展的视觉导向性（图4-15）。

（4）椭圆形

椭圆形可以看作被压扁的圆形。圆形是各向同性的，而椭圆形有长短轴，具有明确的方向性，因而椭圆形是比圆形更富有动感的图形（图4-16）。椭圆单独使用时视觉较纯粹，很有运动感，但不及圆形的饱满感；同时也能多个椭圆形在一起排列或组合；或者与圆形组合也别有情趣。

（5）卵圆形

卵圆形又称自由椭圆形，这种形富于张力，有生长感，显得自然而流畅。如鸡蛋、鹅卵石、海洋动物、种子的轮廓线等都是卵圆形的经典模样。多个卵圆形进行分离、相切、相交、重叠等组合可产生丰富的、趣味的形式。特别是当多圆相交时产生负形，可得到扇贝形的图形。在设计中使用卵圆形能产生动感、活泼的、有机的、流动的效果（图 4-17）。

（6）自由曲面形

曲线被封闭起来，环绕形成封闭的曲面，是很有趣的形式，像水迹、玻璃上的水滴或墨汁溅到桌面形成的曲面。这种自由的曲面在布局中常出现，一般都由蜿蜒的曲线勾勒出来，形成相对自然的水面或地面的形状，给空间带来一种松散的、自然的、流动的、平滑的、非正式的气息（图 4-18）。

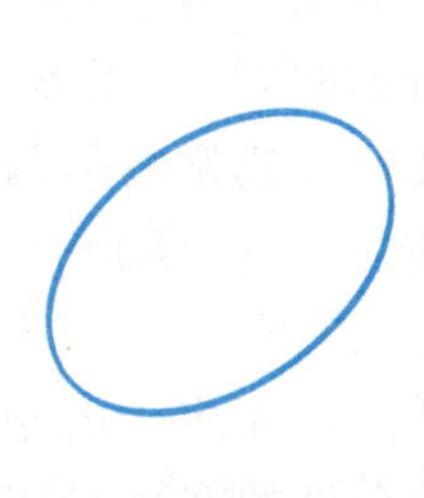

中关村软件园信息中心景观设计，王向荣、林箐

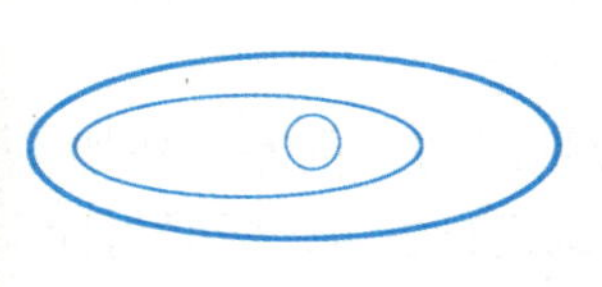

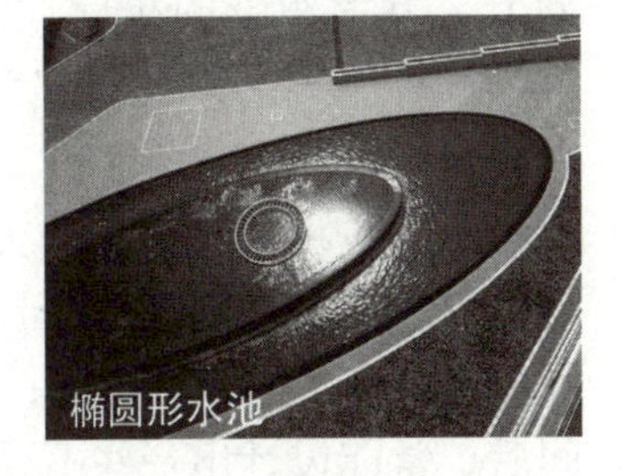

椭圆形水池

图4-16　椭圆形模式

图4-17　卵圆形模式

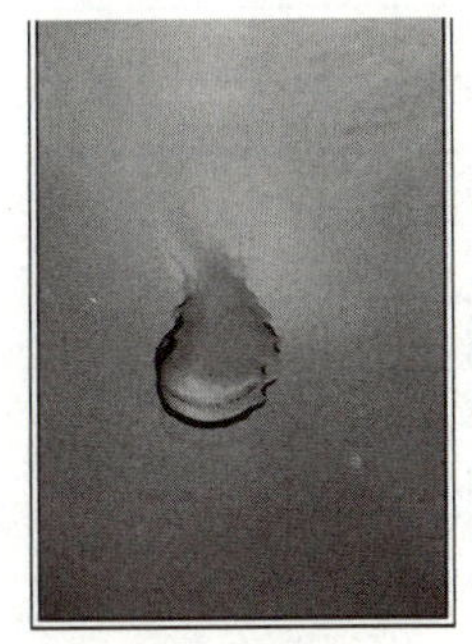

图4-18　自由曲面形模式

4.1.2.2 方

方形在自然界较为罕见，最多出现在人类的创造活动中，如农田、建筑、日常生活用品等。在现当代都市景观设计中，以方形模数为主的设计案例比比皆是（图 4-19），如都市广场的空间划分、方形树阵的布局、方形铺装、方形的景观小品和设施等。大众对方形广泛接受的原因很多，大致有以下几点：

——方形简洁大方，方形之间可重复、叠加、覆盖等，很容易作为基础形式进行思考，同时可演绎出丰富多彩的模数形式；当二维空间变成三维空间后，常能设计出一些不寻常的有趣空间。

——制图方便，易于核算、加工、制造、装配等，节约大量的物质成本和时间成本，因此受到执行者的广泛认可。

——方形四边的 90° 角产生一种稳定、结实的关系，这给人一种确定感和踏实感。

——方形重复后可形成一种明显的统一感和节奏感。

简洁、方便、稳定和统一感等特性使得方形受广泛欢迎，但它也会给人一种刺目的、箱盒形的单调感和机械感。这需要用充满想象力的方式去进行处理，如利用合适的角度来体现一种纯粹的、稳固的、带有绝对性的特征；或改变排列的结构方式；或改变方形大小的模数。或改变方形的方向，如当方形呈对角线排列时，那它就不再体现平静安宁的特征，而是成为一种动态的因素。总而言之，根据其尺寸大小，摆放的位置，色彩和朝向，方形结构可以产生各种截然不同的视觉效果和情感联想。

4.1.2.3 角

角形在自然界也比较常见，如山形、树形、叶形、结晶体等。从几何学原理来说三角形模数是方形衍生出来的，是方形模式的对角斜切图形，具有与方形模式近似的特性。其中最典型的是两种模式：45° / 90° 角的三角形模式和 30° / 60° 角的三角形模式（图 4-20）。

以三角形的基本形态特征可衍生或演绎出变化丰富的多边形，在布局中比较常见的有平行四边形、正五边形、六边形和不规则多边形等，其中正六边形由于具有圆形和方形的特征，在设计中经常运用（图 4-21）。

动态感、稳定感、灵活性、活力感和随机性等特性使角形在风景园林中普遍受到认可，但是风景园林设计涉及人的行为、心理和人体工程的多种需要，加之在执行时因为大量的异形，将减低物质和时间的效益，因此在实际应用时要特别谨慎。

（1）45° /90° 角的三角形

以正方形为骨架，连接对角线，就形成了 45° /90° 角的三角形，由于此形具有正方形的特征，又具有角形的导向性和灵活性，是比较受欢迎的角形之一。从整体结构的观点来看，45° /90° 角的三角形是已知的形态中最具稳定感的。

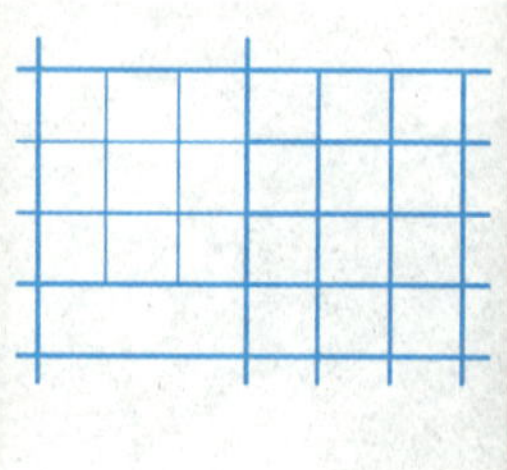

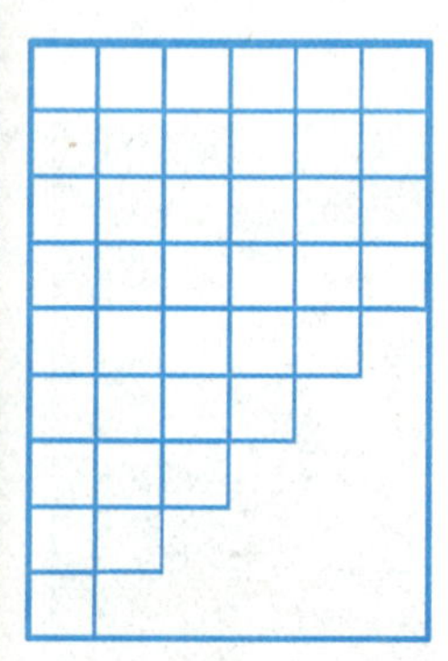

图4-19 方形模式

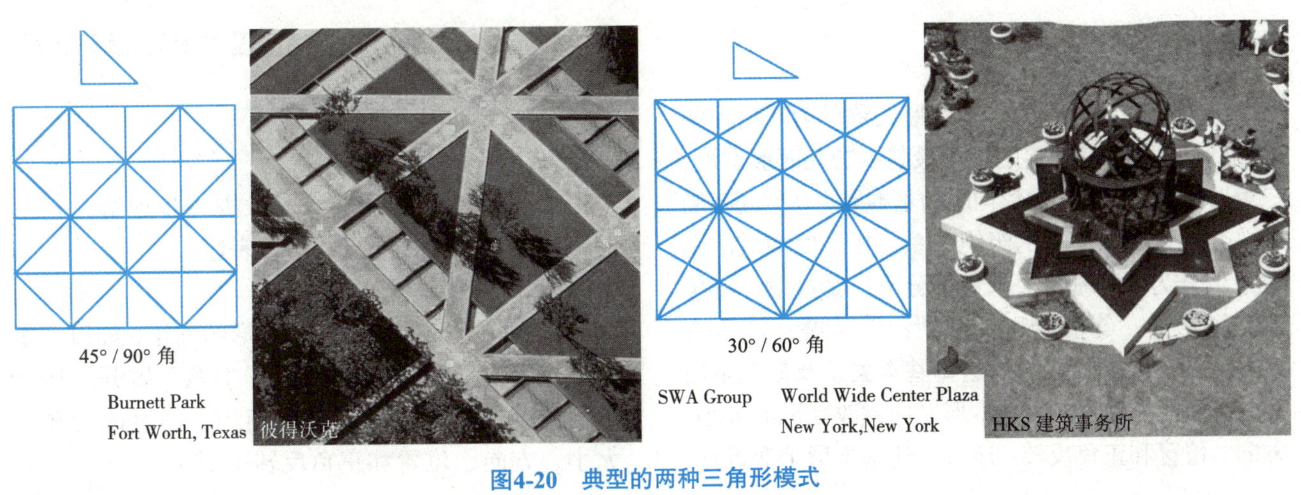

图4-20　典型的两种三角形模式

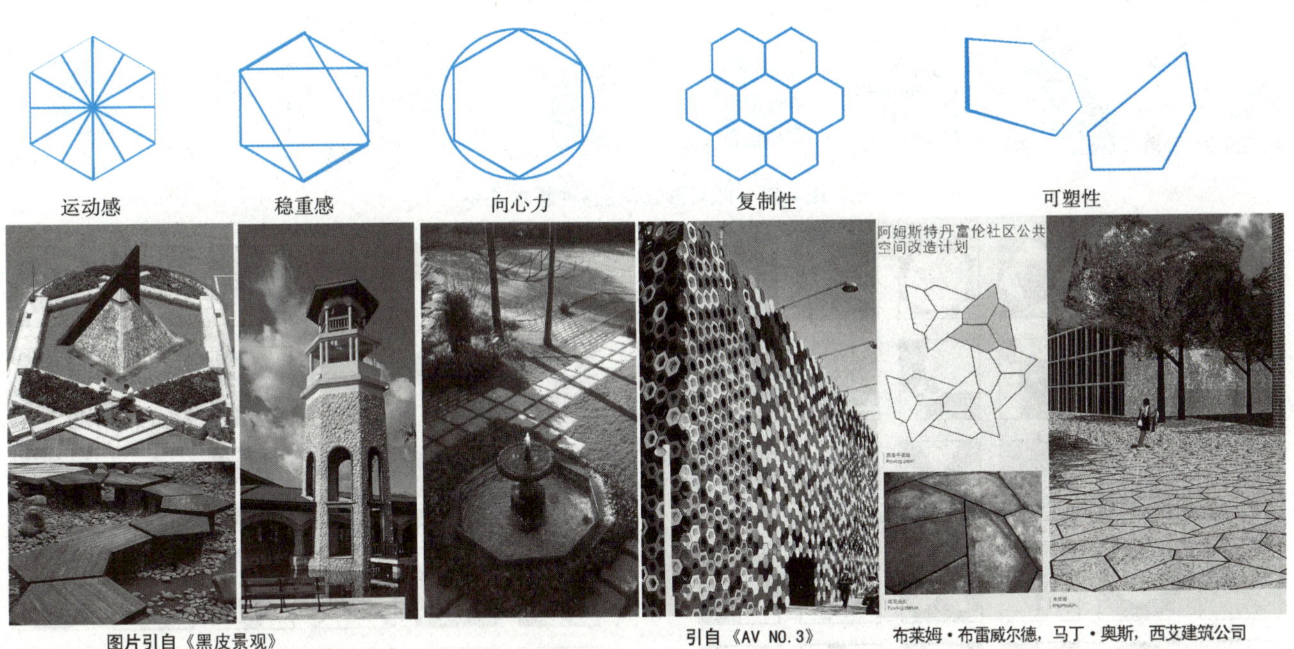

图4-21　由三角形演绎出的六边形及不规则多边形模式

（2）30° /60° 角的三角形

以正方形为网格结构，进行 30° 的划分，由于 30° ×2=60°，30° ×3=90°，形成 3 种倍数关系，整体形状具有很强的方向性，又具有数学的逻辑关系，所以深得人们喜欢。但是，由于 30° 的锐角在空间中显得很锐利，使用起来也不够安全，所以大部分只作为设计焦点，或局部处理。

（3）正六边形

正六边形可以说是集合角形、圆形和方形的所有优点于一身。它可理解成等边三角形沿着一个圆心做阵列模数时，暗藏着圆形的骨格，具有圆的向心力和运动感；也可以理解成矩形以一轴心做旋转运动，又含稳重感；同时它的每个边都是相等的，具有很强的复制性，像蜂窝式的重复排列组合。所以，一直以来深受广大设计师的重用。

（4）不规则式多边形

不规则式多边形可以说是多边形的变形版，具有很强的可塑性。它可以弱化角形中锐角的部分，取其钝角的优点，角度可以根据需要做出改变。正由于它拥有丰富多变的角度变化，具有导向作用，给人一种活泼欢快的气氛。

4.1.2.4 基本形的组织模式

在专业布局设计中，基本形大致分为几何形和自然形。抽象到最纯粹的形为最基本的几何形方形、三角形和圆形及其衍生形构成的基本形。在空间布局中总会遇到形式之间的组织关系，在平面构成法则中大致分为8种基本关系：①分离；②接触；③覆盖；④透叠；⑤联合；⑥减缺；⑦差叠；⑧重合（图4-22）。我们可以通过这些基本关系及最基本的形，组合出各种各样的基本形。通过改变形的大小、方向、位置和正负反转，还可以让基本形千变万化，产生更多表情，具体详见本节“基本形的组织实验”。

4.1.2.5 基本形的组织实验

（1）目的

加强基本形的构成练习，进一步理解几何形的组织关系、形式特点和语言表述。

（2）方法

选择一种几何形进行基本形的训练，如以“矩形主题”“三角形主题”“圆形主题”展开。运用形与形之间的基本关系进行组织，通过改变形的大小、方向、位置和正负反转（图4-23），让基本

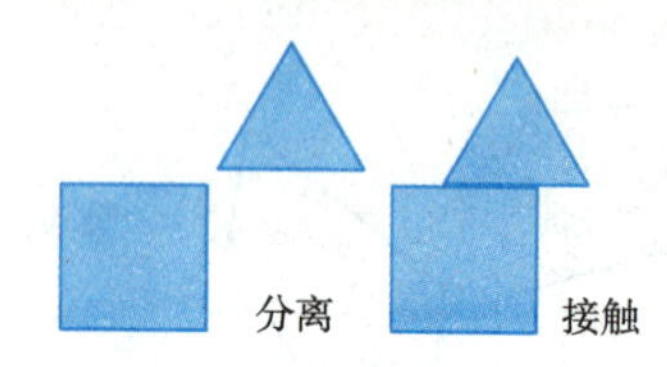

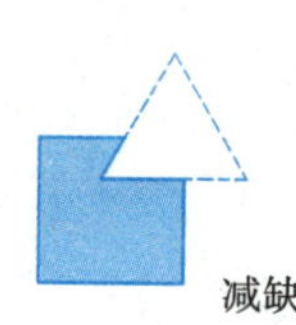

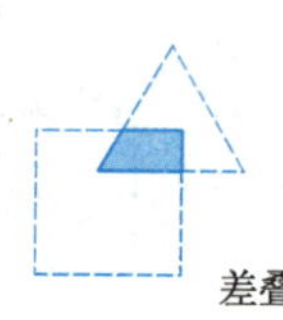

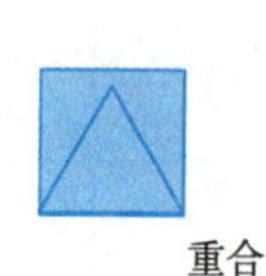

图4-22 形与形之间的8种基本关系

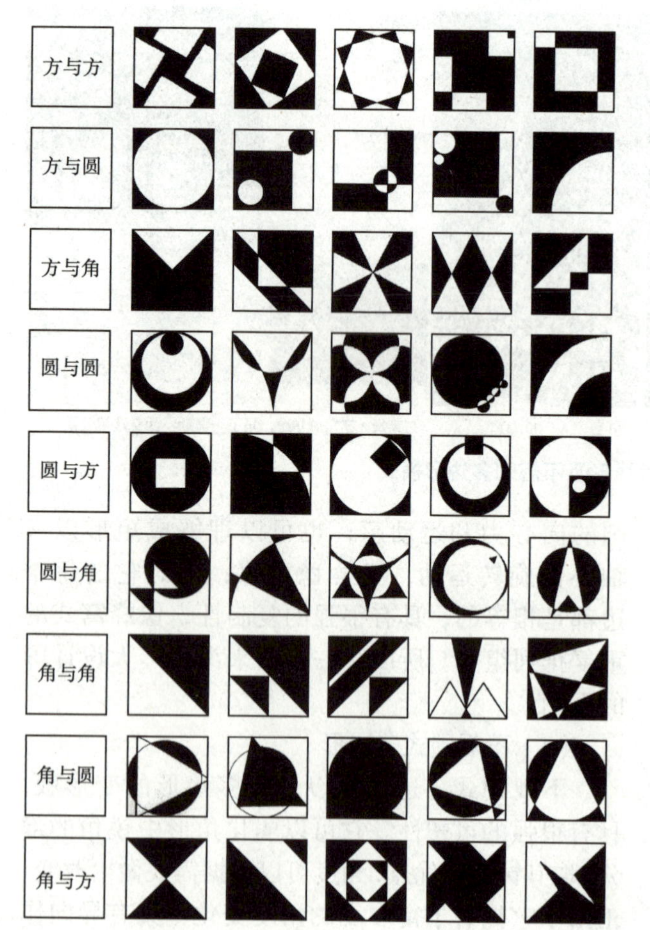

图4-23 作品案例

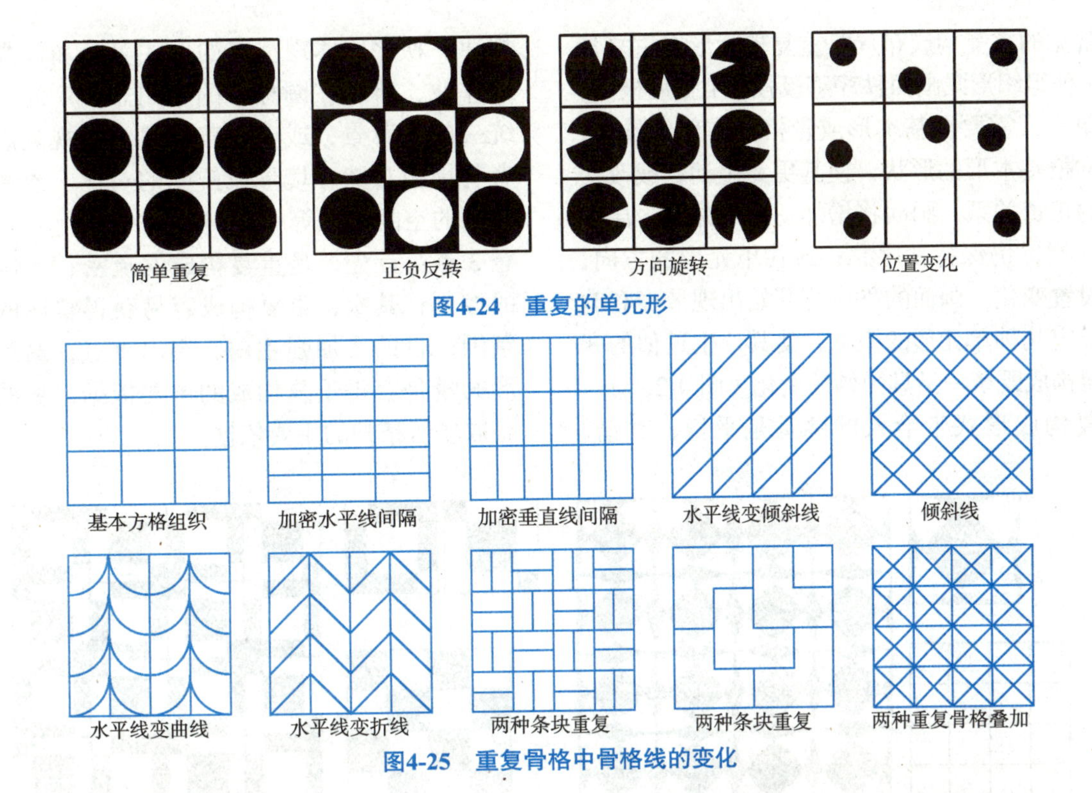

图4-24 重复的单元形

图4-25 重复骨格中骨格线的变化

形千变万化，产生更多表情。

（3）要求

以黑白画的形式，画在 42cm × 29.7cm 白色细纹水彩纸上。

（4）课题要点

体会基本形的微妙变化所产生的形式表情差异。

4.1.3 平面布局的构成形式与规律

通过上文三大视觉要素和三大基本形的分析，我们基本掌握了视觉要素、形状与布局的关系；接下来将进一步理解布局的构成规律，这就像自然界所呈现的视觉形态，它们有骨有肉，有形有色，并按着生命的规律生生不息。平面布局的构成形式也是如此，也存在形与骨格、元素与构成形式的布局法则，从布局构成形式上大致可分为重复构成式布局、特异构成式布局、渐变构成式布局、发散构成式布局、聚集构成式布局和分割构成式布局等。

这些构成从基本形式具有很强的逻辑性和秩序性，就像几何形一样能被计算出来的或程序化的布局形式。单元形和骨格是构成形式的两大基础，单元形的产生是由基本形演绎出来的，骨格则融会了视觉要素的精髓，其中骨格是支撑构成形式的基础框架，它是构成形式的主要命脉。

对这些基本构成形式和规律的理解，目的是更为轻松地创造丰富多彩的形式布局。对它的学习要善于举一反三，因为规则式构成可演变出半规则式构成，进而转化出自由式的布局。简单地说，构成不是 1+1+1+1=4，而是 1+1+1+1 的结果里既有 4，也有 2、3、5、6、8 等的可能。同时因人而异，对于每个人的答案其形式和数目也是不同的。

4.1.3.1 重复构成布局

重复构成布局是可被无限重复的单元形放置在可被无限重复的骨格中的构成。这里有两个重要的要素，一是可被无限重复的单元形，它可以是单一的基本形，也可以是图底反转、方向变化、位置变化、有规律地渐变或存在几种模数的近似单元形等，如图 4-24 所示；二是可被无限重复的骨格（图 4-25），不管骨格线是垂直、水平或倾斜的，还是直曲或交叉的，是显露的，还是隐含的，只要最终组合而成的骨格可被无限重复，都属于重复构成。

最常见的重复构成布局是重复单元形在重复骨格里，这种组织形式画面秩序感极强，工整度极高，也容易单一，需要在基本形或骨格上作仔细推敲，如仔细推敲基本形的形状，使其更为生动；或改变单元形的正负关系，画面将增加一层的深度，层次将丰富一层，仍保持秩序感；或在单元形的方向、位置上设置变化，画面的秩序感开始出现节奏和韵律；或设定几种单元形的模数，使其产生近似的变化，所得构成既统一又具微妙的变化（图 4-26）。

重复构成形式带给人的感觉是平稳、和谐、规律、秩序，体现整齐的形式美感和标准化的流水作业，所以在园林中的应用非常广泛。常用在统一的大背景，或者要营造强力的视觉震撼，或者与周边自然环境形成鲜明的对比，或者营造秩序感的空间氛围等（图 4-27）。在实际运用中要注意 3 点：首先，是重复构成的疏密、比例和尺度的控制；其次，重复构成容易获得整体的背景或氛围，目的是加强主题，突出重点；最后，单元形的量是获得重复构成的主要依据，量的控制是获取场所精神的主要依据。

图4-26　重复基本形在重复骨格中的应用

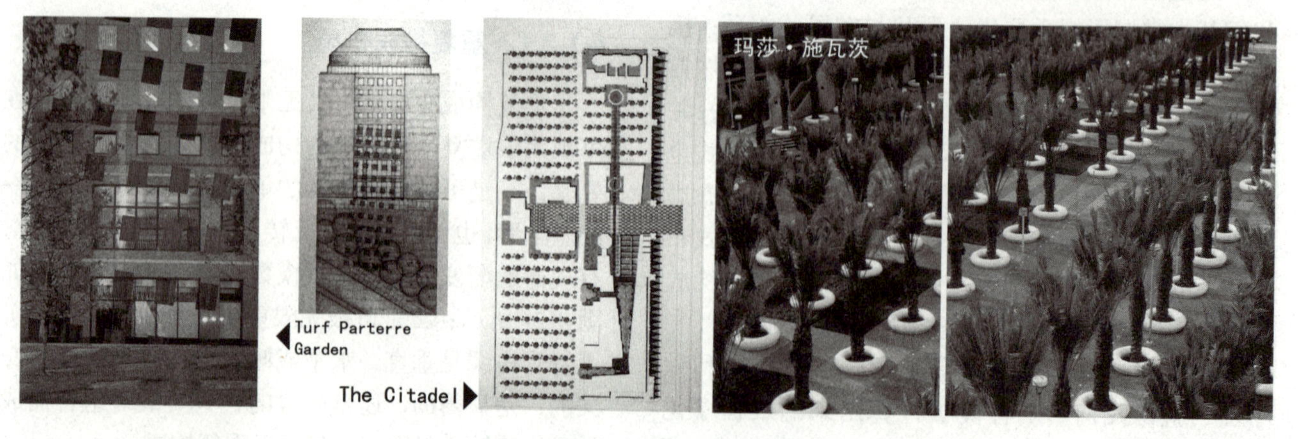

图4-27　重复构成在园林中的应用

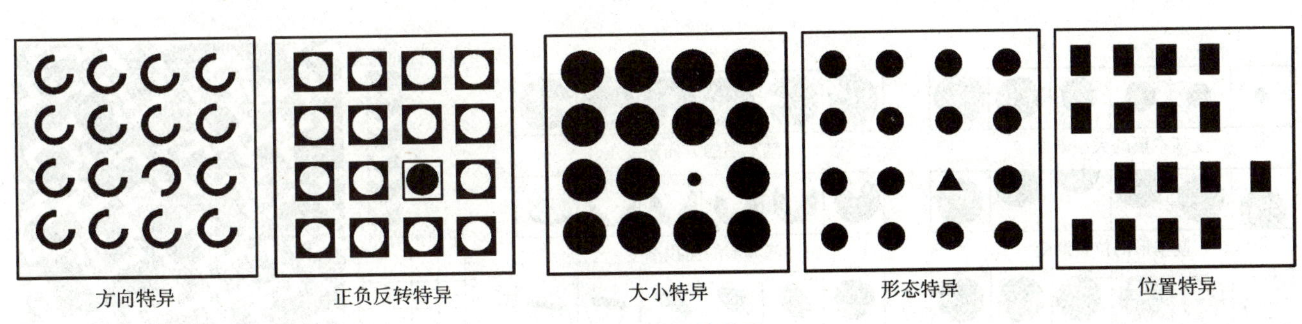

图4-28 特异的类型

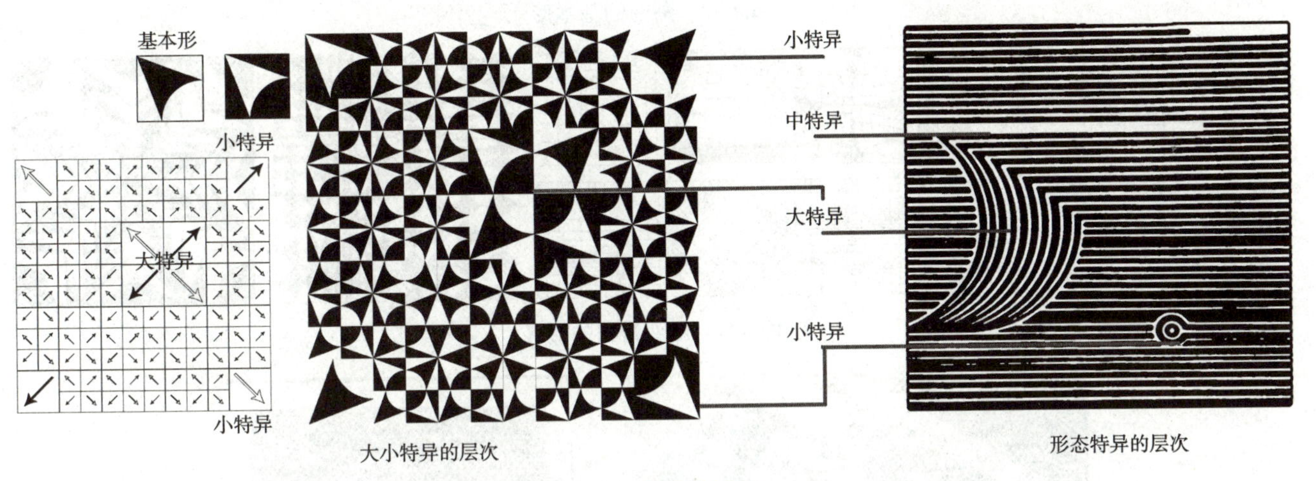

图4-29 特异的层次

4.1.3.2 特异构成布局

特异构成是在重复构成的基础上，某个形态突破了重复的骨格和形态规律，形成局部的突破和变化，形成视觉焦点，丰富画面的层次，加强视觉印象。大概归纳为以下几种：方向特异、正负反转特异、大小特异、形态特异、位置特异（图 4-28）。

特异的层次一般分 3 种节奏：大特异、中特异、小特异，它们之间存在视觉的连贯性，从而丰富画面的层次及空间的变化（图 4-29）。一般情况下，特异的主焦点被放置在画面的黄金比例位置，以起到强调、突显、引导的作用；而次焦点大多集中在视觉焦点的附近；小焦点会远离主次焦点，但会起到引导人们的视线到达主焦点的作用。

特异布局在园林空间布局中是比较常用的手法之一，构图上的统一与秩序，加上局部的变化，使得画面生动而有趣。如广场中心、公共空间的主题景观或场所中需强调的景点等，常以特异构成的方式进行景观元素的组织。

4.1.3.3 渐变构成布局

渐变构成主要有两种形式：一种是渐变基本形在重复骨格中的构成；另一种是渐变骨格结构下的渐变构成。

渐变基本形在重复骨格中的构成，单元形呈现循序渐进的变化，如大小、位置、方向、面积、明暗、形式等方面以一定的规律逐渐变化，产生渐变的基本形（图 4-30），这是重复构成形式中较为生动的一种表现形式。

渐变骨格结构下的渐变构成，骨格的组织大部分遵循渐变的数列，如等差数列分割、等比数列分割、斐波那契数列（Fibonacci series）分割、调和数列分割等。骨格的形式可以是平行的、放

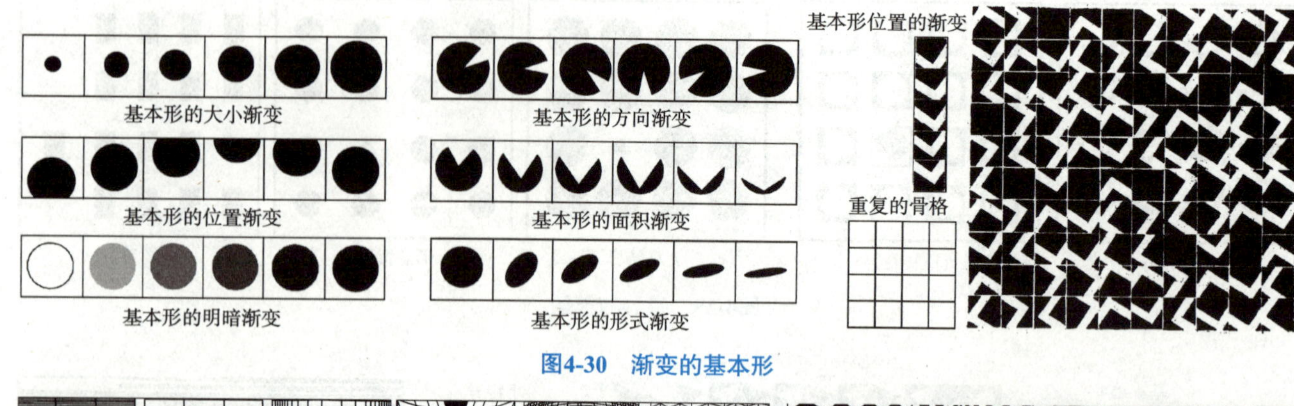

图4-30　渐变的基本形

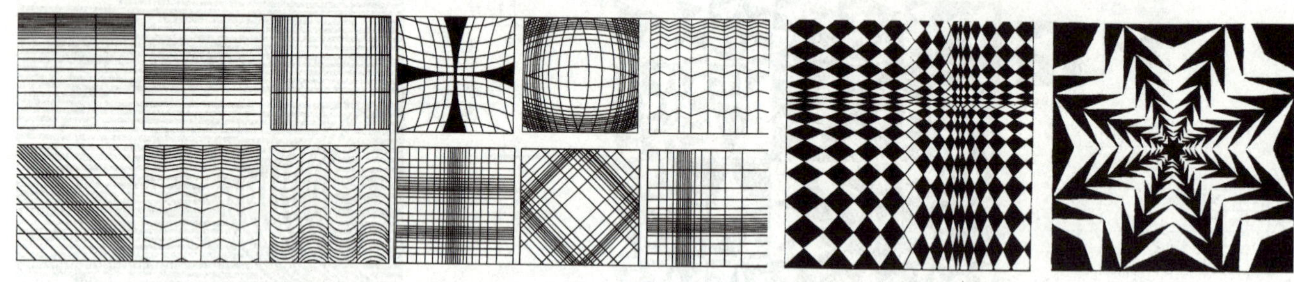

图4-31　渐变骨格的形式

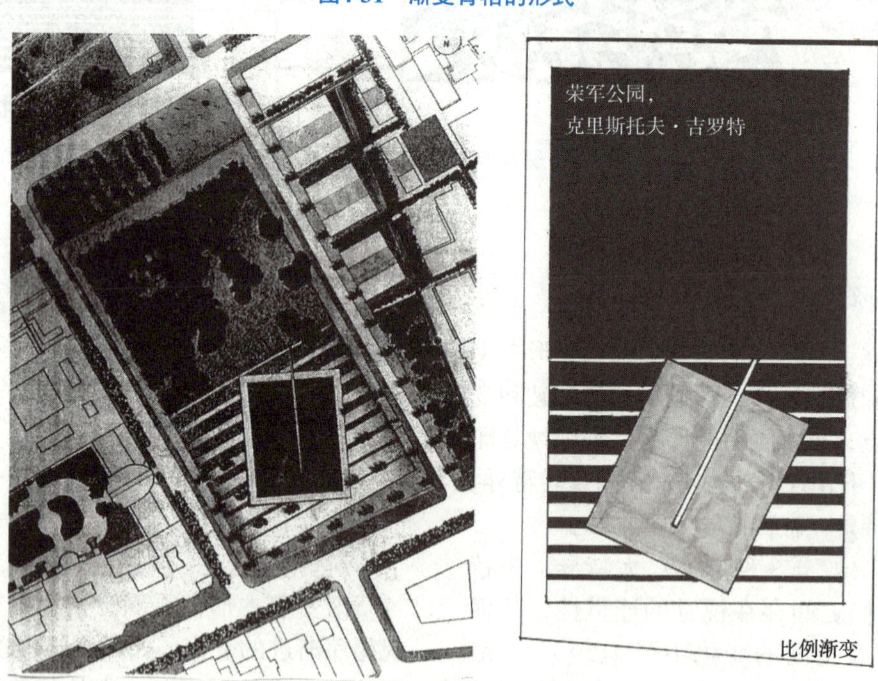

图4-32　渐变构成在风景园林中的应用

射的、按一定角度或一定的路径发生有规律的变化等，如直线、折线、曲线和放射等。它们之间可以进行交叉组合的渐变，这样可产生丰富多彩的渐变骨骼（图4-31）。随着骨格的变化，单元形也会随着发生大小的渐变，还可以改变单元形的明度或图底关系来丰富画面的层次。

渐变式组织形式给人空间的透视感和节奏感，而韵律的形成是建立在节奏形式上发展起来的。因此，在园林设计中渐变构成必然给人带来节奏和韵律的视觉感受（图4-32）。

4.1.3.4 发散构成布局

发散构成给人的感觉就像光源发散出光线，或盛开的花朵，都是围绕一个共同的中心向四周扩展或向中心收缩的构成形式，形成强有力的视觉焦点。骨格是决定发散形式的主要依据，发散分割线与焦点是控制骨格的主要依据，分割线主要是围绕焦点发散或聚集，因此焦点是形成发散骨格的关键点，根据焦点的特征大致可归纳两种：焦点式发散骨格和虚点式发散骨格。

焦点式发散构成具有很明确的聚焦中心，发散的单元形主要围绕着这个聚集点展开，这个聚焦点可以是点状，也可以是几何形，其发散的骨格线依照该中心有规律地发散出来，大部分能形成中心式对称关系（图 4-33）。虚点式发散构成属于半规则式布局的范畴，因为发散的中心要相对模糊一些，没有明确的焦点（图 4-34）。

发散构成能形成强烈的焦点，具有很强的视觉冲击力，因此在园林设计中，发散构成常被应用，发散形态容易获得视觉的圆满，有助于组织空间，形成视觉的中心。这种形式比对称看上去丰富，且结构均匀稳定（图 4-35）。

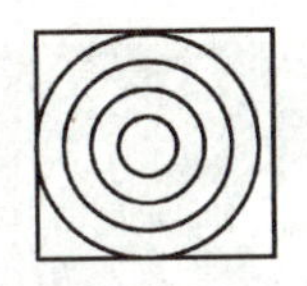
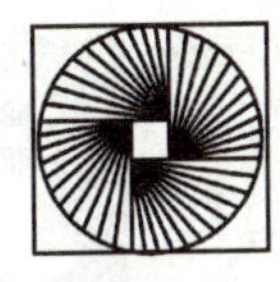
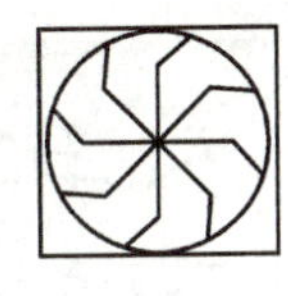

图4-33　焦点式发散构成

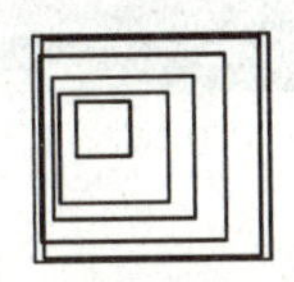

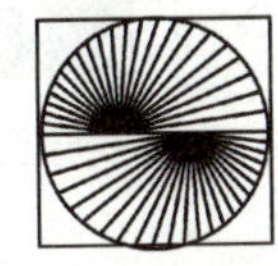
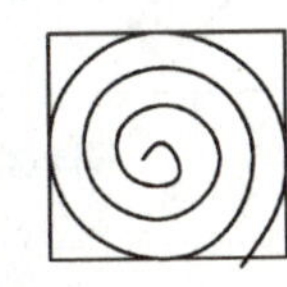

图4-34　虚点式发散构成

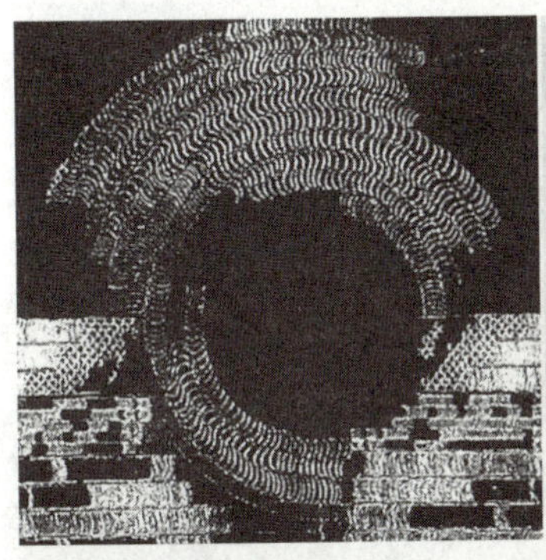

图4-35　发散构成在园林中的应用

4.1.3.5 聚集构成布局

聚集构成可以说是以上构成形式的综合式应用，既有重复构成相同的单元形，只是聚集中的单元形自由度更高、更自然一些；又有特异的视觉焦点层次的变化，具有大中小多层次的引力源；还具有渐变的疏密关系和发散构成的发散及集聚关系；同时构成形式自由度较大，单元形可以有大小、方向、疏密、色彩等的变化。因此，聚集构成形式看起来更为自然、生动和活泼。

聚集式组织形式的引力源可以是点、线或者面，积极的或者消极的，各种大小、形状都可以，数量上可以是一个或多个；基本形一般根据画面表达的主次进行近似、大小、色彩的变化（图4-36）。

聚集式布局体现了国画中的“密不透风疏可走马”的章法，留白是为了更好地突出主题的构成法则。同时与特异构成有较相似的特征，存在视觉主焦点、次焦点、引导点的作用的构成规律。在现代风景园林设计中，园林结构部分很少出现，但植物种植常以聚集的构成出现（图4-37）。

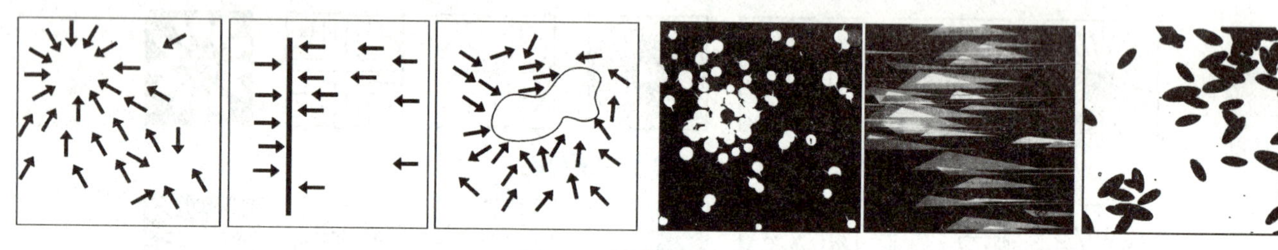

图4-36　聚集式组织形式

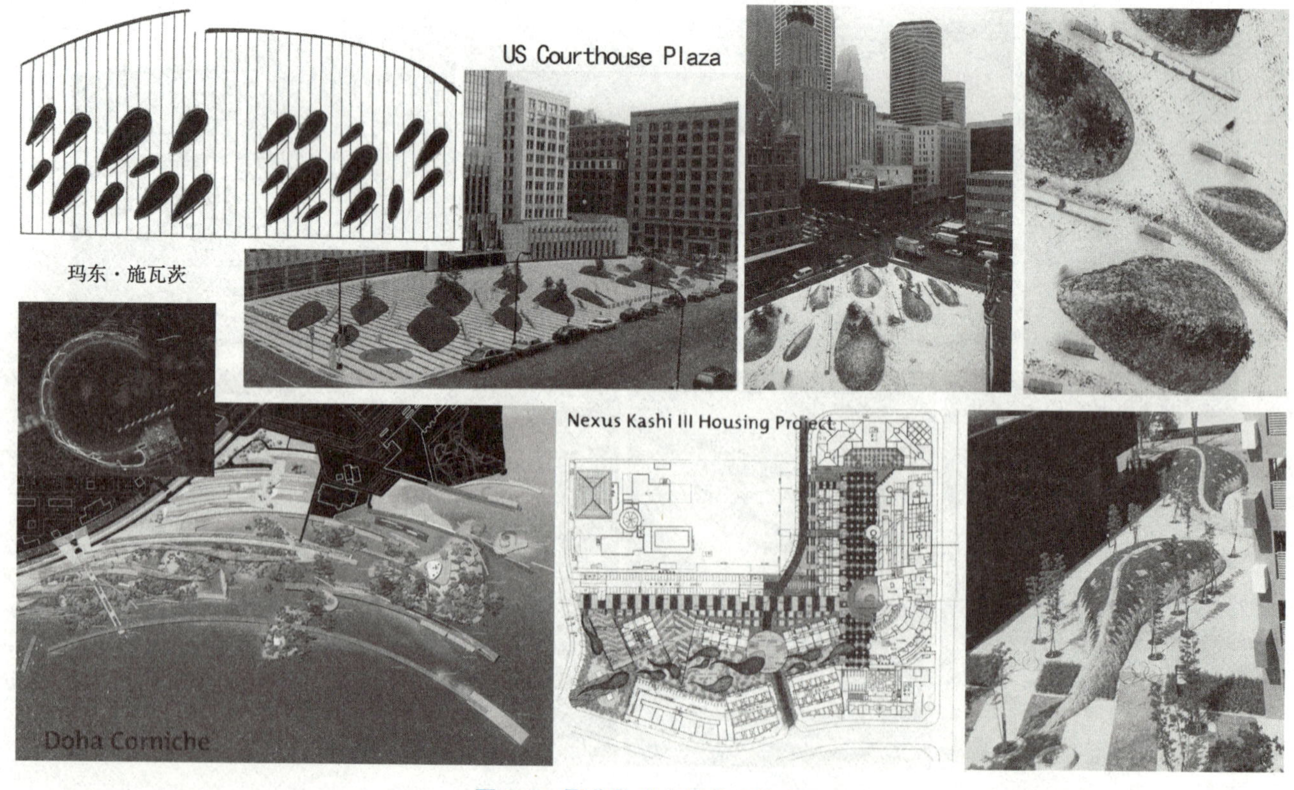

图4-37　聚集构成在园林中的应用

图4-38 分 割

4.1.3.6 分割构成布局

分割的骨格大致分为5种：等形分割、等量分割、数列分割、黄金比例分割、自由分割，其中等形分割与重复构成近似，数列分割与渐变构成手法一致，黄金比例分割则根据黄金比例法则进行，只有等量分割和自由分割在分割量上很难量化，需要考虑视觉的舒适感和平衡感，以获得轻松、自然、有序的平面构成。

等量分割不要求形态相同，而是侧重于画面的量度比重关系，追求各部分面积比例在视觉的一致。因此，等量分割比等形分割来说便显得更为生动。自由分割更讲究艺术性和表现性，与艺术布局的关系更为密切。在布局中须遵循一定的规律，如形态的相似性、骨格的统一性、元素的主次、视觉的层次等。构图重心一般不宜设在构图的正中心，采取偏倚、侧向、动感等非等量趋于的联系可使作品更为生动多姿、更加贴近“自由”的特色（图4-38）。

根据专业平面布局的特点，首先，为了获得生动和谐的分割布局，一般单元形要与分割的骨格在形态上取得一致，使其在追求变化的同时获得统一和谐的布局。其次，要组织好布局中的层次关系，也就是有明确的主题或视觉焦点，中间的层次关系，点缀的视觉要素等，从而使布局层次清晰、主次分明。最后，就是如何用简单的黑、灰、白的调子进行布局的虚实、主次关系组织，从而使画面更为生动。大致归纳为4种基本分割类型：圆形分割、矩形分割、角形分割和自由分割布局（图4-39）。

在专业布局设计中，分割式布局可根据场地的空间关系、结构和流线等的限定，更为灵活地经营和控制场地的结构线的关系，能很好地体现出功能的分区和景点的层次关系，并很好地提供观者的视觉导向。不同的分割形式在同样的空间和内容上，引起的视觉感受是完全不一样的，平均的分割给人平缓理性的感觉，对比强烈的分割有紧张感，斜向的分割在不平衡中求得均衡，曲线的分割给人蜿蜒流畅的感觉等（图4-40）。

4.1.3.7 课题实验

（1）题目：重复构成、特异构成、渐变构成、发散构成、聚集构成、分割构成

目的　灵活掌握形态的构成规律；理解基本形与骨格相互作用从而产生形态的构成规律。

方法　分别以重复构成、特异构成、渐变构成、

图4-39　分割构成

图4-40　分割构成在园林中的应用

发散构成、聚集构成、分割构成进行创作。要求标明基本形、骨格形式或构成要点，作业样本参考图 4-41。

要求　以黑白画的形式，分别画在 21cm × 29.7cm 白色细纹水彩纸上。

课题要点　深刻理解形态的构成规律。

（2）题目：以构成形式的语言理解大师的作品

目的　以形态构成规律的法则，理解优秀风景园林作品中平面的形态构成规律。

方法　寻找优秀的园林的设计作品，分析平面图中的基本形、骨格形式和构成要点，并以抽象的平面形式构成语言表达设计作品的平面图。作业样本参考图 4-42。

要求　以黑白画的形式，画在 21cm × 29.7cm 白色细纹水彩纸上。

课题要点　理解园林平面图的形态构成规律。

（3）题目：以情感为主题的平面构成

目的　善于捕捉生活中情感的形象，灵活掌握平面造型的形象语言；整合平面构成的所有知识点，形成一个完整的作品。

方法　观察生活中的情感形式语言，确定表达的主题，如紧张、欢快、庄严、孤寂、激情、浪漫、舞动、平和等；确定形式的基本要素，并以点、线、面的形式抽象进行平面布局；明确组织的骨格形式和形式美的法则；从草图到最终稿，始终紧扣主题。作业样本参考图 4-43。

要求　以黑白画的形式，画在 21cm × 29.7cm 白色细纹水彩纸上。

课题要点　运用平面的造型语言进行情感表述。

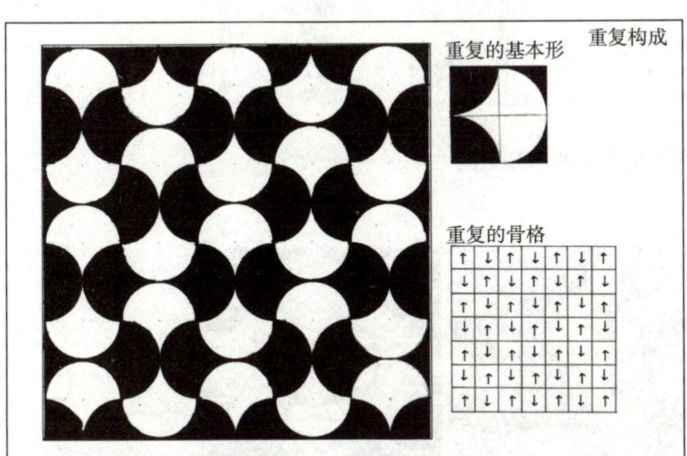

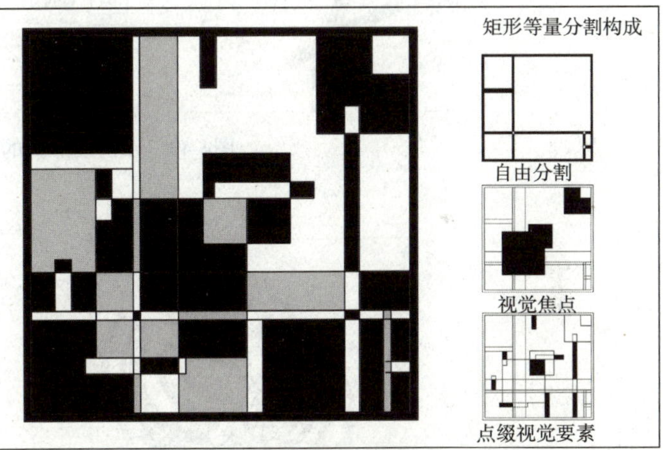

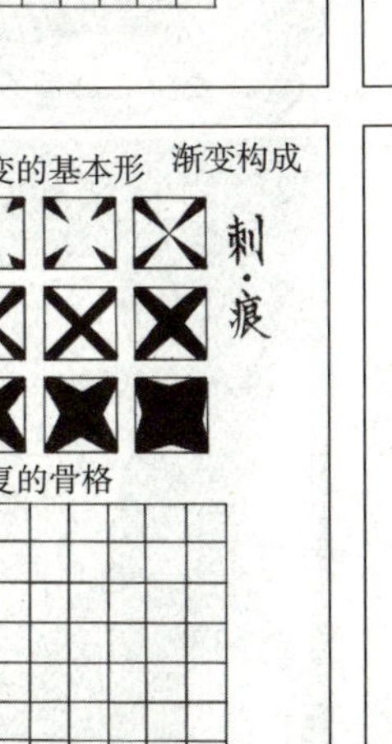

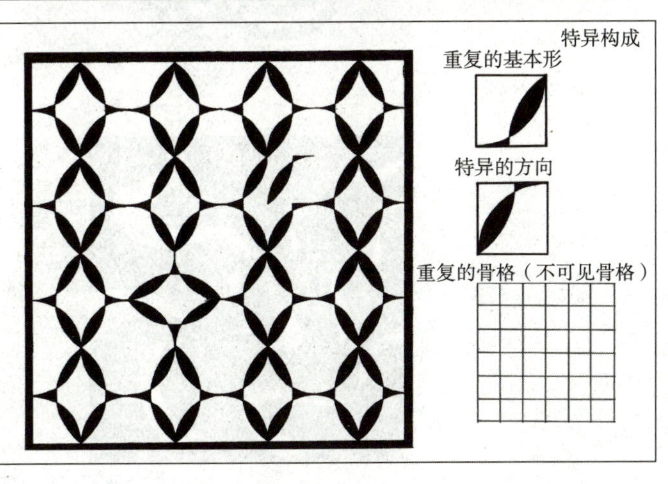

图4-41　平面构成的作品案例

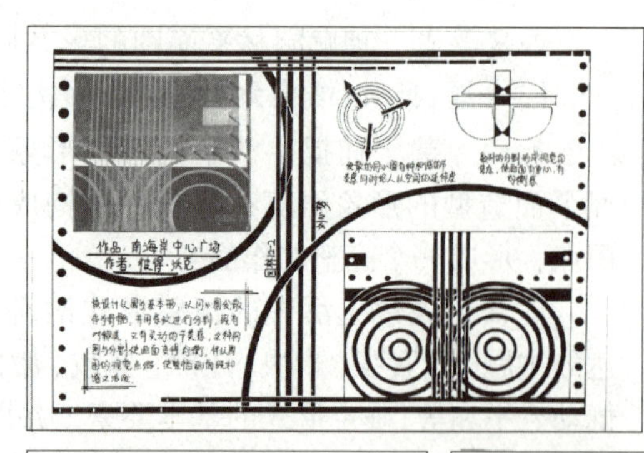

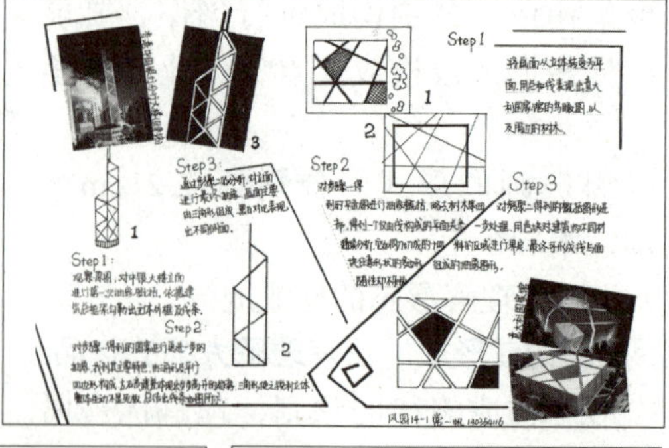

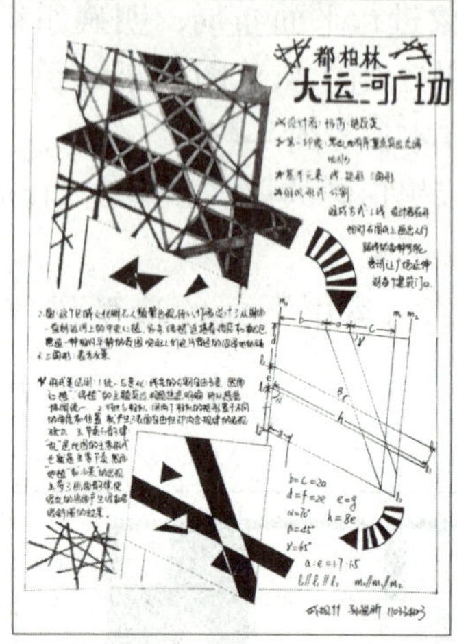

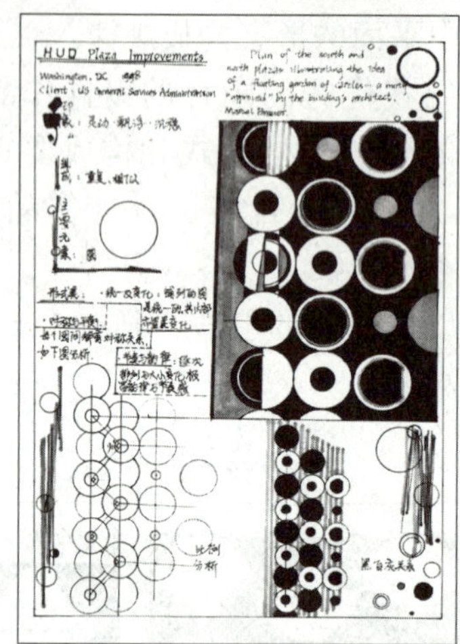

图4-42　以构成形式的语言理解大师的作品案例

图4-43　以情感为主题的平面构成案例

4.2 空间塑造

4.2.1 从平面布局到空间塑造的思维转换

平面与立体虽然存在很大的区别，但它们之间又是一脉相承的关系。平面是立体造型的抽象表达方式或一种设想，由于它高度抽象和简洁的特征，有利于进行设计意图的表达和推敲。如在设计构思时，我们需要用平面的思维进行抽象的概念分析；在设计表达中，要用平面的形式把空间造型中的各个面表达出来；在建造时，先要通过对平面化的图纸进行理解，再把平面的信息转换成三维的立体空间造型。因此，从平面图形如何延展出立体的空间造型是进入空间塑造的第一步。

4.2.1.1 平面中延展想象立体

从平面中延展想象立体，可根据投影的原理展开想象。平面表象是根据立体造型的特征以及这个物体的各个部分与其对应表面所处的位置关系而定的，例如，平面上的投影点，可能是一个点，也可能是一条垂直线；平面上的投影线，可能是一个直线形垂直面，也可能是曲线形的垂直面；平面上的一个投影面，可能是一个面，也可能是一块实体；平面上的多个组合投影面，在三维上必定是三维的立体造型。因此，平面上的图形可以想象出各种造型的立体模型或空间造型，如图 4-44 所示，其延展出的立体形式丰富多彩，可强调垂直面的变化，也可突出水平面的变化，或两者综合变化，突出交结点的变化。

根据投影面的原理展开想象，可以产生丰富多彩的立体造型，因此很难以一张平面布局去断定其立体的空间造型，而需要从各个维度去解读与描述，并了解立体空间造型的基本特征，才能创造出更为生动而具体的空间形态。

4.2.1.2 空间形态的三大基本属性

（1）形态

空间形态的基本要素被概括为面体、线体、块体。面体，以面为主组织的造型，其高度或厚度相对较小，比如花瓣、叶片等；线体，其长度远远超过它的宽和高，比如线形动植物或及光、气体、液体所形成的线体轨迹；块体，其长宽高比例比较接近，如团形动物或球状植物（图 4-45）。在空间形态塑造方面，对形态特征要力争统一感，也就是要以某一种形态为主形，其他为补充等。

（2）维度

平面的思维模式是二维的，就像剪影和投影，关注形状的变化和抽象的符号布局；而立体的思维模式则是多维的，具有前、后、左、右、上、下等多方位的形态变化。任何一个面都不能充分地表现物象。

人们常习惯用维度来表示空间，习惯用零维

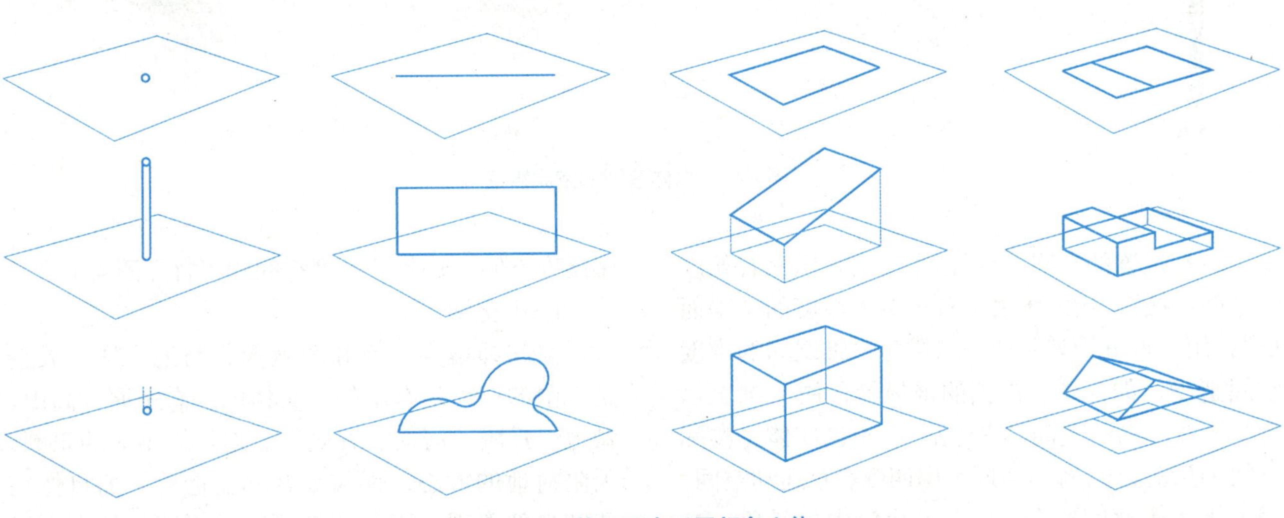

图4-44 从平面中延展想象立体

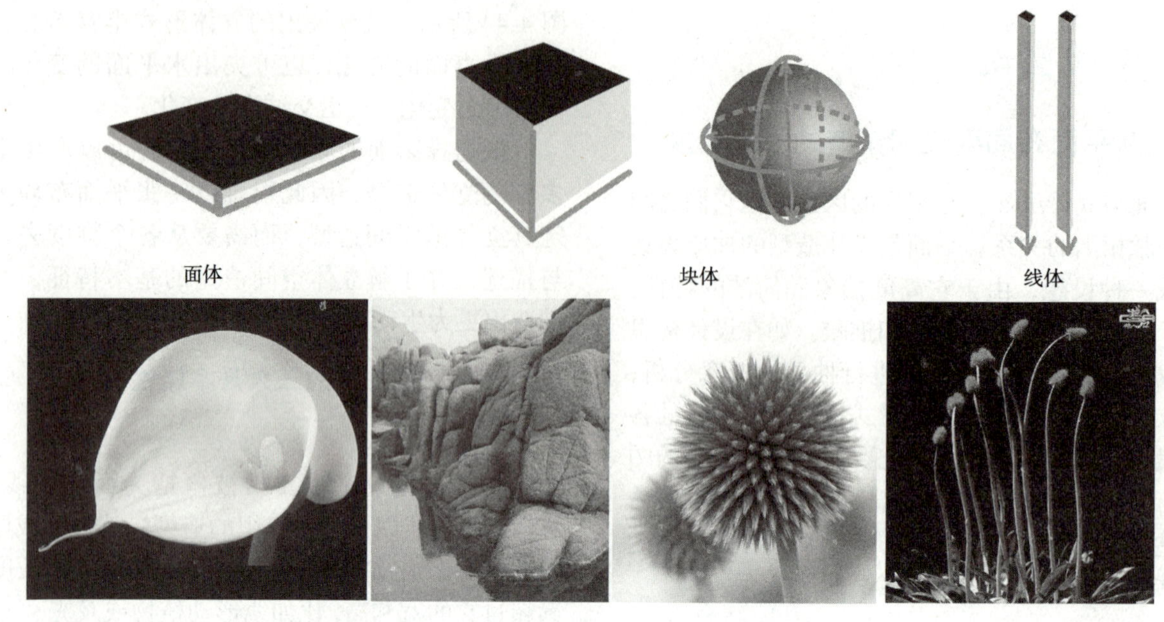

图4-45　面体、块体、线体的概念形态

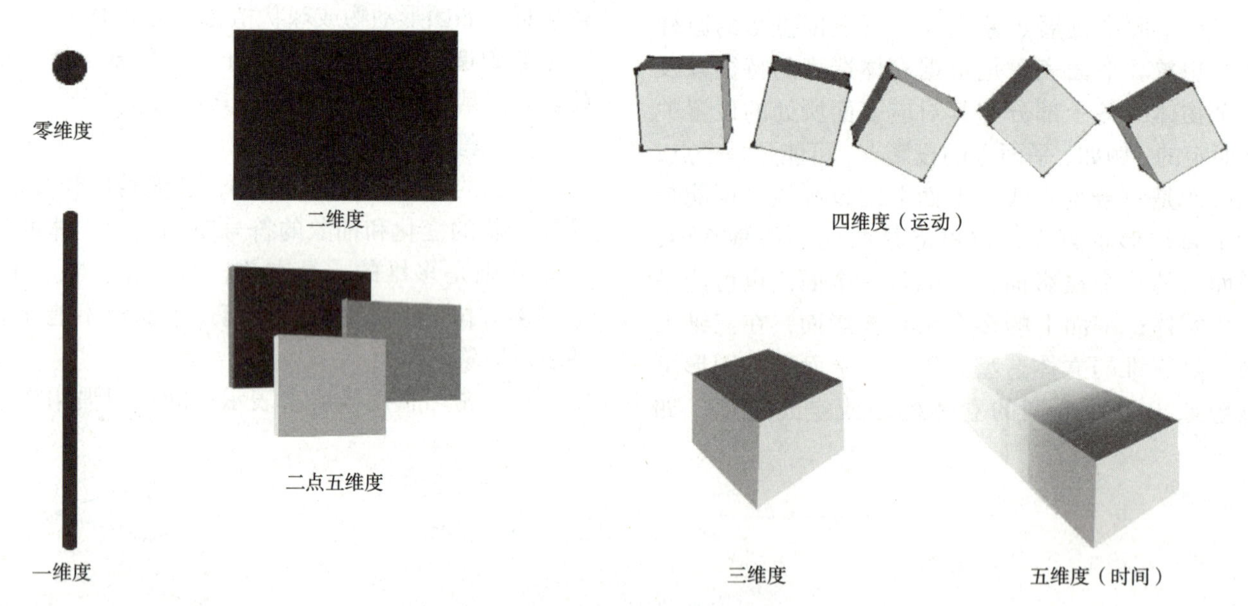

图4-46　立体造型的空间维度

表示只有位置的空间“点”；用一维表示只有长度的空间“线”；用二维表示有长宽无厚度的“平面形”；用二点五维表示介于二维与三维之间的维度空间造型，如浮雕、围挡的屏风等；用三维表示有长、宽、高的空间“立体形”，不论实体（实际空间）还是虚体（虚拟空间）；用四维表示运动空间；用五维表示时间概念。而自然生活中的景象，是多维度空间，是各种维度空间的组合（图4-46）。

（3）空间

空间即虚实。空和间就像天与地一样，天空是无限的；地是有限的、具体的，有平原、高山、盆地、丘陵、河沟、谷底等。地勾勒出天的轮廓，天陪衬地的形态，天与地共同创造美妙的自然构造和自然奇观。因此在造型时，不能只把眼光局限在实体造型上，也要关注那些空虚的形态。

在外空间的塑造中，实体为确实存在的、占据空间的物体；虚体则与实体相对而言，指被实体占据以外的虚体空间。实体与虚体是相互依存的，共同构成各种立体空间造型。主要有以下几种表现形式：一是在具体的观赏造型物上，人们更多地关注被虚体包围的实体造型，如雕塑及景观装置；二是在较大尺度的使用空间中，人们更关注的是由实体包围或划分出来的虚体空间，如建筑及内部空间；三是在更大的尺度空间中，从整体关系上是天、地、物三者的空间关系，而从人的尺度上则更关注虚实相间的空间形态，既有封闭性又存在局部的流通的物的空间。

4.2.1.3 空间塑造的基本要素

（1）层次的主从关系

在空间塑造的体块层次形态中，各个维度除了具有共性特征时，更需要注意其层次的主从关系，如果一味相同或截然不同，不符合人在立体空间中持续观察的心理需求。一般分为3个层次：主导形体、次要形体和附属形体，通过这3个层次建立形态的空间关系（图4-47）。主导形体是组团中最大的元素，在趣味性和生动性的营造上是最重要的。次要形体是对主导形体特征的补充和加强，可采用特征对比、位置对比或轴线的对比与抗衡。附属形体是对以上形体的补充，增加设计的趣味性和增强空间的维度、构成的统一感，它的存在不是为了增加构成的精致感，而是加强其他形体之间的对比度。这3个层次的和谐组织有着很细腻的依赖关系，所有元素相互支持、相互加强，任何细小的改变都会扰乱这种完美的平衡和张力。

“主导形体与次要形体是一个很重要的关系。这些形体的首要作用是进行相互补充。它们必须是互利的——就像母鸡和鸡蛋一样。”

——罗伊娜·里德·科斯塔罗

（2）比例的大小关系

在空间塑造的形态组织中，比例起着重要的作用，它决定空间形态的整体协调关系。在分析比例时，除体块自身的固有比例外，还要考虑整体比例和相对比例。

固有比例是指一个基本形内在的各种比例关系。

整体比例指组合形体的特征或整体轮廓的比例。在特征方面，不允许有哪个视角看起来是很乏味的。一般来说，在这些体验中，应该从水平方面夸大一些形体，或从垂直方面夸大另外一些形体。

相对比例指的是一个形体与另一个形体之间的比例。

比例决定一切，优美的造型与普通的造型之间的区别在于它们比例的精确性。而这种比例的精确性无法触摸，但又非常真实。对于比例的领会是视觉艺术家最具价值的财富之一。而这种敏感性是要通过从直觉意识到美的培养与训练，是循序渐进的，不可能一蹴而就。

（3）动势的轴线关系

在空间塑造的结构组织中，动势决定了造型的精神面貌和视觉平衡感，在表现上主要指暗含在造型中的结构轴线，它是被人为的抽象或提炼的线。动势的轴线关系用于表现形体最主要的动势结构，并确定形体在空间中的位置。其作用是在平衡各个方向力的同时，决定了空间形态的立体感和趣味感。

主要轴线的运动结构主要由主导体和次要体的轴线关系决定，是获得视觉平衡的主要因素

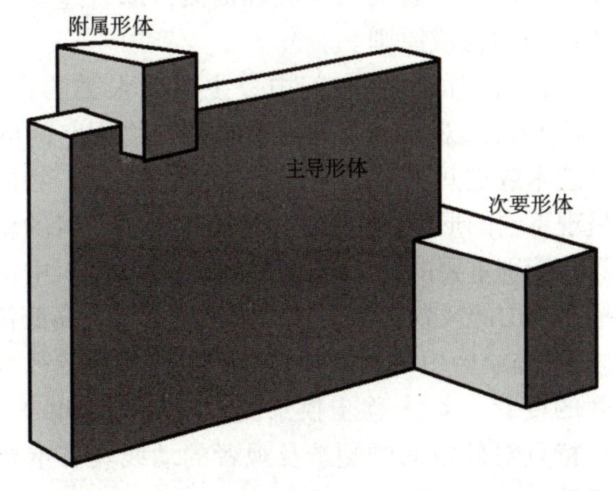

图4-47 层次的主从关系

之一。具体一点地说，当其中的一个体块、一个平面或者一根轴线倾斜时，要获得实际结构的平衡或者视觉的平衡，要依赖于其他形体的轴线；或依赖于承接它的面和其他形体的实际支撑（图 4-48）。平衡感敏感度需要通过大量的实践和经验获取。

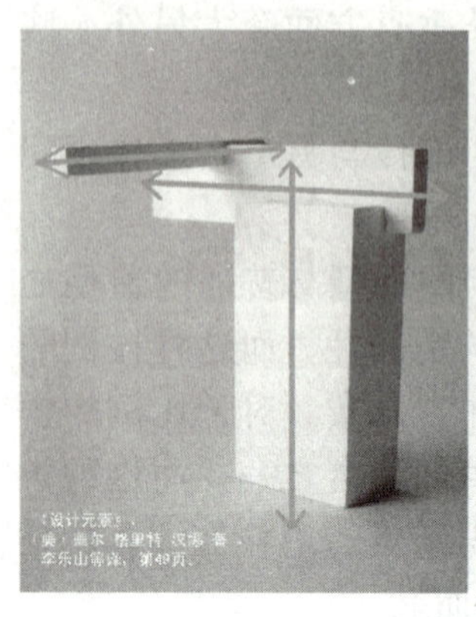
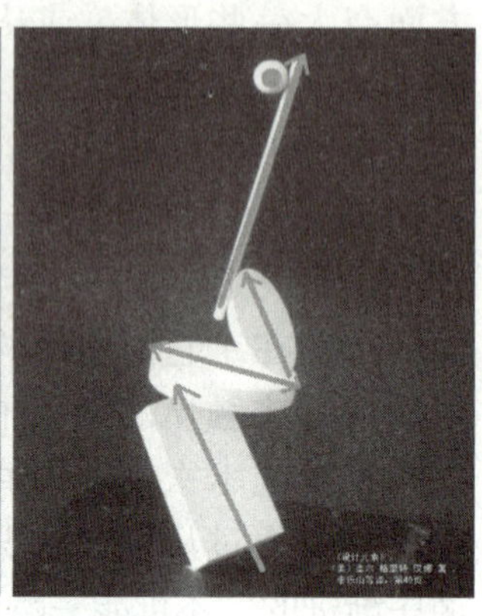

图4-48　动势的轴线关系

“每当想到你的设计作品的平衡时，你就应该像一位舞蹈家。如果你的胳膊和腿的轴线不能支撑你的脖子和躯干的轴线的话，你就会摔倒。”

——罗伊娜·里德·科斯塔罗

（4）视觉的连续性

在确定好轴线的基本动势后，建立整体轴线的运动走势，从而形成各个方位的视觉连续性。避免只有最佳视角或正面的概念，仔细推敲，使每个角度都不能使人看起来很平淡或很突出，之间的趣味比（特异部分）不能超过 20%，否则作品将出现主观赏面和次观赏面，那就违背了立体造型的构成原则。

在真实的立体空间中，主要以人类的视角、尺度和持续观察的心理需求来感受物理空间的造型艺术或空间氛围。当观者的位置变化时，物体将呈现不同的形状，尤其是对空间形态，观者的动线具有特别重要的意义。苏轼在《题西林壁》中这样描写庐山的风景：“横看成岭侧成峰，远近高低各不同。”描绘庐山自然景观神奇万象，随观者观看角度的变化，给人移步换景的享受（图 4-49）。这一特点对外空间的塑造及观者的动线具有重要的意义。

通过以上 4 个基本要素的推敲来获得优美的空间造型，以获得视觉的统一感。

注意：

形体特征方面要尽可能地有本质的不同。

在空间塑造中，要么突出垂直比例，要么突出水平比例。

在多种形态的组合中，要有明确的主导形体，同时讲究群体运动的概念和组团的关系。

要把最有趣的形体放在主导位置。如果一个形体非要放在底部，它需要在个性方面能双倍地引人注目才行。

4.2.2　面体的构成规律与应用

拿出一张 A4 纸平铺在桌面上，它是一个平面。当掀起一角折一折或者把一边卷一卷然后松手，纸张在空间中增加了维度，呈现出立体的形态，空间开始对话，造型开始产生表情。接着，把纸分成若干个小方片，进行简单的折叠或卷曲试验，小方片开始有了方向、力量、动势、层次、虚实等，如图 4-50 所示，随着卷曲的程度不同产生出了连续的立体表面造型形态，通过不同的组合方式可产生出丰富的造型，在这过程中可以产生无限的构造想象。

4.2.2.1　面体的形态特征

根据面的形态特征进行立体造型的创造，需要考虑材质自身的强度还要分析物理力和支撑结构，所以对轴线及各方向力的平衡是非常重要的。根据面体的构成规律大致可分为 3 种造型：直面体、曲面体和复合面体。

直面体指的是对面的造型采用直线构造，同时主轴线的面沿着直线伸展、穿插，使面与面之间的结构很灵动，而且面的各边缘能表现出主轴线的直线特征。当面体的边缘呈现出曲线的形状时，主轴线呈现出自然、流动的曲线运动状态，为曲面体。当面体的边缘呈现出直曲相间、柔中带刚的形状时，轴线的关系在运动中不断改变形状及方向，但整体结构和方向都朝同一方向的路径运动，为复合面体（图 4-51）。

图4-49　视觉的持续性

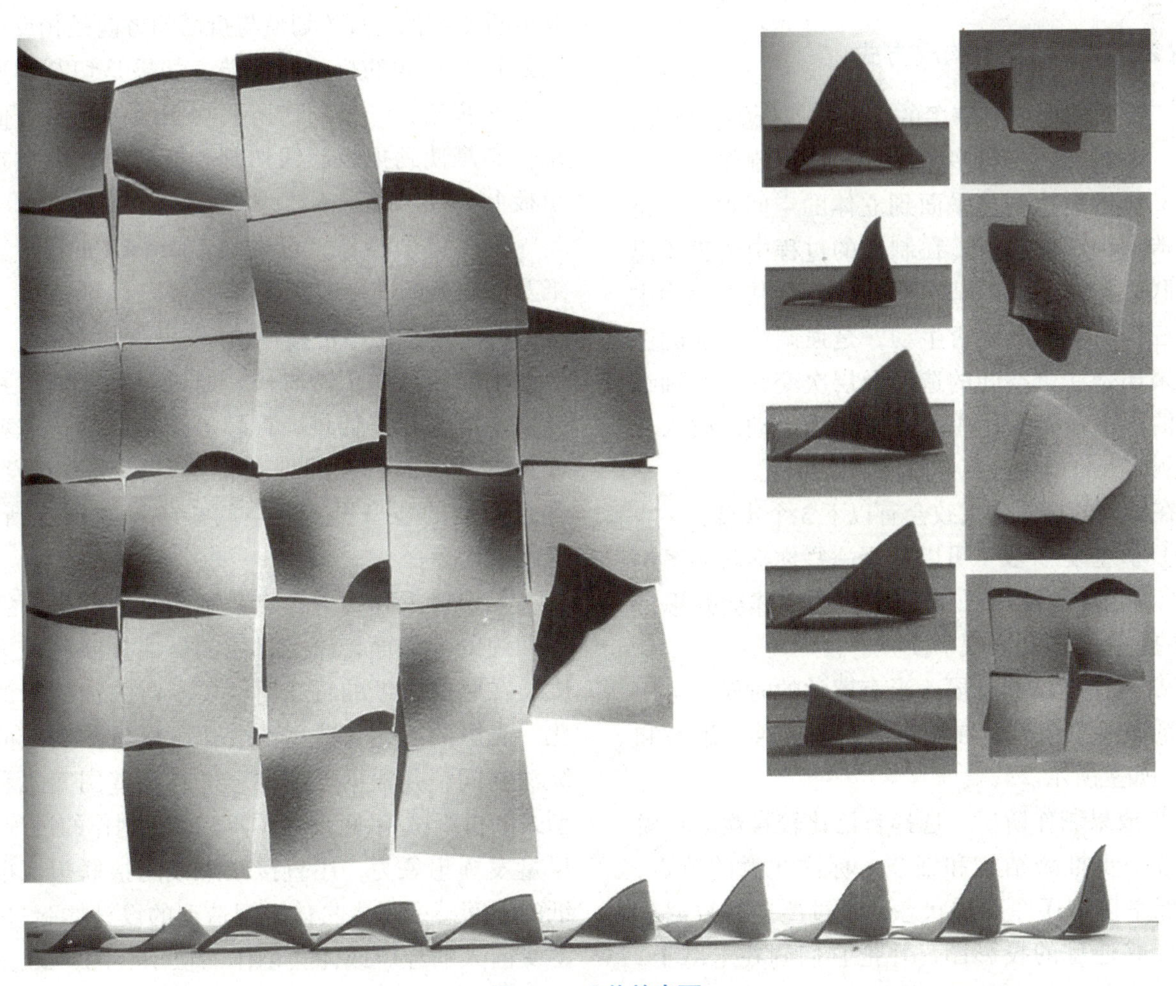

图4-50　立体的表面

（引自《国际建筑设计》）

图4-51　面体的形态特征

4.2.2.2　独立面体的构成方式

三维面的形成有许多的途径，如折叠、弯曲、切割、编织、拼合等多种手段，由于制作工艺简单，又能迅速达到从平面到立体的空间想象，是空间造型训练的首选。在制作的过程中要善于思考及联想，如造型的基本形态以什么基本形为主体，三维的空间感是否生动，是强调浅浮雕的图案效果还是注重空间的造型及层次变化，主轴线是否清晰，在光的作用下是否更为生动，放入相对比例的人将产生什么样的空间想象等。

在试验的过程中大致会有以下 3 个步骤：

① 找感觉阶段　可以选择一些你喜欢的案例用复印纸进行模仿，在模仿的过程中体会并思考别人的造型意图和表现手段。

② 草模型试验阶段　当有感觉的时候，可用复印纸做些草模型，在制作过程中要善于思考和联想，如上所示。

③ 成果制作阶段　选择自己比较喜欢的草模型，进一步推敲结构和细节，标注注意的节点，接着展平模型还原面的状态，经过严谨的数据分析设计好造型的投影图，并把它们画在卡纸上。注意卡纸有一定的厚度不能简单地折叠，而要用刀轻轻地划伤（只破坏表面纤维但不能纸破）折叠的投影线的背面（划痕与折面的方向是相反的），然后进行空间的折叠与塑造。如果是切割则要注意分两步走：一是划伤所要切割线的纸张表面纤维；二是使劲把投影线切割。最后把成果粘在展示板上。

为了方便操作，可选择 10cm × 10cm 的复印纸及薄白卡纸进行试验及表现。

（1）从无切口折叠开始

小时候做手工的时候，通过对纸张的折叠可以做出如飞机、仙桃、青蛙等造型，其实这就是成型方式。而现在的训练就是先打破具象设想，进行简洁的造型思考和空间想象，并创造新型，这就是目标。

无切口折叠的关键点是利用纸面的平面空间和四边的伸缩面，感受材质的折曲极限和最大幅度。在感受折纸的趣味时，要不时关注体量的变化、光影的变化、造型的变化，尽量扩展纸面的纵深空间，并根据形体构思进行一些图案式和造型式的折纸试验，可参考图 4-52。在制作的过程中，尽量发挥想象力，用直接联想或间接联想，把折纸的空间感受融入具体空间造型的设计体验过程，感受前人的经验或体会创作的快乐。图 4-53 是以纸卷曲并折叠的形式，与场地形成对比，产生生动灵活的空间形态。

（2）以切线展开面体

当对面进行切割时，将产生切线，增加面的成型边，使面更具透空性，大大增加了纸片变化空间，若在切割面的基础上进行折叠、弯曲和翻转等手段，则会形成非常丰富的空间效果。

从切线的路径上可以呈现出直线、曲线、斜线、折线以及综合切割等种类；从切割形状上分为横切口、竖切口、角切口、中心切口、圆弧切口；从切口的数量上分为单刀切、双刀切或多刀切等方法；从切割线的长短来看，其长度可决定三维面的突起程度。图 4-54“应用与联想”展示折纸的空间思考有助于建筑空间的想象。

（3）以围合的手段产生面体

通过围合的手段产生半封闭的围合体，从而增强空间的维度和体量感。面的围合大致分为直面围合和曲面围合，直面围合独立性较强，感觉严谨大方；曲面围合感较强，所以深得大家的喜爱。在围合的基础上进行局部的剪切与折叠，可获得生动的

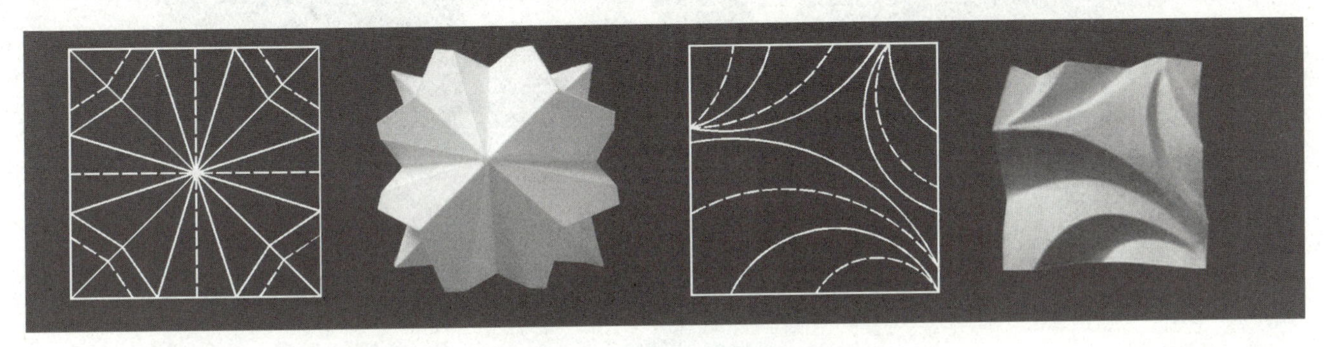

图4-52　无切口折叠的样式

图4-53　一张纸的联想与应用

样式

应用与联想

图4-54　多切口折叠

造型变化（图 4-55）。

（4）以插接的方式形成面体

插接指在材料上切出插缝，然后将材料相互插接，形成牵制，组合成型。用卡纸来表现更容易些，在纸边剪条缝，就可插入其他纸，靠纸之间的摩擦使结构不脱离，成为可拆装的构造，插接的角度要根据造型来决定，但 90° 角的结构最为稳定，同时可以加入附加的连接件来构成结实的结构（图 4-56）。

4.2.2.3 群化面体的构成规律

单元面就如同平面构成的单元形，跟平面构成一样单元面需要依附在一定骨架上，但平面构成只讲究一个面的视观效果，而立体的重复讲究多维的视观效果，其关注的点要更多一些，但在形式美的法则上是共通的。大致分为以下 5 种。

（1）面的排列构成

面层的排列是由若干个重复的三维的直面或曲面，在同一平面空间或纵向空间中进行各种有秩序的连续的排列而形成的立体造型（图 4-57）。这种规律最大的特点是三维面要简洁，排列的方式要灵活，视觉焦点要明确，注意空间的虚实变化，这样将产生丰富变化的面的排列构成。面的排列基本单元形可以利用重复的基本形、渐变的基本形、近似的基本形和正负的基本形；排列的方式可以是直线、曲线、折线、倾斜、放射、旋转等。

（2）三维面的积聚构成

三维面的积聚分为同类单元形的积聚和异类单元形的积聚。积聚的骨架类似于密集的骨格，讲究“密不透风，疏可走马”的构成规律，同时视觉焦点的处理要松紧得当，整体构架动势清晰，主次分明，从哪个面看都是典型的积聚构成。在创作之前，先要选定整体的结构形式，再确定单元形的类型，最后根据整体的动态和动势以及自己的期盼努力去创作美的形态（图 4-58）。

（3）三维面的渐变构成

三维面的渐变分为单元形的渐变和骨架的渐变。单元形的渐变包括大小、位置、方向、数量等的渐变，在立体造型中着重表现事物存在或自我表达或是一种运动的力。

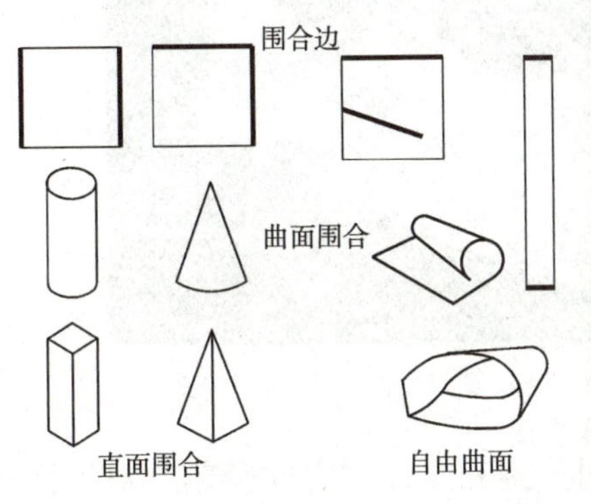

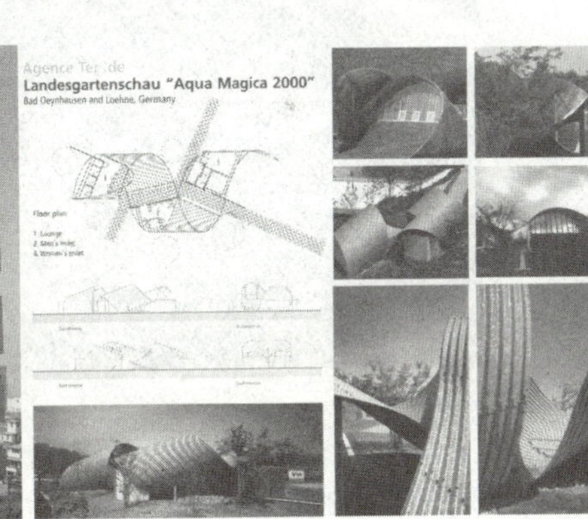

图4-55 面的围合与空间应用

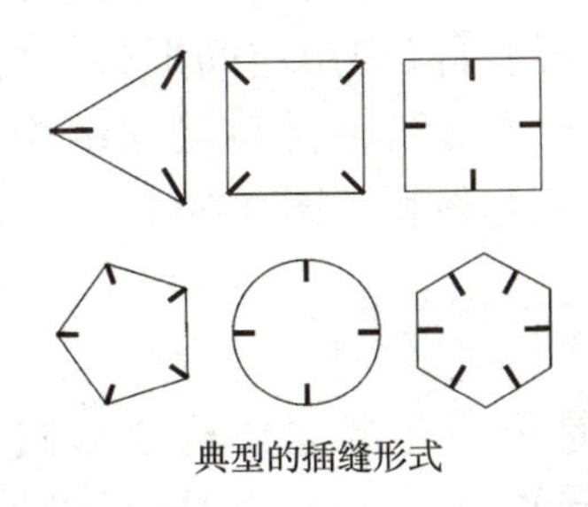

图4-56 面的插接形式与构成

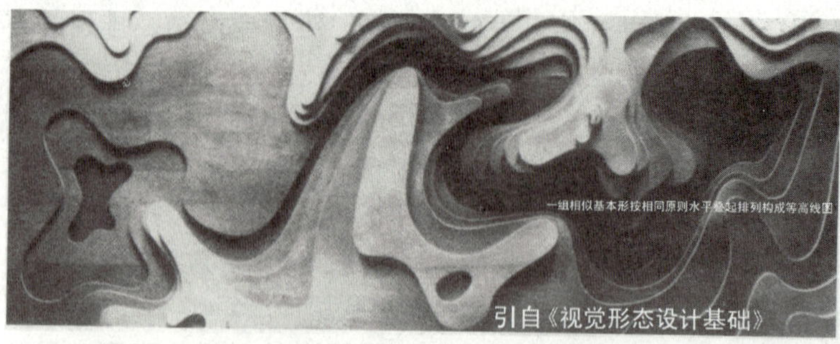

图4-57 面的排列构成与应用

图4-58 三维面的积聚构成

（4）三维面的发散构成

三维面的发散构成类似于平面发散构成的规律，要有发散或聚集的中心点，其他的形式围绕这个中心点展开，经常与渐变构成组合在一起综合表现，这样在空间中更能反映发散的动势和力量（图4-59）。

（5）三维面的空间分割构成

空间分割具体表现在对空间比例关系的划分，来展示被分隔后空间的视觉冲击。在平面构成中的分割构成所讨论的黄金比例、整数比例等也是立体造型所要探索的形式规律。从形式来分可分为平面式空间分割和立体式空间分割。对平面式空间分割可采用浅浮雕式的表现，注重平面空间的比例和形式的推敲，带来视觉的冲击；对立体式空间分割这种体积分割可以利用空间框架结构在三维空间上进行研究，用线性材料建立结构，用面材来分割空间的比例与体积（图4-60）。

4.2.3 线型的构成规律与应用

线型构成可以说是最简化的立体构成形式，在立体造型中有着独特的个性特征。它既是设计思路的最抽象表达，又决定着立体造型的骨架、

图4-59 三维面的渐变构成与发散构成

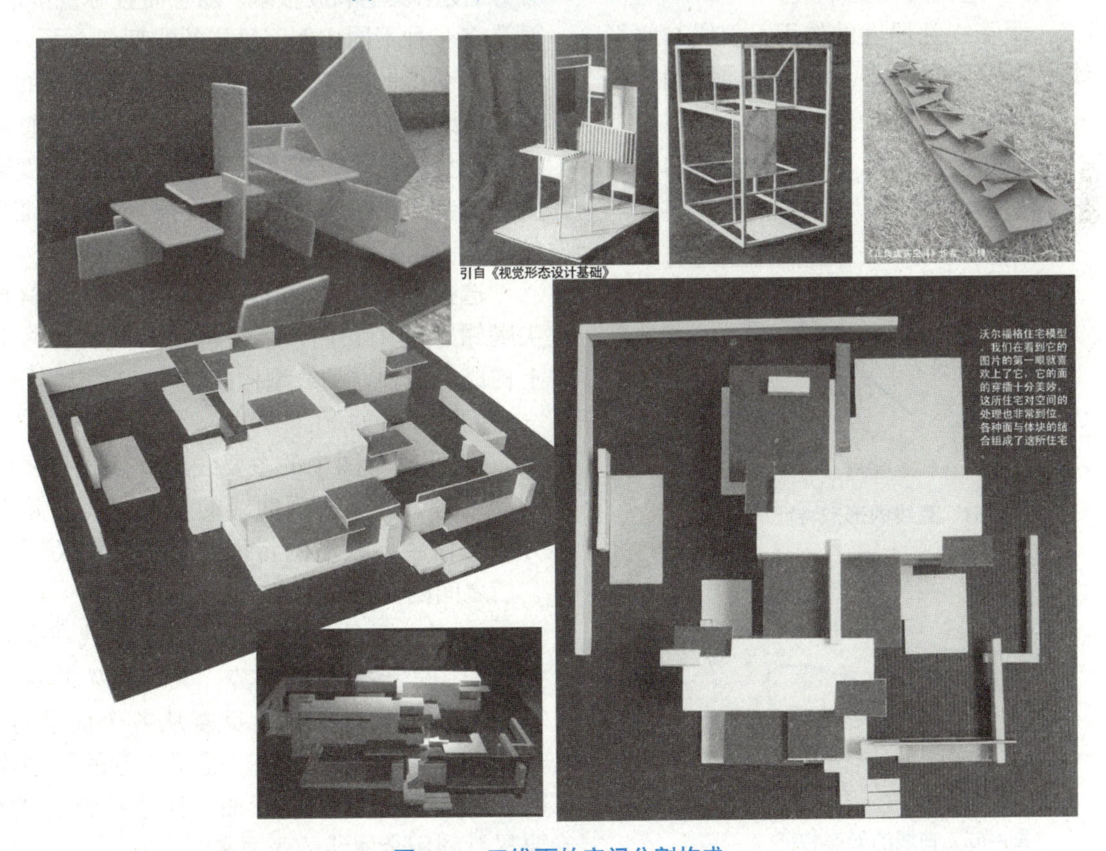

图4-60 三维面的空间分割构成

轴线以及结构关系，同时在架构和组织空间时有其他形态无法替代的作用。

在组织立体线型构成时要关注线型结构的轴线关系、主要动线及由动线勾勒出的虚空间。

4.2.3.1 线型的形态特征

线型的形态特征很丰富，如形态的曲直变化、粗细变化、软硬变化等。在构成中线的曲直形态变化在空间造型中起主要视觉形象的引导作用，无论线的形态如何变化，都能以曲线和直线进行归类。垂直线、水平线、斜线、折线都是直线的范畴（图 4-61），圆弧线、抛物线、张力曲线、螺旋曲线等都属于曲线范畴（图 4-62）。

① 垂直线　由于地球引力的作用，物象大都呈现垂直于地面的印象，长期的视觉习惯给人留下积极向上、端正、挺拔、坚定、严谨、敏锐感的印象。

② 水平线　同样受地球引力的作用，水平线给人安定、平稳、连贯的视觉印象。

③ 斜线　由于视觉惯性的作用，斜线与水平线和垂直线形成较大的反差，给人方向明确，富有动感、速度感和不稳定感。

④ 折线　曲折、坚硬有力，具有一定的爆发力和攻击性，具有不安定的分子。

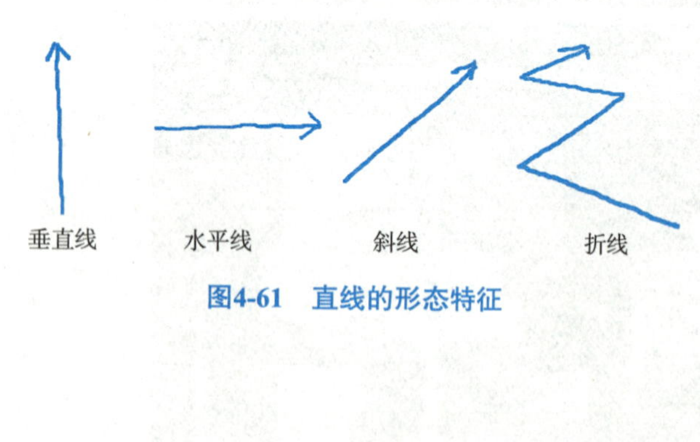

图4-61　直线的形态特征

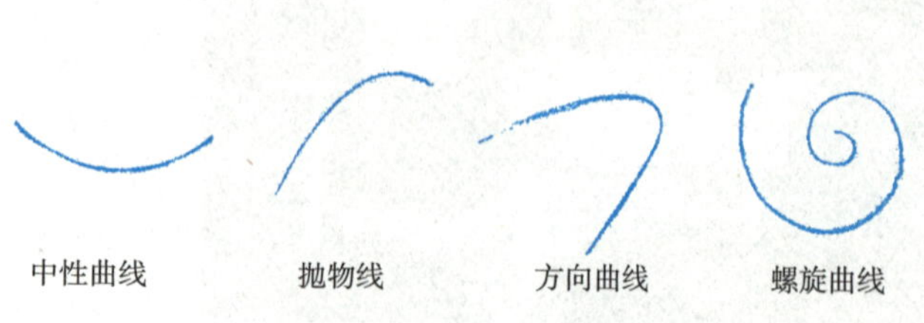

图4-62　曲线的形态特征

⑤ 中性曲线　属于中庸的曲线，平淡但很耐看。它是圆周的一段，其重要特征是从任何方位看都是一样，它的扩张程度在整个长度上都是相等的，给人均衡、稳定、缓慢的运动感。

⑥ 抛物线　就像是被投出去的球的运动轨迹，给人速度感，与数学上的抛物线类似，开始时运动轨迹是直线，然后逐渐转成弧线，并呈现下坠的力，似生命的曲线。

⑦ 方向曲线　如同被拉开的弓弦，或掰竹竿时，竹竿将被掰断之前的张力曲线，具有很强的张力、韧性和明确的方向感。

⑧ 螺旋曲线　由于它有许多潜在的特征，如螺旋的系数、盘旋的数量和曲线的张力，所以很难与其他一些曲线组合在一起。它被看作是最有“生命力”的曲线。

4.2.3.2 独立线型的构成方式

在获得线型构成的创作灵感时，可先从画线开始，使用炭笔和废报纸。随意而且尽量快地进行，画许多各种不同比例、风格的线型。

当获得一些好的草图时，选择所喜欢的形态进行独体线型的构成，整个过程中除了关注整体的轴线、动势和主要形态特征外，还要最大限度地向空间内，或向空间外制作一些线条，注重三维空间上的形态变化，以进一步理解空间中的线型。

选择直径 3 ~ 5mm 的铜线或铁线为材料，用尖嘴钳来加工它们，最后将它们安装在一个基座上构成一份独立的线型构成。

大致步骤如下：

① 明确草图中的主要线型特征，是强调直线刚劲之势，还是表现曲线的柔韧之美。并进一步分析每段主要线型的特征及形态结构关系，注意它们之间的衔接及倒角部分。

② 从主轴线开始，用一段金属线在空间中摆弄草图中主要轴线的动势，关注线条曲直变化及在空间中的内外关系，反复从各个面进行观察、分析并调整到最佳位置。需要注意的是制作曲线时，不要只是简单地弯曲，注意控制它的弧度，要尽量利用金属线的张力来制作曲线。

③ 从不同角度上进一步观察，看从哪个位置看起来最好，在哪个位置最有个性且最生动活泼。摆好后，把它固定在 3 ~ 5cm 厚的木头基座上（可用锥子钻一个洞，将一条铜线固定于木头中，使金属线看上去像是从木头里长出来的一样）。

④ 最大限度地向空间内，或向空间外制作一些线条，进一步丰富或呼应主轴线的空间线条，在它们之间建立一种张力联系，并把大量的时间用在思考和推敲张力的感觉上，寻求一种紧张而平衡的视觉感受。

⑤ 把它们结合起来，使其从各个方向都具备方向力的平衡。

这个过程中需要创造性和感性的思维，因此要控制好自己的状态，当灵感来自大量练习后的混乱状态，在把握住灵感冲动的时段，每天晚上做一两个练习。随着时间的流逝，会发现线条有无限的使用方法（图 4-63）。

4.2.3.3 群化线型的构成规律

线材在体量上比较单薄，成型相对轻盈、灵动、通透，虽不具有体量感，但具有延续空间的作用。同时，也是构筑灰空间或虚空间的最佳空间构成符号。但群化构成时一定有序、有法，如结构清晰、虚实有度、韵律生动等，否则容易形成乱如麻的视觉印象。

（1）并列组合的线型构成

线材平行排列或有秩序地排列，将产生虚面，并具有明确的方向性，显得步调一致、富有规律，通过线条的长短变化、疏密变化、形状变化和质感变化，可以增加组合的节奏感和韵律感（图 4-64）。

（2）聚集组合的线型构成

单元线通过聚集骨架，自然形成疏密的变化，密的空间显得很紧凑，疏的空间显得很舒展。单元形的形态特征不同，其结果也不一样。直线在聚集或发散的过程中可以进行方向的变化，聚散成具有曲面特征的造型；弧线的聚集或发散可以是线条的交错，也可以是线条的缠绕。同时这些线条在空间中相互穿插、交错，形成强烈的空间感和丰富的层次感（图 4-65）。

（3）线框组合的线型构成

线框的组合是利用线框的构造骨架与线的织面组合的构造，是一些相同、近似或渐变的线框，在三维空间中进行各种骨架组合，显示结构美与

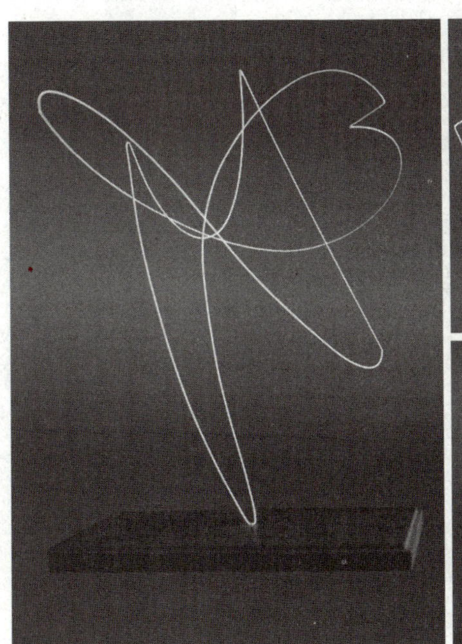
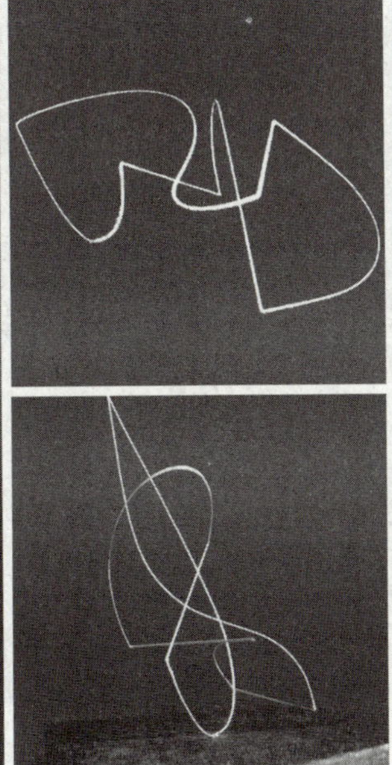

图4-63 空间中的线条（引自盖尔·格里特·汉娜）

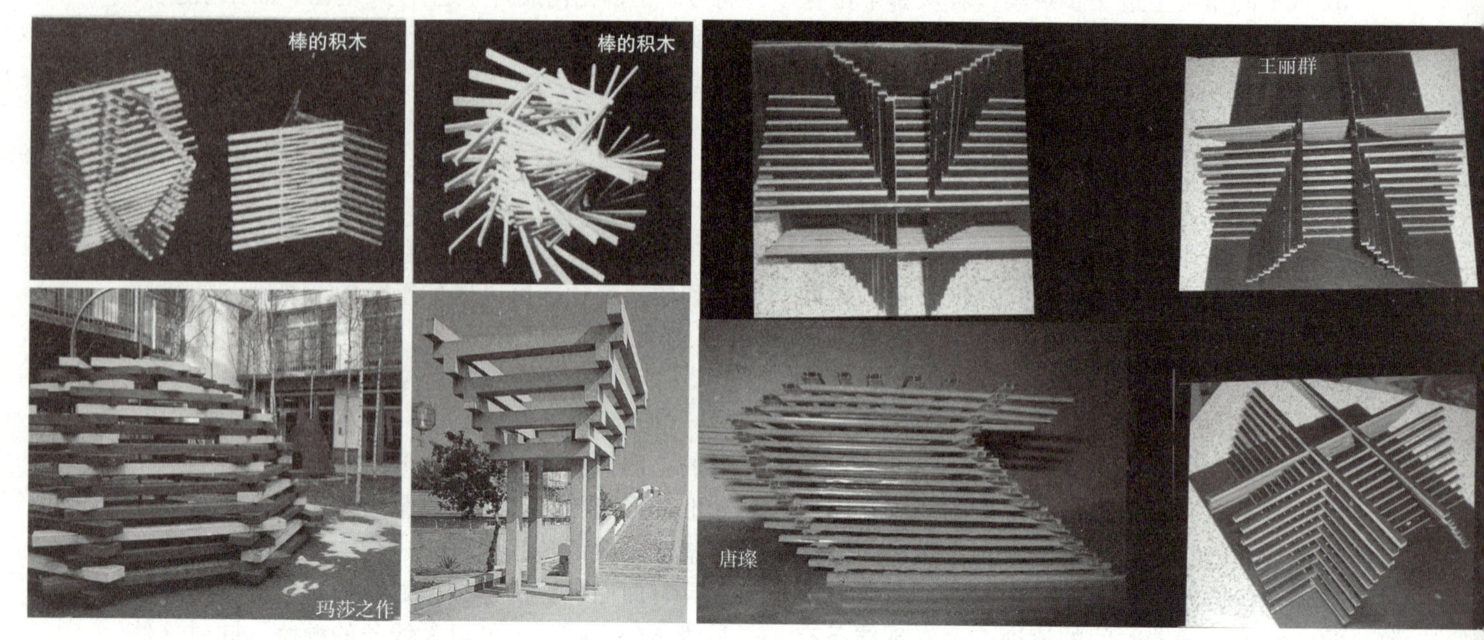

图4-64　并列组合的线型构成

图4-65　聚集或发散组合的构成

图4-66 桁架构成

秩序美。根据节点的结构和连接手段的不同主要有两种结构：框架结构和桁架结构。

框架构成是一种独特的线型空间组合，主要的设计方法有重复、渐变、自由组合、连续框架等。用相同的平面线框按一定的秩序排列或交错进行构造或者直接构造立体框架，就具有强烈的重复效果；当形态形成大小渐变线型排列时就具有渐变的节奏感等。

桁架构成是采用一定长度的线型以节点构造将其组合成三角形，并以三角形的构造作为单位组，进一步进行组合。在设计手法上，常常以等边三角形为基础，然后关注其空间形态的发展。对桁架结构的解构与重组，与整体的秩序空间形成视觉的矛盾反差，从而吸引人的注意力，成为地标性的建筑（图 4-66）。

4.2.4 体块的构成规律与应用

块的特点决定它是最富有维度变化和体量感的立体造型，其中体量感在造型中起着强化立体和空间的作用，也是构成中最关注的重点之一。体量感有两种——物理量感和心理量感，物理量感可以通过实地测量得到结果，如体积大小、容积多少。而心理量感则来自人们心理对物体重量的一种感受，由直觉进行判断，这也是立体构成中的难点之一。如相同形体的块材，会因为材质的质感、肌理、色彩、方向等因素的差异，形成量感差异；支撑块材的柱、线材也会影响量感的差异；块材的大、中、小、角、方、圆、实、透也都会导致量感的差异等。为此，在体块造型的空间体验上要善于试验，在试验中去体验体块的物理量和心理量。

4.2.4.1 块型的形态特征

块的特点是具有十分明显的体量特征，长、宽、高使立体的空间关系表现得更为丰富及突出，在感觉上或生理上给人以舒适的形体感以及充实感，在形态的属性上，厚实感和坚实感是体块的基本性质，也是体块形态的魅力之所在。

根据体块的形态特征大致可分为方块、角块和球体 3 种基本形态。方块横平竖直给人以稳定感，体积感强，但在方向的指示性较弱；角块具有多个棱角，具有多维的方向感和变化性，同时具有很强的运动感，但正由于方向性的特征使其很难形成整体的统一感，需要在轴线、层次和比例上多进行推敲；球体集合了角块的方向感和方块的量感，同时具有圆润、饱满、灵活等特征，但很难固定或黏结。

4.2.4.2　独立体块的构成方式

独立体块的构成特征是通过变形、加减、分割等构成方式对基本体块的解构，形成新型，但仍然具有原基本体块的主要形态特征。

（1）从变形的手法开始改变体块

变形手段主要是通过改变规则的几何形体使其向有机形体转化，从而使其形体更为灵巧。变形的方式有扭曲、挤压、膨胀、倾斜、盘绕等（图 4-67），使形体柔和富有动态；挤压使形体产生凹凸感；膨胀表现出内力对外力的反抗，形体富有弹性和生命感；倾斜使形体因与水平方向呈一定角度，出现倾斜面或斜线，从而产生不稳定感等。

变形的体块应注意其整体动势，也就是各部分之间的连续应自然过渡，不要拼凑，要有强烈的一体感。通常，小的形体动势宜微妙，动势强烈易流于粗笨；大的形体动势宜强烈，动势过小易流于柔弱。为了方便练习，变形手法的练习材料主要以黏土或白泥为主，因为这些材料制作容易，当然黏土制作的边沿应尽可能清晰，这样才有利于造型构成的分析。

（2）以加减的手法改变体块

在基本形体上添加和减少，使原有块材的总量改变，而形成新块材（图 4-68）。如采用切、挖、钻、镂等方法能使块材的体量缺损或减少；如采用单体、多体、异体黏合，则能使块材的体量增加。

（3）以分割的手法改变体块

分割是在保持原有块材总量不改变的情况下，通过等分或自由分割等方法处理，再进行移位、重新组合，形成新块材，要求这个构成比原体块更有趣。同时可采用对各种形体进行多种形式的分割练习，分割与再次组合能极大地刺激、丰富创新意识，给人以启示，增强思维联想能力，开拓出新的立体形态（图 4-69）。

等分割包括等量分割和等形分割，通过分割形式的改变、移位形式的改变，可构成不同的组合体。由于其整体和部分之间具有共同比值和形的虚实关系，因此，在形态设计时应主要关注其空间位置的变化以及组合形态的变化。

二等分是用直面或弧面完成体的二等分割，练习时先以方体分割，再尝试锥体分割，最后感受球体分割，二等分完成后试着三等分、四等分及综合分割（图 4-69）。制作时注意以下几点：材料尽量用黏土或白泥或厚苯板；黏土刀做直线切割，使用 24 号铜丝来切割曲线；用牙签或大头针进行形体之间的固定。

自由分割是指在造型中对某种体块形态作自由的不对称的截取、移位与组合（图 4-70）。自由分割的方法有两种：一是随意性切割，即随心所欲地自由切割块材；二是偶然切割，如失手跌落成碎块。在分割的过程中，注意构成中凹形体的变化，因为它造成了凸形体之间的张力关系，以及凹凸形体之间的张力关系。

4.2.4.3　群化体块的构成规律

群化体块的组合构成，指的是把重复、渐变或近似的单元体块按一定的规律组合在一起，使

图4-67　基本形体的变形

表面增减
边线增减
棱角增减

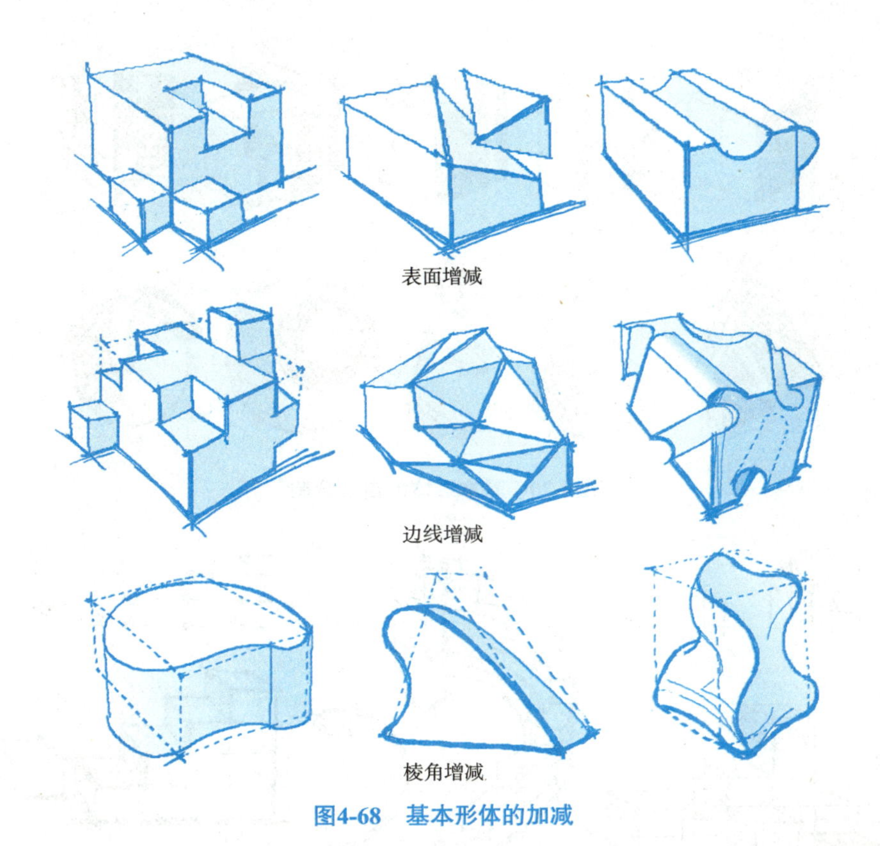

图4-68 基本形体的加减

《设计元素》，（美）盖尔 格里特 汉娜著，第106页

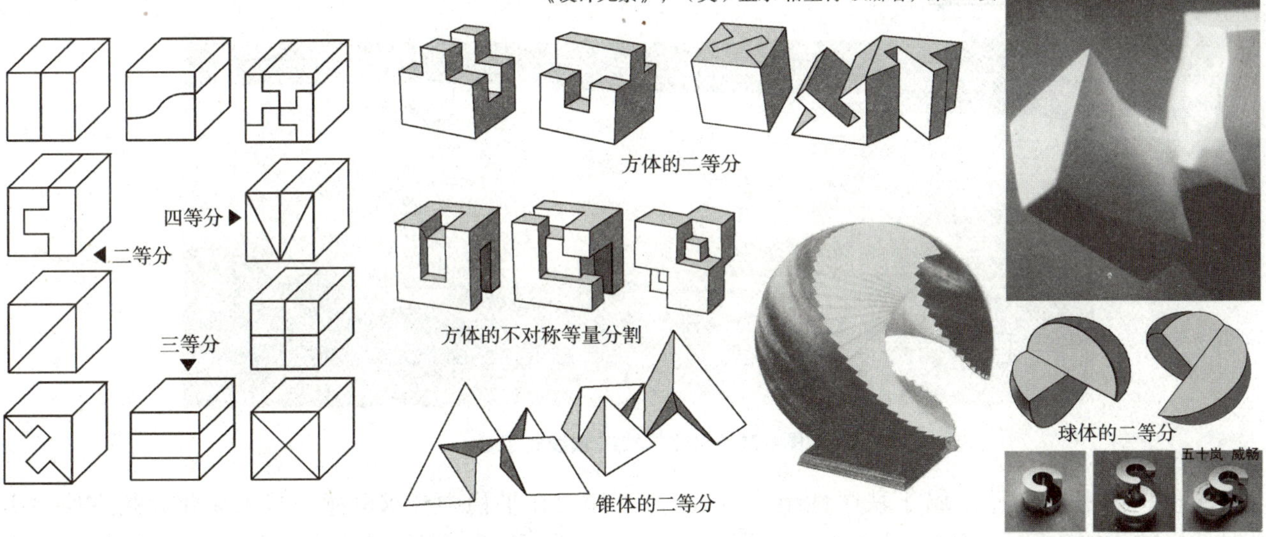

四等分
二等分
三等分
方体的二等分
方体的不对称等量分割
锥体的二等分
球体的二等分
五十岚 威畅

图4-69 基本形体的等分割

之成为一个完善的整体。由于组合体中重复或近似的基本形可增强造型形态的节奏与韵律感，所以在大的空间组织中常以群化的体块组合增强空间的个性特征。

在群化体块的构成关系中，层次的主从关系、比例的大小关系、动势的轴线关系和视觉的连续性等造型要素决定着造型的个性特征。

（1）轴线式的组合规律

轴线式的组织规律主要是轴线的结构简单明了、方向明确、动势一致等要素，主要表现群化

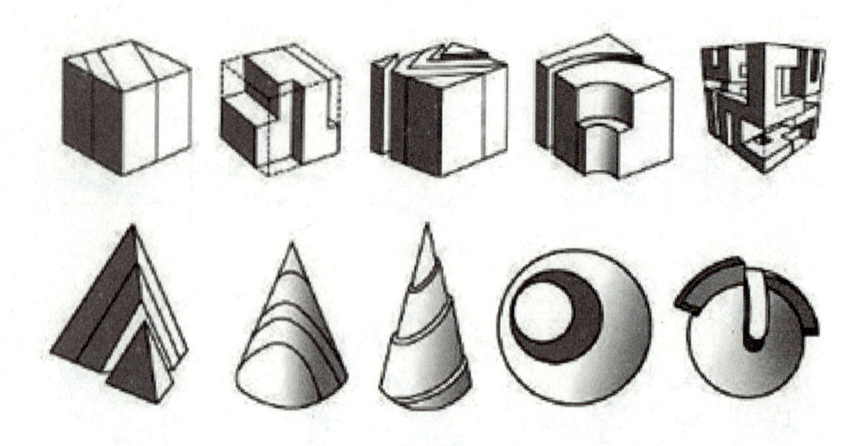

图4-70　基本形体的自由分割

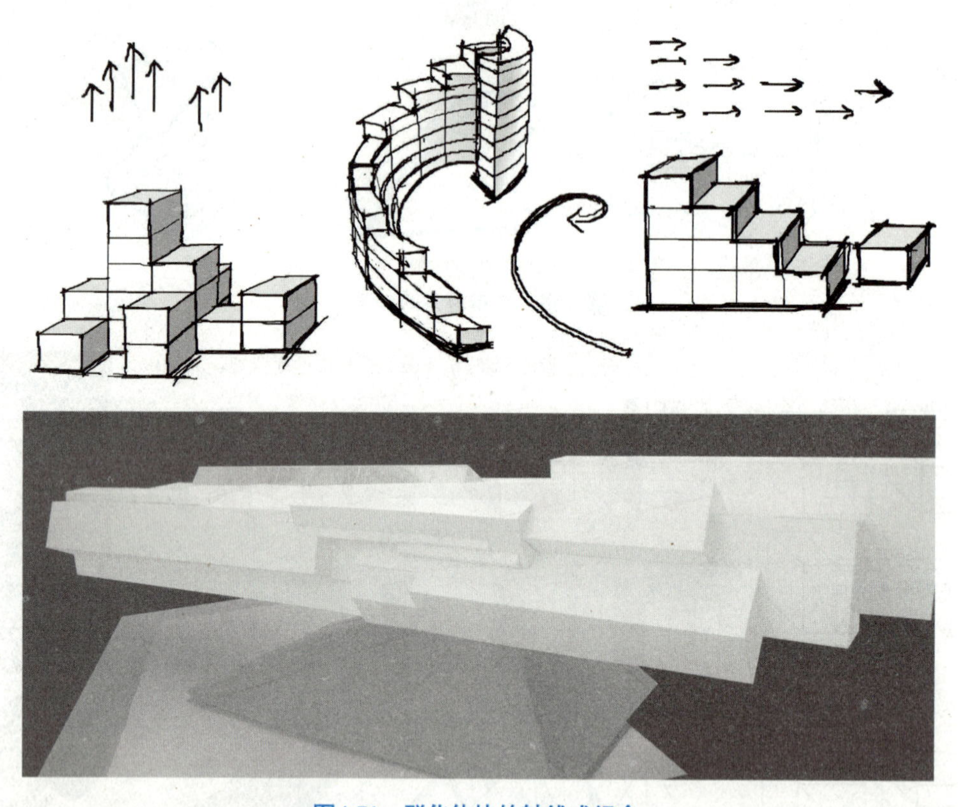

图4-71　群化体块的轴线式组合

体块的秩序感和韵律感，属于秩序性组合方式。根据骨格的不同大致可归纳为直线排列、螺旋排列、梯线排列、错位排列等。

方块方向性组织具有很强的统一感，存在较明显的稳定性。在轴线的组织过程中，轴线关系相对简单，主要以横平竖直的轴线发展，通过基本型的变化求得统一中的变化。在水平组合方块材时，块的方向指示性较弱，适合于体积表现。如何在平稳中寻求动感，寻求变化，是方块材组合时需要重点思考的内容（图 4-71）。

角块的组合也比较适合轴线式的布局，因为角块具有多个棱角，而这些棱角的方向性直接影响整体的统一感，所以有明确的轴线关系对于控制角块的方向和运动感具有很强的作用。角块的组合中基本型可以是重复、近似、特异等，组织结构轴线明确、层次清晰才能获得优美的造型。

（2）发散式组合规律

发散式组合有清晰的视觉聚集点，具有聚集与分散的特征，属于变化性组合关系。

发散式的基本型大多都是角块或球体，因为发散的骨格明确，方向感很强（图 4-72）。

球体集合了角块的方向感和角块的量感，使它在组合过程中很显生动。

在角块的发散组合中需要扭转的角度、搭合的位置进行变化，但需要控制好其方向性，否则像一堆废弃的砖头。

4.2.5 外空间构成塑造的特征与规律

4.2.5.1 外空间塑造的特征

从专业设计的特征来看，更多是涉及人与土地的和谐关系；从尺度上的特征上看，平面的尺度远远大于立面的尺度关系；从人的游走和视线变化上分析，既有宏观的感知也有局部的品鉴等。因此，在整体规划设计时，要先从大局入手，从宏观的空间限定要素入手，大致可分为天、地、物三大空间构成形式；而从具体的立体造型设计时，则需要关注局部的形态，主要由面体、线型、体块等构成要素。整体空间结构决定空间的整体印象，局部的造型特征表述空间的表情或情趣。在实际设计及运用中，它们之间是互相转换又相互作用的，对其归类有助于在每个环节中能深入思考。

（1）从整体规划上看，分为天、地、物

天、地、物三大空间的构成形式决定大空间的整体空间结构和形态印象，它们之间是不可分割的整体，共同构成空间的限定要素。

① 天　即顶部空间，它决定空间的天界线或顶部空间的基本结构，具有漂浮、俯冲之力，又有控制、庇护之势（图 4-73）。其高度在空间的限定中起重要的作用，如果高度在整体比例中太低，给人压抑的感觉；太高时则给人虚幻、高爽

图4-72　群化体块的发散式组合

图4-73　天的空间界定类型

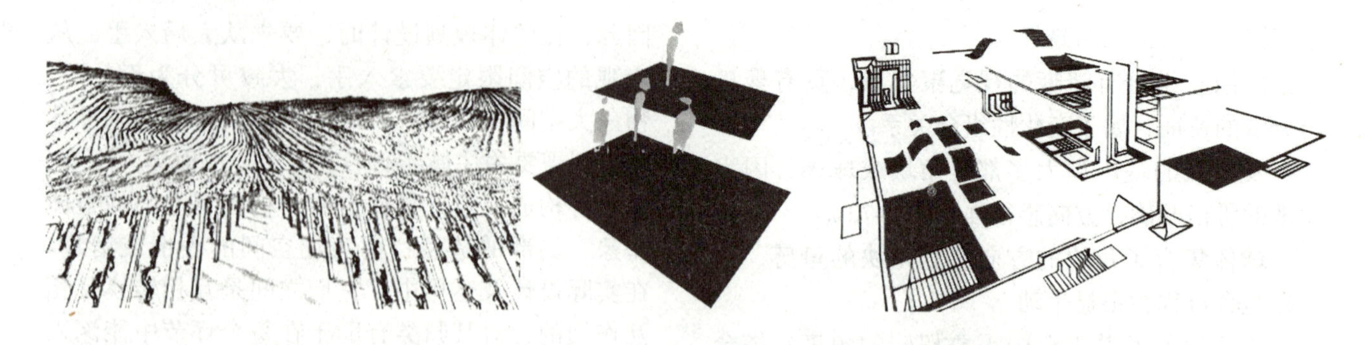

图4-74　地的空间承接面类型

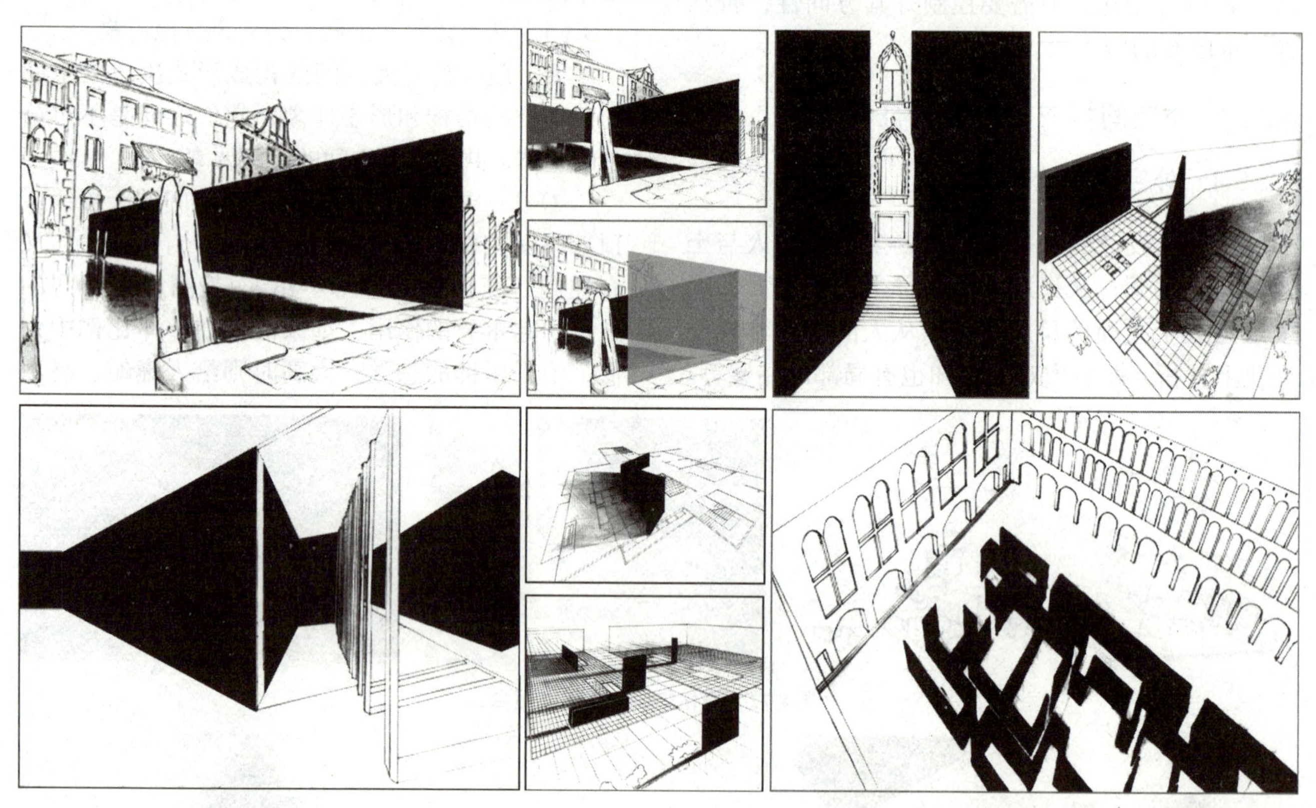

图4-75　物的空间围截面类型

的感受。

② 地　即地面空间，主要起到限定空间的承接面部分，具有起伏波动之力，又有平静和缓之势（图4-74）。局部的处理承接面的空间变化可以起到划分区域和诱导的作用，比如凸起部分给人生长之势，令人兴奋；凹陷部分给人隐蔽之势，令人冷静；架空部分给人探海之势，令人神往。

③ 物　即围截面空间，它决定围截面的基本结构，在三大要素中属于最为复杂和生动的部分，与线、面、体的立体构成有着密切的关系（图4-75）。大致有4种状态：竖段、夹持、合抱、围合。竖段主要起阻截作用，大致有3种类型："|""⊥""∟"。"|"其分隔能力与高度有关；"⊥"是安静而愉快的空间，越接近空间的角落，滞留感越强；"∟"是"⊥"的一部分，但迂回性更强，又有很强的诱导作用。夹持，具有风流的作用，与承接面相结合有诱导之势，大致有"||"和"/\"两种类型。"||"有很强的方向感，作延长处理可产生限定性的流动感；"/\"能带来夸张或戏剧性的透视效果，产生趣味型空间。合抱，具有拥抱、

驻足之势。当面的长短分布不同时，驻留的形式也各不相同，如给人全封闭、半封闭半开敞或开敞的感觉。围合，具有凝聚升腾之势。当面的环绕状态不同，凝聚的程度也不一样，但完全围合的空间缺乏自由与生气。

（2）从组织形式上，动线是空间构成的骨格

从专业空间的组织形式上看，由于主体空间是站在空间体的外部看其外表形态，并领略许多空间体作为分离限定的效果，所以，外空间的组合较为自由，动线是空间构成的骨格。

动线即功能上的需求，更是空间美学的评判点。力的连贯性是构成动线的主要依据，主要是根据平面结构创造的，如果平面结构比较复杂应找到各个内力的合力来控制整个系统的整体性。当各种空间体（形式需统一）依据动线作密集构成时就形成动线空间。

空间动线从结构上可以分为两种形式：对称与不对称。无论哪一种空间动线，都应避免逆程序的现象，为此，一般均按环状布局。另外，动线不能太直，以充分发挥空间的流动性。

从形式上可分为直线型和曲线型。直线型动线给人便捷、刚劲之感；曲线型动线给人休闲、自然之感，具体可根据空间的表情进行取舍。

4.2.5.2 外空间塑造的构成形式与法则

外空间的空间体很少有独立存在的形式，或多或少都要与周边的环境或构筑物发生这样那样的影响。所以，在设计时外空间的主体与周边的环境都要被抽象成空间体来对待，进而进行构成组合。其构成逻辑是：首先，无论空间体是简单的，还是复杂的，均将其抽象成简约的结构空间体；其次，分析空间的组合形式，如围合、合抱、夹持或组团式；最后，将各种组团集合，并构成更大范围的空间群落。

（1）空间体与虚空间的主次转换

当空间组合时，将形成实体和虚体正负反转共生的统一体。所以在考虑空间组合时，不仅要考虑空间的组合形式，还要考虑所限定的虚体形态。但是，空间体或虚空间在视觉中并非同等。如果虚空间中布置一个主导性的内空体，一般说较大的、较对称的和靠近虚空间中心的空间体显得比较重要，成为一个支配虚空间的形体。相反，较小的、不对称的和在虚空间一侧的空间体，则会使虚空间处于支配地位（图4-76）。以上的分析说

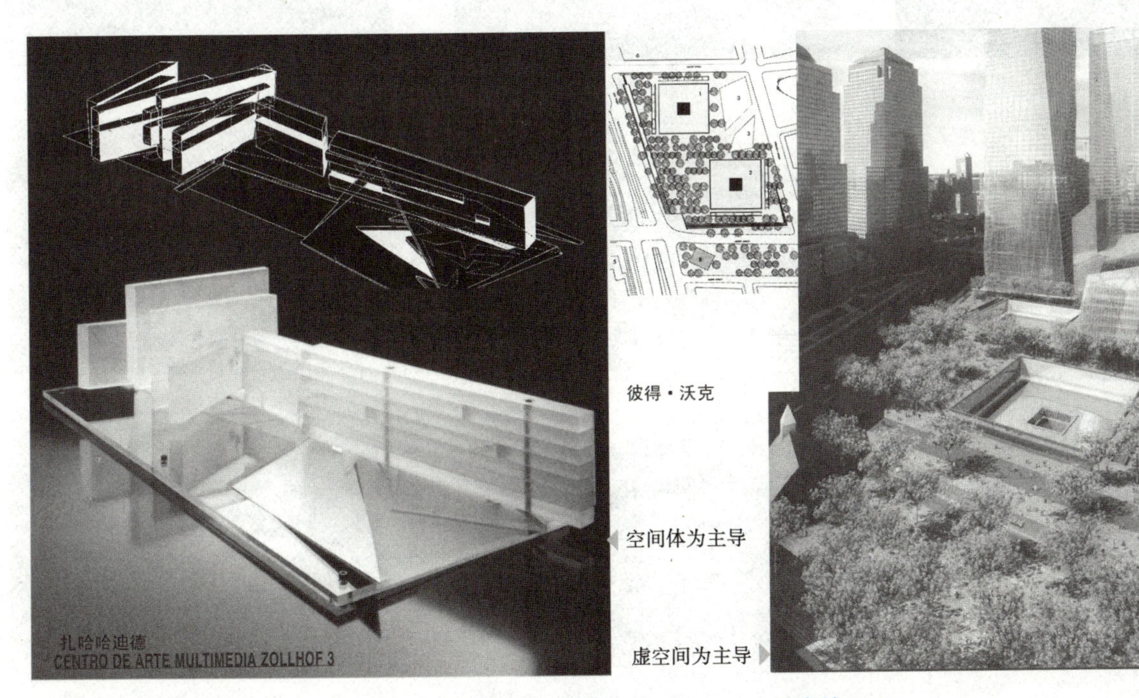

图4-76 空间体与虚空间的空间表情

明，在外空间的组合构成中，空间的主导不管是空间体还是虚空间，其空间表情存在很大的差异。

（2）以虚空间为主的密集组合

在以虚空间为主导的空间密集组合中，大致可分为动线空间和中心空间两种组合形式（图 4-77）。

① 动线空间组合　指的是以动线为前沿界限来组合空间体。着重点在动线上的空间结构和竖向设计上，在设计时需要注意以下几点：

——明确动线的主次关系，在主动线上，设置主要的结构空间和竖向变化。

——避免一侧有强烈轴线感的大结构空间，否则，为了取得平衡还需要在对应方向增加等分

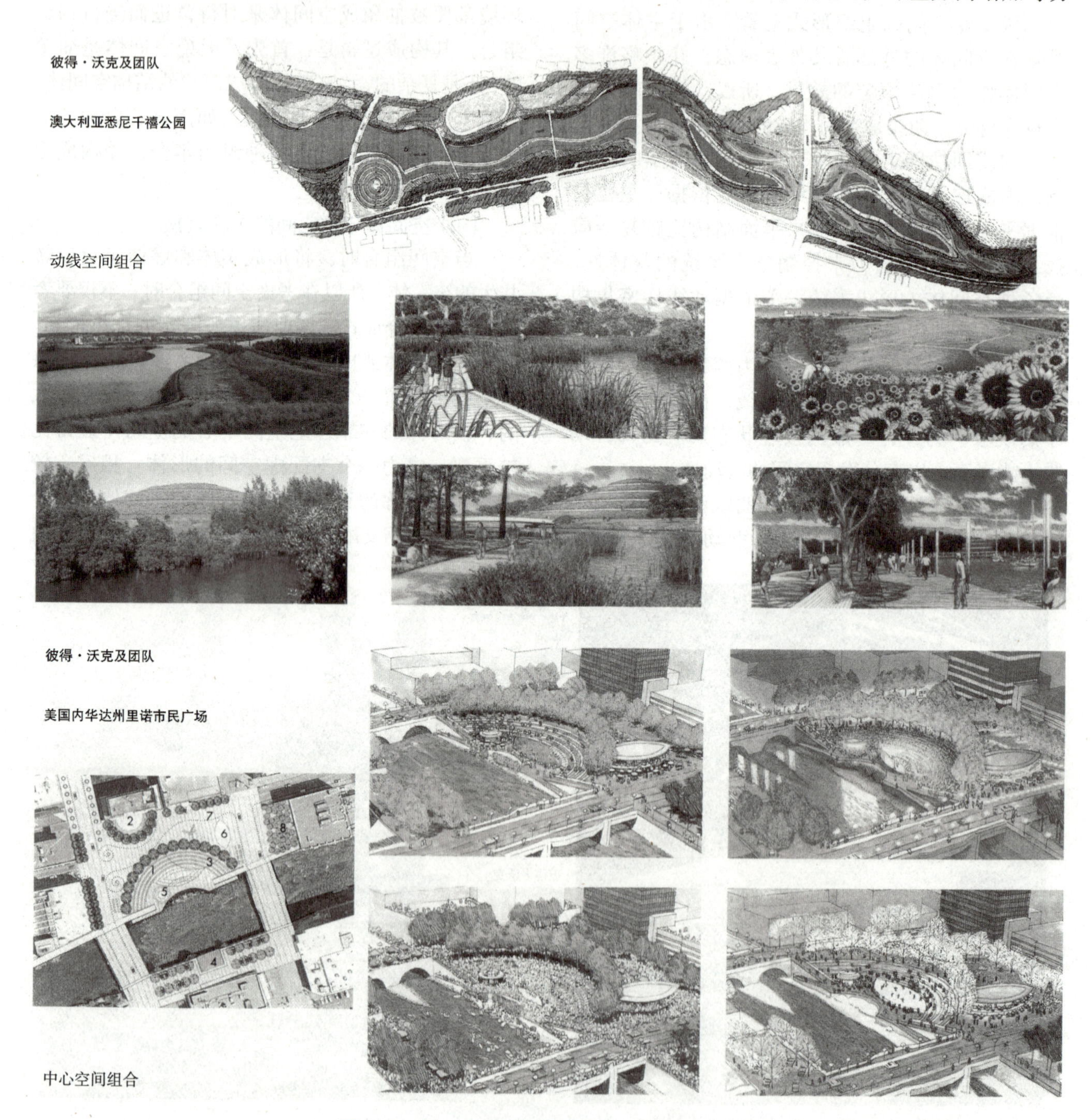

图4-77　以虚空间为主的动线空间和中心空间案例

量的因素。

——为了获得视觉的焦点，可从高度或平面布局上进行处理。如将主要的空间体高于整体的天际线；也可以在平面布局上让主体前置于或后退于动线空间中，形成线围合点的聚焦作用。

——在动线或视线转换方向的起点、焦点或终点处，设立空间体或装饰物加以强调。

——强调动线上的空间节奏感和韵律感。

② 中心空间组合　指的是虚空间具有明确的凝聚力或向心力。着重点在中心空间的凝聚感的处理手法上，具体如下。

——中心空间既要有整体感和围合感，又不能过分封闭。

——为了营造中心空间的生动性和丰富性，需要关注围合出中心空间的空间体的结构部分，它们需根据整体的空间结构特征做相应的变化。

——为了使中心空间获得整体感，必须谨慎处理主空间与次空间之间主次和围合关系。如扩大主空间的面积，建立明确的中心空间，或减少次空间的面积，使其无力与主空间相抗争。

（3）以空间体为主的密集组合

在外空间中，以空间体为主体的密集组合，其虚空间主要起到链接和整合的作用。空间体与虚空间之间在使用功能上是相对独立的，但它们共同组合成一个整体或组群（图4-78），需要注意以下几点。

——空间体与动线的关系：以扩散空间类型为主的组合，其主体空间的扩散性是由内空间逐步往外空间渗透和扩展的，动线的组织也是由空间的限定而展开扩散的运动组织。

——空间体与虚空间的布局：空间体与空间体之间围合出的虚空间，即是被动的状态，也可以转被动为主动，在空间中起到积极的作用，但需要明确虚空间的层次关系。

——空间体的主次关系：要有明确的动线引导或者由虚空间来进行暗示。

（4）以“地”为主的多数空间体组合

不同承接面高度的空间组合，常带来戏剧性的效果。特别是在同时运用组团式空间构成手法时，两个相连空间的承接面竖线变化，不但能提高一个特殊的空间体的趣味，而且会提高空间本身的价值（图4-79）。例如，架空动线与局部承接面的链接，将形成多层化的竖向关系，带给人情趣感。

4.2.5.3　空间布局与造型的构成法则

外空间构成的艺术法则除了与内空间构成的

青岛崂山区废弃矿场的改造设计

六角工房

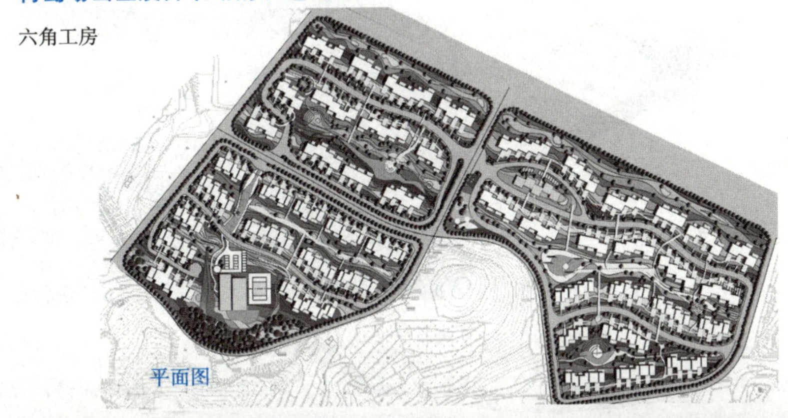

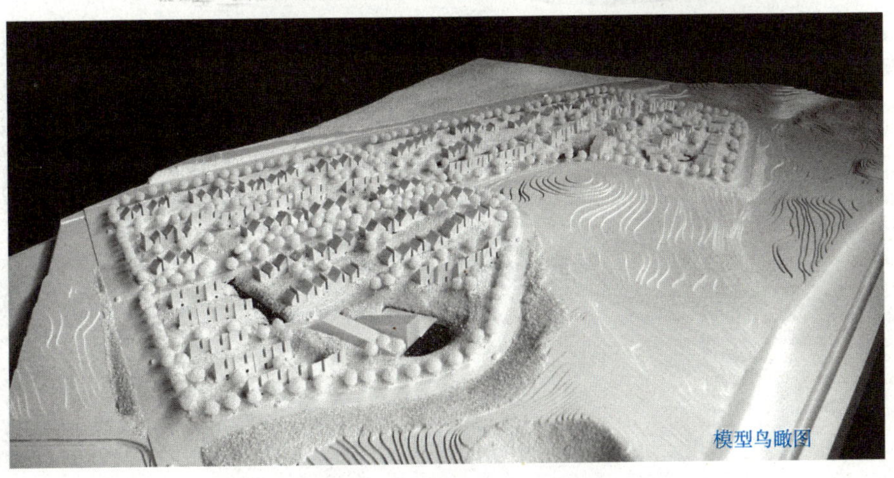

图4-78　以空间体为主的密集组合案例

图4-79　以“地”为主的多数空间体组合案例

艺术法则相同的3点外，还需要注意以下3点：

① 流动的天际线　在外空间中，主体的视野开阔。由于人尺度的问题，看到的空间体是从某个组团式空间体的组合逐步看完整体，流动的天际线成为外空间重要的视觉要素。因此，流动的天际线必须具备统一的风格，如统一的围截面，统一色彩、肌理、尺度、细节处理等。同时重视每个空间段落的创造，以组成整体凝固的音乐旋律。

② 空间层次　能形成美丽的旋律，如采用渐变的手法，或增加过渡性的空间来加强其节奏感，使空间呈现丰富的起伏变化。

③ 引导与暗示　空间的引导是根据不同的空间布局来组织的。一般来讲，规则的、对称的布局，常常要借助于强烈的主轴动线来形成导向，主轴动线越长，主轴动线上的主体就越突出。自由组合布局的空间，其特点是主动线上的主动线迂回曲折，空间相互环绕，活泼多变。

4.2.5.4　课题实验

（1）题目：面体的主题塑造

目的　灵活掌握面体的空间构成规律；理解基本面体与骨格相互作用从而产生形态的构成规律。三维面的综合构成将打破材料的限定和构成规律的限定，以一定的表现主题展开进行。

方法　从规则式构成法则入手，如面的排列构成、特异构成、渐变构成、发散构成、积聚构成及分割构成等进行创作。

参考　如图4-80所示。

尺寸　控制在40cm×40cm×40cm的空间范围内。

课题要点　体会造型语言与主题的内在联系。

（2）题目：体块的主题塑造

目的　打破材料和课题的限定，进行块的综合构成训练。要求造型的表情清晰、主次分明、轴线结构生动、多维视角、比例得当、视觉平衡等。

方法　以泡沫、泥块等块状材质，经过切割、扭曲、挤压等手法进行基本形的塑造，根据群化

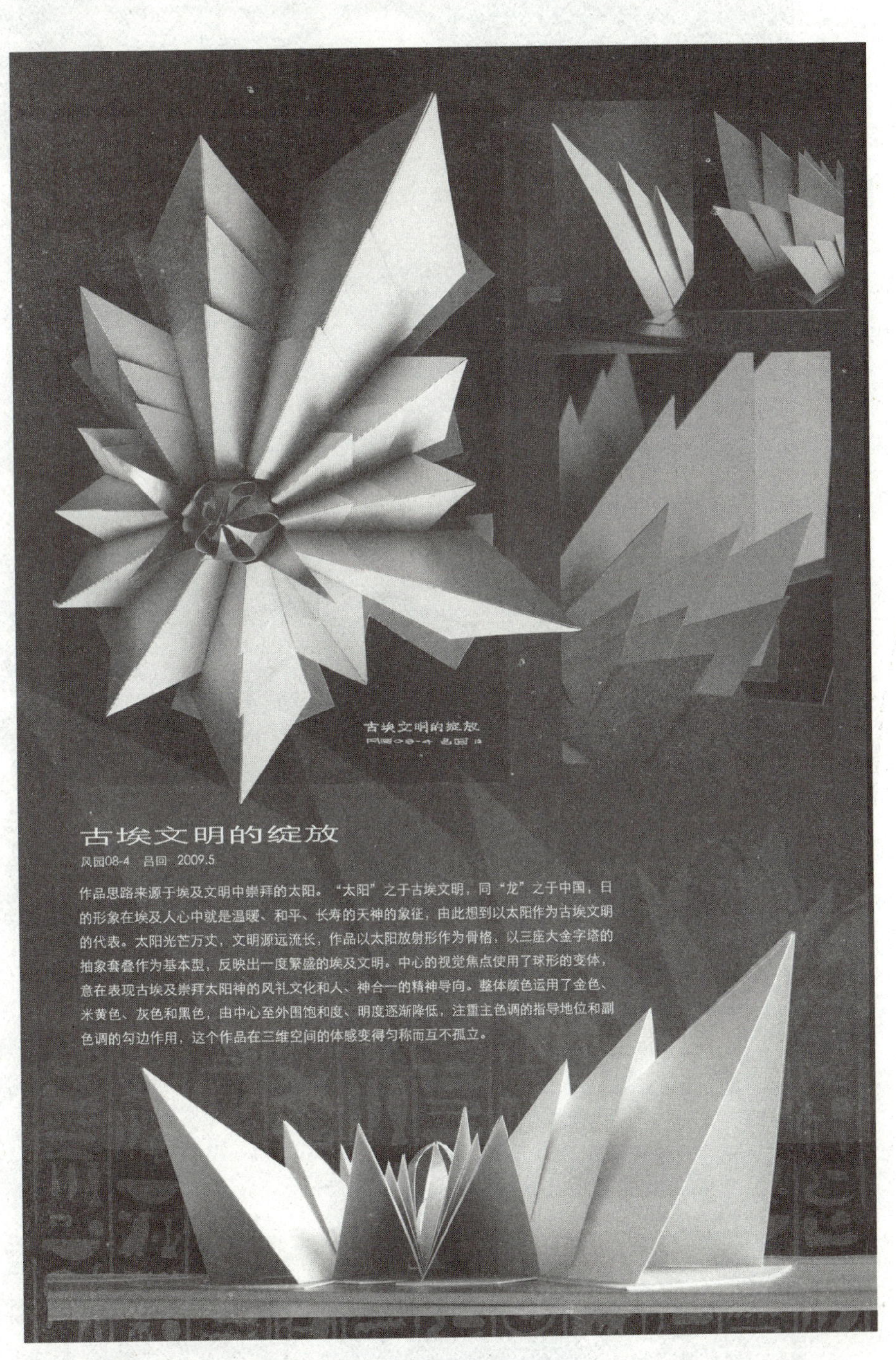

图4-80　面体的主题塑造

的组合规律进行主题的造型训练。

参考　如图4-81所示。

尺寸　控制在40cm×40cm×40cm的空间范围内。

课题要点　体会造型语言与主题的内在联系。

图4-81　体块的主题塑造

（3）题目：向建筑大师学习立体造型

目的　通过立体造型的构成法则，抽象建筑大师作品的造型与空间构成。

方法　解读体块明显的建筑作品，分析大师的创作精神、创作过程、造型手法和造型尺寸等，进一步归纳大师建筑作品中体块的层次关系，反复推敲比例与尺度在空间中的关系，同时注意体块的动势及虚实关系。

参考 如图4-82所示。

尺寸 控制在40cm×40cm×40cm的空间范围内。

课题要点 体会建筑大师的造型语言与建筑主题的内在联系。

图4-82 向建筑大师学习立体造型

4.3 色彩氛围营造

大家都能理解“一方水土养育一方人”的道理。同样在色彩领域存在一样的道理，一方水土，造就一方景致，养育一方文化，彰显一方的景观色彩特质。人作为自然物质的一部分，离不开自然环境及社会环境对自己的影响，如地理结构、四季更新、气候环境、历史文化等，这些自然因素不但塑造着区域景致，还影响着生活在此区域的人，影响着他们的审美习惯和色彩认知。色彩作为重要的空间的视觉要素之一，具有很强的渲染力，和谐的配色是空间表情氛围营造的最佳的手段之一。

4.3.1 色彩基础知识

4.3.1.1 色彩感知的组成要素

有光才有色，在黑暗中，人们是看不到任何色彩和形状的；有人才有色彩，色彩的感知需要经过光—眼—神经的过程才能达到；有色彩才有视知觉，当光线进入视网膜后在视网膜上发生化学作用而引起生理的兴奋，当这种兴奋的刺激经神经传递到大脑，与整体思维相融合，就会形成关于色彩的复杂意识和感知。

（1）光

光在物理学上是一种电磁波，在此特指太阳光。1666 年，物理学家牛顿使用三棱镜来分解太阳光，得到了太阳光的光谱。光谱中的红橙黄绿青蓝紫这 7 种色光能诱发人们的色彩视觉，称为可见光。可见光的波长在 380 ~ 780nm 范围内，其中红色光的波长最长，紫色光的波长最短。

当光谱中的七色光混合在一起时为白光，也就是人们常说的“色彩加法混合”，即红 + 绿 = 黄（R+G=Y），蓝 + 红 = 品红（B+R=M），绿 + 蓝 = 青（G+B=C）；红 + 绿 + 蓝 = 白（R+G+B=W）（见附图 49）。

（2）物体色

物体色指的是自然界事物本身的色素或人为色料的混合。每个活着的生命体都有其内在的色素，如叶绿素、胡萝卜素、黑色素等都属于自然界事物本身的色素。人们通常从自然界提炼色素，并加以合成，涂抹于物体的表面。各种绘画色料、油漆涂料、彩妆用品等，都属于人为色料。

通常这些色素或色料进行混合时会产生复杂的色彩，也就是人们常说的“减法混合”，即品红 + 青 = 蓝（M+C=B），品红 + 黄 = 红（M+Y=R），青 + 黄 = 绿（C+Y=G）； 白 – 红 – 绿 – 蓝 = 黑（W–R–G–B=K）（见附图 50）。

（3）色彩的产生

当太阳光到达含有绿色素的植物时，其他色光被植物吸收，而绿光被反射给了眼睛，传给大脑，这样我们就看到植物是绿色的，具体如附图 51 所示；当光线到达涂有红色涂料的建筑时，其他色光被吸收，而红光被反射给了眼睛，传给大脑，这样人们看到建筑是红色的。

但由于光是以波动的形式进行直线传播的，具有波长和振幅两个因素，不同的波长长短产生色相差别，不同的振幅强弱大小产生同一色相的明暗差别。加之，自然界的物体形态复杂、质地丰富、变化万千，它们本身虽然大都不会发光，但都具有选择性地吸收、反射、透射色光的特性。因此，任何物体对色光不可能全部吸收或反射，也就是不存在绝对的黑色或白色。常见的黑、白、灰物体色中，白色的反射率是 64% ~ 92.3%；灰色的反射率是 10% ~ 64%；黑色的吸收率是 90%以上。

物体对色光的吸收、反射或透射能力，很受物体表面肌理状态的影响，表面光滑、平整、细腻的物体，对色光的反射较强，如镜子、磨光石面、丝绸织物等；表面粗糙、凹凸、疏松的物体，易使光线产生漫射现象，故对色光的反射较弱，如毛玻璃、呢绒、海绵等。

物体对色光的吸收与反射能力虽是固定不变的，而物体的表面色却会随着光源色的不同而改变，有时甚至失去其原有的色相感觉。如在闪烁、强烈的各色霓虹灯光下，所有建筑及人物的颜色几乎都失去了原有本色而显得奇异莫测。

另外，一个使得观察色彩更加复杂的因素是光线的变化。举例而言，白天的时候，太阳在地球上空的角度不断改变，物体的色彩也随之改变。上午10:00左右的光线带黄色，使得红色更偏向橙色；下午的光线比较蓝，使得红色偏紫。法国画家莫奈孜孜不倦地观察和研究色彩在不同光线下的变化，永不满足。他狂热无比，往往一连数天从同样角度反复去画同一主题，如麦草堆。他日出即外出写生，随身带着十幅或更多画布，一直工作到日落。从黎明、正午到黄昏，随着光线的变化，每隔一个小时就换一张画布，去捕捉新的景色。第二天日出时，他又带着同一组画布回到老地方，同样花一整天轮番更换画布作画。莫奈的画作显示出，如果我们能摆脱束缚我们色彩感知能力的成见，将会看到每个时刻变化万端、独特而微妙的色彩。

随着科技的不断发展，以人造光源改变或制造色彩氛围，也受到大家的青睐。主要是通过光源、照度、角度、光色的变幻来营造空间的千变万化的色彩氛围，以形成视觉刺激与错觉。

4.3.1.2 色彩的基本属性

（1）色立体

在日常生活中，人们大都以黑、白、灰、红、橙、黄、绿、蓝、紫等来分辨色彩；或在此基础上进行简单的组合来进一步区别色彩关系，如橙黄、蓝紫、黄绿等；或用由古至今约定俗成的名称来区分色彩，如橄榄绿、天蓝、杏黄、乳白、咖啡色、驼色、栗色等。

这些辨色虽然通俗易懂，但对色彩的表述不够精确，不能满足设计的需要。这就需要有系统的、科学的国际色彩体系，来表示色彩的关系，方便设计师进行选择和应用，如蒙赛尔色彩体系、奥斯特瓦德色彩体系、PCCS色彩体系等。然而，由于区域地理及社会文化的差异，每个体系各有特色，很难建立一套国际化通用的色彩体系。

但纵观这些色彩体系都是以“色立体”为基本结构，以色相为主环线，以黑白渐变的明度轴为纵轴，以纯度变化为横轴，来展现色彩的三要素的球状结构，称为“色立体”（图4-83）。有了色立体的结构关系，H・V/C表示色相・明度/纯度，就可以清晰地表示色彩的名称或代号，如10种主要色相的表示方法分别为：5R4/14、5YR6/12、5Y8/12、5GY8/10、5G6/10、5BG5/8、5B5/8、5PB4/12、5P4/10、5RP4/12等。

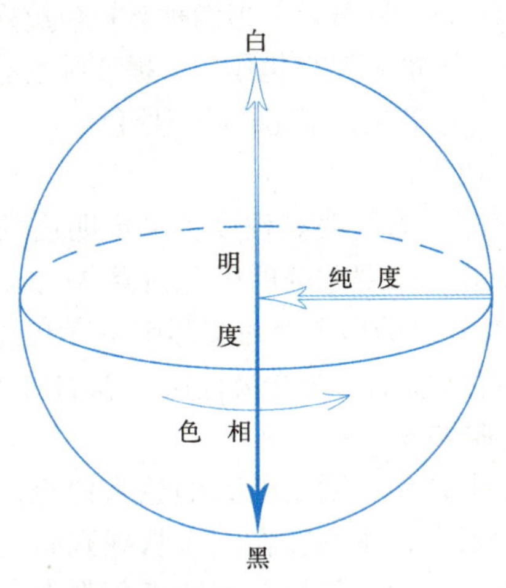

图4-83 色立体

为了更为简便地了解色彩的属性，本节融合伊顿的色相环和孟塞尔的明度和彩度的精华部分进行阐述色彩的三大属性。

（2）色相

色相即色彩的表相，是用以区分不同色彩的属性依据。在可见光谱中，红、橙、黄、绿、青、蓝、紫等每一种色相都有自己的波长与频率，将光谱两端的红和紫过渡相接，在一个环上进行循环的秩序排列，就形成色相环。

伊顿十二色相环的优点是对色彩规律的展示非常简明直观（见附图52）。先以红（R）、黄（Y）、蓝（B）三原色为基础，等间距地填充在色相环上。再将相邻两种色彩进行等量混合，可以得到橙（O）、紫（P）、绿（G）三种间色（红＋黄＝橙，红＋蓝＝紫，黄＋蓝＝绿）。继续混合相邻色彩得到过渡的复色，即可将色相环填充完整。

在色相环中，15°角以内的色相属于同类色，具有明确的色彩属相，如中黄、淡黄、柠檬黄都是同类色，都具有“黄”的色彩属性；15°～45°之内角度的色彩称为邻近色，放在一起具有天然的调和感，能形成流畅的过渡，同类色和邻近色统称为“类似色”，彼此天生和谐，因为它们反射的光波极为类似。类似色通常以3个颜色为限，如蓝、蓝绿和绿；在色环中呈120°左右对角的色彩称为对比色，为两种可以明确区分的色相关系，如黄与蓝、黄与红、红与蓝等；在色环中，呈180°左右的两种色彩称为互补色，当两种互补色放在一起时会形成视觉上的相互强化作用，提高纯度感受，任何一对互补色都包含了完整的三原色。

（3）明度

明度即色彩的明亮程度，决定明度的因素是光波的振幅。蒙赛尔的明度色阶共11级，去掉0级的黑和10级的白（因为实际中不存在纯粹的黑与白），将明度轴分为9级色阶，以N1、N2…N9表示（见附图53左）。

在无彩色中，明度最高的色为白色，明度最低的色为黑色，中间存在一个从亮到暗的灰色系列。在有彩色中，任何一种纯度色都有着自己的明度特征（见附图53右）。例如，黄色为明度最高的色，处于光谱的中心位置；紫色是明度最低的色，处于光谱的边缘，一个彩色物体表面的光反射率越大，对视觉刺激的程度越大，看上去就越亮，这一区域颜色的明度就越高。明度涉及颜色“量”方面的特征。同一颜色也存在明度的变化，如浅蓝、深蓝等。

（4）彩度

彩度即色彩的鲜艳度、饱和度。决定纯度的因素是光波波长的纯粹程度，以太阳光透过三棱镜产生色散形成的光谱色，是纯度最高的色彩，属于纯色。但当黄色混入了白色时，虽然仍旧具有黄色相的特征，但它的鲜艳度降低了，明度提高了，成为淡黄色；当它混入黑色时，鲜艳度也降低了，明度变暗了，成为暗黄色；当混入与黄色明度相似的中性灰时，它的明度没有改变，彩度降低了，成为灰黄色。我们还可以通过加入对比色或互补色来降低其纯度（掺入补色是降低颜色彩度的最好方法），如黄色与紫色互调，随着两者比例的渐变呈现不同程度的纯度变化。蒙赛尔的彩度色阶，分为9级，用1S、2S…9S表示，最纯的色彩为最高纯度9S，如果以两头为纯色，中间为理论上的明度色阶将得出附图54所示的彩度色阶表。

（5）从辨色到调色

当我们想调出所看到的色彩，首先必须知道如何辨识这个色彩的色相、明度、彩度，然后根据它们的指引，调出所要的颜色。地球上的一切色彩都可以这3项来辨识。要指认某个色彩，首先得判定它的基本来源，亦即它的色相。其次要判定它的明度，亦即颜色的明暗。最后判定它的彩度，亦即颜色的彩度高低，或鲜浊度。

举例说明，一位画家正在画一幅风景图，画中有一堵斑驳的砖墙。墙的一部分在阳光中，此刻画家正准备画这个部分。要调出合适的色彩，画家必须观察真实的色彩，指认它，然后调出这个颜色。首先，要仔细观察眼前的景物：明亮的阳光改变了砖墙的固有色，用知觉来判断可能会说砖墙是“灰褐色”（但是有经验的画家知道，光靠这么一个笼统的色名，不足以调出实际颜色来）。接着，要分析这个颜色的基础色是色环上的哪个色相（先抛开其明度及纯度关系），画家知道它的基底是带红色和橙色的色调，因此基础色应该是色环上的复色——红橙。接下来，画家要决定明度和彩度。画家脑海里浮现了从白到黑的明度色阶，把砖墙和色阶比对后，画家断定砖墙的明度属于高明度（相当于明度色阶N8）。然后再判断其彩度是属于纯色类的还是加入了其他色彩。画家判定砖墙的彩度属于“中等”这一级（带点蓝绿味）。现在画家可以用这个颜色的3个属性把它指认出来：“色相为红橙，明度为N8，彩度为3S”。

“看透”砖墙的颜色并且用它的3个属性将它辨认出来后，画家便可以开始调色了。这时他也许会用上一些言语的提示，画家可能会跟自己说：“首先我需要一些白色，再来是朱红和黄橙色，调出淡红橙色。下一步降低彩度。分析红橙色的补色蓝绿色，需要用群青加点翠绿，调出蓝绿。让淡红橙色变得暗浊一些。”当调出的颜色看起来对了（即高明度、中等彩度的红橙色）的时候，画家可以把颜料涂在一张纸上来测试效果，或是直接涂在画上。如果调色显得有些太暗浊，可能会加上一点黄色，一开始在红橙色中掺入白色来提高其明度，现在要弥补当时所损失的彩度。而这个从辨色到调色的过程可能用时不足一两分钟。

4.3.1.3 色彩的视觉心理

色彩的产生主要是光、物体色和观者，我们已经认识了色彩的客观内容，接下来将进入了解色彩的视觉心理。当光线进入视网膜后在视网膜上发生化学作用而引起生理的兴奋（这种兴奋与残像现象有关），当这种兴奋的刺激经神经传递到大脑，与整体思维相融合，就会形成关于色彩复杂的情感和联想。

（1）视觉残像

歌德认为，那些能引发了人们的喜悦感受的色彩组合，可能和一种称作“残像”（after-image）的现象有关。当人们不断凝视一个色彩，眼睛的色彩感觉细胞产生疲劳，因此它们制造出补色残像来恢复视觉平衡，这是因为人类的大脑渴望色彩三属性建立平衡的关系。

残像是补色所产生的“错觉”，当你持续注视某种色彩一段时间后，把视线转移到其他没有色彩的平面上，就会产生这个色彩的补色虚影，这是色彩最为惊人的一个视觉现象。请看附图 55，先注视左边的红色方块，片刻后将目光移到右边的空白处，就能看到绿色的方块残像。注视的时间越长，产生的影响越大。

由于视觉残像的作用，人们看到的色彩也会随周围或邻近的色彩而改变。相邻并置的色彩和色彩之间会产生相互作用，当某种色彩与其他色彩相邻并置时，会将其他色彩推向这种色彩的相反方向。如同样的灰色方块，放在不同色彩的背景上给人不同的感觉（见附图 56）。这就是色彩的同时对比。

（2）色彩的表情

色彩本是没有灵魂的，它只是一种物理现象，但人们却能够感受到色彩的表情，这是因为人们长期生活在这色彩地球，积累着许多视觉经验，一旦知觉经验与外来色彩刺激发生一定的呼应，就会在人的心理上引出某种情绪。例如，草绿色与黄色或粉红色搭配，就会联想到绿色的草坪上盛开着黄色、粉红色的野花，从而引起一种欢快、生机勃勃的情绪。

无论有彩色的色还是无彩色的色，都有自己的表情特征。一种色相，当它的纯度或明度发生变化，或者处于不同的颜色搭配关系时，颜色的表情也就随之改变。因此，要想说出各种颜色的表情特征，就像要说出世界上每个人的性格特征那样困难。然而，物象总有其共同规律，明度和彩度的变化会改变色彩所传达的意义。鲜艳的色彩代表强烈的感情，而暗淡的色彩正好相反。在一个色彩中混入其他色彩，也会改变其意义。例如，倘若红色的色调偏向橙色或紫色，或明度降低而偏向粉红，红色的意义也随着混杂的色彩而发生变化。这需要我们在今后的学习和工作中不断地积累经验。以下将针对有彩色黄、橙、红、紫、蓝、绿和无彩色黑、灰、白进行讨论。

① 黄色

色光效果　在可见光谱中，黄色的波长偏中位，但是光感最强，明亮而具有尖锐感和扩张感，然而缺乏深度。

混色效果　黄色颜料是种很敏感的色料，一旦混入其他颜色，其色相、纯度很容易改变，特别是混入黑色、灰色或紫色，其明度立刻降低，混入少量的黑将转化成灰绿色。

心理感觉　黄色是洋溢喜悦与轻快的色彩。仿佛春天的花蕾，给人由内而外蓬勃的生命力的心理感受。当它与黑色搭配时，很容易想到自然界的蜜蜂与毒蛇、毒蛙，通常会传达出警告、危险和个性的感觉。

具体联想　黄色能令人联想到向日葵、柠檬、油菜花、黄金、黄土地等，代表着旺盛的生命力、财富、权贵等。

抽象联想　会产生富有、欢乐、辉煌、希望、光明、发展、快活、轻薄、猜疑、优柔等的抽象联想。但从传统习惯上看，在东方，黄色象征崇高、光辉、壮丽；在欧美，黄色象征卑劣、绝望，是最下等的色；在伊斯兰教中黄色则象征死亡。

② 橙色

色光效果　在可见光谱中，橙色光的波长仅次于红色光，其光谱特征仅次于红色光，由于其亮度高于红色光，给人光明、耀眼的视觉感受，很具光感。

混色效果　高纯度的橙色是最活泼最光辉的色彩，但需要偏冷的、深沉的蓝色才能充分突显它那太阳般的光辉。但如果改变它的明度关系，马上失去其生动的特征。加白后给人苍白无力感，加点黑后接近土地的颜色，能产生平静、温暖的亲切气氛；再加黑后变成干瘪的褐色，犹如枯枝败叶。

心理感觉　橙色是介于红与黄之间的色彩，既有黄色的活泼，又有红色的热情，显得健康而亲切。许多可口、香甜的水果蔬菜都是橙色的，因此橙色有可食用的、美味的感觉。

具体联想　橙色令人联想到橘子、南瓜、杧果、柿子、玉米、胡萝卜等，低纯度的橙色令人联想到土地、土壤、树皮、茶、巧克力、咖啡、骆驼、肌肤、坚果的果实等。

抽象联想　高纯度的橙色让人联想到绚丽、阳光、活泼、美味、健康、快乐、嫉妒、疑惑等；中纯度的橙色令人感到安慰与放松。

③ 红色

色光效果　在可见光谱中，红色光谱最长，波长最长，穿透空气时形成的折射角最小，在空气中辐射的直线距离较远，在视网膜上的成像位置最深，给视觉以迫近感与扩张感。

混色效果　在颜料中，红色有着丰富的变调手段，当混入色相环上的橙、紫，都能得到丰富的色相变化关系，而且不失红色的独特性。

心理感觉　看到红色，心脏的跳动会加快，据说是由于荷尔蒙中的某一种物质分泌增多，使人感觉温暖的缘故。通常红色是让人感觉火热、使人兴奋、充满力量和富有能量的颜色。此外红色也是婴儿出生后首先能够辨认的颜色。

具体联想　红色令人联想到太阳、火焰、红旗、玫瑰、红豆、血液等事物。

抽象联想　象征热情、喜庆、爱情、革命、吉祥、力量、决心、胜利、危险、野蛮等。由于红色最能引人注目，常作为紧急提示的用色，如交通管理的禁行灯、汽车刹车灯、仪器设备的警示灯等。另外，由于民族文化的差异，在中国，人们自古以来就崇尚红色，它象征喜庆、生命、幸福，凡是吉庆的事情如逢年过节、结婚喜宴，都要大量使用红色。而在西方，则表示圣餐和祭奠、危险。深红色意味着嫉妒、暴虐，粉红色则表示健康。

④ 紫色

色光效果　在可见光谱中，紫色光的波长最短，人眼对紫色光的细微变化的分辨力弱，觉察度最低，所以紫色光是神秘的、令人印象深刻的，但略显沉闷。

混色效果　紫色加入白色获得淡紫色，有柔美优雅的感觉。偏红的紫色表现神圣的爱情，但纯度较高，则显得很刺眼，难以调和。而纯度较低的情况下，偏红的紫色也显得甜美娇嫩。而偏蓝的紫色如果明度很低，则会有神秘的、恐怖的、不安的感觉。

心理感觉　曾经由于提取紫色染料的技术复杂，原料也难以获得（提取1g紫色染料需要2000只紫贝壳），色料的提取难度大，只有王公贵族才能享受到，因而具有高贵感。紫色是有彩色中明度最低的色彩，有沉着优雅的感觉，但显孤傲、消极。

具体联想　紫色能令人联想到薰衣草、紫罗兰、紫丁香等优雅迷人、散发香气的花朵。

抽象联想　象征高贵、雅致、神秘、优雅、严谨、阴沉、不幸等。

⑤ 蓝色

色光效果　在可见光谱中，蓝色光的波长比紫色光略长一些，穿透空气时形成的折射角度最大，在空气中的辐射距离最短，常用于表达一种透明的气氛。它在视网膜上成像的位置最浅，能表现空间的深远感。

混色效果　蓝色颜色自身最有丰富的变调，从孔雀蓝、湖蓝、钴蓝到群青可看出其自身色彩的丰富性。蓝色加黑成暗蓝色是种带忧郁感的色彩，显得内敛、冷峻、消沉。加白的蓝或与白搭配的蓝显得明朗清爽。偏绿的蓝色则显得含混暧昧。

心理感觉 蓝色是大多数人最喜欢的颜色，令人联想起广袤的天空和浩瀚的海洋，以及变幻莫测、无边无界的宇宙。给人宁静舒缓、高深莫测、令人遐想之感，有种永恒、理智、深邃的特征。但英文里蓝色（blue）有忧郁的意思。

具体联想 蓝天、大海、宇宙、水、玻璃等。

抽象联想 象征永恒和理智。明亮的蓝色象征理想、自立和希望。暗蓝色象征忧郁、寂寞、忠诚。因为蓝色还有睿智、高效、高科技的感觉，所以常被企业采用作为标志色。

⑥ 绿色

色光效果 在可见光谱中，绿色光的波长居中位，其光波的微差辨别力最强，是人的眼睛最能适应的光谱色，是能使人眼睛得到休息的色光。

混色效果 绿色的混色领域很丰富，变化很微妙。当绿色混入在色相环上相邻的黄色或蓝色，可以产生黄绿色基调或青绿色基调。其中黄绿色显得单纯而年轻，是果实将熟未熟时酸酸的色彩，是新发的嫩叶新鲜的色彩。青绿色则显得清秀豁达，令人联想起成片的竹林松涛。当明亮的绿色减低明度时，则有悲伤衰退的情调。

心理感觉 绿色是大自然中最常见的色彩，绿色还能消除人的视觉疲劳，并给人放松的感觉，是人类所喜欢且乐于接受的色彩。

具体联想 绿色令人联想到绿地、叶子、森林、草原、春天等。

抽象联想 象征着和平、希望、生命、宽容、理想、青春、安全、健康、舒适等。它向人们暗示春的活力，和平的期待，安全的意识。因此，在现代生活中我们追求绿色食品、绿色材料、绿色生活。

⑦ 黑色、灰色、白色

光感效果 正常情况下，在晴朗的白天，人眼睛所体会到的自然光源色都是白色光（只有通过三棱镜人们才会看到其他光谱色）；而在雾蒙蒙的白天中，大气的雾气弱化自然光源的强度，显示灰色基调；而到了晚上，无自然光源时（月光除外），到处都是黑色。

混色效果 白色提高明度、灰色降低纯度、黑色降低明度。作为无彩色系，白、灰、黑是百搭的色彩，其中灰色没有强烈的个性，与彩色系的色彩并存时很少作为主角存在，而是常被用来降低整个画面的纯度，调和过于鲜艳的色彩；灰色的使用还能为配色带来时尚的感觉，尤其是金属感的银灰色。

心理感觉 白色是人们喜爱的颜色，生活中见到洁白的事物或景象，使人感觉处于清新洁净的环境之中，让人联想到天堂。纯粹的灰色有一些失望、压抑的感觉，就像灰云密布的阴天，但并非激烈的绝望；亮灰色则给人宁静、高雅的印象，暗灰色则给人朴素、孤寂的感受。黑色给人仿佛一切出于停止状态——一片漆黑，表现为静止、失望、恐怖、封闭的。

具体联想 白色令人联想到雪、云朵、牛奶、婚纱、茉莉花、栀子花、白兔等；灰色令人联想到烟雾、大象、老鼠、灰尘、水泥地面等；黑色令人联想到乌鸦、黑夜、黑墨、煤、恶魔等。

抽象联想 白色象征光明、洁净、清白、纯真而神圣，在中国白色大都与丧事有关，而在欧洲则表现为喜事或神圣的天国。灰色象征朦胧、暧昧、柔弱而寂寞。黑色一方面让人有肃穆、庄重、冷酷、高价值之感，令人联想到正式场合的西装、钢琴、高级轿车等；另一方面又有黑暗、恐怖、压抑的感觉，能令人联想到夜晚、死亡、地狱、罪恶等。

4.3.2 氛围营造的配色原理

凡·高曾说："没有不好的颜色，只有不好的搭配。"色彩完全是门关系学，每种颜色都有自己的个性和特征，最重要的是它们之间如何相处、如何配合、如何组织、如何展示以达到其色彩和谐的目的。以下针对色彩属性的特征叙述以色相、明度、纯度为主的配色原理。

4.3.2.1 以色相为主的配色原理

根据色相对比的强弱关系，以色相在色相环

上的角度为依据大致分为4种对比关系：同类色相对比、邻近色相对比、对比色相对比、互补色相对比，进行色彩对比与调和的分析（见附图57）。

（1）同类色对比

同类色相对比是色相距离在色相环上15°以内的色彩的基本无色相差的对比，是色相对比中最弱的对比，调和主导。自然风光景象但凡出现以同一种色系出现的景象，由于色相倾向鲜明统一，因此，具有很强的情感渲染力。在配色时主要通过明度和纯度的对比进行配色（见附图58）。

（2）邻近色对比

邻近色相对比是色相距离在色相环上15°～45°的色彩的对比，与同类色相对比均能保持鲜明的色相倾向与统一的色相特征，且色调的冷暖特征及感情效果也较明确，或是暖色调，或是冷色调。当我们在翻阅美丽的自然风光图片时，会发现具有邻近色对比关系的图片，其色相感要比同类色对比更丰富、活泼、滋润和调和，但无法保持同类色对比那种协调、单纯的特点，而是在统一中形成生动的对比关系，和谐且生动。在配色的原理中需注意主次关系，分清基调色、主题色和过渡色的层次关系和比例关系。

以各种邻近色系的自然物象或风光景象为例，从中抽象出来的色彩的色相和比例关系，从而转化到简单的抽象图形中，当我们观看抽象的图形时，会发现这种色彩的搭配关系再现了被抽象图片的色彩情感，如以蓝绿调的邻近色对比为例（见附图59）。

（3）对比色对比

对比色对比是色相距离在色相环上120°左右的色彩的对比。对比色对比要比邻近色对比感觉鲜明、强烈、饱满、丰富，更容易使人兴奋。当我们在欣赏具有对比色对比关系的自然风光图片时，会很耀眼，那是由于色相的对比性加大，刺激性加强，容易造成视觉的疲劳，除非我们的视角有意识地调整视野中的色彩比例关系，或戴上墨镜以缓解视觉的刺激等。但也是这种强烈的对比关系，容易给人留下深刻的视觉印象，在很多优秀的风景摄影作品中很容易发现这种规律。因此，处理好构图的色相对比的面积比例关系，是至关重要的。在配色的原理中一般可通过改变其中色彩的明度和纯度、强化主要色调、调整面积比例等方法来协调色彩的对比关系，同时需要注意过渡色的搭配。

可以尝试以具有和谐的色相对比关系的风光景象或自然物象为例，从中抽象出来的色彩的色相和比例关系，从而转化到简单的抽象图形中，当我们观看抽象的图形时，会发现这种色彩的搭配关系再现了被抽象图片的色彩情感，以蓝与黄的对比关系为例，再把这种情感与相应的绘画艺术或者设计进行论证和分析（见附图60）。

（4）互补色对比

互补色相对比是色相距离在色相环上180°左右的对比，是色相对比中最强的对比关系。互补色的对比关系比对比色的对比更完整、丰富、强烈，更富有刺激性。当人们在欣赏具有互补色对比关系的自然风光图片时，显得更为强烈，更为耀眼，更吸引人，有种原始、幼稚、纯朴的乡土气息，如果色相的面积比不当、主次不当就容易产生粗俗生硬、动荡不安等消极效果（见附图61）。

在配色的原理中要把互补色相组织搭配得舒适，必须综合调整色彩的明度、纯度以及面积比例的关系，或借助无彩色的缓冲协调等方法，达到色调的和谐统一。如面积及比例的关系是色彩调和中较为重要的方法，根据歌德的色彩理论来计算，黄：紫＝1：3，橙：蓝＝1：2，红：绿＝1：1能形成和谐的配色关系（见附图62）。

（5）对比色与互补色对比的同一调和法

在以色相为主的对比中，如果色相对比较强和刺激，其色彩的位置及比例又不能改变，色彩关系不调和，通常会采用同一调和法（也就是在对比色各方都混入同一种颜色），使对比的色相均向该色靠拢。如混入同一原色调和法，混入同一间色、复色调和法。这样一来原来较强的色相对比关系被削弱，形成了在混入色基础上的统一和谐；或者对比的双方互相渗透；或者将对方色彩分别点缀入形成对比的色彩双方当中，使对比强烈的色彩产生互相渗透的视觉联系，削弱对比关系，最终达到调和的目的；或者利用无彩色（黑、灰、白），提高或降低明度和彩度，弱化对比关系（见附图 63）。

4.3.2.2 以明度为主的配色原理

明度是配色的骨格，明度的结构控制着整体色调的效果，同时具有相对的独立性，它能摆脱任何有彩色的特征而独立构成，而色相及彩度则需要依赖明度才能存在。然而，在现实配色中人们常被色相及彩度华丽的外表所迷惑，忽略明度对比的重要性。

根据明度色阶表的特点，可将明度的对比关系分为 3 类；N1 ~ N3 的色彩称为低明度；N4 ~ N6 称为中明度；N7 至 N9 称为高明度。色彩之间明度差别的大小决定明度对比的强弱。明度差 3 级以内的对比称为短调对比，是最弱的明度对比；明度差 3 级至 5 级的对比称为中调对比；明度差 5 级以上的对比称为长调对比，是最强烈的明度对比（见附图 64）。

为了获得调和的明度关系，主要以高明度、中明度、低明度为主基调色，在此基础上组织成短调对比关系、中调对比关系、长调对比关系，由此可形成调和的 9 种明度对比关系。大体划分为：高短调、高中调、高长调、中短调、中中调、中长调、低短调、低中调、低长调，对设计色彩的应用而言，明度对比的正确与否，是决定配色的骨格和结构，是具有光感、明快感、清晰感以及心理作用的关键，具体见附图 65 所示。

（1）高短调

主色调为高明度的，明度差在 3 级以内的明度对比，称为高短调。就像雾里看花那样明亮、朦胧而柔和。此配色关系个性很强，且受一定空间的限定，适合表现室内或局部景点。

（2）高中调

主色调为中明度的，明度差在 3 级至 5 级的明度对比，称为高中调。宛如大雪皑皑的自然景观那样清新、响亮和明快。此明度对比的作品要么给予人典雅、精致的空间格调，要么给予人明快、清新的空间格调。

（3）高长调

主色调为高明度的，明度差在 5 级以上的明度对比，称为高长调。如明媚阳光下的雪景，明度对比强烈而刺激，属于高明度基调中最生动、最丰富的对比关系。

（4）中短调

主色调为中明度的，明度差在 3 级以内的明度对比，称为中短调。在乡土自然景观中随处可见，土地与庄稼是乡土景观中不变的主题。给人质朴的、实在的、含糊的、平板的视观感受。在现在的景观中经常用这种对比关系来表现乡土气息的自然景观，或夸张本土景观与现代科技共融的乡土自然景观部分。

（5）中中调

主色调为中明度的，明度差在 3 级至 5 级的明度对比，称为中中调。就像云彩遮住太阳显现的自然景象，使原本的景象更具薄暮感。给人含蓄的、丰富的、生动的视观感受。在大量的风景园林作品中，可以看到这种对比关系的案例，占的比例是比较高的。因为，这种明度对比关系具有和谐与统一感。

（6）中长调

主色调为中明度的，明度差在 5 级以上的明度对比，称为中长调。就如在阳光明媚的艳阳天中，洁白的云、瓦蓝的天、光影变化强烈的景象，这种自然景观强烈、有力，给予人明朗的、有力的、稳重的、男性化的视观感受。这种较强烈的对比关系在设计中多应用于提高场地的明度层次，增加场地的光影感；或用于表现稳重的、有力的场所精神。

（7）低短调

主色调为低明度的，明度差在 3 级以内的明度对比，称为低短调。像黑森林一样阴森恐怖，给人忧郁的、沉闷的、神秘的视观感受。在实际案例中比较少出现。

（8）低中调

主色调为低明度的，明度差在 3 级至 5 级的明度对比，称为低中调。多存在于疏林绿地的自然景观中，给人静寂、安详的视觉感受。在具体应用中需要很强的色彩驾驭能力，综合考虑其明度、色相和纯度的合理搭配，一般多用于给人带来视觉艺术的表现形式上。

（9）低长调

主色调为低明度的，明度差在5级以上的明度对比，称为低长调。多出现于夕阳西下的最后一刹那，给人深沉的、晦暗的、具爆发性的视观感受。在实际景观作品中如果搭配恰到好处，容易出彩。

4.3.2.3 以彩度为主的配色原理

一个鲜艳的红色与一个含灰的红色并置在一起，能比较出它们在鲜浊上的差异，这种色彩性质的比较，称为彩度对比。在色相环中，彩度对比主要体现在原色、间色与复色之间的对比。如纯红和纯绿相比，红色的鲜艳度更高；纯黄和纯黄绿相比，黄色的鲜艳度更高；明度色阶的增加也能改变彩度的对比关系，如在黄色中混入白色，会使黄色迅速淡化，变得极其柔和，失去光辉；在黄色中混入黑色，立即令灿烂的色变为一种非常混浊的灰黄色；在黄色中混入同明度的灰，立即就会失去耀眼的光辉。另外，彩度的变化也会引起色相性质的偏离，如在黄色里混入比其明度高的灰色，就会明显地变冷，在色相上转变为一种不透明的、毫无生气的黄绿色。

彩度的对比还跟色相的明度有直接的关系，明度高的色相混入黑色时，其低彩度的层次比较丰富，如黄色混入不同量的黑色之后，会得到层次丰富的黄色系；明度低的色相混入黑色时，其低彩度的层次比较少，如紫色、红色与蓝色，在混入不同量的白色之后，会得到较多层次的淡紫色、粉红色和淡蓝色，这些颜色虽经淡化，但色相的面貌仍较清晰，也很透明，但黑色却可以把饱和的暗紫色与暗蓝色迅速地吞没掉。

色彩之间彩度差别的大小决定彩度对比的强弱。根据占主体的色彩的彩度等级与其他色彩的彩度等级，以及两者之间的对比关系，将纯度的对比分为4种：高彩对比、中彩对比、低彩对比、艳灰对比（见附图66）。不同纯度基调的构成具有不同的格调与个性。

（1）高彩对比

占主体的色彩和其他色彩均为纯色与高彩度色的对比，称为高彩对比。

高彩对比色彩饱和、鲜艳夺目，色彩效果肯定，具有鲜明、强烈、华丽、个性化的特点，但如果色彩面积比例和配色搭配不当，易给人造成视觉疲劳、狂躁或不安。这时可在对比色各方中混入与各色等明度的灰色，使原有的各对比色在保持明度对比的情况下，彩度削弱，改变原有的对比关系，从而加强调和感。

（2）中彩对比

占主体的色彩和其他色彩均为中彩度色的对比，称为中彩对比。

中彩对比温和柔软、典雅含蓄，具有亲和力，有着调和、稳重、浑厚的视觉效果。

（3）低彩对比

占主体的色彩和其他色彩均为低彩度色与无彩度色的对比，称为低彩对比。

低彩对比的调子含蓄、朦胧而暧昧，或淡雅，或郁闷，具有薄暮感、典雅感和神秘感。

（4）艳灰对比

当鲜艳的高彩度色（含纯色）与暗淡的低彩度（含无彩度色）之间的对比时，一般低彩的面积比例较大，来衬托高彩度色，这种对比称为艳灰对比。

高彩度色与低纯度色相互映衬，显得清新、生动、活泼、生机盎然。

4.3.2.4 色彩组合的情感

色彩被视为一般大众生活中一项强大的感情因素。大家最有兴趣的当然是色彩组合对心理和情绪的影响，虽然科学界和医学界对此保持怀疑态度，这个层面显然是一般人普遍关心的话题，使得这个基本上属于主观范畴的问题大获重视。

——维瑞蒂《色彩观》

色彩作用于人的眼睛，与音乐作用于人的耳朵一样，会引发人本能的心理及情感反应，这种反应，让人觉得色彩是有性格、有情感的，这就是色彩的情感。然而，色彩的感觉是具体而复杂的。

因为人类的精神活动是多因素的，文化背景、社会环境、宗教信仰、生活经历、个人气质、情感波动等都会对色彩感觉产生影响。对于设计者来说，掌握色彩组合的基本心理及情感反应是最为重要的（见附图67）。

（1）色彩的冷暖感

色彩的冷暖感是依据心理错觉对色彩的物理性分类，在色相环上大致可以分成冷色和暖色两个半环。波长长的红光、橙光和黄色光，本身有暖和感，以此光照射到任何色都会有暖和感；相反，波长短的紫色光、蓝色光，绿色光，有寒冷的感觉。这种冷暖感觉，并非来自物理上的真实温度，而是与人们的视觉经验与心理联想有关。冷色与暖色除去给人以温度上的不同感觉外，还会带来其他的一些感受，例如，暖色偏重，冷色偏轻；暖色有密度强的感觉，冷色有稀薄的感觉；冷色的给人透明感，暖色则透明感较弱；冷色显得湿润，暖色显得干燥：冷色有退远的感觉，暖色则有迫近感等。

色彩的冷暖与色彩的明度、彩度和肌理的变化也有关系。加白提高明度可令色彩变冷，加黑降低明度可令色彩变暖。因为深色的物体反射的光线少吸收能量多，浅色物体反射光线多吸收能量少，人夏天喜欢穿浅色衣服保持凉快就是这个道理。无彩色系中白色有冷感，黑色有暖感，灰色属中性，也是一样的道理。彩度高的色彩比纯度低的色要暖一些，好比色彩斑斓的晴天、夏天比灰蒙蒙的阴天、冬天感觉暖和。表面光滑的色块倾向于冷，粗糙的色块倾向于暖。像冰块、玉石、金属表面等光滑物体的触感通常是凉的；毛呢、树皮等粗糙物体的触感则更温和。

（2）色彩的轻柔与厚重感

色彩的轻柔与厚重感主要由明度决定。明度高的色彩使人联想到云朵淡淡飘过，或棉花、羊毛等，产生轻柔、飘浮、上升、敏捷、灵活等感觉。明度低的色彩易使人联想钢铁、大理石等物品，产生沉重、稳定、降落等感觉。

在颜色中，色彩重量感由大到小的顺序依次为黑、红、蓝、紫、绿、橙、黄、白。如果有重量感，还会有深度、强度、内里的充实感、潮湿的感觉，必须考虑到这些伴随产生的心理效果。

（3）色彩的华丽与朴素感

色彩的华丽与朴素感，与色彩的三要素都有关系，其中彩度关系最大。高彩度、高明度、色彩丰富，并形成强对比的色彩组合，给人华丽、辉煌感。低彩度、低明度、色彩单纯，并形成弱对比的色彩组合，给人质朴、古雅的感受。但无论何种色彩，如果带上光泽，都能获得华丽的效果。

（4）色彩的明快与忧郁感

色彩的明快和忧郁感主要来自彩度和明度的变化。明度高而鲜艳的色具有明快感，深暗而浑浊的色具有忧郁感；低明度基调的配色易产生忧郁感，高明度基调的配色易产生明快感。色彩的组合也能影响色彩的明快感与忧郁感，强对比色调具有明快感，弱对比色调具有忧郁感。

（5）色彩的兴奋与沉静感

色彩的兴奋与沉静感（积极和消极感）与色彩三属性都有关，其中彩度的作用最为明显。在色相环中暖色系给人兴奋的感觉，冷色系给人以沉静感觉；明亮而鲜艳的颜色给人以兴奋感，深暗而浑浊的颜色给人以沉静感。色彩的兴奋与沉静感有其社会学因素，由于政治、经济、历史、文化、宗教信仰和风俗习惯不同，不同国家、民族对色彩的心理效应是有所不同的，这就要求我们对待不同的物象要有不同的创意，以适应不同的人群。

（6）色彩的主动与被动感

色彩的主动和被动感主要来自色相的变化。歌德把色彩分为主动和被动两大种类，他认为主动的色彩（红、黄、橙）能产生一种积极的、有生命力的努力和进取作用；而被动的色彩（蓝紫、蓝等）则适合表现那种不安的、温柔的、向往的情感。

4.3.2.5 色彩结构布局

“缺乏视觉的准确性和没有感情力量的象征，将是一种贫乏的形式主义；缺乏象征的真实和没有情感能力的视觉印象，将只能是平凡的模仿和自然主义；而缺乏结构上象征性或视觉力量的感情效果，也只会被局限在空泛的感情表现上。”

——伊顿

色彩的基础知识帮助人们从事色彩的创作活动，而一切以色彩作为表现手段的创作活动，都是色彩构成活动。前文的内容是色彩构成中需要考虑的因素，而色彩结构是色彩创作的基调和骨格，它决定色彩构成的设计目标。色彩结构主要包含两个内容：色调及色彩布局。

色调，即色彩搭配的整体调子。色彩的调子和音乐的音符一样，结构非常细密，它们能够唤起灵魂里各种感情，这些感情极为细腻。在色彩三属性的对比与调和的过程中，色彩的调子对色彩结构的整体印象起着重要的作用，而实际运用中要比这种单纯的对比复杂得多，因为现实空间是多维的，而单纯的对比只不过反映了其中的一个侧面。但不管怎么样，要想获得理想的色彩构成，必定有明确的色调倾向，如以色相为主，或彩度为主，或以明度为主，使某一主面处于主要地位，色调明确，否则杂乱无章。

色彩布局，即色彩在画面中其图形色和背景色的关系（图底关系），随设计主题的变化，图底关系可以无限种形式出现，但大体有这几点规律：明度和色相对比，图形色选择色相明确、高明度的色彩，背景则取低明度、低纯度的色系；面积对比，图形色彩面积宜小，背景色彩面积宜大；复杂性对比，图形色可以丰富多彩，背景色则相对单纯、简单。本书把参与色彩结构布局的色彩大致归纳为5类：主色、副色、调剂色、透气色、平衡色，其中调剂色、透气色、平衡色可根据色彩构成的创作目标适当取舍，同时控制好色彩的整体基调色，以更好地为主题服务。如附图68所示，整体色调为深蓝色的，目的是更好地衬托画面的金黄色，而蓝色、褐色和红色使画面的色彩基调更为丰富和协调。

① 主色　为表达的主体对象，需吻合主题的要求。主色一般多用在重要的主体部分，以增强对观者的吸引力。主色的力量应由副色烘托而出，俗话说“红花需绿叶扶”，红才能显得更红。一般情况下会占画面1/3左右的面积，多为华丽且素雅的色彩。

② 副色　为辅佐主色的对象，也可称背景色。为衬托主色，副色的选择多为与主色相对比的色相，但更重要的是要温和。要依据画面的整体基调色来选择副色的色相，再通过明度、纯度的对比来拉开主色与副色的对比关系。副色的面积要依据主题来定，一般占画面1/4~1/3的面积。

③ 调剂色　目的是丰富主色和副色之间的关系。要么取主色与副色的过渡色，要么偏向主色，要么偏向副色。其明度和纯度的关系要依据画面的整体基调来定。面积小于画面的1/5。

④ 透气色　目的是避免画面沉闷，一般选择靠近主色的中性色，纯度要很低，而明度的高低和面积的大小，则要依据主题的要求来决定。

⑤ 平衡色　目的是达到整体配色的视觉心理平衡。色相的选择多以主色的补色的复色，其明度和纯度则要依据主题来定，所占的面积比也较小，不超过画面的1/10。

4.3.2.6　课题实验

（1）题目：以色相为主的配色构成

目的　理解色相的差别。

方法　分别以同类色、邻近色、对比色和互补色进行主题的配色应用，绘制4幅抽象作品，要求基本形相似。

参考　见附图69。

尺寸　21cm × 29.7cm 细纹水彩纸。

课题要点　明确色彩的色相对比的强弱程度关系，形成对比的色彩在色相环上的距离关系。

（2）题目：以明度为主的配色构成

目的　理解明度的梯度与色差。

方法　分别以高长调、高中调、高短调、中长调、中中调、中短调、低长调、低中调、低短调进行主题的配色应用，要求基本形相似。

参考　见附图70。

尺寸　21cm × 29.7cm 细纹水彩纸。

课题要点　分辨出明度的差异，理解明度对比与调和的概念及关系。

（3）题目：以彩度为主的配色构成

目的　理解色彩彩度色差及对比关系。

方法　分别以高彩、中彩、低彩和艳灰的配色原理进行主题的创作，绘制 4 幅抽象作品，要求基本形相似。

参考　见附图 71。

尺寸　21cm × 29.7cm 细纹水彩纸。

课题要点　分辨出彩度的等级，理解彩度对比与调和的概念及关系。

（4）色彩的情感的主题创作

目的　运用抽象图形关系、抽象色彩关系，以抽象的联想创造抽象的形式表述抽象的精神，传达色彩的精神情感。

方法　以精神命题绘制 4 幅抽象色彩作品，图形要求简洁抽象，色彩一定要有精神象征，并强调色彩的调式：高调、低调、冷调、暖调。

参考题目　《向往》《忧伤》《热恋》《孤独》《郁闷》《宁静》《悠扬》《飞翔》《烦躁》《酸、甜、苦、辣》等。

时间　1 周。

参考　见附图 72。

尺寸　21cm × 29.7cm 细纹水彩纸或装裱在黑色的卡纸上。

课题要点　理解色彩与精神的关系。追求色彩关系高雅，精神象征明晰，处理手法富有情趣性。

4.3.3　地域景观色彩的研究与实验

4.3.3.1　地域环境对配色的制约与作用

“一方水土养育一方人”“一方风土造就一方景致”“一方景致彰显一方色彩”。也就是说一方水土，造就一方景致，养育一方文化，彰显一方的景观色彩特质。这里的风土指的是自然与文化环境，包括区域方位、地理结构、气候变迁、历史文化等，风土不但塑造着区域景致和色彩，还影响着生活在此区域的人，影响着他们的审美习惯和色彩认知。

（1）风土与地域色彩

地中海地区和我国的江南地区，虽然都是中低纬度地区，气候却不同，因而自然环境显现的色彩不同，最终导致建筑的色彩构成也就各不相同。地中海地区的天气常常是晴朗的，天空和海水在阳光下蓝得惊心动魄，生活在这种环境中的人们自然忍不住要爱上鲜明的色彩。红瓦白墙与大环境的蓝色构成暖色与冷色的对比，显得建筑温馨而舒适。我国的江南地区的建筑主要以徽派建筑为代表，这些地区多丘陵地带、植被茂密、潮湿多雾，常常呈现“烟锁重楼”的灰蒙蒙景象，生活在此环境的人们打心里需要明亮、清淡的色彩来满足心理及精神需要，因此建筑墙面采用了大面积的白色基调，并用深灰色的瓦修饰屋顶使白墙显得稳重而端庄。形成“青砖黛瓦马头墙”宛如水墨画的雅致意境的徽派建筑，而这一些风土建筑正与自然环境表现出来的韵味一致（见附图 73）。

（2）历史文化与地域色彩

不同地域造就不同历史文化，这些文化差异导致人们对同样的一组色彩可能会有着不同的解读。

我国偏好红色，认为红色是吉祥喜庆的象征，传统婚礼服装和用具都以大红为主色。在西方国家，婚礼上新娘的服装则是白色的，因为白色在他们眼里象征着纯洁、忠贞和神圣。而白色在我国则是传统的丧服颜色，在古代只有家里有丧事的人才“浑身缟素”，白色则把人们的哀伤投向虚幻的空灵，在那一片模糊的光芒中超度死者的亡灵和生命的企望。

（3）四季与地域色彩

四季变迁使植物的色彩发生很大的变化。以四季时间为轴线，以北京这特定的地理位置为原点，观察季节变化或季节交替时，花园中植物色彩的变化，探讨四季与地域花园色彩（见附图 74）。

① 春季景象描述　灰褐色的大背景中逐渐被明快奔放的早春色彩取代。漫步花园，每天都有新的色彩出现，可能是黄色的迎春花和郁金香，或是紫色的二月蓝和紫花地丁，或是白色的玉兰，或是红色的番红花，还可以看见地面显露出的植物新叶……当白昼一天天变长，阳光越来越温暖，花园中到处充满丰富的色彩，但仍然以黄色、白色和蓝紫色为主要色彩，同时也出现了粉色花的乔

木。另外，宿根花卉也加入球根花卉中竞相开放，如乳白色、杏色、橙色、红色、紫色和紫红色等。其色彩的提炼为：柠檬黄和淡黄色为主基调色，蓝色和绿色为辅色，点缀粉色和紫色。

② 夏季景象描述　初夏是个迷人的季节，令人心驰神往。凉爽潮湿为花园的植物带来丰富的水分，花境中仍残留春天的痕迹，色彩依然鲜亮、清爽，同时又有夏天花木枝叶纷披、郁郁葱葱的特点，像挤满了颜料的调色板。但调色板很漂亮、很和谐，粉色与紫色争奇斗艳，浅紫色、蓝色最为丰富，还夹杂轻盈、明亮的白色，其他的色彩点缀其中。随着阳光越来越强烈，花卉的颜色也越来越浓艳，橙色、红色、紫红色、紫色、紫铜色、深粉色、蓝色等争奇艳斗。其色彩的提炼为：蓝绿色的大背景下，粉色与紫色争奇斗艳，点缀红色和暗红色。

③ 秋季景象描述　果实压弯了枝头，清晨的薄雾笼罩大地，蜘蛛网挂在枝头上，空气中充满了凉意等，都在暗示着秋季的到来。温度下降、白天变短、秋高气爽，此时花园的整体基调开始暗淡，但仍然绚丽多彩而斑斓，除了鲜黄色和深沉、浓郁的金黄色外，还有橙色、红橙色、暗红色、紫色、深黄色、棕色及灰棕色等。其色彩的提炼为：绚丽的金黄色中，夹杂着火焰般的橙色、棕色和红色，点缀紫色和暗紫红色。

④ 冬季景象描述　白天越来越短，天气越来越冷，风雪交加，到处是灰沉沉的景象。在这样灰色的大背景中，仍存在一些优雅而和谐的色彩，如枝干的深灰色、棕褐色、棕色、灰色、银灰色、白色等；深绿色的常绿植物；锈色和铜色的宿存叶片；还有以一些宿存在枝上红色或黄色的果实等；当大地一片银装素裹时，则更具诗意。其色彩的提炼为：灰色、棕色、银色、白色和各种灰墨绿色的基调中，点缀黄色和红色。

4.3.3.2　区域景观色彩的研究方法

区域景观色彩的研究方法以地理学为基础，探索不同地理位置上的色彩现象。不同的地理环境直接影响了人类、人种、习俗、文化等方面的成型和发展。这些因素决定不同的色彩表现，不同的地理条件必然造成特定形态的地域环境，从而影响栖息着的不同人种和生活习俗，乃至文化传统的差异。因此，基于特定的区域、气候、人种、习俗、文化等因素考察色彩，就不难发现色彩由于人的生态环境和文化氛围而产生不同的组合方式。

（1）区域景观色彩的研究原理

类似于区域地理学的研究方式，区域景观色彩研究是对地球表面一部分一部分地研究。在研究区域内观察所有地理要素及其相互作用，将该地区的特征与其他地区进行区别，认识处在不同地域中同类事物的差异性。研究重点在于归纳每一地域中民居的色彩表现的方式与景观结合的视觉效果，考察这些地域中居民的色彩心理及其变化规律。

（2）区域景观色彩的研究对象

研究该区域所处的地域、地区、地理特征、国家所在地、民族分布以及习俗情况、都市或城镇的行政性质、历史与文化概况等，以便确认其“景观色彩的特质”。

当目标锁定在故乡的区域上时，深入研究特定区域的景观色彩特质，如地貌特征、土壤的色彩、植物、用当地材料制成的建材与建筑风格、体现在民俗上的特殊的装饰等。即此地而非彼地所特有的与色彩相关的形象要素。景观色彩特质是相对稳定的非流行色要素。它反映了特定地域中人们比较稳定的传统的色彩审美观念。

（3）区域景观色彩的特质

景观色彩的特质是构成景观形象的与地理和色彩相关的一系列要素，这些要素诸如地貌特征、土壤的色彩、植物、用当地材料制成的建材与建筑风格、体现在民俗上的特殊装饰等。即此地而非彼地所特有与色彩相关的形象要素。特定的地理环境决定着特定的空间。建筑和建筑群显然是这个特定空间中的主体，而这些建筑的形制、材料和筑造方式，都是同这个地域的自然、人文的环境紧密相连的。那些用作建材的材料，大都是来自本地区的自然材料，因此，与当地的环境色彩有着千丝万缕的联系。那些被用作建筑装饰材料的色彩及其装饰方式和对美的认识，也都源于这个地域所特有的传统文化，随着历史的长期演化而形成了独特的审美系统。这些都是直接作用于景观色彩方面的重要因素，这些因素被称作“景观色彩特质”。

景观色彩特质是相对稳定的非流行色要素。它反映了特定地域中人们比较稳定的传统的色彩审美观念。但它不是一成不变的，只是其变化相对缓慢而已。

（4）区域色谱的抽取与提炼

① 资料收集　首先，确定特点区域地理色彩的科学依据（地理、气候、人文、历史、建筑、绿植等），主要是选地域中景观色彩要素或构成典型性大的、形象感强的对象。其次，以色彩抽象构成的方法进行抽象、归纳；并对景观色彩有意义的颜色都进行测试。测色方法主要是采用色谱比较。最后，把具有景观色彩特质的色彩以色谱的形式归纳出来。取其有代表性的，弃其杂乱无章的要素。

② 编谱　按比例整理出故乡色彩的主色、背景色、点缀色和组合色谱。

主色　最能代表家乡色彩的主要色彩，一般是指人文色彩，如建筑的主体色。

背景色　主色的自然背景色谱，如不同区域的天空色彩都会有很大的差异，周边的自然环境的四季变化的色彩、四季的气候条件产生的自然背景等，这些差异直接影响人们的审美观和对具体色彩的应用。

点缀色　主要是区域的人文色彩。

组合色谱　指主调色谱与点缀色谱相配合的谱系。

③ 提炼　把整理出来的色谱，进一步取舍和强调，确定的主要色彩关系和配置方法。

（5）案例展示

对苏州古典园林色彩元素进行采集与分析，主要以拙政园、留园、网师园、环秀山庄、狮子林、艺圃、沧浪亭、怡园、藕园 9 个园林为主要研究对象，以孟赛尔国际色彩体系为色彩调研的基础工具，把园林色彩的元素归为动态色彩和静态色彩两大类，以园林色彩元素的固有色为研究基点，结合《苏州园林营造技艺》的工艺和现场修缮工匠的经验分享，通过计算机辅助采集数据的分析，经过 2 年多的调研分析，整理出一套较为科学的苏州古典园林色谱。

静态色彩主要包括建筑及造园元素中相对恒定的固有色，根据面积或占有比例抽取其典型色谱，如附图 75 所示；动态色彩主要包括天色、水色和植物色彩等最具典型性的色谱，如附图 76 所示。从这两组色谱可看到苏州园林中的植物色彩鲜艳、丰富，主要以青绿色系及黄绿色系为主，点缀白、粉、红、黄等花色及黄、褐、红等色叶；而人造色彩及自然材料多为低纯度的高明度或低明度的颜色，如白、深灰（黑）、中灰、赭红色系等。从中国传统的五色观分析，苏州园林中包含了白、黑、青、红四大正色，只是固有色的纯度不是太高，如黑为深灰色，红为暗红色，青为青绿色，吻合了中国人心中的宇宙图式与色彩观。

文艺复兴的大画家达·芬奇概括了光与色的美学关系：“不同颜色的美，由不同的途径增加。黑色在阴影中最美，白色在亮光中最美。青、绿、棕（棕色系也包含暗红色系）在中等阴影里最美，黄和红在亮光中最美，金色在反射光中最美，碧绿在中间影中最美。”苏州从光照系数上分析属于阴影中的城市，园林中的青绿之色与暗红色构成了美丽的色彩组合；在多云或阴雨天中，黛瓦显得格外精神；在晴天中白墙显得格外清新等。可见，苏州古典园林中的色彩吻合了视觉的美学。

4.4　形式美的构成法则

美是世界共通的语言。自古以来，无论什么时期在什么国家用什么材料制成的不同装饰用途的艺术作品，其中都表现出形式美的法则。形式美法则最根本的原则是创造优美环境，构成秩序空间。从构成和设计的角度来看形式美的法则，大致分为以下几条基本原则：统一与变化；对称与均衡；相似与对比；节奏与韵律；比例与尺度；

简约与夸张。

世界是充满矛盾的，对立与统一的，这些基本原则分别有针对性地讨论了形式美的几种辩证关系，但又都归属于变化统一的总原则下。它们的应用取决于主题及它们之间相互的交融。

4.4.1 统一与变化

统一与变化是形式美的主要关系，是最基本的法则。统一意味着部分与部分之间、部分与整体之间的和谐关系，强调整体性。变化则是在统一前提下的，有秩序的或局部的变化，强调差异性。

过于统一易使整体单调乏味、缺乏表情，变化过多则易使整体杂乱无章、无法把握。我们在设计中需要秉承“统而丰富，变而不乱”的原则，将有变化的各部分进行有机的组织，以达到从整体到局部的多样统一的效果。

4.4.1.1 统一

统一的原则似乎是所有的原则中最难把握的。平衡很容易觉察到，而且当一件设计作品不平衡时，似乎能够较快地识别出来。然而，如果一件设计作品缺乏统一性，要精确地指出原因则要难得多，因为它更加微妙。

统一与变化都是相对于量而言。统一是指所有的元素都能够和谐相处的效果，而每一个元素都在支撑着整体设计。

以一场聚会为例：一群受邀请的人，如果没有共同点、没有主题、没有男女主人在场，会形成一种非常不舒服的情形。这个晚会需要至少一件能把大家联系起来的东西：一个人（男主人或女主人），一种兴趣（音乐、食物），一个主题（化装舞会、新年聚会）；或某件事由，使每个客人都能对别人说“我来这里的理由和你一样。”这就使得整个情形统一起来。

重复构成与特异构成等都是统一占主导地位的统一构成规律。

（1）重复获得高度统一感

重复即不断地再次出现，这种方法使得构成具有一致性和相似性，体现了高度统一的原则。

用重复的方法得到的统一在日常生活中随处可见：自然界中的苹果堆、杨树林、羊群、豆瓣等；人类统一着装的特殊场合中，重复的力量显示出集体的存在感，如观众席上身着与所支持球队同色服装的拉拉队。在音乐中我们重复一个音符或主题，作为桥梁把我们联系到之前听到这个音符的时刻，这种重复使整个音乐篇章的结构统一。

在设计中可以重复任何一个元素以获得统一的效果。被重复的元素可以是基本形，也可以是基本形的视觉形象如形状、色彩、肌理等。但必须缜密地计划如何重复以及重复什么。在大量的试验草图中，我们可以体会到，如果同一图形被太多地重复，这种过分的统一就会破坏图面的效果，除非是为了创造“图案式的背景”（图4-84）。

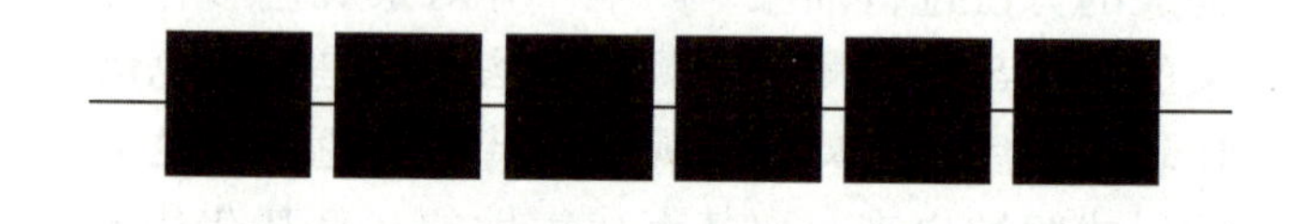

图4-84　重复获得高度统一感的抽象图形

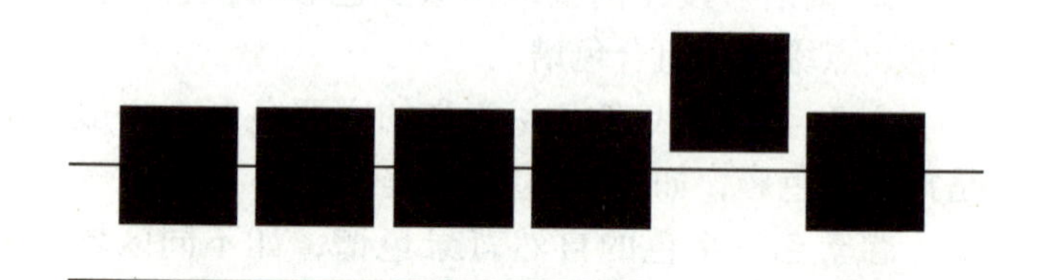

图4-85　特异形成生动的统一感

（2）特异形成生动的统一感

满天繁星中的一弯明月和万绿丛中一点红的花朵，都因其特异性而引人注目，但由于特异所占的比例很小，从而不失统一的整体感。特异构成是在高度统一寻求一点变化的一种体现，能够打破简单重复带来的单调，利用局部的变化来制造视觉的焦点。具体的做法是在重复的构图中，改变某一两个特质的因子，从而让这些特别的因子在设计中得到强调，同时又具较强的统一感（图4-85）。

4.4.1.2 变化

变化，指的是“改变”一个或多个元素的“特点”，变化提供了产生兴趣的对比，是在统一的背景或框架下的一种变化，目的是获得具有丰富变化的、生动的统一画面。但对于变化要特别小心，如果无规律性的变化太多，会导致混乱，并丧失所产生的趣味。正如任何元素都能被重复一样，任何元素也都可以被变化，归纳大概如下。

形态的变化：种类、大小、色彩、明度、空间位置等；

线条的变化：粗细、长短、曲直等；

明度的变化：从深至浅、从浅至深等；

肌理的变化：从平滑到粗糙、从柔软到坚硬、从滑腻到苦涩等；

色彩的变化：通过色彩的内在属性的变化（详见 4.3 节）；

渐变构成与聚集构成是以变化占主导地位的统一构成规律。

（1）渐变产生递进的变化感

渐变令人联想到生长的过程、时间的延续、节奏的波动，这些都是常见的变化的例子。渐变是在构成元素、组织结构、肌理、色彩等统一的情况下，依据一定的规律进行的有序的变化，能够产生意趣和韵律，是统一与变化辩证中产生的最直接、最清晰的一种形式（图 4-86）。

图4-86　渐变产生递进的变化感

（2）聚集形成自由的变化感

聚集是抽象自然界生物的运动状态或存在形式，是自然而然的形式显现。聚集是在基本元素统一的情况下，其大小、色彩、肌理可出现局部的变化，依据一定聚集规律进行的有序的组织，能够产生生意盎然的生动画面（图 4-87）。

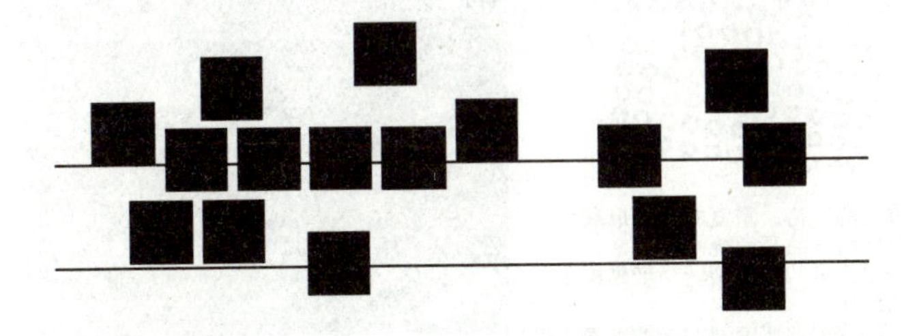

图4-87　聚集形成自由的变化感

4.4.1.3　统一与变化在风景园林中的应用

统一与变化是形式美的主要关系，它们又是辩证统一的关系，目的是获得和谐统一的视觉效果。和谐统一是形式美的主要原则，不管如何变化，如何生动，如何丰富，最终的目的是要达到统一的和谐美。

变化是形式美的活跃分子，其存在的目的是形成对比，形成焦点，明确主题，但没有统一的大背景就很难求得变化。变化存在层次，当出现小的变化时，场地的统一感就强；当出现大变化时，场地的统一感就弱。这时就得仔细推敲变化因子在统一因子中的比例问题，这是形式美推敲的关键点，也是平面构成目的。

在园林中，变化的目的要么是获得视觉的震撼，要么是主题的强调，要么是强调场地的韵律感，要么是获得生动趣味的场所精神等，但变化是在统一的前提下，局部的、有秩序的或有规律的变化，才能获得想象的统一和谐之美。以下将通过一些优秀风景园林的抽象平面图进一步论证（图 4-88）。

4.4.2　对称与均衡

对称与均衡的形式美法则，是衡量视觉平衡的主要手段，而这种视觉平衡所带来的视觉效果和视觉情感也随视觉的平衡而产生差异。

4.4.2.1　对称

对称是指图形或物体在对称中心的周边的各部分在大小形状和排列上具有一一对应的关系。对称是表现平衡的最完美形态，在自然界中许多形态都呈现出这种平衡的对称。对称是最规整的构成形式，其本身存在着明显的秩序性，是基本上可以对叠的图形，是等形等量的配置关系。

通过对自然对称形式物象或自然现象的观察，大概可以总结出 3 种对称形式（图 4-89）：

① 中心轴对称　有多根对称轴，以对称轴的交点为对称中心。

重复的风格、重复的基本形获得设计语言的高度统一感；
主题元素的角度旋转，带来视角的变化；
在场地中形成强烈的视觉效果，同时很统一

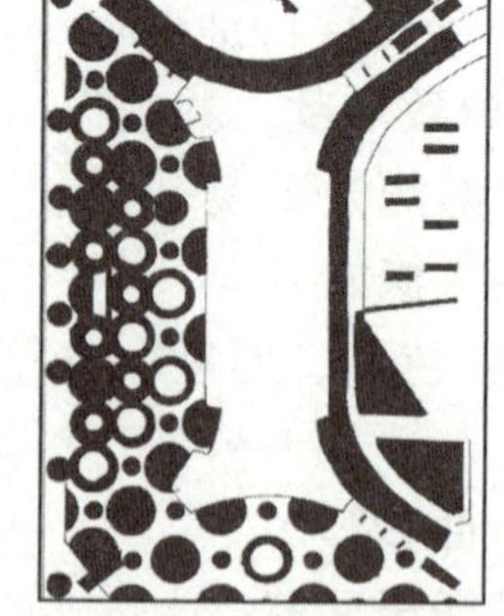

统一的基本形，统一的骨格；材质、功能、色彩的变化；统一中寻求生动的变化

统一的基本形，正负关系，大树的特异，形成小的变化，产生高度的统一感

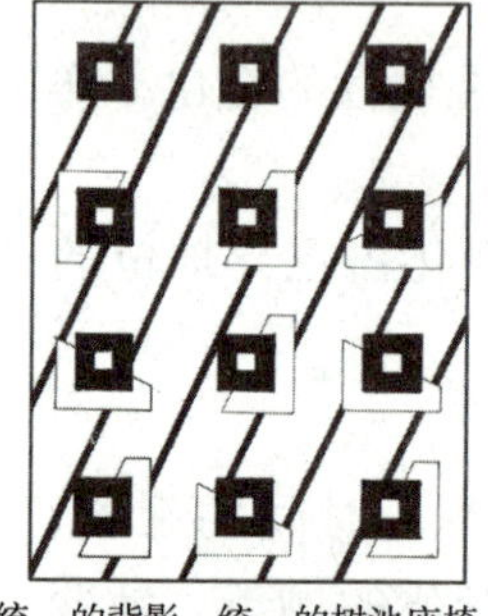

统一的背影，统一的树池座椅，形状相同但角度不同的花池，在统一中产生微小的变化

统一的基本形，不同方向的道路交叉产生较大的变化，但仍具高度的统一感

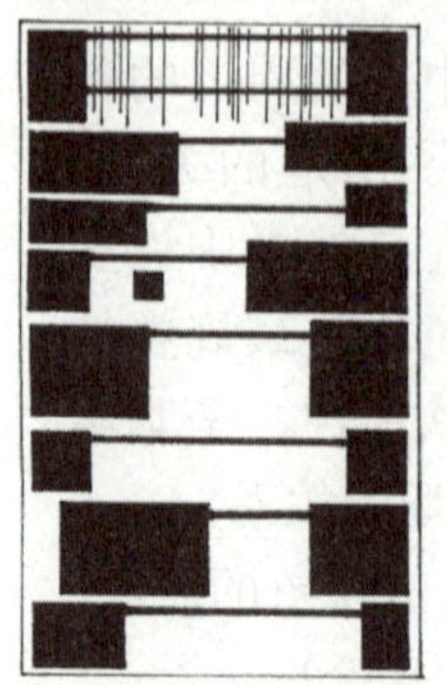

虽然每个基本形、材质都略有变化，但都是自然的有机性，变化于自然而然之中，仍有高度统一感

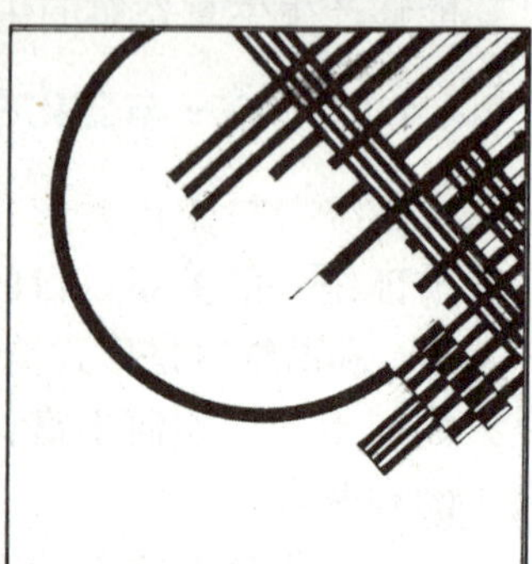

普雷本·雅各布森作品，切尔西雕塑花园

M. 保罗·弗里德伯格作品，尼尔森公司总部中广场上的喷水池

彼得·沃克作品，IBM公司索拉纳园区办公楼前局部景观设计

图4-88　统一与变化在风景园林的应用

② 轴对称　以一根轴为对称轴两侧对称，就像镜子或水面的反射效果。轴对称是一种极为稳定的形式，在生物学上和物理学上都是完美的形态，它的美是不言而喻的。轴对称也是一种严肃和传统的形态，象征着正统和庄严，或过于保守。

③ 旋转对称　旋转一定角度后的对称，其中旋转 180° 的对称称为反对称。

4.4.2.2　均衡

均衡比对称在视觉上显得灵活、新鲜，并富有变化而统一的形式美感。自然界一样存在很多鲜活的例子，如鹤望兰、马蹄莲、鸡冠花等；还有受环境制约而顽强生长的树木等。

一般提到均衡的概念就会想到物理量的杠杆原理，也就是机械平衡。而视觉平衡又鉴于机械平衡的原理展开，同时要比机械平衡复杂得多。比如，画面中的形态面积不一定相等，但是通过元素间的相互动态牵制决定它们在画面中的力量、位置、大小、前后等达到一种视觉的平衡（图 4-90）。

形体间相互牵制后形成的视觉重量有一定的规律，可通过深色比淡色重（淡色背景）、淡色比深色重（深色背景）、粗线比细线重、体积大比体积小重、颜色鲜艳的比灰暗的重、近的东西比远的东西重、离画面中心距离远比近的重（杠杆原理）、动态比静态重等关系调整视觉的均衡感。

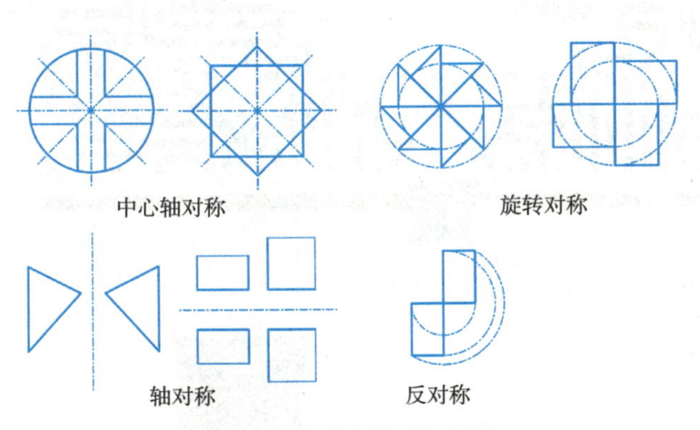

图4-89　对称的3种形式

图4-90　视觉的均衡

4.4.2.3　对称与均衡在风景园林中的应用

对称给人的印象是规整、单纯、庄严的视觉情感。在古典园林中，多见于皇家及贵族的园林；在现代风景园林中，要么表达场所的规则感、要么表现庄重的入口形象、要么形成强烈的视觉焦点等。

均衡更趋于自然，给人生动盎然的视觉情感。在我国古典园林中，建筑、山体和植物的布置大都采用不对称平衡的方式；在现代风景园林中，应用更为广泛。

由于对称与均衡的空间情感表述差异比较大，而具体场所的使用功能和形象功能也是比较多样而丰富的，所以在实际应用中，经常采用两者并存的形式布局，在整体气势或空间布局上多采用对称形式，而局部的、近人的空间则采用自由的、不对称的均衡形式（图 4-91）。

4.4.3　相似与对比

相似与对比是统一与变化最直接的体现，统一的环境一旦出现大小变化，势必形成大小的对比关系；要使诸多不同的形式统一在一起，势必要找到它们相似的共同点，其最终目的是获得和谐的画面。

相似与对比是互为相反的因素，要想达到既有对比又有和谐的统一画面，就必须通过设计者进行艺术加工，进行合理的配合。

4.4.3.1　相似

自然界中存在很多相似的事物，如同是一个部落的人，但每个人都存在差异；同品种的种子、树叶，每一个都存在一定的差异;大地的起伏形态，有相似的结构但比例都有很大的差异。

相似是由近似的基本形组合产生的，这种格调是温和的、统一的。如果近似基本形所占比例过大，往往使画面变化不足，显得单调；但如果近似的基

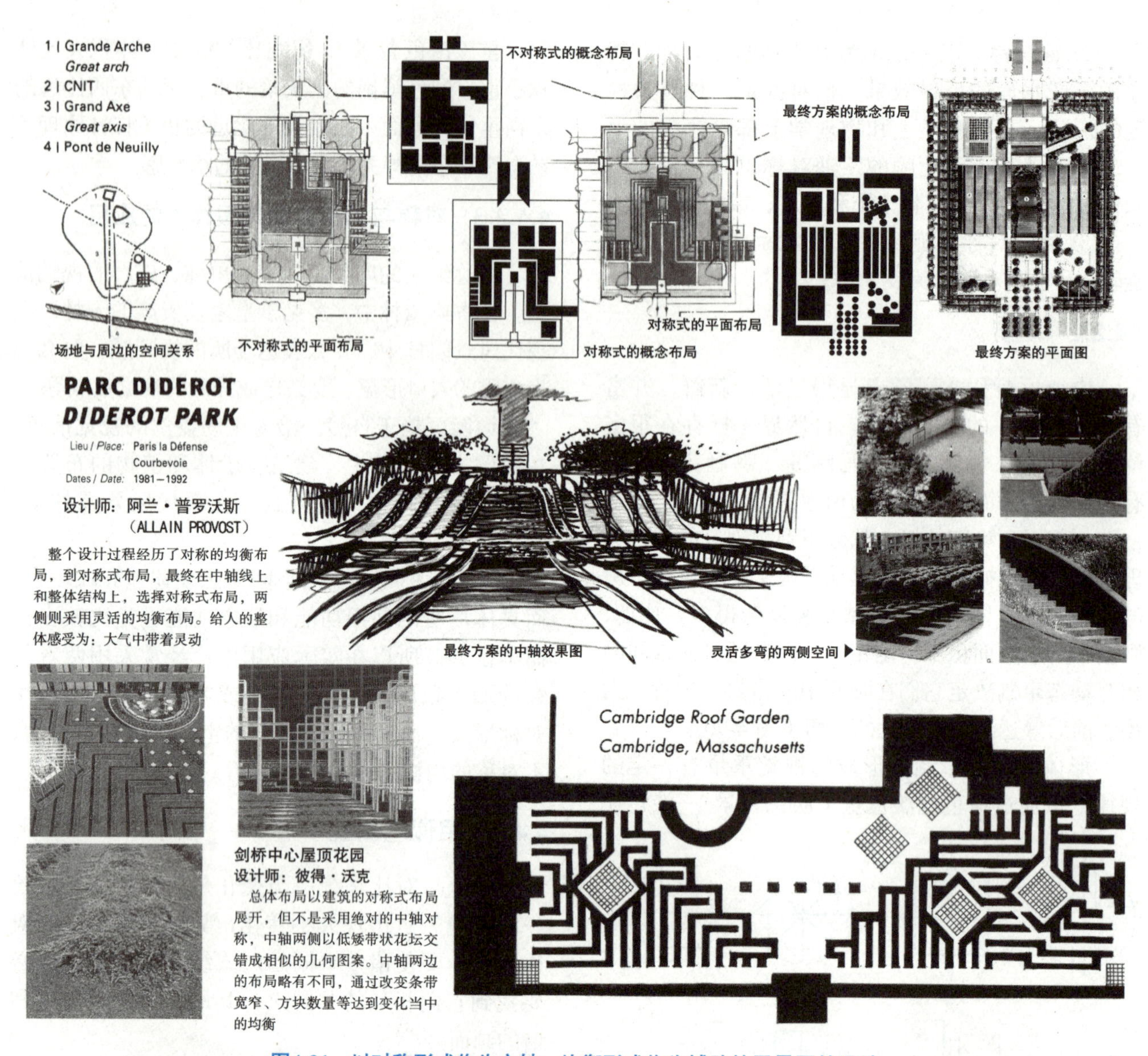

图4-91　以对称形式作为主轴，均衡形式作为辅助的风景园林设计

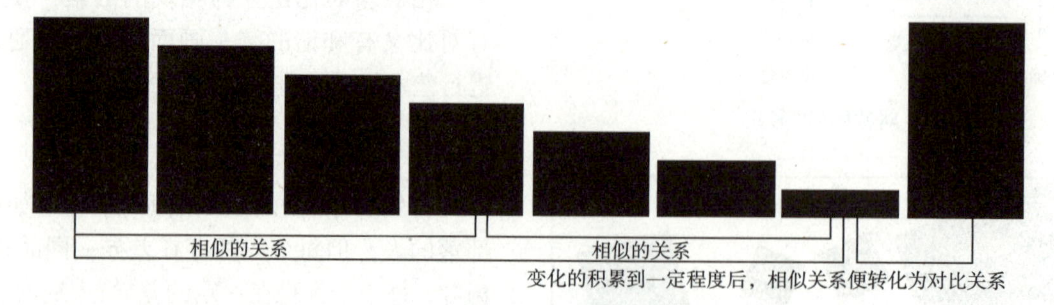

图4-92　相似与对比的抽象形态

本形的变化（形式、色彩、质感等）逐渐加大，当变化的积累到一定程度后，相似关系便转化为对比关系（图4-92）。相似可以使对比强烈的元素起到调和的目的，例如，当元素对比太多时，要么找到它们比例最大的同种元素；要么找到它们之间最相似元素，作为统领画面的主元素。

4.4.3.2 对比

对比是互为相反因素的元素，同时设置在一起的时候所产生的现象：各个元素之间的特点更加鲜明突出，是个性设计表达的基础。对比在视觉上给人一种明确、肯定、清晰的感觉。强烈的紧张感是对比的目的，对比可以引向不定感和动感，但在一定艺术法则下仍能达到统一，得到视角的平衡。

人们在描述对象或感觉时，常用对比的方法，又用大量的形容词来表达，如：

形态　大小、曲直、方圆、厚薄；

色彩　明暗、鲜灰、浓淡；

质感　干湿、滑涩、老嫩；

空间　远近、疏密、虚实。

对比的目的是取得冲击性的视觉效果。由于可以用来对比的手法有很多，而且多项对比可以同时并存，所以要达到调和的目的，一定要确定一种主要的对比关系，否则画面会显得过于杂乱。

4.4.3.3 相似与对比在风景园林中的应用

相似与对比的辩证关系是为了获得和谐而有趣的视觉效果。而和谐是指构成画面的各个元素间能够安定和谐地配合在一起给人以愉悦的美感。对比比例大了，就不易和谐；相似的比例多了，很容易显得单调。这就需要人为地有意识地合理搭配，如适当增加主要形态的重复形或类似形，使其产生呼应。或者对形态进行位置的重新分配，使形态有秩序起来，还可以调整形态的明暗关系，起到前后穿插、主次分明的效果。当然最可行的还是尽量在形态间找到它们的共同因素并加以统一。也就是说，抓住构成要素之间的统一性、规律性、相似性的整体感，保持或强调局部的趣味性、差异性和对比性。

在具体设计中，一方面，在统一的大背景中，可以强调以对比为主所带来的视觉震撼感；另一方面，则用相似的方法，把近似的、具有相同性质或特点的元素整合起来，从而弱化对比，形成强有力的统一感或秩序感（图 4-93）。

4.4.4 节奏与韵律

节奏与韵律是时间和空间的艺术的用语。视觉上的节奏感和韵律感如同诗歌、音乐给人的感觉一样。在音乐中是指音乐的音色、节拍的长短、节奏快慢按一定的规律出现，产生不同的节奏；在诗歌中相同音色的反复及句末、行末利用同音同韵同调的音可加强诗歌的音乐性及节奏感；而在视觉形态中则表现为一定的秩序性，如相同的形态按一定的节奏连续反复，产生节拍；如果增加渐变式的律动，则产生韵律感。节奏和韵律往往是相伴而存的。

4.4.4.1 节奏

节奏可解释为“运动的再现”。在音乐中，音符的重复与变化产生了我们记忆中的节奏。这些节奏是一听到就能辨别出来的，甚至能吹口哨或哼唱出来的。在生活中也有节奏，每天的活动、四季的变化、行进的脚步等都是节奏的体现。

重复是获得节奏的重要手段，有规律的重复构成节奏，带给人们从视觉到情绪的动感（图 4-94）。但这种重复有别于统一的重复构成，节奏的重复更强调线性的结构，统一的重复更强调面的结构。

4.4.4.2 韵律

节奏经有律动的变化就产生韵律，由于人们是生活在多维的空间中，所以韵律更接近于自然的感受，更具真实感（图 4-95）。“韵律具有一种超越人们意识的无可争辩的吸引力。假若有两个不同的视觉对象，一个是有韵律而另一个没有，那么观者会自然地或本能地转向前者。韵律可以把眼睛和意志引向一个方向而不是别的方向。”（托伯特·哈姆林《建筑形式美的原则》）

韵律大致可以分为 3 种形式：

①简单韵律　是一种要素按一种或几种方式重复产生的连续构图。如使用过多，易使整个气氛单调乏味，但有时可在简单重复基础上寻找一些变化。

②渐变韵律　由连续重复的因素按一定规律有秩序地变化形成的，如长度或宽度依次增减，

Architects: Jean-Michel Landecy,
Landscape: Henri Bava

设计元素的对比（几何与自然的对比）
色彩搭配的相似（淡紫色和蓝色系列）

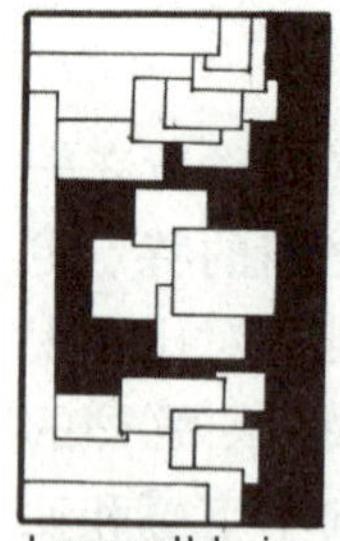

形式元素的近似（方体形式的重复）
同种形式的对比（大小和高低的对比）；质感的对比（硬和柔）

拉·维莱特公园

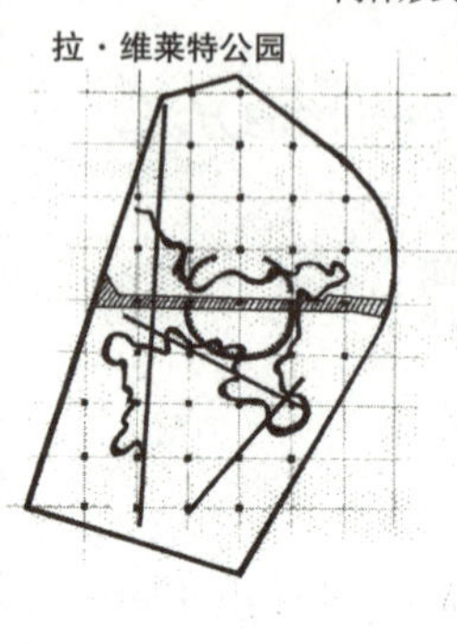

户外公园，相似的基本形圆，而质感、色彩形成鲜明对比

普雷本·斯卡拉普设计的公园平面图

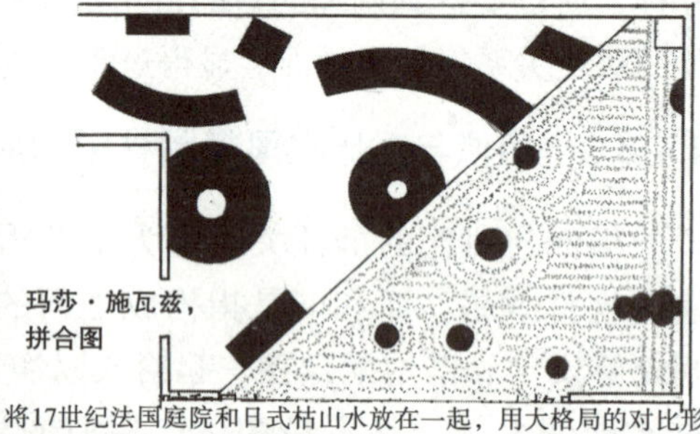

玛莎·施瓦兹，
拼合图

将17世纪法国庭院和日式枯山水放在一起，用大格局的对比形成强烈的视觉反差；但相似的形、色彩和骨格使画面很和谐

克利夫·韦斯特（Cleve West）的庭院作品

相似的基本形，在方向和质感上形成对比

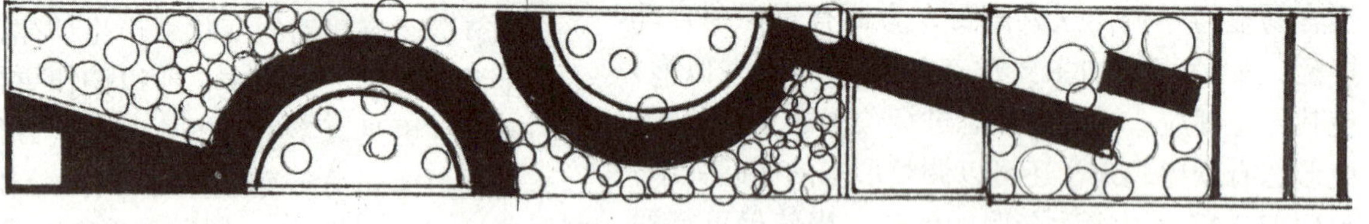

图4-93　相似与对比在风景园林中的应用

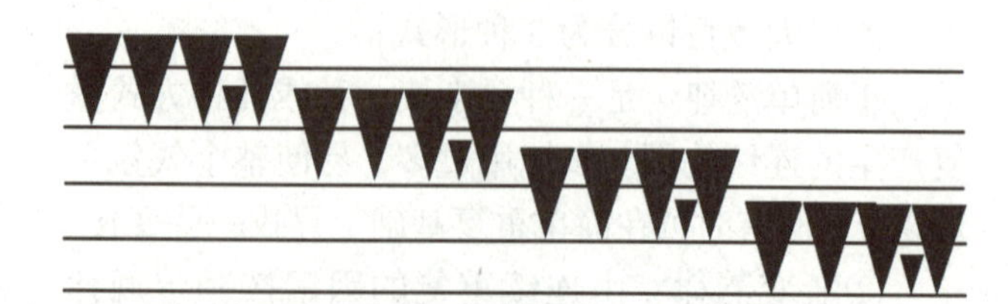

图4-94　节奏感的抽象形态

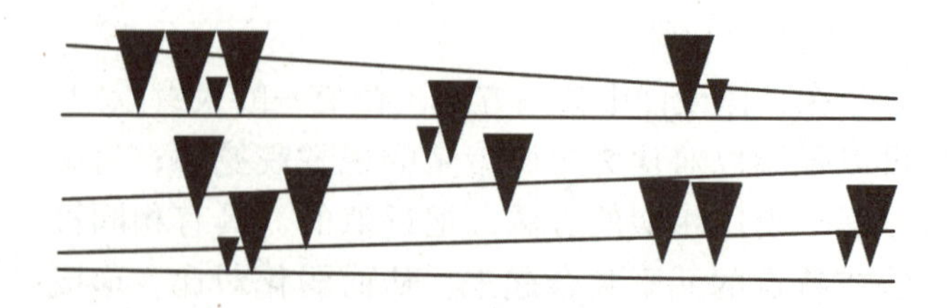

图4-95　韵律感的抽象形态

或角度有规律地变化。

③交错韵律　由一种或几种要素相互交织、穿插而形成。

4.4.4.3　节奏与韵律在风景园林中的应用

节奏与韵律在园林中的作用是并列的，通常会一起出现。节奏使环境氛围有秩序、有条理；韵律可以使形态在环境氛围中有变化、有律动。过度地强调节奏会使空间的氛围变得呆板和紧张，但局部的铺砖或墙饰，则需要强烈的节奏所带来的整洁感或同一感。韵律是在节奏的基础之上发展起来的，既统一又富有变化。所以无论在结构上还是局部的处理都会比较和谐，在风景园林的设计中是比较受欢迎的形式法则。

在我国古典园林中，墙面的开窗就是将形状不同、大小相似的空花窗等距排列，或将不同形状的花格拼成的形状和大小相同的漏花窗等距排列，以获得节奏般的韵律感。在现代园林中，也常用节奏和韵律的形式美法则来营造区别于自然，又自然而然的空间氛围（图4-96）。

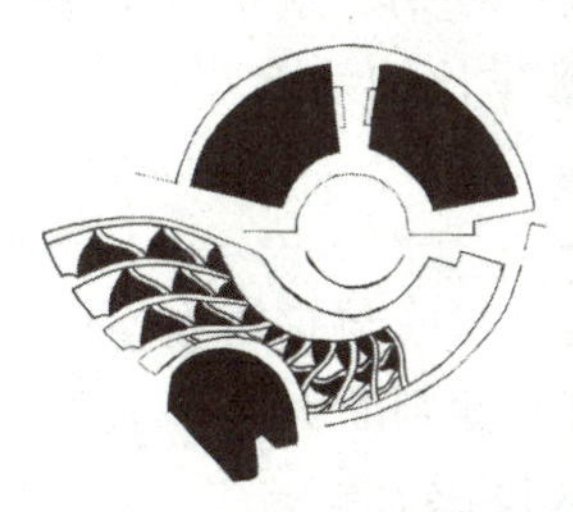

SWA集团，亚里桑纳中心庭院

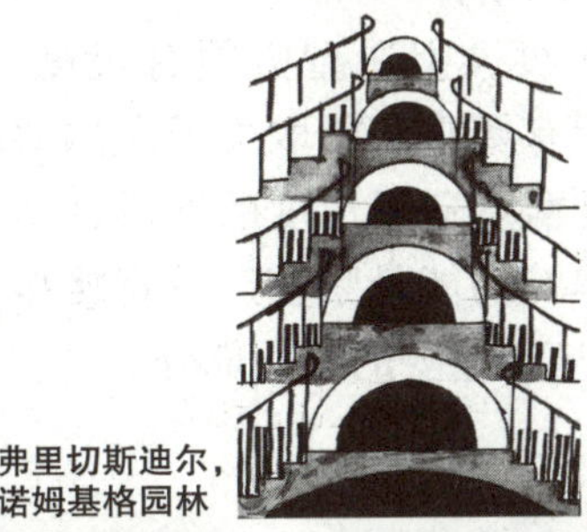
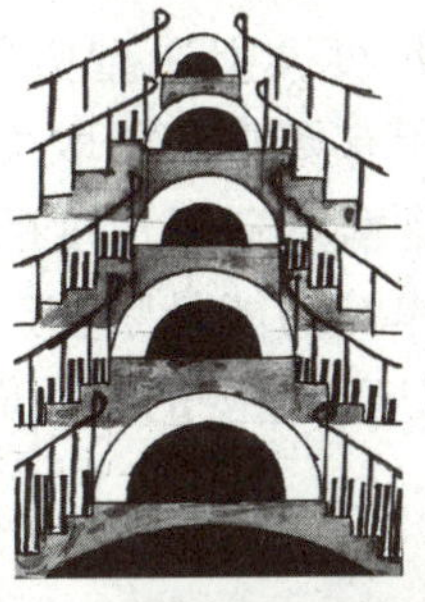

弗里切斯迪尔，诺姆基格园林

彼得·沃克，大山训练中心

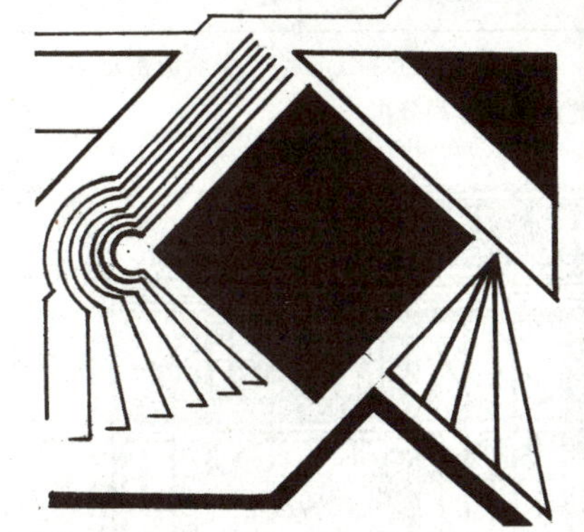

M. 保罗·弗里德伯格

广场的左边和右边突出了线条的节奏与韵律，充满流动的气息

哈格里夫斯联合事务所，扎普别墅

图4-96　节奏与韵律在风景园林中的应用

4.4.5 比例与尺度

比例是指一个空间内形态各部分间实际尺寸之间的数学关系，而尺度则是指如何在和其他形态相比中去看一个形态或空间的大小。尺度是对形态的大小知觉，是形态在空间中占有一定数量、长度、体积（容积）的属性在人们头脑中的反映。当人们在确定一个物体的大小时，无形之中是运用周围的其他已知物体作为度量标准的。这种已知物体的尺寸与标准往往是人们非常熟悉的，一种是整体空间，另一种是人体本身。

形状本身并没有尺度，但造型必须有尺度。因为关于造型大小的所有要求都要取决于人的要求，人的实际体量就是衡量造型尺度的标准，造型中与人的活动和身体的功能最紧密、最直接接触的部分是建立造型尺度最重要的核心部分。

4.4.5.1 比例

比例是使构图中的部分与部分或整体之间产生联系的手段。比例与功能有一定的关系，在自然界或人工环境中，凡具有良好功能的东西都具有良好的比例关系。

建筑设计中追求的各种比例关系，如位于雅典的帕提农神庙立面的长宽比、立柱间距比、纹饰间距比均为整数，体现出该建筑物严谨的秩序（图 4-97）。立面长 12m、高 8m，与普通成年人的高度比约为 5 ：1，远大于正常尺度，使得置身于建筑当中的人深刻感觉到环境的空旷与自身的渺小，从而体现出神庙的庄严神圣。柯布西耶把设计的比例辅助线看作“灵感的决定性因素之一，它是建筑中重要的操作环节之一”。后来，在 1942 年，柯布西耶出版了《模块化：人体比例的和谐度量可以通用于建筑和机械》一书，就记载了他关于黄金分割和人体比例的数学比例系统。

4.4.5.2 尺度

尺度是某一形态与其他形态或与它所在空间相比较的大小。而对事物的尺度判断大多以人的尺度依据去判断周围事物的尺度感。

日常生活中尺度和比例经常被混淆，有时也会被混用。通过对图 4-98 的分析，加强我们对尺度的理解：图 A 是比例均衡、适合居住的房子；图 B 比例也不错，但更像一座碉堡。为什么呢？图 C 是在图 A 的基础上加了一棵树，图 D 在门口

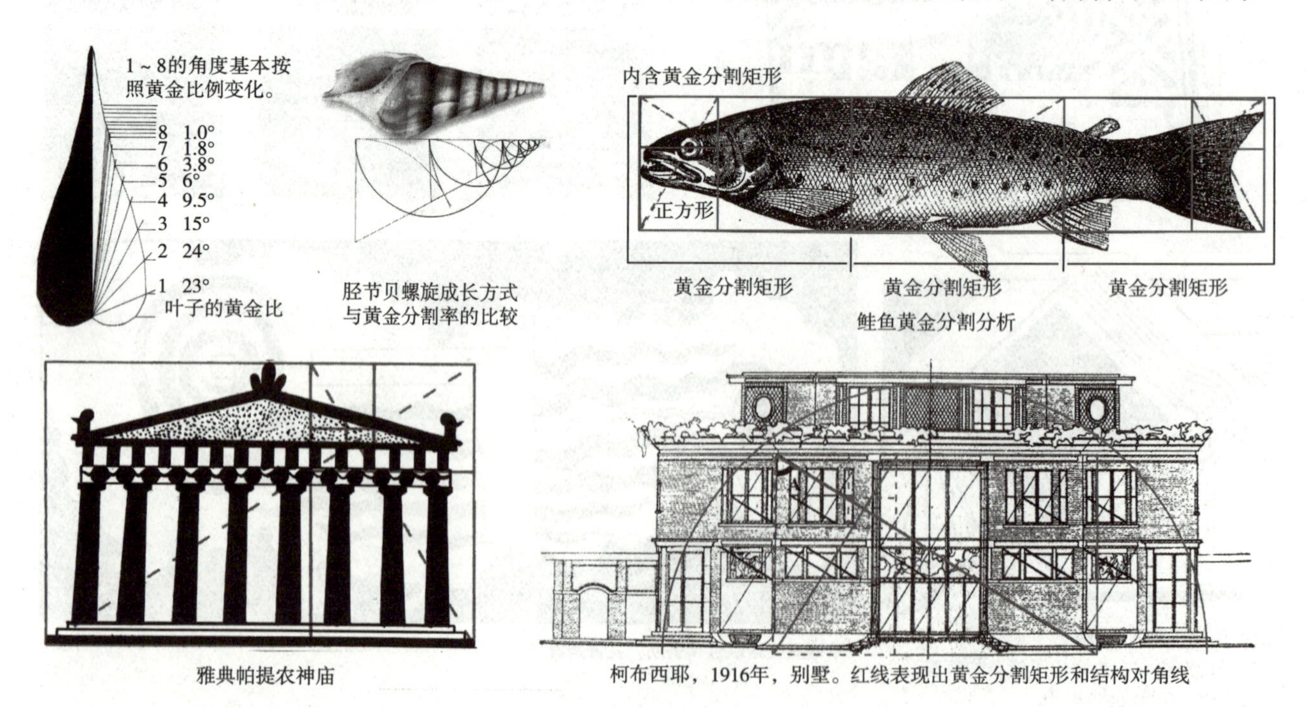

图4-97 完美比例的展现

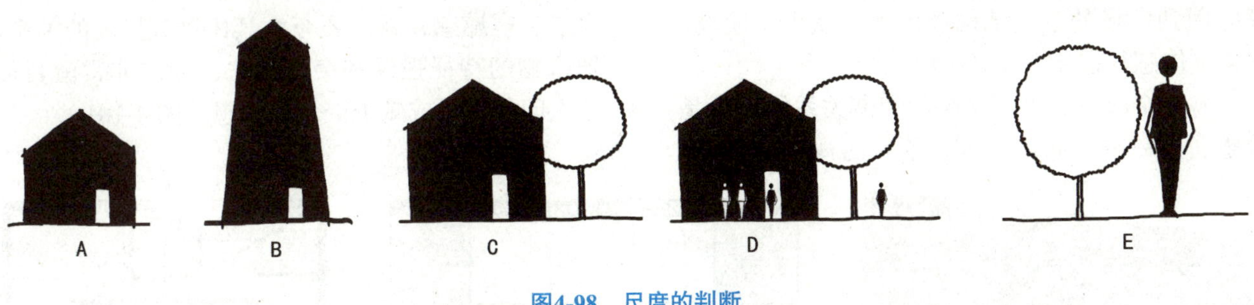

图4-98 尺度的判断

图4-99 观察位置、距离和参照物影响尺度感的判断

加了人，它们之间又有什么区别呢？紧跟着看图E的时候是不是有些糊涂？是树小了？还是人的尺度被放大了呢？

这就是人能直接感知的尺度感。图中关键的两个判断点是门和人，合理的尺度是人们的惯性尺度概念的表现，一般人的平均身高为1.7m，门的常规尺寸为2m，基于上述两个依据，就很容易判断出其尺度关系。

另外，人在判断造型尺度的大小时，还依据观察的位置、距离和参照物。等距离形态的大小与视网膜上的视像大小呈正比；当形态与人的距离远近不同时，视像的大小与形态的距离呈反比；同时日常熟悉的形态，其尺度经常被作为参照物来判断周围要素的大小（图4-99）。

4.4.5.3 比例与尺度在建筑和园林中的应用

比例和尺度在定义上有很大的区别，但都是以数据为依据，合理的人为尺度必定有良好的比例关系。同时在具体的应用中，两者又缺一不可，比例控制整体的和谐关系，尺度影响人的审美惯性和功能习惯。

当我们在推敲造型的大小或创造趣味的空间时，最主要的环节是控制设计中的比例和尺度。例如，在设计冰箱时，立意点定在“冰箱存储空间的分割”，首先要考虑整体的功能比例（冷藏区与冷冻区）及与之相呼应的形态分割比例关系；接下来要根据人的应用尺度去推敲和设计具体内部的功能分割；最后，在衡量功能与视觉审美的比重时，进一步调整尺度和比例的关系。只有达到两者的和谐，才能设计出较为经典的作品。

在建筑领域中，也特别注重比例与尺度的和谐关系，勒·柯布西耶（Le Corbusier）的代表作品“马赛公寓”（1946—1952），黄金比例分割矩形的平面图（图4-100C）推敲建筑的空间划分、室内的布局和家具的尺度和比例关系。密斯·凡德罗是善于运用各种比例体系方法的大师，他设计的许多建筑在造型和比例上都很相似，其中伊利诺伊理工大学礼拜堂是小型建筑中比例关系最成功的案例之一，整个建筑依据黄金分割（1∶1.618）展开，如图4-100所示。

在园林中，也特别注重比例和尺度的和谐关系，如丹·凯利在北卡国家银行的广场设计上，就把建筑的比例关系应用到整个广场中，如延续建筑窗户的比例关系、采用建筑节点的尺度关系等应用到广场的景观结构和景观节点中，使场所形象整体感很强（图 4-100D）。

另一个改变比例和尺度的和谐关系的理由是，希望通过一种夸张的方式，给人的视觉带来冲击力或者震撼感，就需要夸大其比例或尺度的关系，把事物的特征强调和突显出来，使之非常醒目而令人印象深刻或赋予更多的联想（图 4-101）。

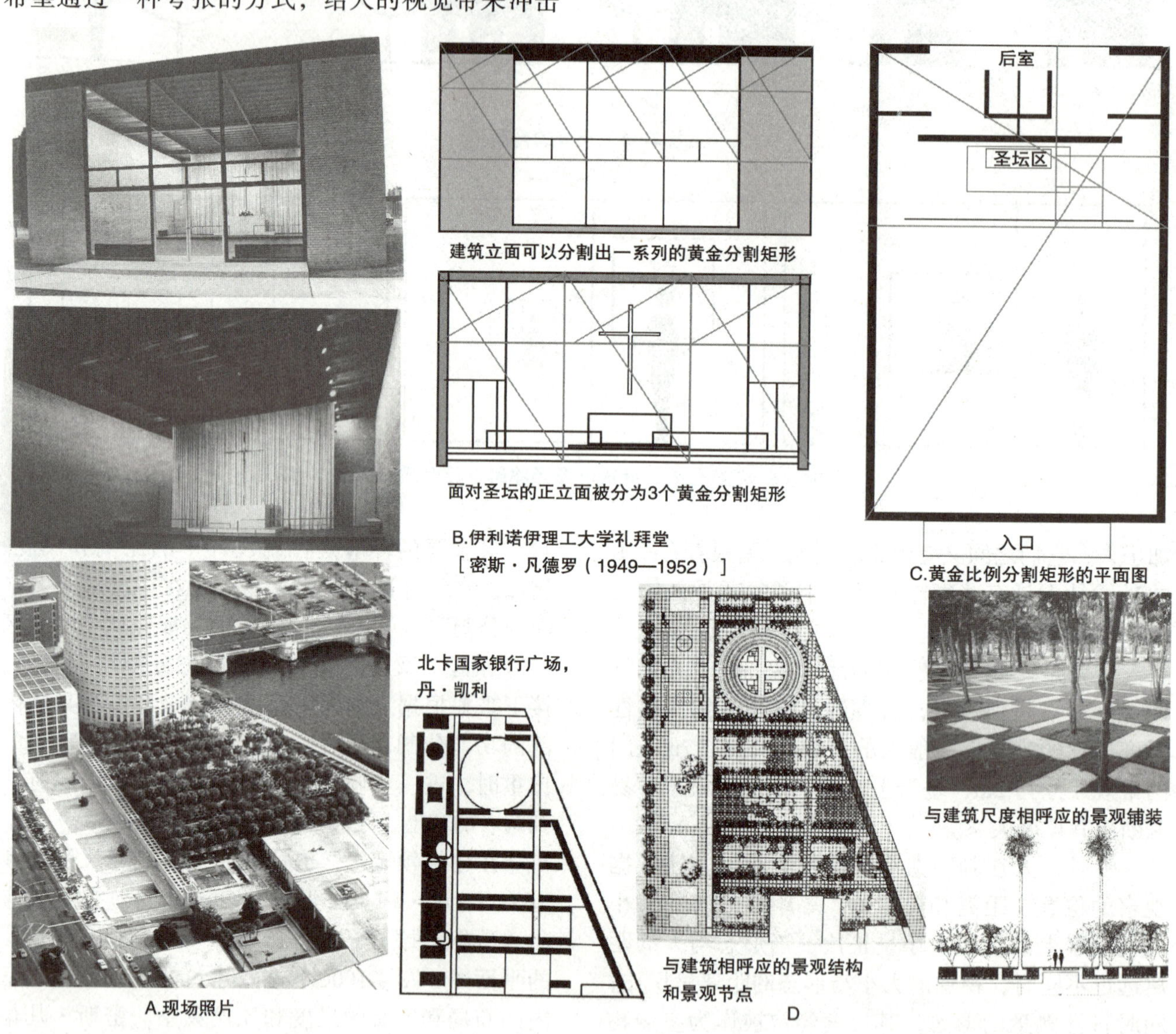

图4-100　比例与尺度在建筑和风景园林中的应用

图4-101　夸张的比例与尺度在风景园林中的应用

复习题

1. 区分平面图形的基本形及三要素、色彩三原色及三要素、立体造型基本型及空间构成三要素之间的关系。
2. 用黑白平面布局的手法解读风景园林设计平面图。
3. 用色彩理论解读风景园林中植物造景中的氛围营造。
4. 用空间三要素的天、地、物解读风景园林“大师园”的空间构成语言。

推荐阅读书目

造型基础·平面（第2版）. 刘毅娟 . 中国林业出版社，2018.

造型基础·色彩（第2版）. 刘毅娟 . 中国林业出版社，2017.

造型基础·立体 . 刘毅娟 . 中国林业出版社，2010.

设计基础：来自自然的形式 . 邬烈炎 . 江苏美术出版社，2003.

视觉形态设计基础. 莫里斯·德·索斯马兹（Maurice de Sausmarez）. 莫天伟译. 上海人民美术出版社，2003.

形态构成学. 辛华泉. 中国美术学院出版社，1999.

形态构成解析. 田学哲. 中国建筑工业出版社，2005.

设计元素——罗伊娜·里德·科斯塔罗与视觉构成关系. 盖尔·格里特·汉娜. 李乐山等译. 中国水利水电出版社，知识产权出版社，2003.

设计原理基础教程. 舍尔·伯林纳德. 周飞译. 上海人民美术出版社，2004.

设计几何学——关于比例与构成的研究 . 金佰利·伊拉姆 . 李乐天译 . 中国水利水电出版社，知识产权出版社，2001.

植物景观色彩设计. 苏珊·池沃斯（Suasan Chivers）. 董丽主译. 中国林业出版社，2007.

第5章 园林方案设计入门

[本章提要] 本章作为本教材的结尾，系统地介绍了方案设计的基本要点，结合作业案例，展示园林方案设计的全过程，包括方案设计的前期梳理、方案设计的构思、方案设计的调整与深入、方案设计的图纸表现等。

在掌握基本设计常识、空间形象思维、绘图方法及表现技能之后，便进入设计阶段。一切基础训练的目的都是从容面对各种设计课题。因园林尺度不同，设计思考的内容也有差异，本章将通过小型尺度的项目案例及课程作业的演绎，使学生初步掌握园林设计之法。

5.1 园林方案设计特征与应注意问题

5.1.1 园林方案设计特征

如前文所述，园林设计是综合的空间造型艺术。园林方案设计，就是在综合考虑场地的物质环境和人文环境的前提下，通过协调地形、水体、建筑、园路、植被五大元素，根据功能及人的行为，进行空间布局、塑造和氛围营造。经过多方案推敲筛选，确定最终方案，从而营建出适合场地特征的园林环境（图 5-1）。

园林艺术与其他艺术的主要差别，在于它以自然元素为创作素材，以自然文化为创作源泉，以自然景观为创作样板，以反映人与自然的关系为文化内涵。因此，园林是有生命的，是不断生长变化的自然的一部分。

园林设计的本质在于：基于场地实际，立足于空间维度，以水、土、植物三大自然要素为重点，用动态变化的视角，将各类要素综合协调布局，对有生命的、不断生长变化的自然领土景观进行保护与利用，以确保其完整性与典型性。园林设计的本质使得园林方案设计具有以下几个方面的特征：

（1）功能性

园林的基础要素是空间，空间依据功能的不同具有不同的属性。不同的功能决定了不同的园林类型，或者说只有丰富的园林类型才能适应各种功能。园林的种类已日趋多样，正在全方位地满足人们的需求。园林艺术多功能的建设与发展，使人们的生活变得丰富多彩。

因此，园林设计师应具备准确把握场地的空间尺度的能力，从场地的实际功能需求出发，进行空间的总体布局设计。

（2）社会性

城市中的园林是完善城市基本职能中“游憩职能”的基地，能满足社会各个阶层、不同年龄游人的需求，是大众游览、观光、休息、运动、娱乐的场所。好的城市园林不仅美化城市，还起到陶冶人们情操、净化人们心灵的人格养育作用。

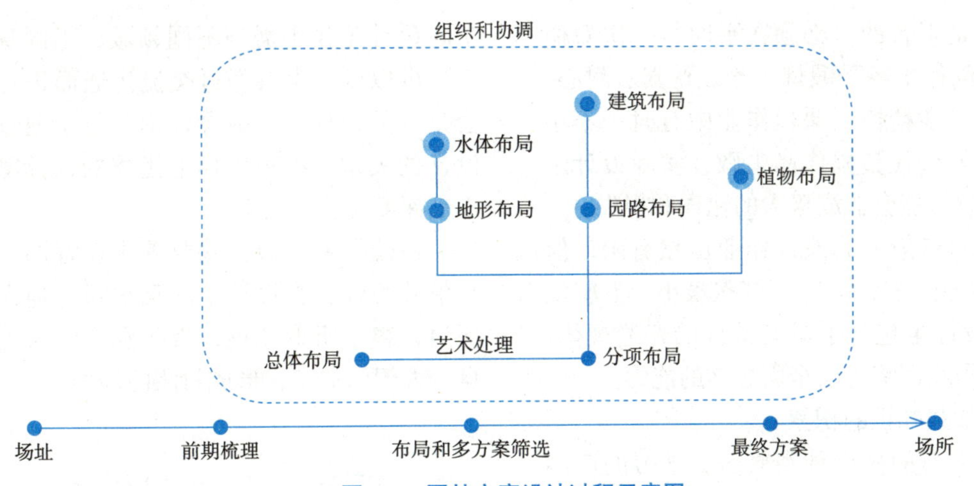

图5-1 园林方案设计过程示意图

场地的现状社会组成如何，相关人群的诉求是什么，设计后的园林场所能产生什么样的社会效益，应是园林设计的着眼点之一。园林的发展体现了社会经济的繁荣。园林设计师应该具有承担这一任务的社会责任感，让园林设计作品经受实践的检验，得到社会的认可，服务于大众，为大众所接受。

（3）科学性

园林开发、园林设计、园林建设离不开科学。地质、地貌、土壤、水文是地形改造、水体设计的依据，气候条件、土壤条件、植物生长的自然规律决定了种植设计的成败。园林建筑、园林工程必须遵守各种法规、规范，如后退红线的限定、绿化率的要求等。

有科学的论证与依据，符合各相关门类的技术要求，是开发园林的前提与保证。园林方案设计开展之前应搜集相关门类的规范要求，设计推敲过程中应有理有据，条理清晰。园林设计师应“有依据地进行设计”，使成果方案科学合理，符合场地基址实际。

（4）动态性

园林作为可游赏的户外空间场所，景物随时间和游览速度的不同具有不同的变化。如一年四季的花开花落，一天之中树影的投射和变迁，不同时段的静水面映出的天光变化，漫步于游廊中望向门窗的框景收放，在行进中车辆两侧景色的变化起伏等。一切景语，皆情语。园林景物的动态变化使得园林艺术具有极强的感染力。

园林设计师应多关注日常生活中的变化感受，以动态的时间视角审视空间；精细推敲设计场所的空间尺度和比例关系、栽植植物材料配置及层次构建关系等，营造富有诗情画意的园林空间场所。

（5）创造性

设计师以抽象的思维和想象力，创造出崭新的作品。园林设计只有不断创新才会有生命力。

挖掘设计表达媒介，推敲多种设计语汇的可能，将主观构想与客观环境协调结合，提升场地基址空间品质，营建具有独特魅力的场所氛围。

5.1.2 方案设计中应注意问题

前文已介绍了部分园林设计在内容对象和方法逻辑需注意的一些要点原则。针对园林设计学习的观念与方法，还需注意以下问题。

（1）责任与严谨

正式方案设计要付诸施工建造，要耗费大量的人力、物力、财力，它的建成与人们的生活形成密切的联系，园林要经受大众审美的考验。园林作为造型艺术要经常面对人们的观赏。不负责任、没有经过深思熟虑构思、缺乏艺术美感的设计都会成为粗糙、乏味乃至失败的作品。这既是对物质财富的浪费，又是对精神文明的污染。

园林作为综合的空间造型艺术，其学习、设

计、创作过程是艰苦的。必须在平时每一次看似单纯、简单的创作中经受锻炼，养成认真、耐心、细致、严谨的治学精神。课程作业中有时一不小心失误或错误就会使整幅作品失败，实际设计工作中极小的疏忽可能会造成极大的错误和损失。

园林设计初步最后的设计作业虽然有限，但在整个教学过程中是长作业。“麻雀虽小，五脏俱全”，简单的设计也包含了具有共性的普遍规律。要通过每一次作业训练自己全面总结的能力。

（2）不断加强知识的积累

在校期间学习的科目种类繁多，学习的广博与深厚，以及良好学习习惯的养成是今后长期努力的方向。应该在有限的时间加强知识的积累。“图面功夫在图外”，好的设计作品绝不能仅仅依靠课堂授课来完成。

无论是在园林设计初步学习阶段，还是在往后的高年级设计课程学习以及实际工作中，都要保持持续自主学习的良好习惯。参观展览、参观和分析园林实例、阅读经典参考书，特别是对典型园林、名人杰作的学习都是重要的。要养成通过记笔记、画速写，随时搜集资料的习惯，有计划地补充所欠缺的知识，持之以恒、日积月累就会形成潜移默化的影响。

“登高必自卑”。文化不能遗传，必须靠自己学；攀登科学高峰，必须自己爬上去。在园林学科内涵与外延不断丰富的今天，要充分地、自主地持续加强知识积累。

（3）进度控制

不同类型的园林设计具有不同的工作周期。园林方案设计的完善必须按计划进行。从选题、选址、调查、资料梳理到草图、正稿、成图表达做到一环扣一环，虎头蛇尾或最后期限突击猛赶都会影响质量。

在园林设计初步学习阶段，从整体上把握方案设计各项要点和原则，正确理解掌握园林方案设计流程和表达是第一要务。在方案设计起步学习阶段，对方案尽善尽美的推敲要有的放矢。

（4）善于交流、学习与借鉴

园林设计牵涉多门学科，服务的对象是民众。实际设计工作中需与不同领域、不同身份的人交流。可以说，没有经过交流沟通而进行的设计不会是好的设计。园林设计师要善于通过交流把握设计的关键。纵观世界上优秀的设计案例，无一不是深度交流的结果。

在校学习阶段，就要养成良好的交流、学习与借鉴习惯，在设计中注意加强与他人的交流和探讨，善于听取意见，吸收别人的长处，避免独自一人闭门造车，形成封闭的局面。

5.2 园林设计流程概要

设计的意义在于实现。园林设计师不仅要知道希望达成的目标，更要知道如何达到这样的目标。不同思维过程引导下的设计流程，导向园林创作形式的缤纷多彩。

5.2.1 中西方古典园林设计思维对比

艺术创作的思维受不同的哲学基础、审美思想、文化背景的渗透而形成差异。受不同的自然观影响，中西传统的园林艺术创作思维与表现手法有着鲜明的差异。

中国古典园林设计受山水诗画的影响，其基本的设计要素为山石、林泉等，强调通过“借景”，在有限的园林空间中展现自然的恢弘大气，设计思维的根本出发点在于如何将自然山水引入人工环境内。“常以此物拟彼物，借景寓情”，受“赋、比、兴”等文学修饰手法影响，中国古典园林常依据特定抽象概念选取具体设计要素进行布局，如“一池三山”“朝东赏月”等。有时，会围绕某种带有特定情感色彩的植物进行造园（图5-2）。总体来看，中国古典园林创作的思路，整体是文艺而发散的，形式语言的表现上多为自然式曲线形态。

从西方古典园林的发展史来看，受透视法和几何学的影响，西方古典园林营建强调均衡稳定的空间格局。其设计思维的根本出发点在于如何将人工的建筑环境与自然衔接，重点关注建筑、花园、林园三大空间类型的过渡关系（图5-3）。其思维序列首先强调理性分析，分析空间的功能、

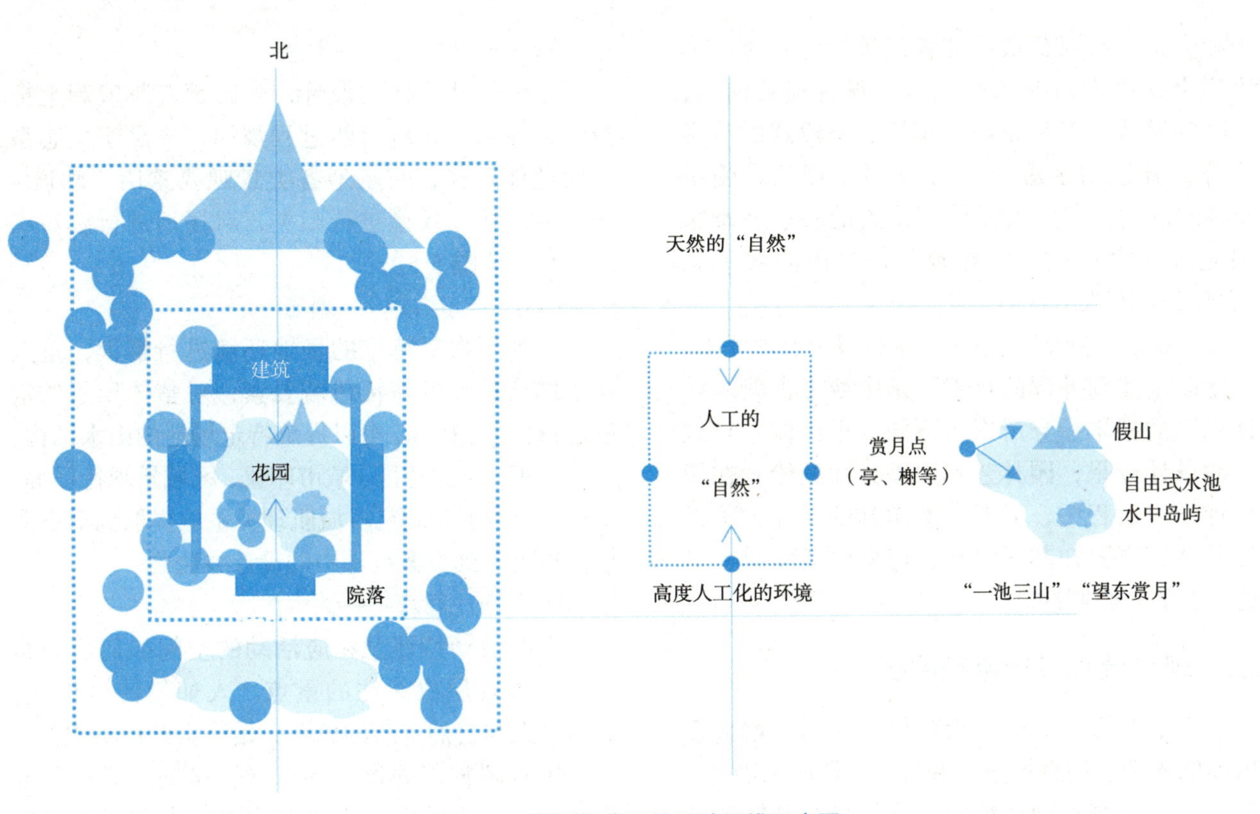

图 5-2 中国古典园林设计思维示意图

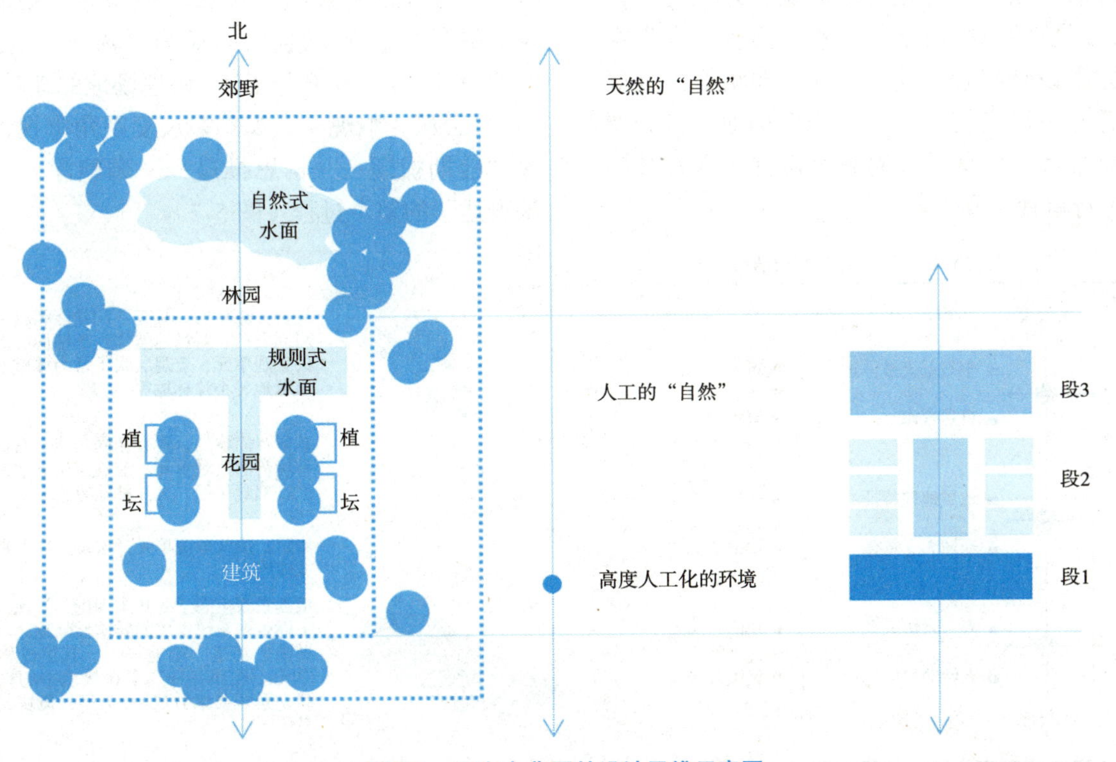

图 5-3 西方古典园林设计思维示意图

性质和形态，有时到最后才确定植物的种类。形式语言上，西方古典园林总体呈现规则几何式，大尺度的轴线、对称布局的植坛、三段式的节奏变化等为其惯用手法。直到18世纪以后，受中国园林的影响，英国人开始用诗人的心理、画家的眼光来观察自然，才导致呈现自由曲线形态的风景式园林的出现。

可以说，“将自然引进来，于有限中展现无限”和“逐渐过渡到外部的自然”是中西方古典园林设计思维的根本差异所在。不同的思维体系导致不同的设计成果，园林艺术因差异而缤纷。在园林设计学习过程中，汲取各类园林的设计，不仅要知其然，更要知其所以然。切忌仅仅停留在形式语言上的照搬照抄。

5.2.2 现代园林设计流程的建立

纵观中西方古典园林设计思维序列，均大致经历前期梳理、构思推敲、调整深入和成果表达4个阶段。受地域客观环境、文化背景、自然观等影响，设计的形式语言组合结果精彩纷呈。

在越来越强调生态化、地域化、人性化设计的今天，理性的思维与丰富的想象力应结合贯穿于整个方案设计流程。设计师一定要培养出良好的尺度感，多尺度切入系统化研究场地，充分调用各类思维和感官体验，对各个设计要素及其间的关系进行审视（图5-4）。

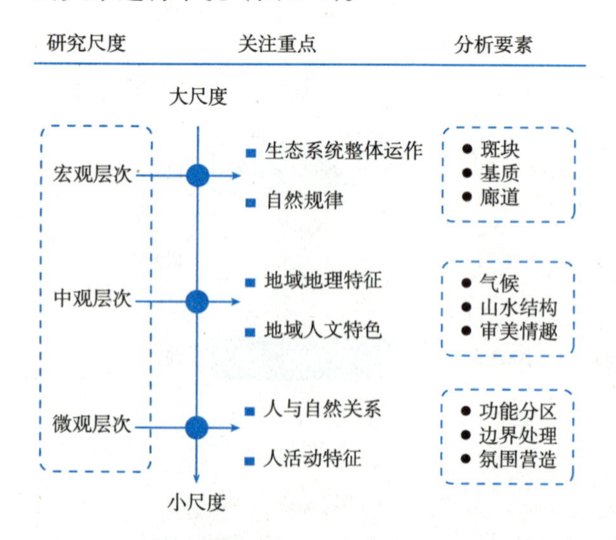

图5-4 不同尺度下研究内容的重点与构成有所不同

（1）宏观层次——生态

无论是什么样的设计，生态都应是宏观上把控的大原则。顺应自然过程规律，立足于生态系统的整体运作，将场地各类景观要素用“廊道－基质－斑块”模型进行归类，对场地进行宏观层次的判读（图5-5）。

（2）中观层次——地域

中观层次对特定的场地环境进行解读，重点在于结合地域的特征风貌要素，对整体场所的定位进行把控，比如，可以提炼特定场地的山水结构、城市肌理、风貌特征、城市印象、区域景观特征等，图5-6展示了对北京古城肌理关系的提取到形态演绎，再落实到方案设计中的设计方法之一。

（3）微观层次——人

人的活动特征及相应活动的空间如何协调布局，为微观层次关注的重点。人如何使用地块，如何让人与自然连接的思考，始终贯穿该层次。

风景园林规划设计的意义，是使“场址”成为有意义的“场所”。风景园林的规划设计，可以理解为从环境中揭示潜在的意义，并选取相应的策略将涉及的要素组织起来，使得该“场址”呈现其独特的性质风貌从而成为“场所”的过程。好的设计，建立在充分了解、梳理场地的基础之上。

“宏观－中观－微观”多尺度视角审视，应贯穿“前期梳理——构思推敲——调整深入——成果表达”的整个过程（图5-7）。

图5-5 “廊道－基质－斑块”景观叠加模型

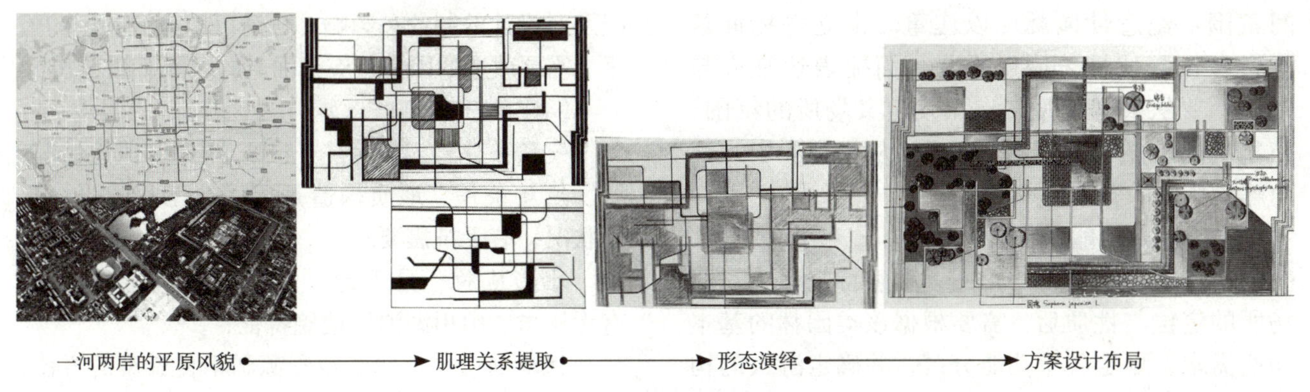

图 5-6　地域风貌抽象示例

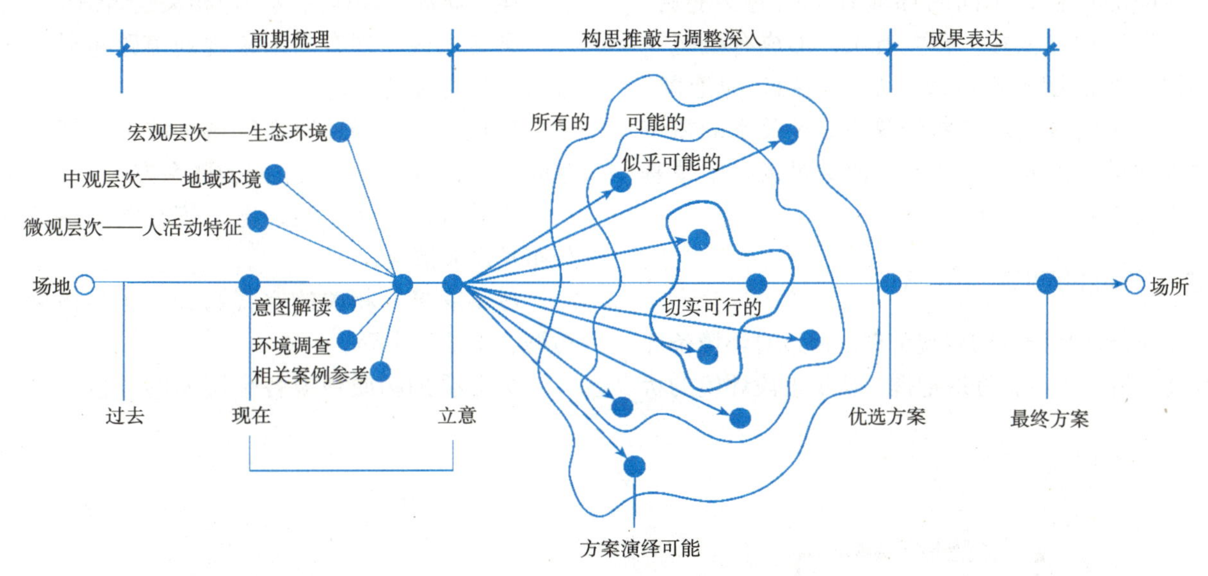

图 5-7　园林设计整体过程示意图

5.3　前期梳理

前期梳理为进入方案设计的准备阶段，要对设计项目开展的各项意图进行解读，进行相应的环境调查与分析及相关案例的学习比对，以确定合理的设计构思。

5.3.1　意图解读

不同尺度层次，不同的用地的园林拥有不同的营造目的。前期准备阶段，要通过对园林的意图解读，确定造园的目的，明确设计的矛盾特殊性。

（1）类型特点的要求

中国传统园林设计流程强调造园先明旨。所谓“明旨”，就是首先明确园林设计目的。这与西方园林设计流程中首先明确空间功能、性质和形态的作用是一致的。园林设计之初要从类型特点的要求出发，明确园林空间场所的定位与性质。

对园林空间场所进行准确定位，有助于把握不同类型设计内容的重点：如面对自然风貌较为完好的风景区，设计的重点可能集中于如何在现有的地形地貌中将道路广场等人工雕琢部分做得完美和谐；而面对几何形态突出、铺装量较大的城市区域，设计关注重点可能在于如何发挥理性的轴线与骨架的作用，于几何形态布局中恰当地融入天然的成分。

相应地，不同类型的设计，应具有不同的空

间氛围：纪念性园林应以庄重、肃立寄托仰慕与崇敬；居住性公园以平易、简捷表达宜人与亲切。要从空间类型特点出发定义场所的氛围，凸显场所性质，如图 5-8 所示为从宏观和中观视角解读场地的关系。

（2）基本功能的要求

在确定园林类别的归属，明确特定园林空间场所的定位与性质后，需要根据该类园林的基本功能需求，划定各个功能分区，并确定游人的构成与流量，以及为满足基本功能需求的主要设施。

不同的设计、不同的环境有不同的功能区，各个功能区相互依托，有主有次，形成有机统一的整体。在前期梳理阶段，要学会用“泡泡图”推敲主次功能区的尺度划分及功能区关系的密切程度寻找适宜的对策方式，从而满足设计中最基本的功能要求（图 5-9）。

5.3.2 环境的调查与分析

环境条件是设计的客观依据。通过对环境条件的调查分析，可以很好地把握、认识地段环境的状况及对设计的制约和影响，分清可以充分利用的因素、需要改造的因素与应当回避的因素（图 5-10）。

（1）物质环境

气候条件　四季冷热、干湿、雨晴和风雪情况；

地质条件　地质构造是否适合工程建设，土壤状况，有无抗震要求；

地形地貌　是平地、丘陵、山地还是水畔，有无树木、山川湖泊等地貌特征；

视线朝向　自然景观资源和不良景观的方位，视线联通与遮蔽状况，地段日照朝向条件；

建筑状况　场地内及周边相关建筑情况；

交通流线　现有与未来规划道路布局，交通方式，各类流线构成；

区域区位　场地所在区域（城市或郊野）的空间方位，与其他特征空间的联系方式；

市政设施　水、暖、电、信、气、污等管网分布及供应情况；

污染状况　相关的空气污染、噪声污染、水污染、土壤污染等。

综合叠加物质环境各个层面的分析结果，可

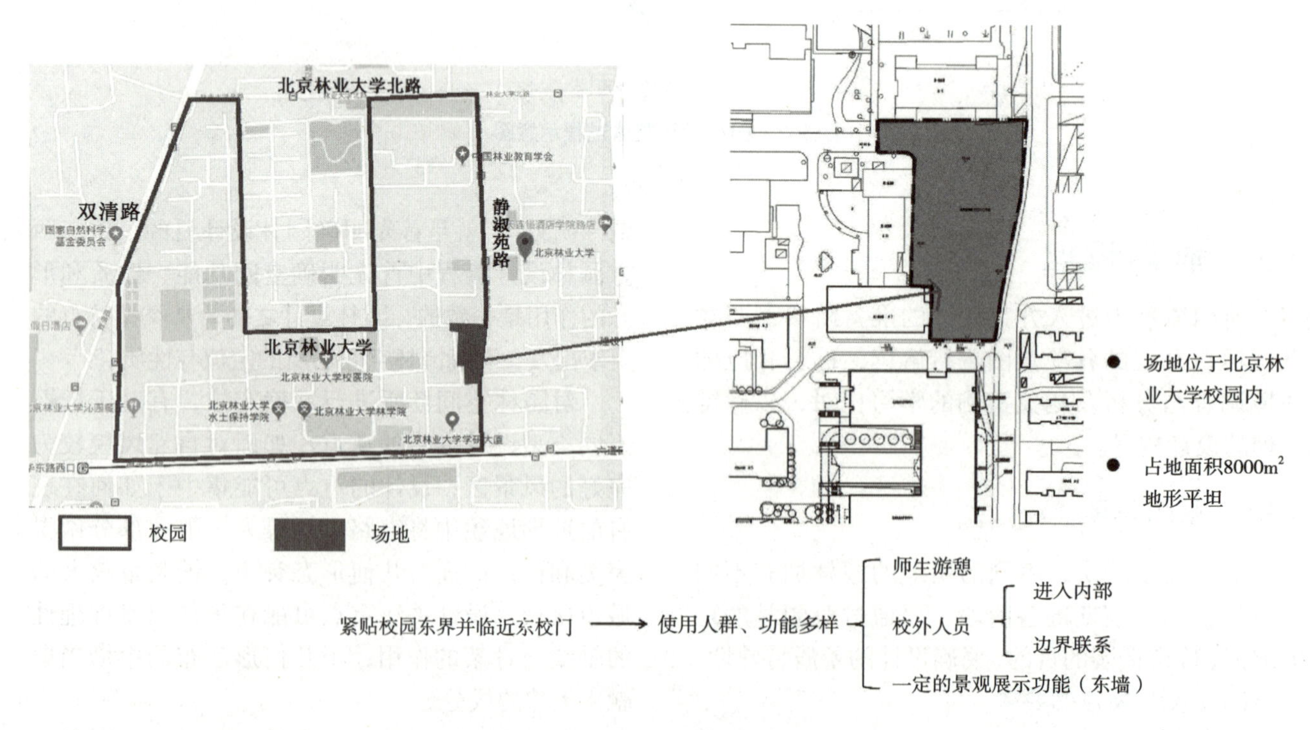

图 5-8　场地类型特点要求分析示例

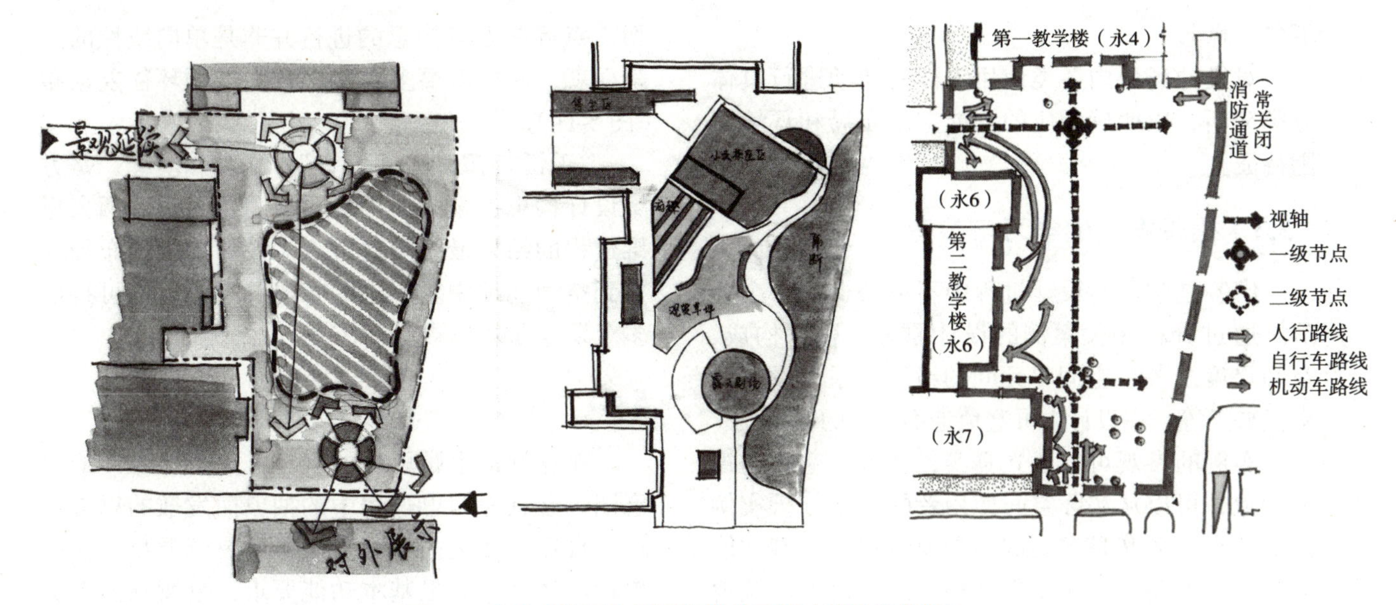

图 5-9 多种功能区布局可能推敲示例（魏庭芳绘制）

得出特定场地较为客观、全面的物质环境质量评估。

（2）人文环境

城市性质规模　是政治城市、文化城市、商业城市、旅游城市、工业城市还是科技城市；

地方风貌特色　文化风俗、历史名胜、文化古迹、地方建筑；

场地风貌特色　场地内及周边人员构成、周边的文化氛围。

人文环境为创造富有个性特色的空间造型提供必要的启发与参考。

（3）人行为活动分析

园林的建造是为人服务的。在园林方案设计中，需对各类人行为活动进行分析。

活动属性　停留还是行进；

使用人群年龄构成　是儿童、青少年、中青年还是老年人；

是否使用交通工具　轮滑、滑板、自行车、轮椅等；

使用人群活动特征　读书冥想、行走交谈、体育活动、交往集会等；

场地主要使用人群活动时段　早上、中午、

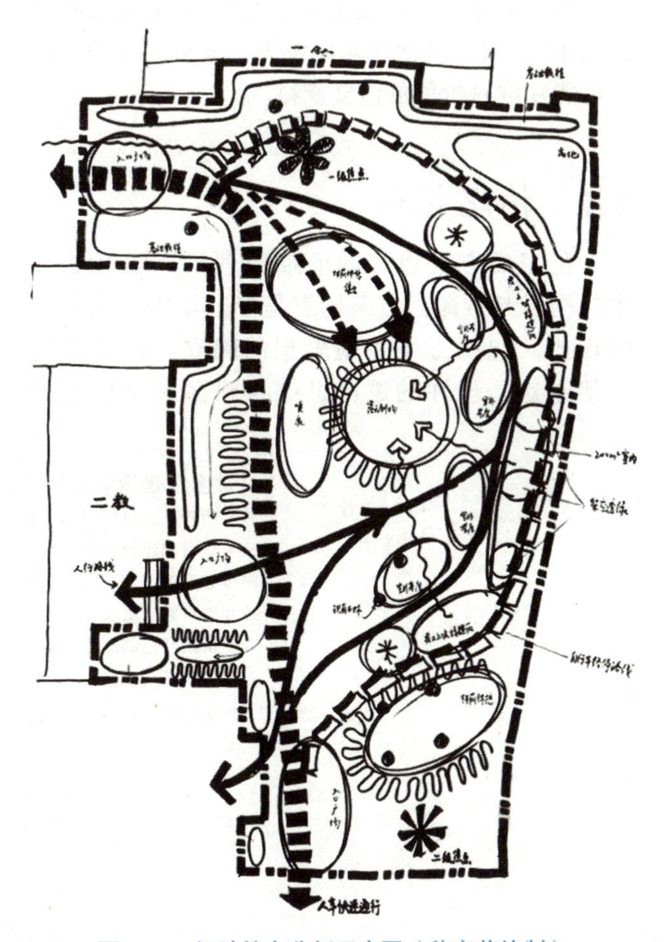

图 5-10 场地综合分析示意图（魏庭芳绘制）

下午、晚上。

对设计场地内各类使用人群的活动进行具体分类分析，以明确相应的功能空间布局和环境氛围特征。

5.3.3　相关案例的学习与参考

借鉴是学习与设计过程中不可缺少的一个环节。通过分析相关案例的设计原理、思路构成、空间尺度及各个空间单元间的组织联系、设计成果优缺点等，在设计中可避免走不必要的弯路。

实例的参观可以建立真实、立体与空间的视觉印象，可以从实际空间使用者的角度分析实例的优缺点，尤其是多实例的参观能够提高鉴赏能力；广泛搜集、比对图文资料，则能较为系统地提炼出同类设计的构成逻辑。

上述内容，有些并不能直接运用到具体的方案之中，但这一过程是至关重要的。“他山之石可以攻玉”。只有全面深入地调查、分析、整理，才有可能获取有价值的信息资料。

5.4　构思推敲

在完成方案设计的前期梳理后，即开始方案的构思与推敲。方案构思是带有整体与全局观的设想，包括方案主题思想的确立，技术路线框架制定，理性的逻辑思维与感性形象思维的切入点等。方案构思的进行并非是单向线性的一蹴而就，而是需要多要素多角度的循环往复推敲（图 5-11）。

“千锤打锣，一锤定音”。立意和演绎，是方案设计构思推敲阶段两大重要思维过程。两大思维过程的结果最终要通过五大设计要素的布局落实到空间场地中。不同的布局关系的组织可得出多个设计方案结果，从中进行方案优选。

5.4.1　立意

立意就是主题思想的确定，是指导设计的总意图。立意为构思过程中的抽象而发散的思维过程。自然、文化艺术等是立意的灵感源泉。从简单适应环境，满足基本功能要求，过渡到追求更高的理念境界是立意的深层内涵。

好的园林方案设计，不仅仅是美化环境，更在于通过空间的组织和景物的梳理，给予游人精神层面的体悟。方案设计的场地本身具有什么样的场所特征，这一场所特征暗含什么样的精神寓意，场地的周边环境或上位需求对这块场地要表达的内容有什么样的规定等问题，都是园林方案设计的立意出发点。

园林方案设计中，依据立意提取的要素类型，从立意到演绎的过程主要有以下 3 种类型（图 5-12，案例详见 5.7 节）。将抽象的想法转化为具体的空间，核心在于控制性几何元素的概括提取。

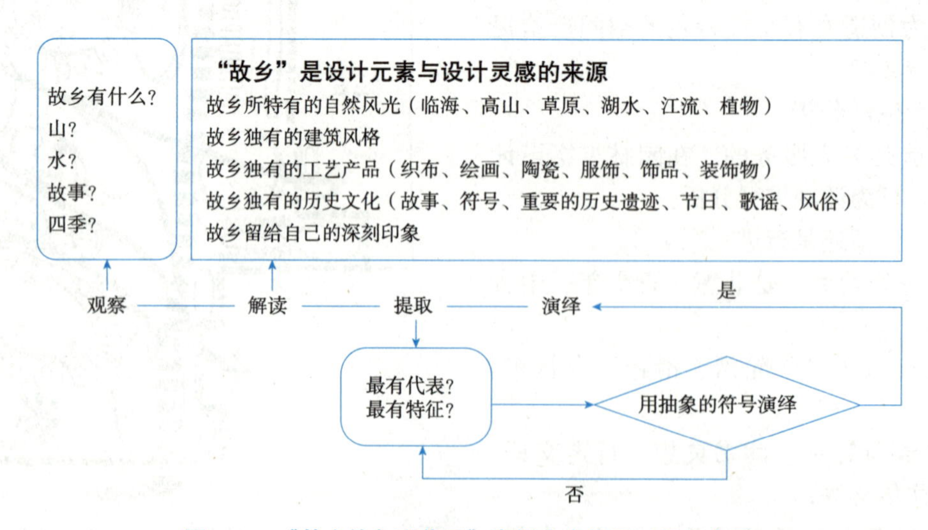

图 5-11　《故乡的色彩花园》案例方案构思过程示意图

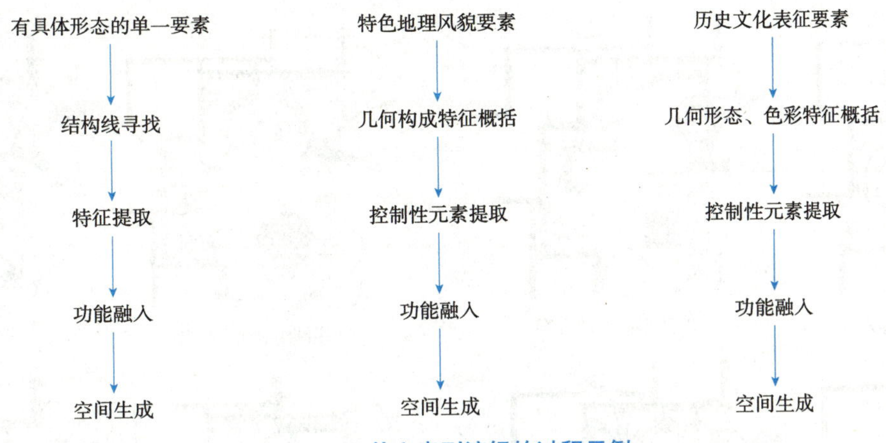

图 5-12 从立意到演绎的过程示例

5.4.2 演绎

立意侧重于抽象观念意识的表达。确定立意后，需要在设计中将这些抽象观念意识，运用具体形象的设计要素落实到空间中，与园林空间场地的环境特色融会贯通。在立意理念思想的指导下，创造具体的形态，成为从物质需求到思想理念，再到物质形象的质的转变过程，称为演绎。

在创作实践中，在不同的设计立意导向下，演绎导出的设计形式语言多种多样。园林设计过程中最重要、最具有吸引力也是最有趣的部分亦在于设计立意演绎成果的可能性挖掘。

组成园林的内容繁多。演绎的目的在于将抽象的立意理念转化为具体的地形、水体、建筑、园路、植物五大园林设计要素形态进行空间整体布局和氛围营造。

从内容的构成上看，园林方案设计中的演绎可细分为以下 3 个层次。

（1）平面布局——从抽象到具体

如第 4 章所述，无论是抽象的形象想象，还是平面化的图形布局，都可以说是点、线、面的抽象反映或演绎。

园林方案设计演绎的第一层次，便是通过圆、方、角基本形演绎出不同的平面布局，并将构成该平面布局的抽象要素落实到地形、水体、建筑、园路、植物五大具体的园林设计要素上，形成不同的空间布局形态（图 5-13）。

园林设计中，利用圆、方、角的三要素及构图三要素点、线、面等各类设计要素要协调布局落实到空间中。从单个要素到多个要素布局的演绎，关键在于主次及序列确定：

① 布局的轴线与骨架线　将广阔范围中的众多形象组织得井然有序，要依靠清晰的轴线或骨架线控制。在轴线或骨架线上分布各个景点。

② 确定主体形态　必须确定主体形态。如山系或某一山体，水系或某一水体，建筑群或某一建筑。以主体形态构成全园的高潮。

③ 设计游览序列　游览序列指整体关系的起承转合，明确起点的空间尺度的比重、各个空间单元间的过渡方法、主要景观节点“高潮”如何展现等。游览序列要依据游人的流量状况，把握游览的节奏感。

④ 进行元素之间的关系比较　从宏观上衡量元素之间的联系，其中包括山体与水体、山体与建筑、水体与建筑、山体与山体、水体与水体、建筑与建筑以及它们与植物分布的关系等。

⑤ 基本形态的基本造型的构想　安排在轴线或骨架线上的主要景点做初步的刻画，如地形的走向、陡坡与缓坡，水体的聚散、湖岸的线型、建筑的式样、植物景观的群落结构等。

（2）空间设计——二维与三维的切换

单纯从几何构成的层面去理解空间，空间是由顶界面、侧界面和底界面三者围合构成。界面的实与虚，组成的材料要素，在不同层面上对空

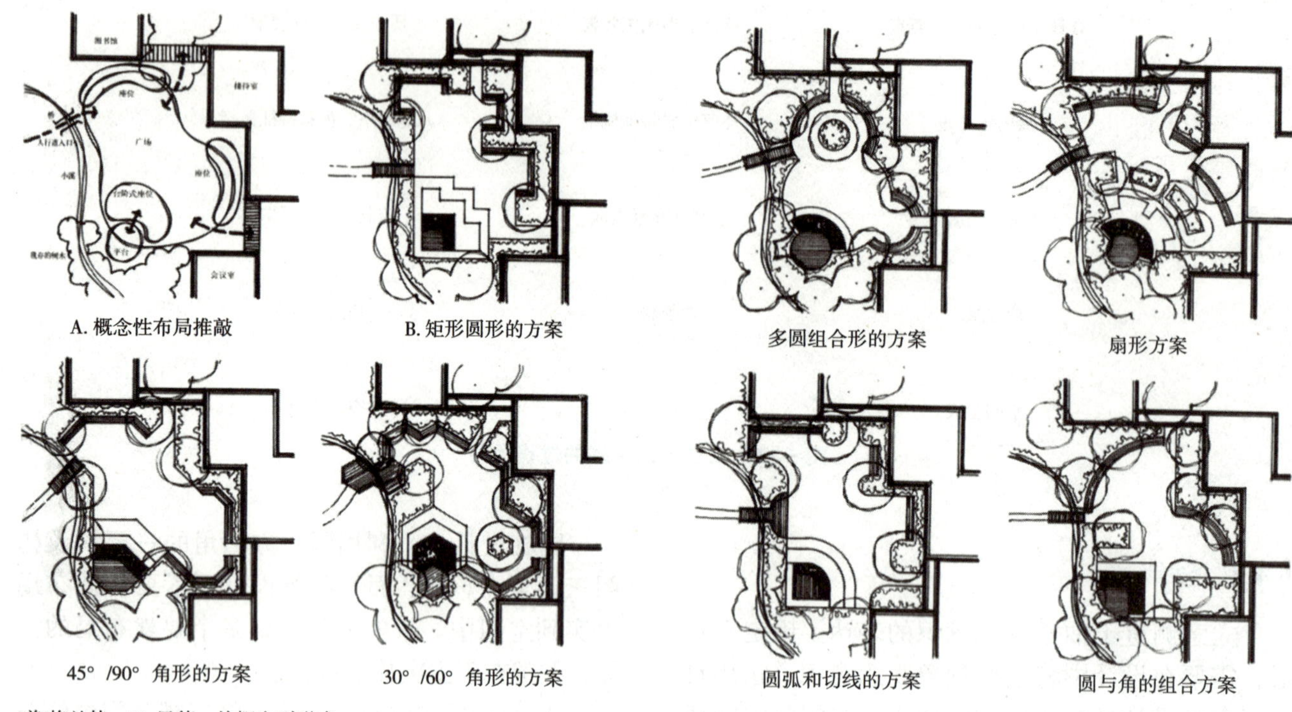

[美]格兰特·W. 里德：从概念到形式

图 5-13　同一抽象布局用不同形式语言阐释

间的性质构成产生影响。园林场所作为三维的空间，可分解为二维的各个投影界面进行详细表达。园林场所空间界面的实与虚，主要用边界围合的程度来衡量——围合的程度越高说明界面越“实”，围合的程度越低则说明界面越“虚”。不同的活动、功能要求，对空间界面的围合程度要求不同。同一方向上的空间界面虚实关系的变化，可通过改变构成该界面的设计要素的比例和布局变化来实现。具有相同或相似要素构成的空间可成为同种空间单元。不同的要素性质导致空间单元的差异，空间单元与空间单元间的序列变化导致多种园林场所空间整体布局的可能（图 5-14）。

通常而言，经过第一层次的演绎确定了园林场所空间的底界面的基本布局后，要转化至侧界面视角，着重在竖向方向上对多个设计要素的比例、布局及序列变化进行推敲，从而形成多个空间单元的序列变化。

竖向上的设计要素的组织变化，也许会导致平面布局的更改。园林场所空间的整体布局构成在第二层次的演绎后进一步完善。布局与序列变化的具体法则详见第 4.4 节。

园林设计师应熟练掌握用规范的图示语言从不同方向的二维界面对三维的园林场所的各个空间单元各自的构成及整体的组织进行分析与设计推敲。相关图纸表达的技巧详见 5.6 节。

（3）氛围营造——色彩、质感与季相

第一和第二层次的演绎，着重于园林场所空间的各类设计要素的位置和尺度确立，尚未对各个要素具体的材料种类进行定取。

园林因人的游览而具有动态性。又因植被为园林场所空间构成的主要要素，季节的变化使得园林空间要做到“步移景异”和“四时之景不同”，需对组成园林场所的各个空间单元进行氛围界定。其过程的实现便是园林方案设计演绎的第三层次——从色彩和质感的烘托塑造空间氛围。园林场所的空间氛围营造的方式大致有：

① 选取反映地域特征的和谐配色　色彩作为重要的空间视觉要素之一，具有很强的渲染力。和谐的配色是体现空间表情氛围的最佳手段之一。不同地域的环境构成不同的审美习惯和色彩认知，

如江南的粉墙黛瓦与西北的黄土高墙。园林设计师进行园林空间场所氛围营造时，应注意选取可反映地域特征的和谐配色并将其落实到植被和构筑的材料选择上。关于色彩搭配的具体原则详见第 4.3 节。

② 依据情感特征确定铺装材料的肌理质感

不同性质的空间场所应具有相应的空间情感，铺装材料肌理质感的选取很大程度上由其空间需要表达的情感特征所决定。如纪念性空间需要表达庄重的情感，铺装倾向选择质感厚重、方向性强的；儿童娱乐空间需要表达轻松活泼的情感，则铺装倾向选择质地柔软、变化丰富的。

③ 根据观赏季节确定植物群落的材料配置

用植物塑造空间氛围为园林设计的特征手法之一。不同地域的特征气候条件决定了不同的主要观赏季节。园林的植物群落搭配的具体选材应根据重点的观赏季节进行。若以夏季观赏花为主，植物材料应选取花期在夏季的；若以秋季观叶为主，植物材料则应选取在秋季叶片变色的。园林场所中作为焦点的植物群落，应注意根据不同季相需要进行材料和结构配置，做到“四时之景不同”（图 5-15）。

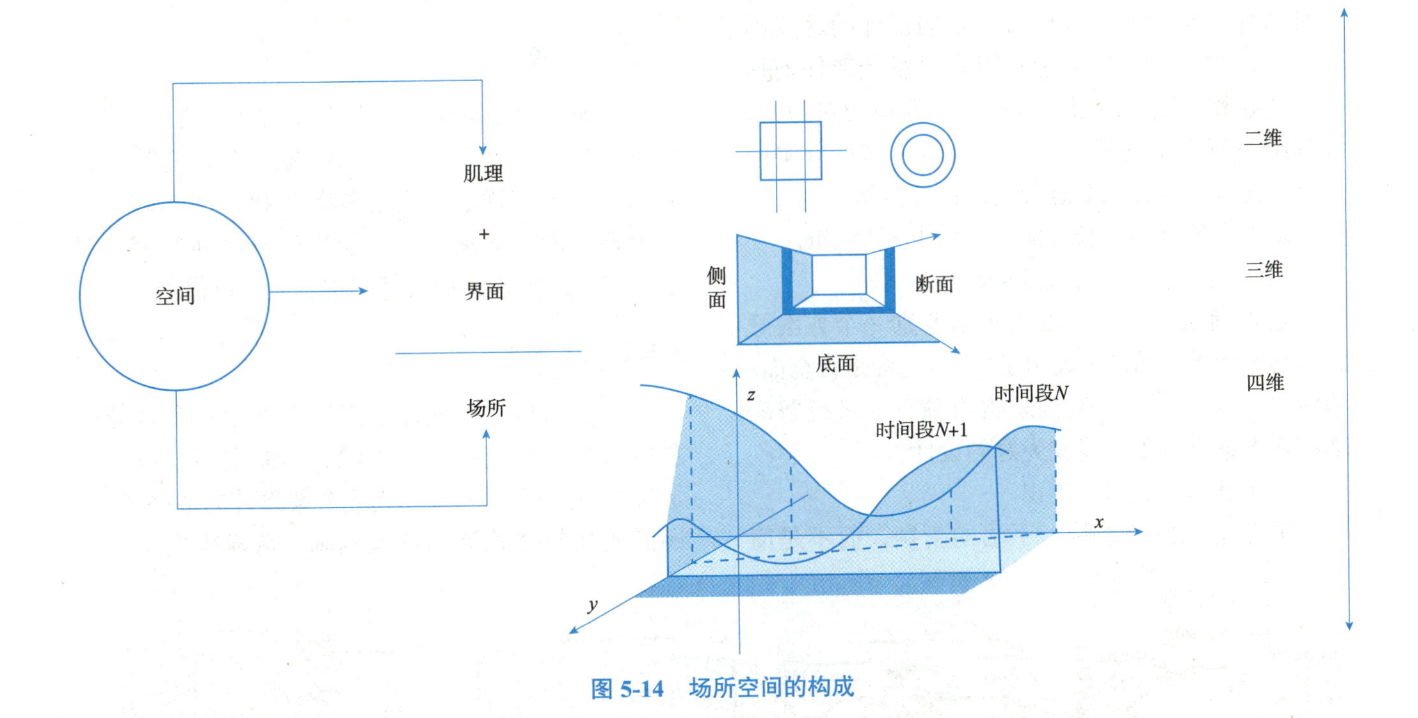

图 5-14　场所空间的构成

图 5-15　植物季相推敲示例（刘万珂绘制）

5.5 方案细化

方案构思阶段，常用小草图形式反映布局关系，在可能的时间内力求构思较多的方案。方案的多样可以使思维锻炼得快速而敏捷，彼此不雷同，这样会形成不同思路的比较。而方案细化则是将众多方案中优选出的设计构思最优方案进行调整深化（图 5-16）。

5.5.1 优选

园林是综合的空间造型艺术。对于造型艺术设计而言，认识和解决问题的方式结果是多样的、相对的和不确定的。这是由于影响设计的客观因素众多，在认识和对待这些因素时设计者任何偏移都会导致不同的结果，其中没有简单的对与错，没有绝对意义上的优与劣，只有通过多种方案的分析、比较，选择相对意义上的最佳方案。

多方案的分析比较应侧重于以下三个方面：

（1）比较设计要求满足的程度

是否满足设计的基本要求是鉴别一个方案好坏的起码标准。如是否表达了立意,内容是否全面，功能是否合理等。方案构思得再独到，没有解决基本要求，也绝不可能成为好的设计。

（2）比较个性是否突出

个性指风格的独特、手法的新颖，而不是简单地重复模仿现成的样品。好的作品具有鲜明的个性，具有吸引与打动观众的创新点。

（3）比较修改调整的可能性

任何方案都会有某些缺点与不足，应该能够进行可塑性的修改与调整。而内容上与立意存在矛盾，形式上欠缺美感，则失去了存在的价值，无从比较。

优选出的最佳方案只是概念框架式的总体设想，空间要素之间、空间单元之间等各种关系尚处于粗略的轮廓之中，在不同的尺度层次下还存在着这样或那样的问题。这些都要经过调整与深入刻画，以达到最终确认的方案。

5.5.2 调整

方案调整阶段的主要任务是解决多方案分析、比较过程中所发现的矛盾与问题，并补充其短缺的内容。由于优选方案已具备了相当的基础，因而调整只限于对局部微观层次的修改和补充，对宏观层次的整体布局与基本构思应予以保留。

5.5.3 深入

方案调整后，设计呈现限于确立一个合理的总体布局，如交通流线组织、功能空间组织、体量关系、呼应关系等。要达到方案设计的最终要求，还需要从粗略轮廓到细致刻画、从模糊概念到明

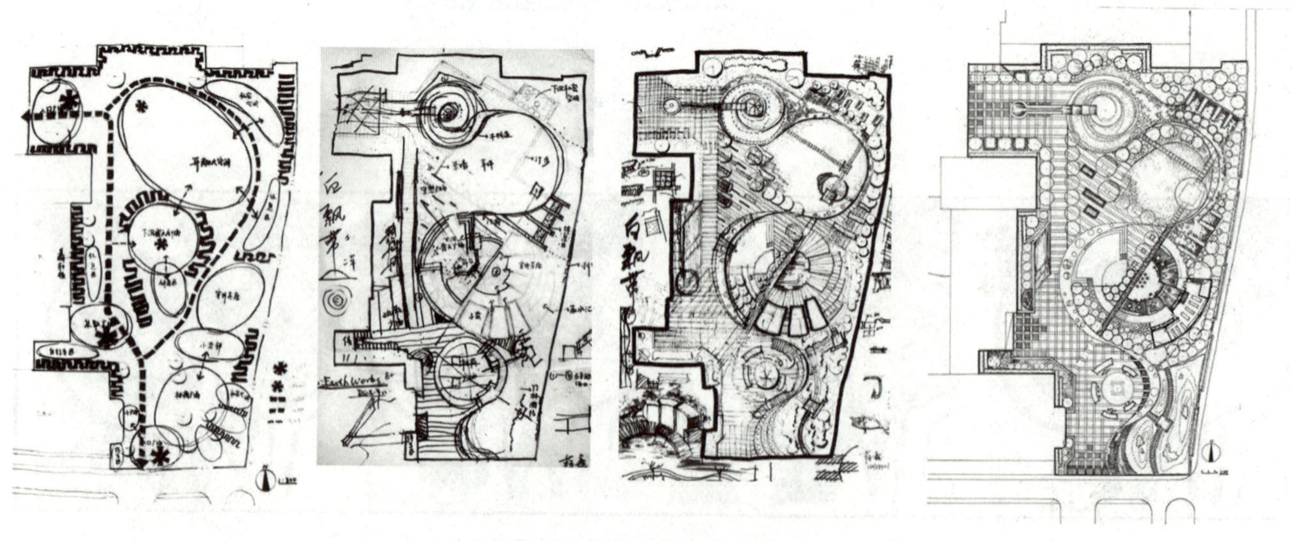

图 5-16 从方案构思到方案细化的思维过程（蒋鑫绘制）

确实体的深化过程。

深化过程主要通过放大图纸比例，由大至小、由面及点、从整体到局部分步进行（图 5-16）。

图纸的内容信息随着比例尺的增大而更加细致（1∶1000、1∶500、1∶200、1∶50 四类比例尺总图实例），园林方案设计的深入主要是各个功能区域的深化处理以及它们之间的联系。具体为：

（1）地形

——地形的陡、缓坡面的处理；

——重要高差变化处的人行方式衔接；

——起伏地形上的园路曲折走势；

——叠石的布置与具体材料形式。

（2）水体

——河、湖、池等大面积水域的岸线形态；

——驳岸的形式；

——船坞、码头、平台的位置与造型；

——溪、渠、涧等其他小型线性水系的位置与造型；

——架桥、汀步的位置与造型。

（3）建筑

——建筑的风格特征；

——建筑的造型；

——建筑的内外空间关系；

——主要构筑小品的选点与造型设计。

（4）园路

——道路与主轴线和骨架线关系；

——道路的铺装类型；

——出入口、交叉口等广场的形态与铺装方法。

（5）植物

——骨干树、基调树等大片植物区与植物种类的选择；

——建筑基础、路缘、水岸等边界型空间的植物栽植形式；

——主要植物景观焦点的群落配置、色彩搭配和季相选取。

5.6 图纸表达

“脑海中的皆为杰作，转化为物质的表现的才是真实结果”。园林设计师应掌握规范清晰、准确细致、风格独特的图示表达。

从图纸呈现的内容的维度上看，园林方案设计所需的图纸类型可分为二维和三维两大类（表 5-1）。反映二维布局关系的图纸类型包括总平面图和剖立面图，反映三维布局关系的图纸类型为鸟瞰图和低点透视图。不同的图纸类型，从不同的视角反映设计场所内各个要素的组织关系。

表 5-1 相关图纸类型目录

图纸名称	视点和范围	维度分类	图纸作用
总平面图		二维	表现场地整体的地形、水体、建筑、园路及植物 5 个层次要素的位置关系
剖立面图			表现场地重点地段中地形、水体、建筑、园路及植物在竖直层面上的位置关系
鸟瞰图		三维	表现场地整体或重点局部地段中地形、水体、建筑、园路及植物三维层面的空间布局关系
低点透视图			展现局部设计场所或景观节点中的人活动状况

5.6.1 总平面图

园林设计的总平面图，依据相应的比例，以顶面垂直投影的视角，通过一系列抽象的图形符号，综合表现场地整体的地形、水体、建筑、园路及植物5个层次要素的位置关系。注意依据成果表现的比例尺不同，对各类抽象图形符号的颜色、肌理表现有所取舍（图5-17）。

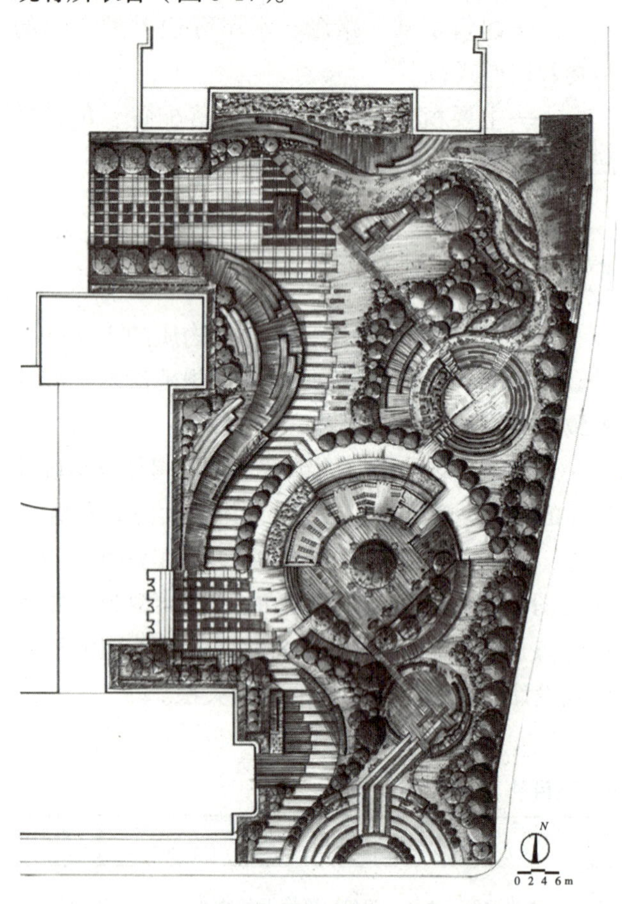

图5-17　总平面图表达示例（王美琳绘制）

5.6.2 剖立面图

园林设计的剖立面图以侧面垂直投影的视角，运用一系列抽象的图形符号，表现场地重点地段中地形、水体、建筑、园路及植物在竖直层面上的位置关系。图纸表现时同样需注意依表现的比例尺选择表现方式和细度（图5-18）。

5.6.3 鸟瞰透视图

园林设计中，鸟瞰图以高点的一点透视或两点透视表现场地整体或重点局部地段中地形、水体、建筑、园路及植物三维层面的空间布局关系。按透视类型及构图方式，常用鸟瞰图有以下两种类型：

① 横构图的透视鸟瞰　利于展现全园主次关系，表现空间序列的变化；

② 竖构图的透视鸟瞰　可强调主体空间的纵深感。

无论是何种构图，选角注意突出主景空间，展现全园大结构。表现技法方面，注意用排线、阴影等手法表现出明暗关系，区分空间的立体层次（图5-19）。

5.6.4 低视点透视图

相较于鸟瞰透视图，低点透视图更侧重于展示设计场所的各个要素及其空间布局的组织关系，同时强调局部设计或景观节点中的人类活动状态。根据视点的高度，可以将透视图分为成人视点（1.5~1.7m）和儿童视点（1m左右）。常见的构图

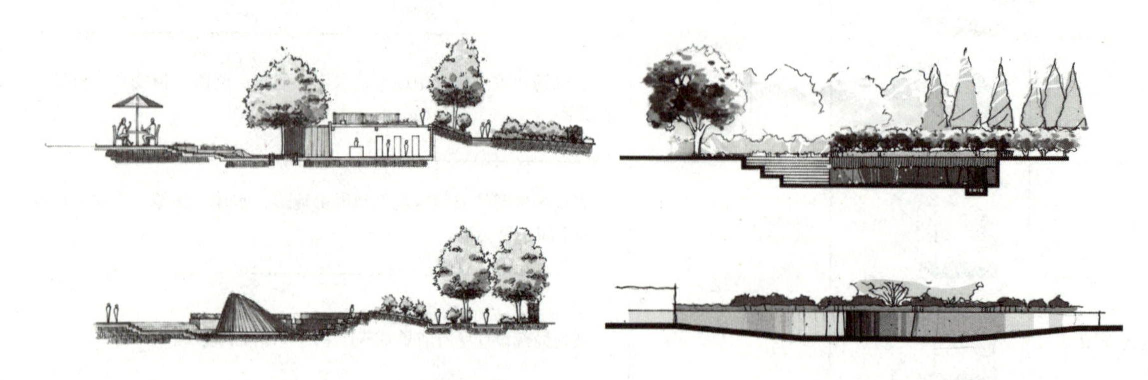

图5-18　剖立面图表达示例

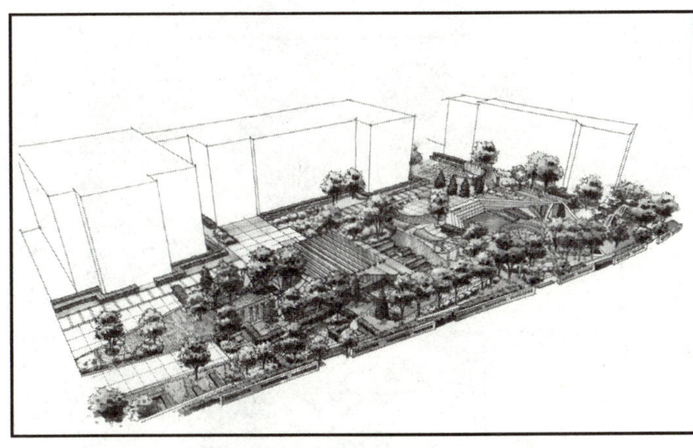

横构图透视鸟瞰示例（耿菲绘制）

竖构图透视鸟瞰示例（单冰清绘制）

图 5-19　两种不同的构图类型的鸟瞰示例

成人视点

儿童视点

站在坡地上的人视点

图 5-20　不同视点高度的地点透视图示例

类型主要有以下两种（图 5-20）：

① 一点透视　适合强调节点空间的纵深感，焦点突出；

② 两点透视　适合展现空间的转折变化，细节丰富。

5.6.5　其他分析图

从视角和透视类型上看，其他分析图纸可分为平面专项分析型和图表分析型。其中，平面的专项分析型最为常用，可在前期梳理环节展现影响设计的各个要素，也可在方案确定将地形、水体、建筑、园路、植物五大层次分类具体细化。其中，园林设计中最常用的平面分析图类型有：

① 竖向设计图　通过等高线、高程点、台阶等反映设计改造后的场地地形状况；

② 水系布局图　通过等深线、径流方向标识等反映设计改造后的场地的水体形态、深度及流动状况；

③ 种植设计图　通过树圈、纹理等反映设计改造后的场地乔木层、灌木层、地被层具体的植物种植种类及布局关系；

④ 游览线路布局图　通过不同颜色或形态的线反映设计改造后的场地中不同类型的游览线路布局方式。

园林设计的分析图多种多样（图 5-21）。绘制什么样的分析图以补充说明设计，关键在于理解该分析图所表现的设计要素在整体设计中起到什么作用。

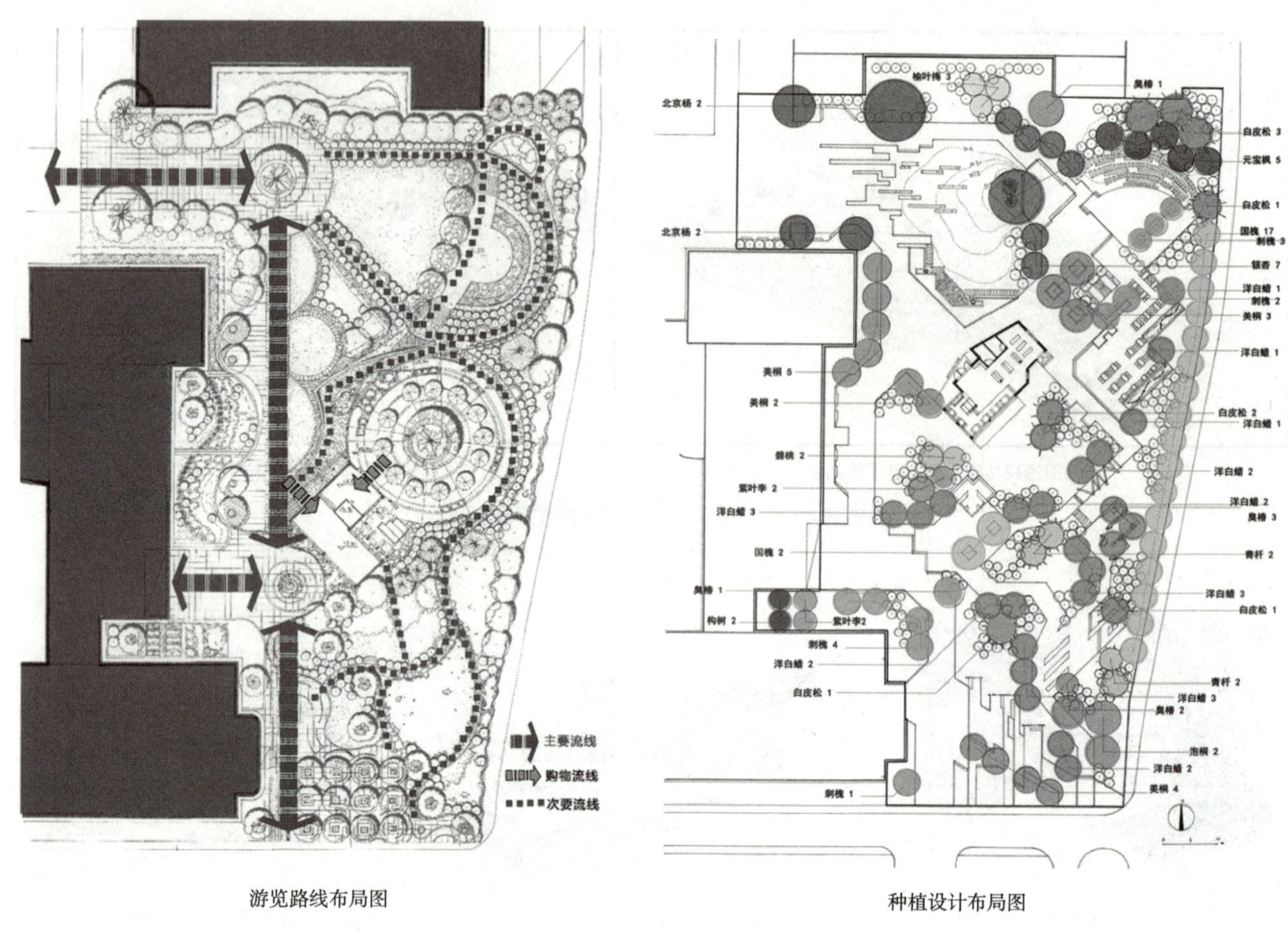

游览路线布局图　　种植设计布局图

图 5-21　平面分析图示例

5.6.6　排版布局

排版布局通过一定的逻辑次序，将各类图纸综合规整，共同阐述设计成果的预期效果。从构图类型上看，可分为横构图排版和竖构图排版。

无论是何种排版布局，都要注意安排好图纸的层级关系。一般而言，图纸的重要层级一般为：总平面图＞鸟瞰图＞低点透视图＞剖立面＞其他分析图。

5.7　从概念到形式设计的案例

5.7.1　植物专类园设计

通过本次设计作业，旨在考查学生对观赏植物的深刻理解，以及运用平面、色彩、立体构成及设计表现技法等知识进行植物专类园设计的能力。要求学生能够结合植物形式美与生态习性，突出园林植物的显著特色，为游客提供丰富的游憩和科普体验。

（1）设计条件

在园林博览园内选取 $1hm^2$ 的场地设计一处植物专类园，用于种植和展示某一类著名的或具有特色的观赏植物（如牡丹、芍药、梅、菊、山茶、杜鹃花、鸢尾、丁香、荷、桃、竹类、仙人掌类等），场地的具体尺寸可根据设计方案自行设定。

（2）设计目标

融合平面、色彩与立体构成及设计表现技法的课程内容，实现设计构思与设计表达的有机衔接。要求立足于形式美的构成法则，对某类园林植物独特的形态特征进行提炼和转译，充分运用地形与水体、建筑与构筑、园路与广场及各类园林植物等设计要素打造具有游憩、科普、展示等多重功能的植物专类园；同时，设计方案需要兼顾园林植物的生态习性（如桃不耐水湿、牡丹喜光、仙人掌类喜干旱等）形成科学合理的种植设计，并重点突出园林植物的显著特色。

（3）图纸要求

图纸由手绘完成，鼓励前期运用平面、色彩与立体构成的基础理论对植物形态特征进行提炼和转译，循序渐进地推进到专类园设计，具体内容包括：设计说明、分析图 1 幅、总平面图（1∶300）1 幅、总体剖面图 2 幅、鸟瞰效果图 1 幅、主要景点人视点效果图 2~3 幅等。上述内容绘制在 2 张 A1 图纸（纸质不限），也可将手绘图纸进行电子排版，作业成果应符合国家制图标准，排版力求美观合理，使用墨线作图并以马克笔或水彩为主要设色工具，可结合彩铅辅助。

（4）时间计划

作业时长可长可短，可根据整个教学过程作业都围绕一种植物展开，也可作为 2 周的课程作业。如果渗透到整个课程知识点的消化，可结合每个课题的实验要求展开造型基础训练，最终服务于主题园的设计。如果作为期末作业，大致分为 3 个阶段进行：第一阶段确定园林植物并对其形态特征加以解构，形成设计草图（3 天）；第二阶段进行“从概念到形式”的设计转译，敲定总平面图及空间布局（4 天）；第三阶段进一步细化总平面图并进行设计表达，完成剖面图、效果图、分析图等其他图纸（7 天）。

（5）总结

通过本次设计作业，学生将能够充分展示对某一类园林植物的深刻理解，并运用所学知识将其转化为一个具有多重功能的植物专类园设计方案。本书提供了两个案例，参考案例如附图 77 至附图 79 所示。

①案例一设计说明　鸢尾为鸢尾科鸢尾属宿根花卉，亦可泛指隶属鸢尾科的各类植物。鸢尾类花形奇特，花色繁多，栽培历史悠久，是广泛运用的庭院植物。设计方案从色彩构成和立体构成切入，推敲鸢尾专类园的平面布局和空间设计，最终以手绘图纸展现方案。

如附图 77 所示，首先通过写生初步掌握鸢尾的色彩与形态，确定色彩构成的主要基调。色彩渐变训练选择 3~5 种体现鸢尾特征的对比色，创作色彩搭配和谐优美的渐变画面。色彩情感训练是在了解鸢尾花语（光明与自由）的基础上对其色彩进行灵活运用，以反映植物色彩的情感。鸢尾的一生在九宫格内将高彩、中彩、艳灰以及互补色、对比色、邻近色两两组合，以色彩基调体现植物之荣枯。

同时，通过解构鸢尾外观的面、线、块等构成要素进行空间设计。面的构成通过提炼鸢尾垂瓣弧度的力量获得外实内虚、空间内聚力较强的基本形；线的构成从鸢尾旗瓣和垂瓣的优美弧度获得灵感，通过翻卷、扭曲，创作线条流畅的造型；块的综合构成设计以倾斜的大立方体框架喻鸢尾之枯，以堆叠而上的小立方体喻鸢尾之荣。基于鸢尾立体构成的经验，初步推导得出鸢尾园概念模型，为后续深化提供基础。

如附图 78 所示，鸢尾园是师法鸢尾之形态而设计、兼具品种展示和游憩观赏双重功能的植物专类园。园内展示建筑及周边构筑物的造型提炼鸢尾垂瓣的神韵进行转译，为鸢尾种植设计营造丰富多样的空间变化。

②案例二设计说明　曼陀罗为茄科曼陀罗属一年生花卉，花形别致、花色淡雅、花香浓郁，既可用于观赏，也具有药用价值。设计方案对曼陀罗花的形态特征进行提炼与转译，创作以展示建筑和微地形为主体的植物专类园设计方案。

如附图 79 所示，通过解构曼陀罗外观的面、线、块等构成要素进行空间设计。面的构成从花呈喇叭状下垂的形态获取基本形，通过虚实相合、高低有序的向心组合营造空间节奏；线和块的综合构成以盘旋而上和悬垂而下的造型体现曼陀罗蜿蜒攀缘的情态；植物专类园设计将花冠裂片向外反折的优美形态作为展示建筑及其周边微地形的设计原型，强烈地突显曼陀罗生长的力量感。色彩构成作品紧扣植物卷曲、反折、缠绕的视觉特征，烘托神秘、绚烂、迷蒙的色彩氛围，生动地刻画了美丽而危险的曼陀罗形象。

如附图 80 所示，曼陀罗园延续了附图 79 的展示建筑造型，增添广场、水景、树池、景墙、台阶等要素丰富建筑外环境。不足之处在于展示建筑与周边景观的结合不够紧密，缺乏呼应，展示建筑对专类园整体空间布局的控制力度与模型存在一定差距。

5.7.2 北京林业大学“学子情”改造设计

（1）设计范围

东侧为加油站的西侧围墙；西侧为道路的边界；南侧为校园围墙；北侧到材料学院南侧道路的边界，面积约 1500m^2。

（2）设计目标

以最熟悉的校园空间为对象，结合设计初步系列课程，在一个小场地中完成设计初步所涉及专业基础知识的整合，系统完成一个小尺度场所设计的目标。

（3）设计要求

通过对校园景观“学子情”平面的实际测量；用抽象的黑白图形解读原场地的平面空间布局，其中黑色表示绿地，留白的地方为人们游憩和行走之域，灰色为人与自然共享区域，黑地中的乔木、灌木可为白或浅灰色；白地中的构筑物、雕塑可为黑色等；根据设定的主题、功能、交通与尺度进行平面布局的构思；根据植物四季色彩的变化特征与色彩理论知识进行植物的配置设计；将地形、水体、道路、建筑物的平面布局与室外空间造型设计结合起来推敲场地的竖线、尺度、造型的设计等，从而实现“从概念到形式设计”的思维转化及设计表现。

（4）图纸要求

图纸由手绘完成，内容包括：原场地的黑白布局图，设计后的黑白布局图及演绎过程、分析图、设计模型，根据色彩氛围营造设计的植物四季平面图 1 幅、总平面图（1 ∶ 200）1 幅、南北和东西方向两张剖面图、鸟瞰图 1 幅等。最后，把手绘图纸扫描进行计算机排版，尺寸要求为 420mm × 594mm，分辨率不小于 300dpi，可参考案例如附图 81 所示。

（5）时间计划

2 周，主要分为 3 个阶段：第一阶段为原场地的解读及场地平面布局演绎；第二阶段主要进行空间模型推敲及四季植物色彩配置；第三阶段转化成专业平面图、立面图、透视图或鸟瞰图。

5.7.3 故乡的色彩花园设计

（1）设计条件

设计面积为一块约为 6000m^2 的矩形场地，具体尺寸可根据设计需要设定长度、宽度，周边的场地条件、功能和使用对象需要设计者给出限定。

（2）设计目的

将专业美术基础、设计初步基础及植物基础 3 门相关课程内容进行知识融合，使学生掌握设计初步的流程与方法，通过园林设计图表达方法的训练，掌握设计表现技法知识在园林设计中的应用。

（3）设计要求

以故乡地域色彩特征为设计主题；方案可以包括任何构景元素，但要结合设计初步教学内容制定设计策略，特别是如何从概念转化到设计中的过程演绎，结合美学及植物学的基础知识，进行深入的故乡花园主题园设计，构图形式不限，构思推敲思路如图 5-11 所示。

（4）图纸要求

图纸由手绘完成，内容包括：设计说明、分析图 3~4 幅、总平面图 1 幅（1 : 250）、南北和东西方向两张剖面图、鸟瞰图 1 幅、2 个不同视角的局部效果图。以上图均绘制于 2 张 A1 图纸上（纸质不限），排版美观，符合国家制图标准，色彩表现形式不限（彩铅可与其他表现工具结合，不能作为单独表现形式）。可参考案例如附图 82 所示。

（5）时间计划

1 周，主要分为 3 个阶段：第一阶段为故乡色彩的提炼与故乡花园场地平面布局的推敲；第二阶段主要进行竖线、道路、水体、构筑物及植物的设计；第三阶段为图纸的表现。

5.7.4 校园附属绿地设计

（1）设计范围

场地设计范围为北京林业大学第一教学楼、第二教学楼、学研大厦以及校园东围墙围合形成，总面积 8000m^2。

（2）设计目标

为了创造更好的校园环境，将之前为临时食堂的位置恢复为校园公共空间，提升教学区的外环境，丰富北京林业大学户外空间的品质。

（3）设计要求

考虑学校的整体环境，保障场地的交通贯通。靠近场地西北侧有道路通行，联系北侧第一教学楼、图书馆以及北侧宿舍区，西侧与第二教学楼出入口相接。场地南侧朝向学研大厦 A 座有一出入口，东侧围墙没有出入口，但场地毗邻学校东门。场地上现有的树木需要保留。考虑该区域由建筑围合而成的空间感，以及学研大厦 A 座以园林学院、艺术设计学院、人文学院、经管学院为主的院系特征，通过场地设计，可结合服务于以上学院的室外教学与学生设计作品展览的需求，突出人文与艺术特色的校园文化与景观。为了满足大学生的户外休闲、交往的需求，要求设置适量的场地、亭廊（或花架）、座椅等设施；设置一处可容纳 60 人左右的多功能露天剧场，剧场可作为休息、表演、午餐、聚会的场所。

（4）图纸要求

图纸由手绘完成，内容包括：设计说明、总平面图（1∶250）1 幅、分析图 3~4 幅、竖向设计图（1∶500）1 幅、种植设计图（1∶500）1 幅、鸟瞰图 1 幅等。最后，把手绘图纸扫描进行计算机排版，尺寸要求为 841mm × 594mm，分辨率不小于 200dpi，参考案例如附图 83 所示。

（5）时间计划

共 5 周：第一周完成平面布局图，包括交通、地形、构筑物、植物布局等；第二周完成分析图，包括道路、地形、构筑物、植物及场地节点设计；第三周完成总平面图、剖立面图等，侧重竖向及种植设计；第四周完成总平面图、鸟瞰图，包括节点设计；第五周集体评图。

参考文献

曹林娣，许金生，2004. 中日古典园林文化比较［M］. 北京：中国建筑工业出版社.

陈志华，2001. 外国造园艺术［M］. 郑州：河南科学技术出版社.

褚冬竹，2006. 开始设计［M］. 北京：机械工业出版社.

蒂姆·沃特曼，2010.景观设计基础［M］. 大连：大连理工大 学出版社.

何重义，曾昭奋，1995. 圆明园园林艺术［M］. 北京：科学出版社.

建筑设计资料集编委会，1994. 建筑设计资料集［M］. 北京：中国建筑工业出版社.

乐荷卿，1995. 画法几何及建筑制图［M］. 长沙：湖南科学技术出版社.

乐嘉龙，1996. 外部空间与建筑设计资料集［M］. 北京：中国建筑工业出版社.

李莉婷，2001. 色彩构成［M］. 武汉：湖北美术出版社.

李素英，刘丹丹，2024. 风景园林制图［M］. 3版. 北京：中国林业出版社.

郦芷若，唐学山，1992. 世界公园［M］. 北京：中国科学技术出版社.

郦芷若，唐学山，1992. 中国园林［M］. 北京：新华出版社.

刘敦桢，1984. 中国古代建筑史［M］. 北京：中国建筑工业出版社.

刘光明，1992. 建筑模型［M］. 沈阳：辽宁科学技术出版社.

刘庭风，2005. 日本园林教程［M］. 天津：天津大学出版社.

罗小未，蔡琬英，1986. 外国建筑历史图说［M］. 上海：同济大学出版社.

孟兆祯，2012. 园衍［M］. 北京：中国建筑工业出版社.

孟兆祯，2017年中国风景园林规划设计大会主旨报告视频讲话.

彭一刚，1986. 中国古典园林分析［M］. 北京：中国建筑工业出版社.

清华大学土木建筑系建筑设计教研组，1962. 建筑构图原理［M］. 北京：中国工业出版社.

苏丹，宋立民，2001. 建筑设计与工程制图［M］. 武汉：湖北美术出版社.

孙筱祥，2011. 园林艺术及园林设计[M]. 北京：中国建筑工业出版社.

唐学山，李雄，曹礼昆，1997. 园林设计［M］. 北京：中国林业出版社.

田学哲，1999. 建筑初步［M］. 北京：中国建筑工业出版社.

童鹤龄，1998. 建筑渲染［M］. 北京：中国建筑工业出版社.

王晓俊，2000. 风景园林设计［M］. 南京：江苏科学技术出版社.

谢秉漫，1988. 建筑简捷透视法［M］. 北京：水利电力出版社.

游泳，2002. 园林史［M］. 北京：中国农业科学技术出版社.

张家骥，1991. 中国造园论［M］. 太原：山西人民出版社.

周维权，1990. 中国古典园林史［M］. 北京：清华大学出版社.

朱建宁，2008. 做一个神圣的风景园林师［J］. 中国园林（1）：38-42.

朱建宁，马会岭，2005. 回归自然文化的风景园林艺术［J］.风景园林（3）：25-30.

朱建宁，杨云峰，2005. 中国古典园林的现代意义［J］. 中国园林（11）：1-7.

朱建宁，赵晶，2024. 西方园林史［M］. 4版. 北京：中国林业出版社.